Finanz Controlling

Guido Kleinhietpaß, Gerhard Radinger

Finanz Controlling

Bilanz und GuV planen – Liquidität und Wert steuern

1. Auflage

Verlag für ControllingWissen
Freiburg · Wörthsee

Bibliografische Information der Deutschen Nationalbibliothek

Die Deutsche Nationalbibliothek verzeichnet diese Publikation in der Deutschen Nationalbibliografie; detaillierte bibliografische Daten sind im Internet über http://dnb.dnb.de/ abrufbar.

Print: ISBN 978-3-7775-0054-6 Bestell-Nr. 11465-0001
ePub: ISBN 978-3-7775-0053-9 Bestell-Nr. 11465-0100
ePDF: ISBN 978-3-7775-0055-3 Bestell-Nr. 11465-0150

Guido Kleinhietpaß, Gerhard Radinger
Finanz Controlling
1. Auflage, Januar 2021

www.vcw.de

Produktmanagement: Ulrich Leinz

Inhaltsverzeichnis

Vorwort

Das Buch, das Sie in Händen halten, wurde im Team völlig neu geschrieben. Der Verlag kennzeichnet es zwar als 1. Auflage. Doch tatsächlich hat das Buch eine Vorgeschichte – mit zahlreichen aktualisierten und erweiterten Auflagen – und könnte daher ebenso als 10. Auflage gezählt werden. Die Autoren der Neuausgabe fühlen sich demzufolge wie Rädchen im Getriebe dieser Veröffentlichungshistorie:

Die 1. Auflage entstand im Jahr 1976. Autoren waren damals die Controlling-Pioniere Dr. Dr. h.c. Albrecht Deyhle, Gründer der »CA Controller Akademie AG« sowie Dr. Alfred Blazek, Trainer der CA Controller Akademie AG von 1974 bis 2005. Unterstützung in den Rechnungslegungsthemen erfuhren sie von Dr. Kurt Jehle, damals WP/StB/RB in München. Fachlich weiterentwickelt und mit neuen Themen angereichert wurde das Buch in der letzten Auflage 2012 von unseren CA-Kollegen Dr. Thomas Biasi und Dr. Klaus Eiselmayer.

Die neue Auflage ist immer noch ein »Stufe 2-Buch«. Basis sind Merkbilder und Fallbeispiele der Stufe 2 unseres Ausbildungsprogrammes für Controller. Mittlerweile sind aber viele Themen neu hinzugekommen, die ihren Ursprung in anderen Veranstaltungen der Controller Akademie haben. So ist das Buch auch eine weiterführende Brücke in die Bereiche Accounting, Tax und Treasury. Wir erheben nicht den Anspruch, diese für viele Controller teilweise wenig erforschten Gebiete in allen Details darzustellen. Das wäre im Rahmen eines Einzelwerks nicht zu leisten. Der an den Feinheiten dieser Themen interessierte Leser möge sich an die hier zitierte Spezialliteratur halten. Aber wir wollen »Lust auf Mehr« machen und die **Brücke schlagen zu den aktuellen Finanztrends** dieser Zeit.

Dazu gehört sicherlich immer noch das Thema **internationale Rechnungslegung nach den IFRS**. Ob Goodwill-Bilanzierung für den Beteiligungs-Controller, Umsatzrealisierung für den Vertriebs-Controller oder die Aktivierung von Entwicklungskosten für den FuE-Controller – Bilanzierungsthemen aus dem Weg zu gehen wird für den Controller immer schwerer. Und wen die IFRS nicht direkt betreffen, weil das eigene Unternehmen nicht kapitalmarktorientiert ist, den holen die Themen durch Hintertürchen wie BilMoG (Bilanzrechtsmodernisierungsgesetz 2010) oder BilRUG (Bilanzrichtlinie-Umsetzungsgesetz 2016) ein – Novellierungen des deutschen Handelsgesetzbuchs (HGB) mit teilweiser oder vollständiger Anpassung/Annäherung an die IFRS.

Die Aufgabe, sich als Controller auch verstärkt dem externen Rechnungswesen zuzuwenden, es zu verstehen, zu nutzen, entsprechend dieser Regeln zu planen und Kennzahlen zu berechnen, hat in den letzten Jahren deutlich an Bedeutung gewonnen. Vonseiten der Banken kam die Anforderung, Ratings durchzuführen. Dabei werden u. a. Finanzkennzahlen berechnet und ausgewertet. Auf der Seite des Unternehmens ist es oft der Controller, der diese so genannten Covenants überwacht.

Auch der Bereich **Tax** ist in den letzten Jahren in den Vordergrund gerückt. Einmal beim **Ausweis latenter Steuern** im Jahresabschluss: Dort waren sie in den IFRS immer schon ein großes Thema. Durch die Aufgabe der umgekehrten Maßgeblichkeit kann man sich ihnen auch in der HGB-Welt oftmals nicht mehr entziehen. Zum anderen aber natürlich auch über die so genannte **Inter-Company-Verrechnung** in international agierenden Konzernen. Das Abschlusskapitel dieses Buches über Transferpreise wird zeigen: Steuern (im fiskalischen Sinne) ist etwas völlig anderes als Steuern (im Sinne von »to control«). Nur wer in beiden Welten mitreden kann, kommt der Businesspartner-Rolle des Controllers als »ganzheitlicher Berater« des Managements nahe.

Auch mit dem Bereich **Treasury** hat zumindest der Group Controller viele Schnittstellen. Da gibt es gemeinsame Ziele wie die Erhöhung der Planungsqualität und das Steuern finanzwirtschaftlicher Risiken durch Hedging. Wenn es um die Absicherung offener Währungs- oder Rohstoffpositionen geht, ist übrigens nicht der Controller am »Ende der Nahrungs- (oder besser Informations-)kette«. Der Treasurer ist derjenige, der auf valide Informationen aus der Planung angewiesen ist, wenn er per Mitte nächsten Jahres z. B. 10 Mio. USD auf Termin verkauft. Übrigens: Gehedgt werden immer Zahlungsströme (Cashflows), niemals Ergebnisgrößen wie z. B. EBIT. Noch ein weiterer Trend also für den Controller: **Cashflowsteuerung statt (oder zumindest zusätzlich zur) Ergebnissteuerung**. Neben die Deckungsbeitragsrechnung und die Gewinn- und Verlustrechnung tritt die Cashflowrechnung.

Finanz-Controlling ist natürlich ein Zahlenthema. Mit diesem Buch wollen wir behilflich sein in Orientierung und auch Übung. Man kann das Buch zum großen Teil nicht einfach nur lesend durchblättern. Man muss es lesend rechnen oder eben rechnend lesen. Denn mit einem konkreten Beispiel vor Augen »sitzt« das Thema viel besser. Nicht nur im Seminar, sondern eben auch bei einem Buch.

Gewidmet ist das Buch – neben den Finanz-Controllern – allen CFOs. Denn dort bündeln sich die Aufgabenbereiche Accounting, Treasury, Tax und Controller-Service. Interne und externe Zahlen werden dort vernetzt und integriert. Insofern ist dieses Buch auch eine respektvolle Verbeugung vor der Buchführung als Ursprung (fast) aller Zahlen.

Wörthsee, im Herbst 2020

Guido Kleinhietpaß und Gerhard Radinger, Trainer und Partner der CA Controller Akademie AG

PS: Wir haben das Buch mit großer Sorgfalt geschrieben und Korrektur gelesen. Sollten sich dennoch Fehler eingeschlichen haben, freuen wir uns sehr über eine kurze Rückmeldung. Das gilt ebenso für Anregungen und Kritik zum Buch.

1 Was wir unter Finanz-Controlling verstehen

1.1 Wo Finanz-Controlling sich abspielt

Der Begriff Finanz-Controlling scheint erklärungsbedürftig zu sein. Sucht man bei Jobportalen nach den Tätigkeiten eines Finanz-Controllers, so findet man folgende Aufgabenbeschreibungen[1]

Beispiel 1: Aufgabenbeschreibung eines Finanz-Controllers in der Logistik-Branche

- Durchführung von Budgetplanung, Forecasting und Reporting der Tochtergesellschaften
- Weiterentwicklung, Erstellung und Auswertung von regelmäßigen Berichten
- Leitung von unterschiedlichen Projekten im globalen Controlling
- Beratung des Topmanagements auf Vorstands- und Bereichsleiterebene
- Kompetenter Ansprechpartner für die Konzerngesellschaften in allen Fragen zu Kostenstrukturen und Verrechnungsmodellen

Beispiel 2: Aufgabenbeschreibung eines Finanz-Controllers im Gesundheitswesen

- Weiterentwicklung und Betreuung des Berichtswesens für die Kliniken
- Aktive Mitarbeit an der Kostenträgerrechnung
- Erstellung von Wirtschaftlichkeitsberechnungen
- Mitarbeit bei der Anfertigung der Unterlagen für Krankenhausentgeltverhandlungen
- Optimierung des Bettenmanagements
- Betreuung und Beratung der Kliniken auch hinsichtlich der ambulanten spezialfachärztlichen Versorgung

Beide Stellenbeschreibungen enthalten Aufgaben der Kostenrechnung und des Standardreportings, wie sie auch bei vielen anderen Controlling-Tätigkeiten zu finden sind. Daher decken sich diese Jobprofile nur zu einem geringen Teil mit unseren Vorstellungen von Finanz-Controlling und wie wir es hier im Folgenden beschreiben werden.

Aus unserer Sicht ist Controlling der Prozess von Zielfindung, Planung, Steuerung. Dieser Prozess ist Managementaufgabe. Dass das sehr oft (aber nicht immer) mit »Finanzen« im weiteren Sinne, also mit monetären Zielen zu tun hat, ist klar.

In diesem Sinne umfasst der Begriff »Finanz-Controlling« – wie wir ihn hier in diesem Buch beschreiben – Aufgabenbereiche, die oft nicht so nah dran sind am operativen Geschäft. Das unterscheidet Finanz-Controlling von z. B. Vertriebs-, Produktions- oder Projekt-Controlling. Finanz-Controlling findet zumeist in der Unternehmensleitung, der Konzernspitze und in der

1 Beide Beispiele stammen aus stepstone.de, Suchbegriff »Finanz-Controller«.

Nähe des Topmanagements statt. Oft findet man auch Begriffe wie Group-, Konzern-, Zentral- oder Corporate Controlling.

Finanz-Controlling ist ein vielschichtiges Thema. Nur in den seltensten Fällen wird es sich innerhalb **einer** Organisationseinheit abspielen. Dafür sind die Aufgaben zu heterogen. Im Finanz-Controlling ist deshalb das Managen von Schnittstellen extrem wichtig: die Koordination von Tochtergesellschaften, die Zusammenarbeit mit der Steuerabteilung, dem Treasury-Bereich oder auch mit den Banken.

Folgendes Jobprofil gibt diese Schwerpunkte aus unserer Sicht sehr gut wieder[2]:

Beispiel: Idealtypisches Jobprofil eines Finanz-Controllers

- Erstellung von Monats-, Quartals- und Jahresabschlüssen
- Erarbeitung von Entscheidungsvorlagen und Business Cases
- Finanzielle Abwicklung und Steuerung von Investitionsprojekten
- Ansprechpartner bei allen finanzwirtschaftlichen Fragestellungen zu Ergebnis, Net Working Capital und Liquidität
- Weiterentwicklung des Beteiligungs-Controllings in der Gruppe
- Ansprechpartner für den Wirtschaftsprüfer

1.2 Finanz-Controlling ist mehr als »Management by Blick aufs Bankkonto«

Dreh- und Angelpunkt des Finanz-Controllings ist die Bilanz. Die Entscheidungen in Vertrieb, Produktion, Forschung und Entwicklung, Supply Chain etc. spiegeln sich nicht nur in einer internen Ergebnisrechnung (Deckungsbeitragsrechnung) und Gewinn- und Verlustrechnung (GuV), sondern auch in der Bilanz wider: der Zugang zu einem neuen Markt durch Kauf einer Beteiligung, die Verbesserung der Lieferfähigkeit durch Investition in Vorräte, das Erkämpfen von Marktanteilen durch längere Zahlungsziele im Vertrieb – all das hinterlässt Spuren in der Bilanz.

Viele Unternehmen sind »EBIT-getrieben«. Zielvereinbarungen mit Führungskräften und damit oft auch Controlling-Systeme sind auf die Planung und Steuerung der GuV ausgelegt. Am Ergebnis der GuV meint man ablesen zu können, ob ein Unternehmen erfolgreich war oder nicht. Von den drei Kerninstrumenten des externen Rechnungswesens (neben Bilanz und Kapitalflussrechnung) scheint die GuV das einfachste zu sein, vielleicht, weil sie (zumindest in den allermeisten Fällen) jedes Jahr wieder bei null startet und keine Altlasten aus den Vorjahren mit sich »herumschleppt«.

2 Quelle: Stepstone.de.

Aber GuV und Bilanz sind zwei Seiten derselben Medaille. Sie sind wie siamesische Zwillinge an mehreren Stellen miteinander verbunden. Eine getrennte Betrachtung der beiden ist nicht sinnvoll bzw. auch gefährlich.

Beispiel: Es ist die Rechnung eines IT-Dienstleisters zu verbuchen. Die entscheidende Fragestellung lautet: Ist der zugrunde liegende Sachverhalt aktivierungsfähig bzw. aktivierungspflichtig oder nicht? Im ersten Fall ist vor allem die Bilanz und in geringem Ausmaß (über die anteilige Jahresabschreibung) auch die GuV, im zweiten Fall ausschließlich die GuV betroffen. Die Entscheidung (und hier gibt es teils erhebliche Spielräume) beeinflusst nicht nur das EBIT, sondern auch die Bilanzkennzahlen des Unternehmens.

Abbildung 1.1 beschreibt den Fall einer aggressiven Bilanzpolitik: Die Aufwendungen werden vermindert, z. B. durch die Aktivierung von (werterhöhenden) Instandhaltungen oder Aufbau von Lagerbeständen. Alternativ können z. B. auch Rückstellungen aufgelöst werden. Die Grafik zeigt, dass jede Managemententscheidung sich zwingend auf GuV **und** Bilanz auswirkt. Die klassische Aufgabenteilung, bei der sich die Controller um das EBIT »kümmern« (beeinflussen oder auch »nur« reporten) und die Buchhaltung um die Bilanz, greift also zu kurz.

Wenn die Controller ihrer Rolle als Businesspartner gerecht werden und das Management ganzheitlich beraten wollen, sind fundierte Bilanzkenntnisse unabdingbar. Die Schnittstellen zwischen Accounting und Controlling sind in den letzten Jahren größer geworden (z. B. Umsatzrealisierung im Vertriebs-Controlling, Bestandsbewertung im Rahmen des Working Capital-Managements). Doch nirgends sind sie so stark ausgeprägt wie im Finanz-Controlling. Um mit den Kollegen aus den anderen Fachbereichen »auf Augenhöhe« sprechen zu können, muss daher jeder Finanz-Controller zumindest die Grundlagen von Buchführung und Abschluss (Kapitel 2) verstanden haben.

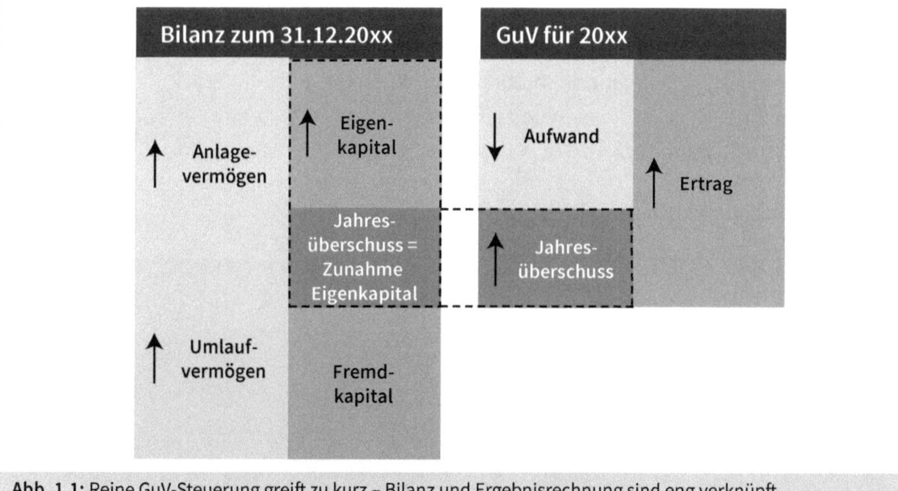

Abb. 1.1: Reine GuV-Steuerung greift zu kurz – Bilanz und Ergebnisrechnung sind eng verknüpft

Nach den Regeln der IFRS gibt es zudem noch die Möglichkeit, **bestimmte Ergebnisbestandteile erfolgsneutral direkt im Eigenkapital** – also ohne den Umweg über die GuV – zu verbuchen. Diese Positionen/Sachverhalte werden unterhalb des Jahresüberschusses im »sonstigen Ergebnis« oder »**Other Comprehensive Income (OCI)**« gezeigt und machen bei deutschen DAX-Unternehmen mitunter 40 % des Gesamtergebnisses aus[3]. Im Fokus der Öffentlichkeit steht jedoch das Periodenergebnis der GuV (oft auch als »bereinigtes EBIT« dargestellt). Im Kapitel 3 (Schnittstellen von Controlling und Rechnungslegung) werden wir noch darauf zu sprechen kommen.

Aber nicht nur die GuV ist untrennbar mit der Bilanz verbunden, auch die Kapitalflussrechnung mit ihren verschiedenen **Cashflow-Arten** wird (größtenteils) aus der Bilanz heraus ermittelt. Vor allem internationale Investoren, aber auch Banken achten zunehmend auf die Fähigkeit des Unternehmens, Cash zu generieren, um Schulden zu tilgen oder Dividenden bezahlen zu können (Kapitel 9 Finanzkennzahlen und Kapitel 10 Unternehmensrating). Insofern hat Finanz-Controlling – wie Einkaufs-, Produktions- und Vertriebs-Controlling – auch immer mit der Koordination von Teilplänen zu tun. Investition und Finanzierung sind Zwillinge. Mittelverwendung und Mittelherkunft beim Cashflow ist wie Einkauf und Verkauf im operativen Geschäft. Man sollte das eine nicht tun, ohne über das andere Bescheid zu wissen. Daher machen wir im Kapitel 7 einen kurzen »Ausflug« ins Treasury.

Cash wird z. B. in **Wachstumsszenarien** benötigt. Egal ob organisches Wachstum mit dem Kauf von Sachanlagen (Kapitel 5 Investitionsbeurteilung) und der Erhöhung von Beständen und Forderungen (Kapitel 8 Working Capital-Management) oder anorganisch mit Unternehmenskäufen – es braucht Liquidität. Sind diese Zukäufe in den Konzernverbund integriert, braucht es eine Performance Messung (Kapitel 11 Wertorientiertes Controlling). Diese wird – zumindest bei Tochtergesellschaften im Ausland – erschwert durch die steuerlichen Regelungen der Inter-Company-Verrechnung im Konzern (Kapitel 12 Transferpreise).

Das eine Thema beim Finanz-Controlling – liebe Leserinnen und Leser – gibt es also nicht. Neben dem Spezialwissen in einzelnen Bereichen ist immer auch ein Stück Generalistentum gefragt, um den Überblick zu behalten und das große Ganze zu verstehen. Gerade hier möchten wir mit diesem Buch unterstützen.

---

3 Vgl. Zülch/Höltken (2015): Das Other Comprehensive Income – eine vielfach unbeachtete und wenig vergleichbare Größe auf dem deutschen Kapitalmarkt, www.kapitalmarkt-forschung.info, Zugriff am 2.3.2020.

1.3 Finanz-Controlling als Teil einer ganzheitlichen Unternehmenssteuerung

Es heißt, ein Bild sagt mehr als 1000 Worte – das gilt gerade für komplexe Themen wie Controlling. Die folgende Grafik ist das Auftaktbild des Stufe 2-Seminars unseres Controller-Ausbildungsprogrammes. Im Jargon der CA Controller Akademie nennen wir es »Controllers Triptychon« oder auch einfach »Die drei Säulen der Unternehmenssteuerung«.

Wenn man Controlling – verstanden als Unternehmenssteuerung – umfassend betreiben möchte, dann muss das auf drei Feldern geschehen.

- Links in der Grafik befindet sich das **Feld der strategischen Fähigkeiten**. Diese sind nicht gottgegeben und für alle Zeit vorhanden, auch sie müssen geplant und systematisch weiterentwickelt (gesteuert) werden.
- In der Mitte ist das **Feld Ergebnis oder Ergebnisrechnung**. Hier befindet sich das Kernarbeitsgebiet der meisten Controller: Kostenstellenrechnung, Produktkalkulation, Deckungsbeitragsrechnung sind nur drei Stichworte.
- Rechts ist das Feld der **Finanzen**. Es verkörpert die oben beschriebenen Schnittstellen zum externen Rechnungswesen.

Historisch gesehen – wir sprechen jetzt besser von Säule – handelt es sich bei der rechten Säule um die älteste. Sie geht zurück auf die Arbeit von Luca Pacioli, der in seinem Buch »Summa de Arithmetica, Geometria, Proportioni et Proportionalità« 1494 als erster die doppelte Buchführung vollständig beschrieben hatte[4].

Das Symbol der rechten Säule ist das T-Konto der Bilanz, das Mittelverwendung (Anlage- und Umlaufvermögen im HGB-Jargon) und Mittelherkunft (Eigen- und Fremdkapital) gegenüberstellt. Die Bilanz ist eine Stichtagsbetrachtung, während die GuV einen Zeitraum betrachtet. Die »Nabelschnur« zwischen beiden ist (im positiven Falle) der Jahresüberschuss, der von der GuV auf die Passivseite der Bilanz führt und dort das Eigenkapital mehrt. Aus der Bilanz heraus (besser: aus den Veränderungen zwischen zwei Bilanzen) wird der Cashflow ermittelt, der z. B. in der Shareholder Value-Rechnung (Kapitel 11) zur Unternehmensbewertung herangezogen wird. Auch der EVA – Economic Value Added™ – wird aus dem externen Rechnungswesen abgeleitet.

4 Pacioli wird daher oft fälschlicherweise als Erfinder der Buchhaltung bezeichnet. Die Methode geht aber vermutlich auf Benedikt Kotruljevic [sic!], einen aus Dubrovnik stammenden Kaufmann (1416–1469) zurück.

Abb. 1.2: Luca Pacioli in typischer Pose (»Buch-haltend«)

Wer also über moderne Themen wie M&A (Mergers and Acquisitions) oder wertorientierte Unternehmenssteuerung mitreden möchte, tut gut daran, vorher die Prinzipien von Buchführung und Bilanzierung verstanden zu haben.

Die Systematik der rechten Säule sagt uns also, ob wir im letzten Jahr (bzw. Monat, Quartal ...) einen Jahresüberschuss und einen Cashflow erwirtschaftet haben oder nicht. Für den Controller ist aber zunächst die Frage wichtig, ob wir im nächsten Jahr (in den nächsten Jahren) einen Jahresüberschuss bzw. Cashflow haben werden. Es geht also zunächst um die **Finanzplanung**. Das System verrät uns allerdings nichts über die Quellen des (Miss-)Erfolgs. Dazu müssen wir umsteigen in die mittlere Säule, in das »klassische« Controlling.

Die mittlere Säule ist keine 500 Jahre alt. Die Basics der Kostenrechnung lassen sich zurückverfolgen in die 20er-Jahre des letzten Jahrhunderts. Damals entstand mit dem Direct Costing der Vorläufer der modernen **Deckungsbeitragsrechnung**. Daher ist das führende Symbol hier das Break-Even-

Chart[5]. Angefangen bei der Produkt-DB-Rechnung bieten moderne Business Intelligence-Systeme (BI-Systeme) flexible Auswertungsmöglichkeiten nach Regionen, Kunden, Vertriebskanälen und anderen Dimensionen. Um aber methodisch überhaupt einen Deckungsbeitrag bestimmen zu können, ist eine **Kostenträgerrechnung** (Produktkalkulation) notwendig. Sie liefert z. B. den Wert der Produktkosten (»proportionale Kosten«) aus Stückliste und Arbeitsplan. Aus der Differenz von Umsatz und Produktkosten wird der DB I ermittelt, der zur Beurteilung der Sortimentspriorität dient. Unterhalb des DB I sind die Strukturkosten zu finden, die über Bezugsobjekte wie Produktgruppen, Kostenstellen oder Geschäftsbereiche in die weiteren DB-Stufen verrechnet werden. Hierzu wird meist eine **Profit Center-Rechnung**, ggf. auch eine **Prozesskostenrechnung** verwendet. Resultat der DB-Rechnung ist ein DB III, IV ... im Sinne eines Betriebsergebnisses.

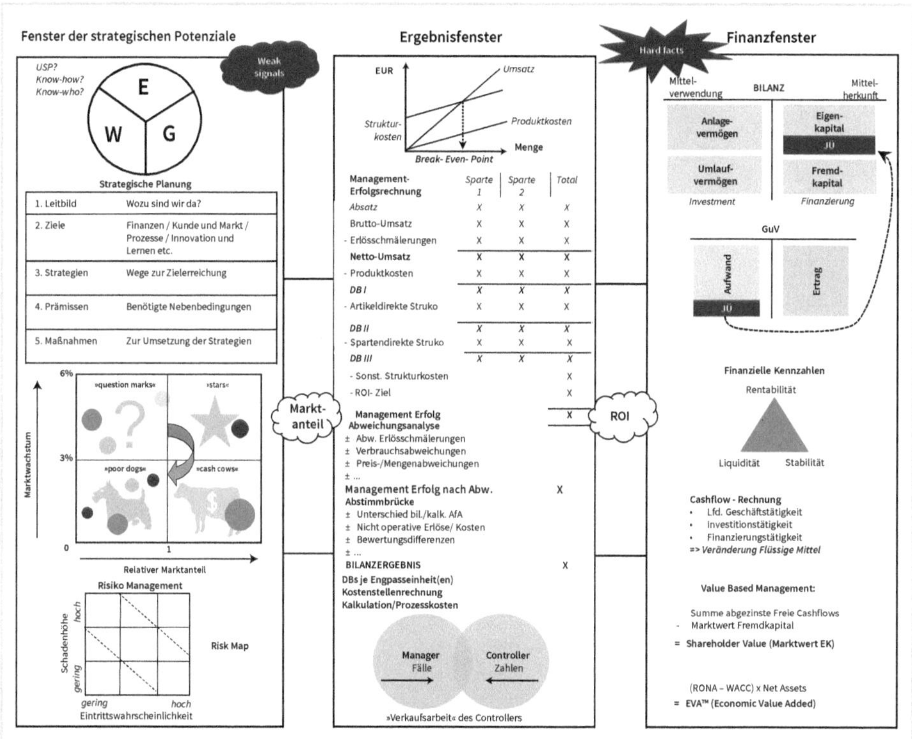

Abb. 1.3: Controlling findet auf drei Feldern statt (»Das Controlling-Triptychon«)

Hohe Deckungsbeiträge in der Mitte des Bildes sind die Vorstufe für eine gute finanzielle Lage und solide Cashflows rechts. Ein Unternehmen, das dauerhaft profitable Produkte hat, sollte bei Bilanz, GuV und Cashflow keine größeren Probleme bekommen. Und wer an Controlling im Sinne von Planen, Entwickeln und Steuern denkt, sollte sich fragen: Was sorgt dafür, dass in der

5 Zu Deckungsbeitragsrechnung und Break-Even-Logik vgl. ausführlich Deyhle/Eiselmayer/Kleinhietpaß (2016): Controller-Praxis, Kapitel 3.

Mitte hohe Deckungsbeiträge entstehen? Gute strategische Fähigkeiten! Sie sind praktisch die »Vorsteuer-Größe« (nicht fiskalisch gemeint!) für gute finanzielle Ergebnisse. Und damit sind wir im linken Teil des Bildes angelangt.

Das Thema **Strategie** hat systematisch Einzug in die Unternehmenswelt gefunden etwa ab Ende der Sechziger bis Anfang der Siebziger Jahre des letzten Jahrhunderts. Spätestens mit der Ölkrise 1973 waren die Zeiten des starken Wachstums für viele Unternehmen vorbei und es wurde erforderlich, sich systematisch mit Stärken und Schwächen des Unternehmens, aber auch mit Chancen und Risiken aus dem Umfeld (Gesetzgeber, Technologie, veränderte Kundenwünsche etc.) zu beschäftigen (SWOT-Analyse). Stellvertretend sei hier auch der Name der Boston Consulting Group genannt, die uns eine Vielzahl von strategischen Werkzeugen beschert hat, z. B. die Portfolio-Analyse, den Produktlebenszyklus und die Erfahrungskurve. Auch **das** Strategie-Tool der 2000er-Jahre – die Balanced Scorecard von Kaplan/Norton – lässt sich hier einsortieren. Aus Sicht der Controller Akademie passt in diesen linken Bereich des Triptychons auch unser WEG-Symbol: Die Unternehmensziele **W**achstum – **E**ntwicklung – **G**ewinn.

Bitte beachten Sie, liebe Leserin, lieber Leser, die **Entscheidungslogik des Triptychons,** denn sie verläuft von links nach rechts:

- Zuerst muss das Unternehmen strategisch planen und entscheiden, nämlich was aus seiner Sicht **die richtigen Dinge** sind, die getan werden müssen. Was sind die Kernkompetenzen (Know-how) und die Kernzielgruppen (Know-who) des Unternehmens?
- Dann folgt in der Mitte die operative Umsetzung im Sinne von »**die Dinge richtig tun**«.
- Und zum Schluss (rechts) gilt es, diese Entscheidungen auch finanziell/bilanziell aushalten zu können.

Die Härte der Signale ist rechts größer als links. Eine schlechte Eigenkapitalquote oder mangelnde Liquidität sind rechts hart messbar, während strategische Ereignisse oder Entwicklungen oft schleichend und unbemerkt verlaufen. Ist die Krise des Unternehmens erst einmal rechts im Finanzfeld angekommen, ist der Entscheidungsspielraum schon recht eingeschränkt, manchmal bleibt vielleicht nur die Insolvenz.

Unbesetzt im Triptychon sind bisher die beiden **Verbindungsstege zwischen den Säulen**. Wir platzieren hier zwei Kennzahlen.

- Für den rechten Steg ist die **Finanzkennzahl Kapitalrendite** (z. B. ROI) geeignet. Sie verbindet das operative Ergebnis aus der Mitte mit dem aktuellen Kapitaleinsatz aus der Bilanz rechts. Diese harte mathematische Verknüpfung durch die Formel einer Finanzkennzahl steht im Gegensatz zu linken Steg.
- Auf dem linken Steg sehen wir den **Marktanteil** als strategisch-operative »Umsteigegröße«. Er repräsentiert natürlich als Absatzmenge oder Umsatz den Start in operative Ergebnisrechnung. Andererseits ist mit der Größe Marktanteil auch immer die Frage verbunden »Wieviel haben unsere Wettbewerber?«. Damit sind wir wieder im strategischen Fenster angekommen.

1.4 Die Finanzplanung als »Schlussstein« der Unternehmensplanung

Bisher haben wir Finanz-Controlling thematisch umrissen (Kapitel 1.1 und 1.2) und auch in den Gesamtkontext der Unternehmenssteuerung eingeordnet (Kapitel 1.3). Mit dem Drei-Säulen-Modell des Triptychons leiten wir auch über zur Prozessperspektive, also zu der Frage: Wie ist die Finanzplanung im Gesamtkontext der Unternehmensplanung zeitlich-prozessual einzusortieren?

Die Entscheidungs- und Planungslogik im Triptychon lief von links nach rechts. Zuerst ist festzulegen, was die richtigen Dinge für das Unternehmen sind (effektiv); danach, wie diese richtig (effizient) umzusetzen sind. In Bilanz und Cashflow sammeln sich dann sämtliche Auswirkungen unserer Entscheidungen. Entsprechend bildet die Finanzplanung den Abschluss im Prozess der Unternehmensplanung.

Den Startpunkt bildet die strategische Planung. Aus ihr heraus werden Leitplanken im Sinne von Rahmenvorgaben entwickelt für die operative Planung (Budgetplanung des nächsten Jahres und/oder Mittelfristplanung). Diese startet mit der Absatzplanung im Vertrieb. Der Kunde ist immer Engpass, kauft oft nicht so viel, wie wir gerne hätten. Aus der **Vertriebsplanung** (Absatzmengen, Sortimentsmix) wird zum einen die Produktionsplanung abgeleitet. Diese explizite Unterscheidung findet sich nur bei Unternehmen, die physische Güter herstellen, bei Dienstleistern ist Produktion und Absatz im Regelfall *ein* Vorgang. Zum anderen wandern die Kostenstellenplanung des Vertriebs (z. B. Personal- und Sachkosten) sowie das Erlösschmälerungsbudget direkt in die DB-Rechnung.

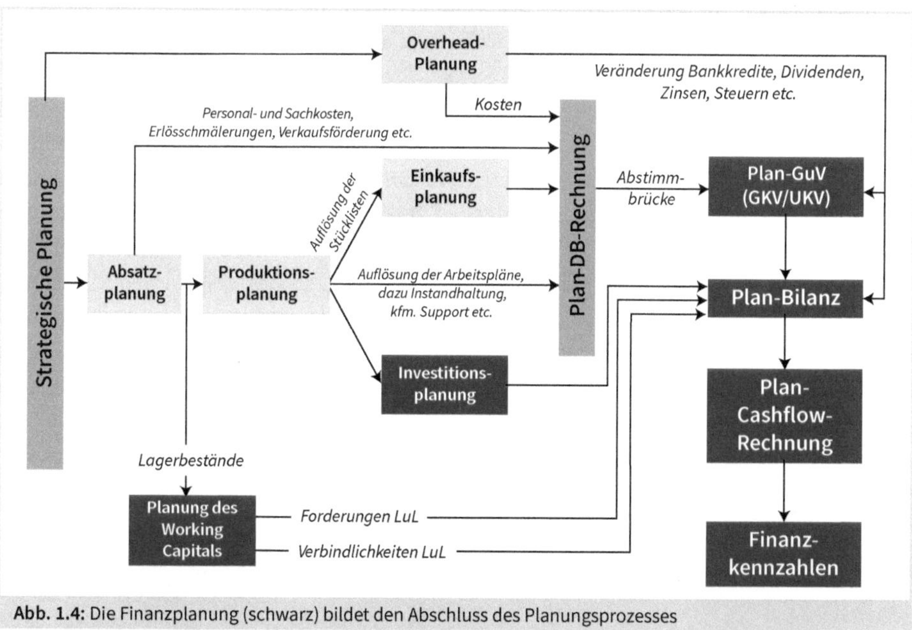

Abb. 1.4: Die Finanzplanung (schwarz) bildet den Abschluss des Planungsprozesses

Aus der **Produktionsplanung** ergeben sich mehrere Verzweigungen: Zunächst einmal wird über die Auflösung der Stücklisten der Materialbedarf ermittelt, um die entsprechenden Mengen für den Einkauf planen zu können. Dann wird auch der Personalbedarf festgestellt (Auflösung der Arbeitspläne), der dann direkt in die DB-Rechnung wandert. Drittens unterstellt die Grafik, dass wir in der Produktion **Investitionsbedarf** haben. Die Investitionsbeträge laufen an der DB-Rechnung vorbei direkt in die Bilanzplanung.

Der Abbildung 1.4 liegt die Annahme zugrunde, dass die **Planung primär in der Logik der Deckungsbeiträge** erfolgt, d. h. die Planungen der einzelnen Ressorts werden zunächst in der DB-Rechnung zusammengefahren. Denn nur so ist gewährleistet, dass wir unsere Ressourcen DB-optimal einsetzen. Für den Vertriebs-Controller sollte damit die DB-Rechnung das zentrale Steuerungsinstrument sein.

Für den Finanz-Controller – so wie wir ihn verstehen – spielt dagegen die DB-Rechnung höchstens eine untergeordnete Rolle. Er ist – genauso wie das Topmanagement in Vorstand und Aufsichtsrat und auch externe Adressaten wie Banken oder Investoren – mehr an der **GuV** interessiert. Diese wird in unserem Planungsablauf über eine Abstimmbrücke aus der DB-Rechnung abgeleitet. Wie das im Detail passiert und welche Positionen Bestandteil einer solchen Abstimmbrücke sein können, werden wir anhand eines konkreten Fallbeispiels im Kapitel 4 erläutern.

Die Erstellung der GuV ist unser erster Schritt bei der Finanzplanung, der **zentrale Baustein** ist allerdings wie bereits erwähnt die **Planung der Bilanz**. Sie benötigt außer der GuV weitere Annahmen bzw. Entscheidungen zu Investitionen, den Bestandteilen des Working Capitals sowie durch die Unternehmensleitung zu treffende Aussagen zu Verschuldung/Bankkrediten, Ausschüttungen und Ertragsteuern.

Um die Liquidität des Unternehmens dauerhaft sicherzustellen, ist im dritten Schritt eine **Kapitalflussrechnung** (Cashflow-Statement) zu entwickeln. Sie zeigt uns die aus- und eingehenden Zahlungsströme der Planperiode, unterschieden in laufende Geschäftstätigkeit, Investitionstätigkeit und Finanzierungstätigkeit. Ihre Residualgröße ist nicht der Überschuss der Erträge über die Aufwendungen, sondern die Veränderung der Flüssigen Mittel in der Kasse, im Fachjargon auch »Cash and Cash Equivalents« genannt.

Um die Komplexität des Themenbereichs zu reduzieren, endet an dieser Stelle auch unser in Kapitel 4 geschildertes, **erstes** ausführliches **Fallbeispiel zur Finanzplanung**. Wir betrachten hier noch keine Investitionen und haben den Fokus ausschließlich auf das nächste Geschäftsjahr gerichtet. Hier hat die Ermittlung von Finanzkennzahlen nur eingeschränkt Sinn, da bei einer isolierten Einjahresplanung noch keine aussagekräftigen Trends zu erkennen sind.

Das **zweite große Fallbeispiel** (Kapitel 6) ergänzt die gewonnenen Erkenntnisse. Hier spielen nun die geplanten Investitionen (als logische Konsequenz der Investitionsbeurteilung in Kapitel 5) und der Einstieg in neue Geschäftsfelder die entscheidende Rolle. Wir werden ausführlich die Wirkungen auf Bilanz und Cashflow zeigen. Dies geschieht vor dem Hintergrund eines dreijährigen Planungszeitraumes. Hier setzt auch die **Ermittlung von Finanzkennzahlen** an. Wir tun das sowohl für uns selbst als auch für externe Empfänger, z. B. Banken (Covenants). Natürlich darf es für einen Controller nicht bei der Ermittlung bzw. Analyse einer Kennzahl bleiben, das eigentliche Steuern beinhaltet natürlich immer auch Maßnahmen, etwa zur Verbesserung des Working Capitals (Kapitel 8).

Working Capital-Management ist allerdings nur zum Teil ein Bilanzthema. Vor allem ist es ein Prozessthema. Hohe Lagerbestände oder Forderungen sind oft Resultat von »Schlamperei« bzw. nicht standardisierten Prozessen. Daher schneiden wir hier die Themen Prozessmanagement und Prozesskostenrechnung nur kurz an[6].

Sie erkennen, liebe Leserin, lieber Leser: Im Finanz-Controlling geht es nicht nur um »number crunching«. Vielmehr ist interdisziplinäres Denken und das Managen von Schnittstellen zu operativen und anderen Fachbereichen gefragt.

6 Für weitere Ausführungen verweisen wir auf die Spezialliteratur zum operativen Controlling, z. B. Deyhle/Eiselmayer/Kleinhietpaß (2016): Controller Praxis, Kapitel 4.

2 Buchführung und Abschluss: die Grundlagen

2.1 Die Buchführung ist die Basis des Rechnungswesens

Buchhaltung und Buchführung werden umgangssprachlich synonym verwendet. In Unternehmen ist »Buchhaltung« oft der Name einer Abteilung. Diese macht die Buchführung. Wenn Sie nun noch das Wort »ordnungsgemäß« durch »ordnungsmäßig« ersetzen und von »ordnungsmäßiger Buchführung« sprechen, dann haben Sie sicherlich einen guten Gesprächsstart bei den Kollegen der Buchhaltung. In Gesetzen wird übrigens auch zumeist der Begriff »Buchführung« verwendet. Dort finden sich in Handels- und Steuerrecht zahlreiche Ge- und Verbote, die zu beachten sind. In Deutschland[7] gab es Regelungen, die international unüblich waren. Bis zur Reformierung des HGB durch das BilMoG (Bilanzrechtsmodernisierungsgesetz) 2009 galten für die handels- und steuerrechtliche Bilanzierung die Prinzipien **Maßgeblichkeit** (der handelsrechtlichen Bilanzierungsvorschriften für das Steuerrecht) und **umgekehrte Maßgeblichkeit** (der steuerrechtlichen Bilanzierungsvorschriften für das Handelsrecht). Durch eine geschickte Ausübung der Wahlrechte konnte ein Unternehmen eine sogenannte Einheitsbilanz aufstellen – mit dem Ergebnis, dass die handelsrechtliche Bilanz mit der steuerrechtlichen Bilanz identisch war.

Das BilMoG hat das Prinzip der umgekehrten Maßgeblichkeit abgeschafft. Es gilt seitdem die international übliche Trennung von Handels- und Steuerrecht. Dennoch finden sich auch weiterhin zahlreiche Regelungen, die – in Deutschland in HGB und AO[8] – stark aufeinander abgestimmt und teils sogar identisch formuliert sind. Oft gelingt es durch die Ausübung von Wahlrechten, die Abweichungen der beiden Bilanzen minimal zu halten. Unternehmen bietet das den Vorteil, den Arbeitsaufwand in der Buchhaltung gering zu halten. Damit sinkt auch der Erklärungsbedarf gegenüber den Eigentümern. Das ist insbesondere in kleineren, familiengeführten Unternehmen ein nicht zu unterschätzender Faktor, da dort die betriebswirtschaftlichen und steuerlichen Kenntnisse meist geringer ausgeprägt sind als in großen, international tätigen Konzernen.

7 Ähnlich in Österreich und der Schweiz.
8 Abgabenordnung.

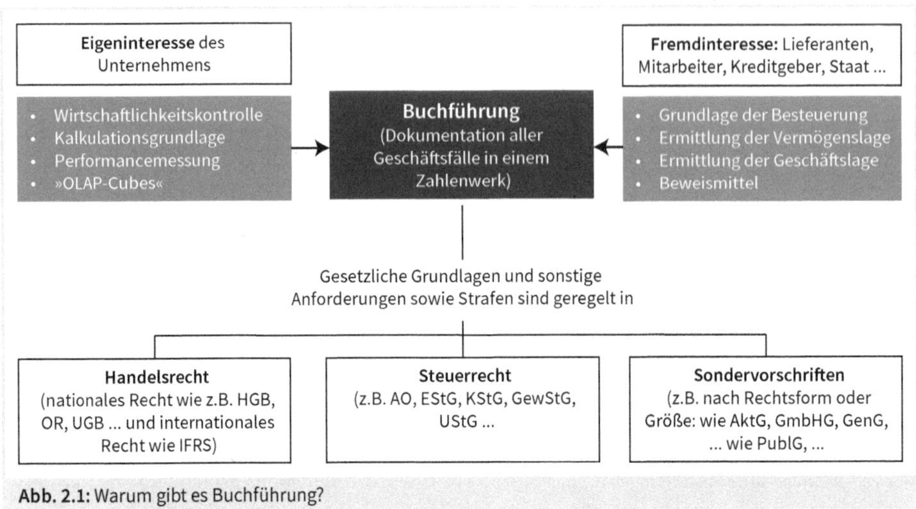

Abb. 2.1: Warum gibt es Buchführung?

Da wir Controller – im Regelfall – nicht selber buchen müssen, sind wir von Ge- und Verboten der unterschiedlichen Rechnungslegungsnormen und -vorschriften nur indirekt betroffen – nämlich als Empfänger von Zahlen, die wir analysieren. Doch um das zu tun, ist es ist es hilfreich zu verstehen, wie diese Zahlen zustande kommen. Schließlich erstellt die Buchführung mit den primären Aufwendungen und Erträgen die Grundlage für unsere Arbeit. Wir beschränken uns in diesem Kapitel darauf, die Grundlagen zu beschreiben. Detailfragen müssen wir – zum Glück – zu diesem Zweck nicht behandeln.

2.1.1 Bücher, Konten und Buchungen

Wie Controller die buchhalterischen Zahlen und Daten verwenden, ist sehr unterschiedlich.

- Controller können meist die Daten unverändert nutzen.
- Controller können Positionen zusammenfassen (weil der Genauigkeitsgrad der Buchhaltung im Regelfall nicht benötigt wird).
  - Zum Beispiel können in der Darstellung des Aufwands die Instandhaltung oder unterschiedliche Varianten der Umsatzsteuer zusammengefasst werden.
  - Bei der Darstellung des Ertrags ließen sich die sbE[9] zusammenfassen.
- Controller trennen gelegentlich buchhalterische Erträge oder Aufwandsarten. Das ist zum Beispiel bei Daten aus dem Bereich Fertigung der Fall, um Lohn- und Gehaltskosten in variable und fixe Kosten zu splitten.[10]

9 Die sbE (sonstige betriebliche Erträge) werden durchaus in größeren Unternehmen systematisch analysiert, weil dort das Volumen entsprechend hoch ist. Das geht mit einer entsprechenden Kommentierung im Reporting einher; aber eben nicht mit einer systematisch anderen Daten*aufbereitung* oder *-struktur*.

10 Vgl. ausführlicher Deyhle/Eiselmayer/Kleinhietpaß (2016): Controller-Praxis, Kapitel 4.4.1.

Um die Daten der Buchhaltung zielorientiert nutzen zu können – zum Beispiel auf die gerade beschriebenen Arten – ist es für Controller wichtig zu wissen, wie die Daten im eigenen Unternehmen vorstrukturiert sind. Die genaue Kenntnis der Struktur hilft zudem bei der Klärung der Frage, welche Daten zusätzlich, z. B. im Rahmen von Sonderanalysen, zur Verfügung stehen.

Wenn wir von der Struktur sprechen, meinen wir den Kontenplan, der den Buchungen zugrunde liegt. Ein Kontenplan ist das Verzeichnis (systematische Gliederung) aller Konten eines Unternehmens. Der Kontenplan ist damit die spezifische Anpassung des Kontenrahmens[11] an das jeweilige Unternehmen. Dabei wird unterschieden zwischen

- Kontenrahmen nach dem **Prozessgliederungsprinzip**, die sich an betrieblichen Prozessen orientieren, und
- Kontenrahmen nach dem **Abschlussgliederungsprinzip**, die sich an der Gliederung der Bilanz und der GuV orientieren.

Aktiva	**Bilanz**	Passiva
A. Anlagevermögen A.II. Sachanlagen A.II.2. techn. Anlagen und Maschinen		

Kontenklasse	0	Immaterielle Vermögensgegenstände und Sachanlagen
Kontengruppe	07	Techn. Anlagen und Maschinen
Kontenarten	070	Anlagen und Maschinen der Energieversorgung
	071	Anlagen der Materiallagerung und -bereitstellung
	072	Anlagen und Maschinen der mechanischen Materialbearbeitung, -verarbeitung und -umwandlung

Abb. 2.2: Beispielhafter Aufbau eines Kontenplans nach dem Abschlussgliederungsprinzip[12]

Kontenpläne weisen nun für jede Kontenart (Kontenuntergruppe) verschiedene Einzelkonten aus, die durch weitere Ziffern unterschieden werden. Heutzutage haben Kontenpläne meist zwischen sechs und zehn Ziffern – selten mehr, während früher drei oder vier Ziffern ausreichend waren. Dass heute häufig längere Ziffernfolgen für die Bezeichnung verwendet werden, hängt damit zusammen, dass mit wachsender Unternehmensgröße typischerweise zwei Effekte verbunden sind. Zum einen steigt die Anzahl der abzubildenden Sachverhalte (z. B. werden mehr

11 Ein Kontenrahmen ist ein Verzeichnis aller Konten, die in einer Branche üblicher Weise benötigt werden. Gelegentlich wird bei großen Konzernen von einem Konzernkontenrahmen gesprochen, der als Basis für die Kontenpläne der Konzerngesellschaften dient.

12 Quelle: Fachseminar »Rechnungslegung für Controller« in Anlehnung an den »INDUSTRIE-KONTENRAHMEN (IKR) für Aus- und Fortbildung« des Bundesverband der Deutschen Industrie (BDI), Köln, März 1987.

unterschiedliche Maschinen oder mehr unterschiedliche Arten Werbung eingesetzt) und zum anderen steigt die Anzahl der Länder, in denen Unternehmensteile (Gesellschaften, Betriebsstätten) rechnungslegungspflichtig sind. Mit der Anzahl der Länder steigt auch die Anzahl der zu beachtenden Rechnungslegungsnormen.

Einerseits müssen die Anforderungen einer jeden Rechnungslegungsnorm mit Konten abgebildet werden können. Das bedeutet mehr Sachverhalte zu differenzieren zu müssen (z. B. staatliche Förderungen) und dafür werden zusätzliche Konten erforderlich. Andererseits sind Konten zu duplizieren, wenn ein Sachverhalt in den verschiedenen (parallel anzuwendenden) Vorschriften unterschiedlich bewertet und damit unterschiedlich verbucht werden muss.[13]

Dies führt zum sogenannten »Mickey-Mouse-Prinzip« bei Kontenrahmen: Denn dem Prinzip zufolge benötigen mathematisch nicht überleitbare Sachverhalte für jede Norm ein eigenes Konto. Selbstverständlich gilt diese Aussage nicht nur zwischen unterschiedlichen handelsrechtlichen Rechnungslegungsnormen, sondern auch für die Unterschiede von Handels- und Steuerrecht. Bildet man diese rechtliche Situation in Deutschland ab, so sieht das Ergebnis der Mickey-Mouse nicht unähnlich.

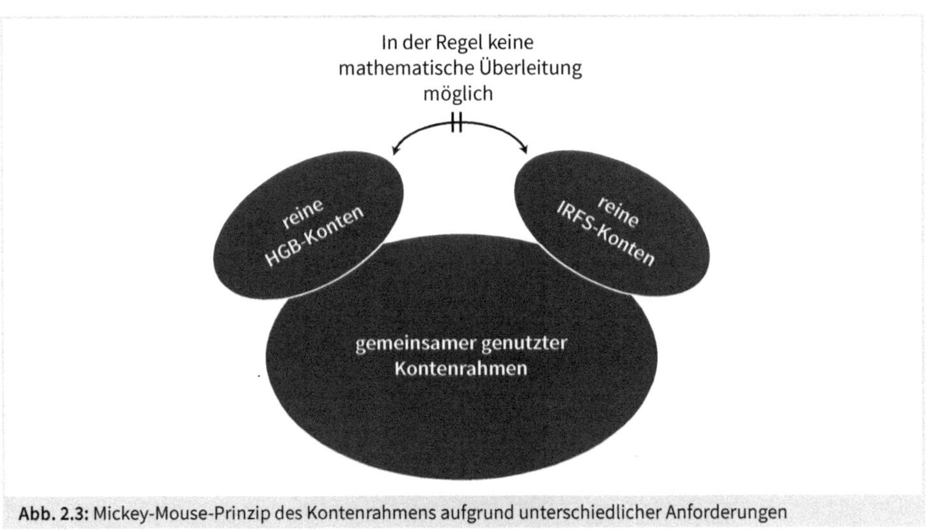

Abb. 2.3: Mickey-Mouse-Prinzip des Kontenrahmens aufgrund unterschiedlicher Anforderungen

13 Beispielsweise werden Pensionsrückstellungen unter HGB anders diskontiert als unter den IFRS. Zudem unterstellen die beiden Normen abweichende Prämissen bei der Berechnung des Pensionsanspruchs. Die zu buchende Höhe der Pensionsrückstellungen nach HGB lässt sich daher nicht mathematisch allgemeingültig aus der Höhe der Pensionsrückstellungen nach den IFRS herleiten (und umgekehrt). Der Betrag muss jeweils versicherungsmathematisch neu ermittelt werden.

Da jedes Land ein eigenes Steuerrecht hat, muss zwischen dem nationalen und dem internationalen Handelsrecht sowie dem jeweiligen Landessteuerrecht eine Abstimmung der Zahlen erfolgen. Latente Steuern zeigen die Differenz von tatsächlicher Steuerbelastung (Steuerrecht) zu einer fiktiv ermittelten Steuerlast auf Basis handelsrechtlicher Vorschriften (national bzw. international).

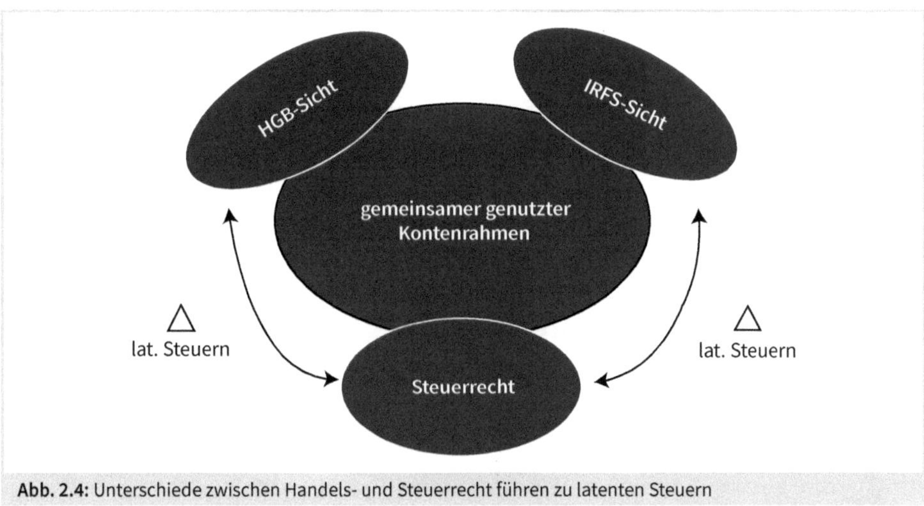

Abb. 2.4: Unterschiede zwischen Handels- und Steuerrecht führen zu latenten Steuern

Die meisten der in Kontenrahmen angegebenen Konten leiten sich aus den Posten der Bilanz und der Gewinn- und Verlustrechnung ab. Meist sind auch Konten für die Kosten- und Leistungsrechnung vorgesehen. Das Beispiel aus dem (älteren) Industriekontenrahmen (BDI) in Abb. 2.2 war ein Beispiel dafür.

Der Kontenplan definiert genau, auf welchem Konto ein Sachverhalt zu verbuchen ist. Die Buchung wird immer sowohl im Grundbuch als auch im Hauptbuch vorgenommen. (In moderner Buchführungssoftware nimmt man gar nicht wahr, dass ein Sachverhalt automatisch zweifach erfasst wird.)

Das **Grundbuch** arbeitet chronologisch, während das **Hauptbuch** nach Sachthemen, d. h. dem Kontenrahmen gegliedert ist.

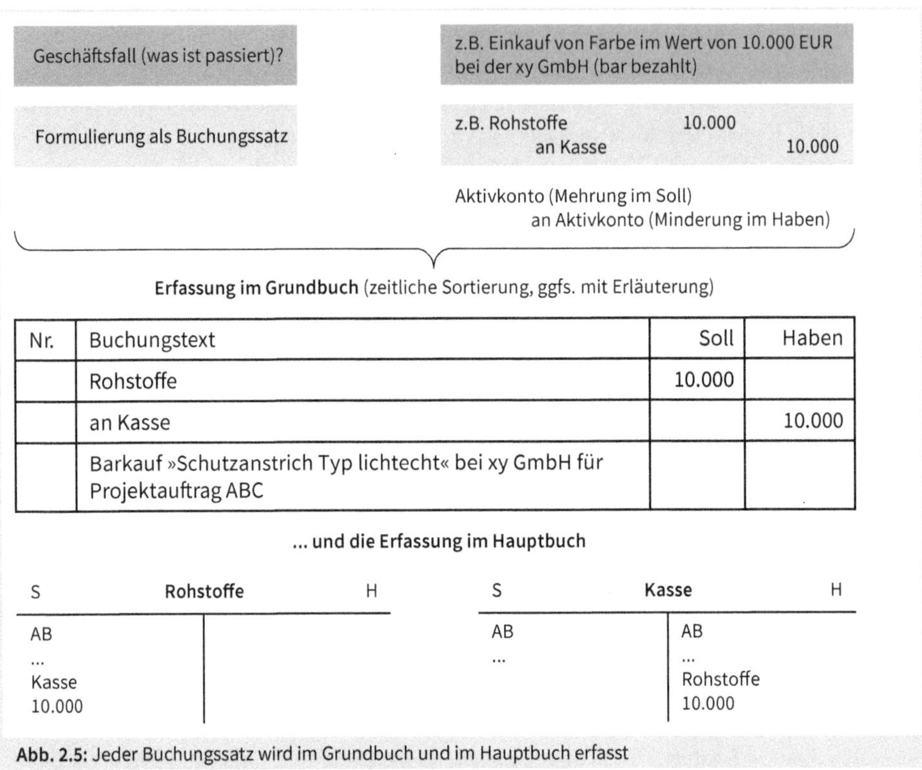

Abb. 2.5: Jeder Buchungssatz wird im Grundbuch und im Hauptbuch erfasst

Das Beispiel zeigt wichtige **Buchungsregeln**:

1. Eine Buchung berührt immer mindestens zwei Konten.
2. Eine Buchung wird im Soll (S) und im Haben (H) durchgeführt.
3. Die Summe aller Sollbuchungen muss identisch mit der Summe aller Habenbuchungen sein.

In der Buchführung werden grundsätzlich drei **Kontentypen** unterschieden:

- **Bestandskonten**: Die Bestandskonten werden unterschieden in aktivische Konten (Aktivseite der Bilanz) bzw. passivische Konten (Passivseite der Bilanz) unterschieden. Aktivkonten mehren sich im Soll. Passivkonten mehren sich dagegen im Haben. Sie haben immer einen Anfangsbestand.[14]
- **Erfolgskonten**: Erfolgskonten sind inhaltlich Unterkonten zum Eigenkapital. Sie messen den Erfolg der Periode. Darum haben sie im Gegensatz zu Bestandskonten keinen Anfangsbestand zu Beginn der Periode. Aufwandsbuchungen (Eigenkapitalminderungen) erfolgen im Soll und Ertragsbuchungen (Eigenkapitalmehrungen) im Haben.

14 Dieser kann auch den Wert »Null« haben.

- **Eigenkapitalkonten**: Eigenkapitalkonten empfangen alle Salden der erfolgswirksamen Buchungen wie auch erfolgsneutrale Erhöhungen (z. B. Kapitalerhöhung) und Minderungen (z. B. Dividende) des Eigenkapitals. Da das Eigenkapital ein passivisches Bestandskonto ist (= Anspruch des Eigentümers gegen das Unternehmen), mindert es sich im Soll und mehrt sich im Haben. Die Bestandteile und Veränderungen der Periode werden im Eigenkapitalspiegel[15] (Eigenkapitalveränderungsrechnung) gezeigt, der im Anhang des Geschäftsberichts ausgewiesen wird. Insbesondere unter IFRS hat dieser eine hohe Bedeutung (vgl. die Ausführungen zum OCI, Other Comprehensive Income in Kapitel 3.6).

Heutzutage werden Konten üblicherweise in der einfacheren Form als sogenanntes »T-Konto« geführt.[16] Bei diesen erfolgt die Ermittlung des Bestands erst am Ende der Periode, wenn das Konto geschlossen wird. Der Saldo zwischen beiden Kontenseiten bringt zugleich das Konto zum Ausgleich. Eine Abweichung kann bei doppelter Verbuchung (Doppik), wie in Abb. 2.5 gezeigt, also nicht auftreten – außer es ist ein Fehler passiert.

Das Beispiel in Abb. 2.5 berührt nur die Bestandskonten der Bilanz. In der Bilanz gibt es **zwei Arten von Buchungssätzen:**

1. **Aktivtausch oder Passivtausch:** Ein Buchungssatz betrifft im Soll und im Haben nur die Aktivseite oder nur die Passivseite, sodass die Bilanzsumme unverändert bleibt.
2. **Bilanzverlängerung** (Aktiva-Passiva-Mehrung) **oder Bilanzverkürzung** (Aktiva-Passiva-Minderung): Ein Buchungssatz betrifft sowohl die Aktiv- als auch die Passivseite der Bilanz, sodass sich die Bilanzsummer erhöht oder verringert.

Das Beispiel zeigt also einen Aktivtausch. Der Buchungssatz ist damit *bestandswirksam* und *liquiditätswirksam* (Kasse), aber nicht *erfolgswirksam.*

Der Zusammenhang zwischen den Erfolgskonten und dem Eigenkapital über die verschiedenen Buchungsschritte lässt sich wie in Abb. 2.6 schematisch darstellen. Jedes Erfolgskonto übermittelt seinen Saldo an die GuV. Deren Saldo wiederum ist das Periodenergebnis. Dieses Periodenergebnis mehrt oder mindert dann das Eigenkapital.

15 Rechtsnormen sind § 264 Abs. 1 HGB, § 297 Abs. 1 HGB, IAS 1.8c, IAS 1.96 ff. und DRS 22.

16 Die aufwändigere Variante ist die Staffelform. Dort werden alle Zu- und Abgänge untereinandergeschrieben und es wird nach jeder Buchung ein neuer Endbestand ermittelt.

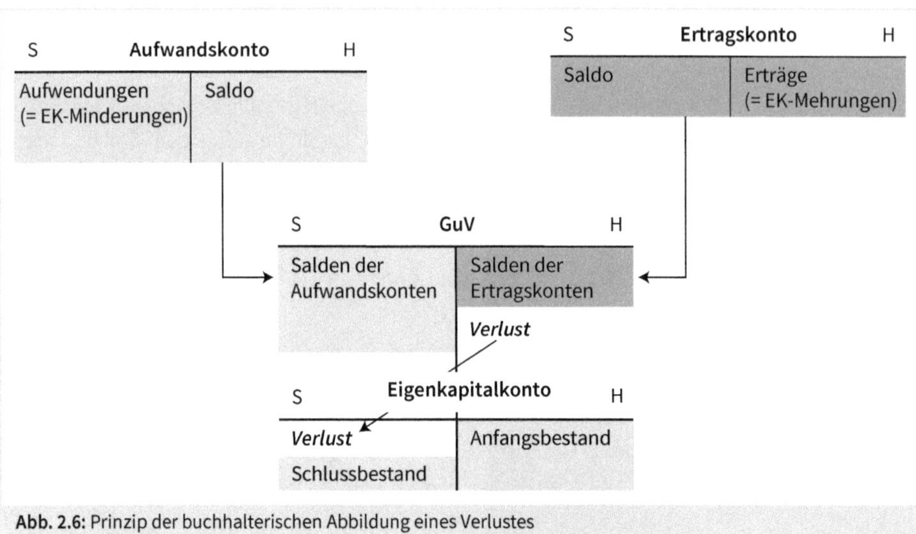

Abb. 2.6: Prinzip der buchhalterischen Abbildung eines Verlustes

Zusätzlich zu den dargestellten Wirkungen auf Bilanz und GuV werden durch die Buchführung noch zahlreiche weitere Detailinformationen erzeugt. Diese finden sich in den **Nebenbüchern**. Sie dienen der Übersicht und Detaillierung wichtiger Hauptbuchkonten.

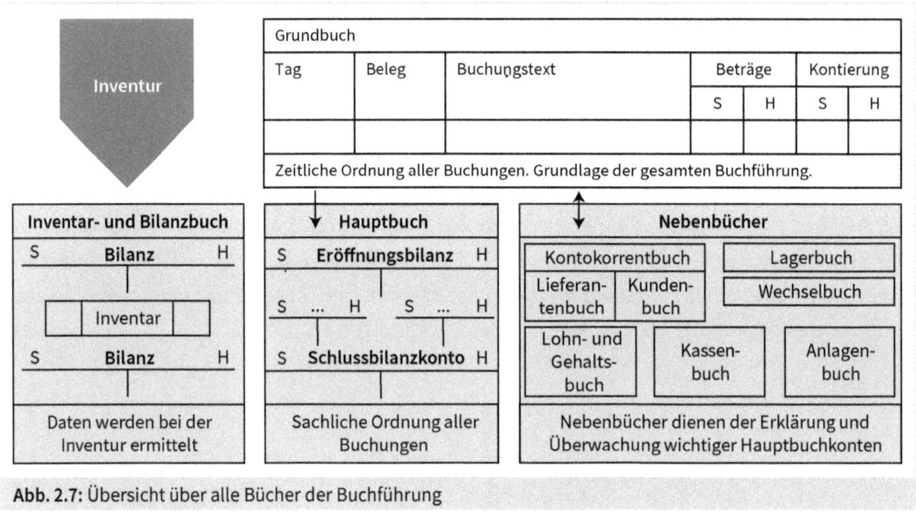

Abb. 2.7: Übersicht über alle Bücher der Buchführung

Eines der wichtigen Nebenbücher ist das **Anlagenbuch**. Anhand des Anlagenbuchs wird der Anlagespiegel – oder auch »Anlagengitter« genannt – erstellt. Der Anlagespiegel ist Teil des Anhangs des Geschäftsberichts. Er erlaubt eine detaillierte Sicht z. B. auf das Alter der Anlagen,

(Des-)Investition oder (außergewöhnliche) Abschreibungen. Damit stellt der Anlagespiegel insbesondere für die Kennzahlenanalyse eine wertvolle Ergänzung dar.

(in Mio. €)	Bruttobuchwert 01.10.2016	Fremdwährungsumrechnungsdifferenzen	Zugänge durch Unternehmenszusammenschlüsse	Zugänge	Umgliederungen	Abgänge[1]	Bruttobuchwert 30.09.2017	Kumulierte Abschreibungen und Wertminderungen	Buchwert 30.09.2017	Abschreibungen und Wertminderungen im Geschäftsjahr 2017
Selbst erstellte Technologie	3.067	– 79	–	374	–	– 138	3.224	– 1.594	**1.630**	– 203
Erworbene Technologie einschließlich Patente, Lizenzen und ähnliche Rechte	4.870	– 272	2.717	77	–	– 73	7.320	– 3.264	**4.056**	– 454
Kundenbeziehungen und Markennamen	7.532	– 447	1.825	–	–	– 39	8.870	– 3.629	**5.240**	– 624
Sonstige immaterielle Vermögenswerte	15.469	– 799	4.542	451	–	– 250	19.413	– 8.487	**10.926**	– 1.281
Grundstücke und Bauten	7.859	– 184	308	188	205	– 247	8.129	– 3.754	**4.374**	– 272
Technische Anlagen und Maschinen	7.950	– 170	323	334	207	– 235	8.410	– 5.685	**2.724**	– 588
Betriebs- und Geschäftsausstattung	6.092	– 136	183	672	157	– 532	6.435	– 4.898	**1.537**	– 729
Vermietete Erzeugnisse	3.015	– 92	–	443	10	– 378	2.998	– 1.703	**1.295**	– 338
Geleistete Anzahlungen und Anlagen im Bau	801	– 25	78	796	– 580	– 23	1.046	–	**1.047**	– 3
Sachanlagen	25.717	– 607	891	2.432	–	– 1.416	27.017	– 16.041	**10.977**	– 1.930

1 Enthielt Vermögenswerte, die in zur Veräußerung gehaltene Vermögenswerte umgegliedert wurden, und Verkäufe solcher Unternehmenseinheiten.

Abb. 2.8: Der Anlagespiegel zeigt Details zum Anlagevermögen[17]

Eine Besonderheit unter den Nebenbüchern stellt das Führen eines **Kontokorrentkontos** dar. Kontokorrent wird von den ital. Worten conto (Konto) und corrente (laufend) abgeleitet. Kontokorrent hat zwei Bedeutungen:

1. Es meint den Bereich der Buchführung, der die Konten der regelmäßigen Geschäftspartner abdeckt, der Abnehmer und Lieferanten
2. Es bezeichnet die Abrechnungsweise, bei der Ansprüche und Verpflichtungen einander gegenübergestellt und verrechnet werden (Verrechnungskonto): Anstatt jede einzelne Forderung oder Verbindlichkeit jeweils bei deren Fälligkeit isoliert zu erfüllen, werden diese Forderungen oder Verbindlichkeiten laufend verrechnet.

Auch wenn die Ansprüche nicht mittels eines Verrechnungskontos abgerechnet werden, erfüllen Debitorenbuchhaltung und Kreditorenbuchhaltung wichtige Funktionen.

17 Quelle: Siemens Geschäftsbericht, Konzernabschluss 2017, Seite 84.

Debitorenbuchhaltung (Kunden) und Kreditorenbuchhaltung (Lieferanten) sind zum einen wichtige Ansatzpunkte im Rahmen eines Working Capital-Managements. Die dazugehörenden Prozesse werden wir in Kapitel 8 noch näher beleuchten. Zum anderen liefern Sie einen Beitrag zum Risikomanagement und sind ganz allgemein unverzichtbar im Rahmen eines geordneten Geschäftsbetriebs.

Zur **Debitorenbuchhaltung** gehören folgende Aufgaben:
- Einstufung und Prüfung des Debitorenrisikos (Bonität)
- Fälligkeitsüberwachung und Prüfung des Zahlungseingangs
- Verbuchung von Forderungen und Gutschriften aus Lieferungen und Leistungen
- Mahnwesen und Inkasso

Die **Kreditorenbuchhaltung** ist unter der Richtlinienkompetenz des Einkaufs für die Pflege der Lieferantenbeziehungen zuständig. Die wichtigste Aufgabe ist die Prüfung der Eingangsrechnung. Dabei wird kontrolliert, ob die Rechnung mit der Bestellung (und der Lieferung) übereinstimmt. Dazu werden die einzelnen Positionen (z. B. Materialien), deren Stückzahlen und Preise abgeglichen. Zudem greift an diesem Punkt das Working Capital-Management: Es geht darum, alle offenen Rechnungen im Blick zu behalten, um spätestmöglich – aber i. d. R. unter Ausnutzung von Skonto – die jeweilige Rechnung zu bezahlen. Das schont die Liquidität, mindert Kreditkosten und sichert zugleich die zuverlässige Lieferung von benötigten Produkten und Dienstleistungen.

2.1.2 Wie Zahlen von Methoden abhängen können

Das **Inventar** ist ein Verzeichnis aller Vermögensgegenstände und Schulden des Unternehmens. Es ist damit von vergleichbarer Bedeutung wie die Nebenbücher (vgl. Abb. 2.7). Die relevanten Vorschriften stehen in direktem Zusammenhang mit dem Jahresabschluss (§ 240 ff. HGB). Auch ohne dass es explizit erwähnt wird, gilt, dass die dafür benötigten Informationen in einer Bestandserhebung zu ermitteln sind. Dieser Vorgang, die Erhebung des Bestands, wird Inventur genannt. Für die eher technischen Details der Methoden interessieren sich Controller nur selten.

Welche Bedeutung die Methode – hier der Inventur-Vereinfachungen – für die Höhe der Zahlen hat, soll ein **Beispiel** verdeutlichen:

Die *CA Controller Akademie* bestellt unterjährig mehrmals Vorprodukte für das Seminar. Der Anfangsbestand am 1. Januar beträgt 60 Einheiten zu 5,0 EUR/Stück auf. Es gibt unterjährig folgende Lagerbewegungen:
- Januar: Kauf 90 Stück zu 6,00 EUR
- Februar: Verbrauch 50 Stück
- März: Kauf 200 Stück zu 7,70 EUR

- Mai: Verbrauch 150 Stück
- September: Kauf 50 Stück zu 8,00 EUR
- Dezember: Verbrauch 100 Stück

Der Endbestand am Jahresende beträgt 100 Stück.

Lassen Sie uns nun die Auswirkung der unterschiedlichen Verbrauchsfolgeverfahren auf den **Lagerendwert** (Stichwort: Working Capital-Management) bzw. den **Aufwand** der Periode betrachten.[18] Wir setzen drei Verbrauchsfolgeverfahren beispielhaft ein:

- den einfachen Durchschnitt
- den gleitenden Durchschnitt (quartalsweise)
- das FiFo-Verfahren (First In – First Out)

Verfahren 1: einfacher Durchschnitt

Der Durchschnittswert aller beschafften Teile beträgt 2.780 EUR – im einfachen Durchschnitt also 6,95 EUR/Stück Damit ist der Wert der verbliebenen 100 Einheiten im Lager 695 EUR und der Aufwand beträgt 2.085 EUR.

Produkt	**Menge Stück**	**Preis je Einheit EUR**	**Gesamtpreis EUR**
Anfangsbestand	60	5,00	300
Zugang Januar	90	6,00	540
Zugang März	200	7,70	1.540
Zugang September	50	8,00	400
Summe	400	**6,95**	2.780
Endbestand	**100**		**695**

Abb. 2.9: Der einfache Durchschnitt ergibt in diesem Beispiel den geringsten Wert hinsichtlich des Working Capital

Der einfache Durchschnitt ignoriert damit die Zeitpunkte von Einkauf und Verbrauch.

Verfahren 2: gleitender Durchschnitt

Der gleitende Durchschnitt hingegen berücksichtigt die Verbrauchszeitpunkte. Daher benötigen wir eine Tabelle der Zu- und Abgänge nach Monaten. So können wir den Lagerwert zum Quartalsende berechnen und auch ergänzend den Materialaufwand im Quartal.

18 Es geht nicht darum, zu diskutieren, welche Verfahren in welchen Ländern bei welchen Situationen oder Materialien angewandt werden dürfen.

Produkt	Menge Stück	Preis je Einheit EUR	Gesamtpreis EUR	Aufwand EUR
Anfangsbestand 01.01.xx	**60**	**5,00**	**300,00**	
Zugang Januar	90	6,00	540,00	
Summe Januar	**150**	**5,60**	**840,00**	
Abgang Februar	50	5,60	280,00	280,00
Summe Februar	**100**	**5,60**	**560,00**	
Zugang März	200	7,70	1.540,00	
Ende Q1	**300**	**7,00**	**2.100,00**	
Abgang Mai	150	7,00	1.050,00	1.050,00
Ende Q2	**150**	**7,00**	**1.050,00**	
Zugang September	50	8,00	400,00	
Ende Q3	**200**	**7,25**	**1.450,00**	
Abgang Dezember	100	7,25	725,00	725,00
Endbestand 31.12.xx	**100**		**725,00**	**2.055,00**

Abb. 2.10: Der gewichtete Durchschnitt ergibt hier einen leicht höheren Wert

Verfahren 3: FiFo

Das FiFo-Verfahren (First in – First out) lässt sich ohne die Verbrauchszeitpunkte berechnen. Der buchhalterische Lagerendwert hängt von den letzten Zugängen ab. »Zu welchen Werten wurden die letzten 100 Teile eingekauft?« In unserem Beispiel wurden 50 Teile zu 8,00 EUR und weiter 50 Teile zu 7,70 EUR gekauft. Der Aufwand beträgt damit 1.995 EUR (AB + Zugänge – EB = 300+540+1.540+400-785).

Produkt	Menge Stück	Preis je Einheit EUR	Gesamtpreis EUR
Anfangsbestand	60	5,00	300,00
Zugang Januar	90	6,00	540,00
Zugang März	200	7,70	1.540,00
Zugang September	50	8,00	400,00
Summe	**400**		**2.780,00**
Endbestand	**100**	**7,85**	**785,00**

Abb. 2.11: Das FiFo-Verfahren erzeugt bei steigenden Einkaufspreisen den höchsten Endwert

Fazit

Die Verfahren haben damit einen Einfluss auf den **Aufwand** der Periode und auf den Bestand am Ende der Periode. Damit haben sie auch einen Einfluss auf die wichtige Kenngröße **Working Capital**, welche die operativ gebundene Liquidität abbildet. Daraus kann aber nicht gefolgert werden, dass durch die Wahl eines »genehmen« Verfahrens die Größen beeinflussbar seien. Die unterschiedlichen Verfahren können nicht beliebig gewählt werden, sondern müssen die tatsächliche Verbrauchsfolge realistisch abbilden.

Das Verfahren ... erzeugt ...	Lagerwert	Periodenaufwand
einfacher Durchschnitt	695,00	2.085,00
gleitender Durchschnitt	725,00	2.055,00
First in - First out	785,00	1.995,00

Abb. 2.12: Der Einfluss der Bewertungsmethode auf Working Capital und Aufwand

2.1.3 Die Grundsätze ordnungsmäßiger Buchführung (GoB)

Es gibt bei der Buchführung nicht nur Gesetze, Richtlinien oder Verordnungen zu beachten. Diese sind vielfach zu abstrakt formuliert, um alle Einzelfälle abzudecken oder gar konkrete Handlungsanweisungen zu geben. Das hat vor allem damit zu tun, dass das mitteleuropäische Handelsrecht (HGB, UGB[19], OR[20]) auf Prinzipien basiert und nicht, wie das angelsächsische Recht, auf einem **Case Law**, einem Fallrecht, beruht.

Daher sind beim handelsrechtlichen Jahresabschluss - neben dem Steuerrecht - auch die **Grundsätze ordnungsmäßiger Buchführung (GoB)** zu beachten. Sie ergänzen das kodifizierte Recht, schließen Gesetzeslücken und bilden zudem den Rahmen für die Auslegung bzw. Interpretation von Gesetzen. Einige der Grundsätze sind mittlerweile in Gesetze eingeflossen. Im Rahmen der Inventur war schon kurz die Rede von ihnen. Die folgende Darstellung erfolgt in enger Anlehnung an Wöhe/Kußmaul[21]:

I. Allgemeine Grundsätze

1. Der Jahresabschluss ist nach **Grundsätzen ordnungsmäßiger Buchführung (GoB)** aufzustellen. Das bedeutet: Alle kodifizierten und nicht kodifizierten formellen und materiellen GoB sind bei der Aufstellung des Jahresabschlusses zu beachten. (§ 243 Abs. 1 HGB)
2. Die Generalnorm für Kapitalgesellschaften lautet: Der Jahresabschluss der Kapitalgesellschaft hat ein den tatsächlichen Verhältnissen entsprechendes **Bild der Vermögens-, Finanz- und Ertragslage** zu vermitteln. (§ 264 Abs. 2 HGB)
3. **Klarheit und Übersichtlichkeit** bedeutet, insbesondere die Beachtung der Gliederungsvorschriften der Bilanz und Erfolgsrechnung sowie klarer Aufbau von Anhang und Lagebericht. (§ 243 Abs. 2 HGB)
4. **Bilanzwahrheit** bedeutet, die Bilanzansätze sollen nicht nur rechnerisch richtig, sondern auch geeignet sein, den jeweiligen Bilanzzweck zu erfüllen (nicht kodifiziert)
5. **Einhaltung der Aufstellungsfristen** bedeutet, die Aufstellung erfolgt innerhalb der einem ordnungsgemäßen Geschäftsgang entsprechenden Zeit (§ 243 Abs. 3 HGB, § 264 Abs. 1 Satz 3 HGB, § 254 Abs. 1 Satz 3 HGB)

19 Unternehmensgesetzbuch (Österreich).
20 Obligationenrecht (Schweiz).
21 Wöhe, G/Kußmaul, H.: Grundzüge der Buchführung und Bilanztechnik, München. (2015), Seite 40 ff.

II. Grundsätze für die Bilanzierung dem Grunde nach

1. **Bilanzidentität**; das bedeutet die mengen- und wertmäßige Übereinstimmung der Ansätze in der Eröffnungsbilanz und der vorrangegangenen Schussbilanz (§ 252 Abs. 1 Nr. 1 HGB)
2. **Vollständigkeit**; das bedeutet den Ausweis sämtlicher Vermögensgegenstände, Schulden, Rechnungsabgrenzungsposten, Aufwendungen, Erträge sowie bei Kapitalgesellschaften sämtlicher Pflichtangaben im Anhang und Lagebericht (§ 246 Abs. 1 HGB, §§ 284 und 285 HGB)
3. **Verrechnungsverbot** (Saldierungsverbot, Bruttoprinzip); das bedeutet Verbot der Aufrechnung zwischen Aktiv- und Passivposten oder zwischen Aufwendungen und Erträgen sowie zwischen Grundstücksrechten und -lasten. (Ausnahme: § 246 Abs. 2 Satz 2 HGB.)
4. **Darstellungsstetigkeit** (Formelle Bilanzkontinuität); das bedeutet, die Form der Darstellung, insbesondere die Gliederung der Bilanz und Gewinn- und Verlustrechnung, ist beizubehalten. (§ 265 Abs. 1 HGB)
5. **Ansatzstetigkeit**; das bedeutet, die im vorgehenden Jahresabschluss angewandten Ansatzmethoden sind beizubehalten (§ 246 Abs. 3 HGB)

III. Grundsätze für die Bilanzierung der Höhe nach

1. **Unternehmensfortführung;** das bedeutet, Bewertung hat unter den Gesichtspunkt der Weiterführung des Unternehmens, nicht der Liquidation zu erfolgen – sogenanntes »Going-concern«-Prinzip, (§ 252 Abs. 1 Nr. 2 HGB)
2. **Einzelbewertung**; das bedeutet, Vermögensgegenstände und Schulden sind einzeln zu bewerten, soweit nicht Ausnahmen zulässig sind (Gruppenbewertung, § 240 Abs. 4 HGB, Sammelbewertung mittels Verbrauchsfolgefiktionen (LiFo, FiFo), § 256 HGB, § 254 HGB). (§ 252 Abs. 1 Nr. 3 HGB)
3. **Vorsichtsprinzip**; das bedeutet,
   a) **Realisationsprinzip** für Gewinne: kein Ausweis von noch nicht durch Umsatz realisierten Gewinnen (Ausnahme insbes. bei Kredit- und Finanzdienstleistungsinstituten durch § 340e Abs. 3 HGB).
   b) **Imparitätsprinzip**[22]: Im Gegensatz zu Gewinnen müssen noch nicht realisierte Verluste bereits heute ausgewiesen werden.
4. **Anschaffungskostenprinzip** (Prinzip der nominellen Kapitalerhaltung); das bedeutet, die historischen bzw. fortgeführten Anschaffungs- bzw. Herstellungskosten bilden die obere Grenze für die Bewertung und die Bemessung der Gesamtabschreibungen. Höhere Wiederbeschaffungskosten dürfen nicht berücksichtigt werden.

22 Ungleichheit in der Berücksichtigung von Gewinnen und Verlusten.

5. **Periodenabgrenzung**; das bedeutet, Aufwendungen und Erträge des Geschäftsjahrs sind unabhängig von den Zeitpunkten der entsprechenden Zahlungen im Jahresabschluss zu berücksichtigen. (§ 252 Abs. 1 Nr. 5 HGB)
6. **Bewertungsstetigkeit** (materielle Bilanzkontinuität); das bedeutet, die im vorhergehenden Jahresabschluss angewandten Bewertungsmethoden sind beizubehalten. (§ 252 Abs. 1 Nr. 6 HGB)

Die GoB verdeutlichen wichtige Prinzipien und stellen sie im Detail dar. Konkrete Fragen lassen sich dennoch meist nur mittels juristischer Kommentare und unter Heranziehung von Gerichtsentscheidungen beantworten.

2.2 Die wichtigsten Inhalte des Abschlusses

2.2.1 Die Zusammenhänge im gesetzlichen Rechnungswesen

Die Zusammenhänge im externen Rechnungswesen hinsichtlich der Kontentypen haben wir bereits dargestellt. Im Regelfall benötigen wir die Detailtiefe, wie sie für die Buchführung Voraussetzung ist, für das Controlling nicht. Vielmehr beginnen wir Controller unsere Analysen auf einer hohen Abstraktionsebene. Zum Standard gehören beispielsweise Fragen zur *Rentabilität* oder zur *Liquidität*. Die benötigten Informationen holen wir uns aus der GuV, der Bilanz oder dem Cashflow-Statement.

Mit dem Begriff der GuV haben wir uns inhaltlich auf die Art der Ergebnisermittlung (und damit auf die Ergebnishöhe) festgelegt. Das verlangt angesichts einer in vielen Firmen vorhandenen separaten weiteren Ergebnisrechnung eine Erklärung. Diese zweite Ergebnisrechnung, die innerhalb der Kostenrechnung erstellt wird, ist die DB-Rechnung.

Auf den ersten Blick sieht die DB-Rechnung dem Umsatzkostenverfahren, einer der beiden Darstellungsformen der GuV, sehr ähnlich. Es scheint, als würden lediglich die Vertriebskosten detaillierter und die Herstellungskosten des Absatzes aufgeteilt auf zwei Positionen (Produktkosten und Strukturkosten) dargestellt. Diese Sicht täuscht allerdings über grundsätzliche Unterschiede zwischen der DB-Rechnung und dem Umsatzkostenverfahren hinweg. Aufgrund dieser Unterschiede zwischen beiden Erfolgsrechnungen braucht es eine **Abstimmbrücke**, um die Differenzen erklären zu können. Ein Beispiel bieten wir Ihnen mit der Strategie AG in Kapitel 4 und erläutern an diesem Beispiel zudem das Vorgehen.

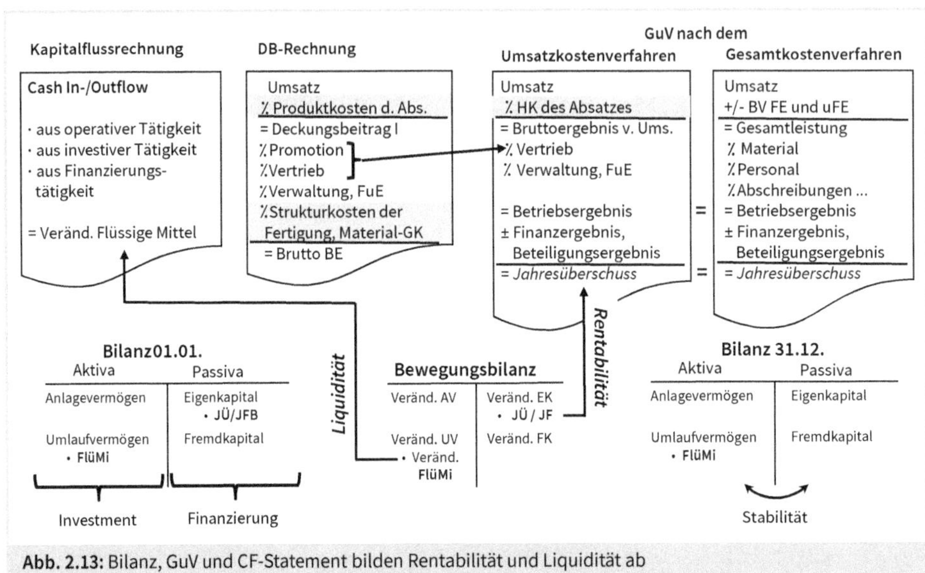

Abb. 2.13: Bilanz, GuV und CF-Statement bilden Rentabilität und Liquidität ab

Die Übersicht zeigt die Zusammenhänge zwischen den Elementen des gesetzlichen Rechnungswesens auf: Die zu einem bestimmten Zeitpunkt erstellten *Bilanzen* (siehe unten in der Übersicht) werden um die *GuV*, die sich auf einen Zeitraum bezieht, und das *Cashflow-Statement* ergänzt.

Der in der **GuV** ermittelte Jahresüberschuss (JÜ) bzw. Jahresfehlbetrag (JF) erklärt die Veränderungen des Eigenkapitals in der letzten Periode. Es gibt zwei international erlaubte Darstellungsformen. Die erste Darstellungsform ist das *Gesamtkostenverfahren* (GKV). Es handelt sich dabei um eine Langversion, denn es weist erzeugte, aber nicht verkaufte Leistungen – wie den Bestandsaufbau und die aktivierten Eigenleistungen – explizit aus. Die Gliederung erfolgt beim Gesamtkostenverfahren nach Aufwandsarten (Material, Personal, Abschreibungen). Die zweite Darstellungsform, das *Umsatzkostenverfahren* (UKV), zeigt hingegen nur die zum Absatz gehörigen Leistungskosten (Herstellungskosten des Absatzes) und hat eine funktionale Gliederung. Es zeigt, wo die Kosten angefallen sind (Vertrieb, Verwaltung und ggfs. FuE).

Die **Kapitalflussrechnung** ist ebenfalls eine detaillierte Darstellung. Sie zeigt die Veränderung der flüssigen Mittel (Geld- und Geldäquivalente) zwischen zwei Bilanzstichtagen anhand der drei Einflussfaktoren operative Tätigkeit, Investitionstätigkeit und Finanzierungstätigkeit. Dazu wird in einem ersten Schritt eine sogenannte Bewegungsbilanz I erstellt. Sie berechnet für jede Bilanzposition, also auch für die flüssigen Mittel, die Differenz zwischen den beiden Bilanzen.

Sortiert man nun die Zahlen nach Ihrer Liquiditätswirkung, so ergibt sich eine zweite Bewegungsbilanz. Diese zeigt lediglich die Unterteilung in Mittelverwendung (braucht Geld) und Mittelherkunft (bringt Geld). Sie ergänzt als Zeitraumrechnung die zeitpunktbezogenen Bestandsbilanzen. Die Bewegungsbilanz/Kapitalflussrechnung wird nach der Bilanz und der Gewinn- und

Verlustrechnung als dritte Jahresrechnung bezeichnet. Sie wird intern (Planung) und extern (Geschäftsbericht) genutzt. Das Grundschema lässt sich in Form eines T-Kontos darstellen:

Mittelverwendung	**Mittelherkunft**
investiert in • Mehrung Aktiva • Minderung Passiva	finanziert durch • Minderung Aktiva • Mehrung Passiva

Abb. 2.14: Die Bewegungsbilanz II zeigt die Veränderung der Liquidität

Aktivmehrung und Passivminderung (Schuldentilgung) brauchen Geld; Passivmehrung und Aktivminderung (Bestandsabbau) bringen Geld. Zur Passivmehrung gehört auch der Gewinn, der »drinbleibt«.

Im weitesten Sinne ist die Bewegungsbilanz eine Darstellung aller Umsatzbuchungen auf allen Konten der Finanzbuchhaltung, und zwar sowohl der Bestands- als auch der Erfolgskonten. Aus Gründen der Übersichtlichkeit und Aussagefähigkeit wird meist folgendermaßen vorgegangen und vereinfacht:

- Alle Positionen auf den Erfolgskonten werden saldiert und als Gewinn oder Verlust dargestellt. Ein positiver EBIT oder JÜ wäre dann die erste Zeile der Mittelherkunft.
- Für bestimmte Bestandsveränderungen wird die Bruttodarstellung der Veränderungen gewählt. Meist sind dies das Anlagevermögen, das Kapital und die langfristigen Schulden.[23]
- Die übrigen Bestandspositionen werden in saldierter Form dargestellt, soweit im Einzelfall die Aussagefähigkeit nicht beeinträchtigt wird.

Daraus folgt, dass sich die Bewegungsbilanz nicht nur für bilanzanalytische Zwecke, sondern auch zur mittel- und langfristigen Finanzplanung eignet. Die Planung von Bewegungsbilanzen ist notwendigerweise mit der Planung von Bilanzen verknüpft. Die Kapitalflussrechnung ist also nur eine weitere Art der Datenaufbereitung, nämlich die Gruppierung der Liquidität nach Sachthemen. Die positiven wie negativen Effekte auf die Zahlungsmittel treten in der Kapitalflussrechnung innerhalb der Sachthemen auf.

2.2.2 Die Bilanz

Die Bilanz kann als Gegenüberstellung von Vermögen und Schulden bezeichnet werden. Umgangssprachlich ausgedrückt steht auf der rechten Seite – der Passivseite –, wer dem Unternehmen Geld geliehen hat, also einen Anspruch gegen das Unternehmen hat. Auf der linken

23 Beispiel Anlagevermögen: Es findet beispielsweise keine Saldierung von Investitionen, Desinvestitionen und Abschreibungen statt, sondern jeder Sachverhalt wird in seiner vollen Höhe gezeigt; Investitionen auf der linken Kontoseite und Desinvestitionen/Abschreibungen auf der rechten Kontoseite.

Seite – der Aktivseite – ist hingegen zu erkennen, wofür das Geld ausgegeben wurde bzw. welcher Rest noch in der Kasse vorhanden ist. Die Rücklagen im Eigenkapital stellen entgegen häufiger Vermutung also nur einen Anspruch gegen das Unternehmen dar und sagen nichts über seine Zahlungsfähigkeit aus. Rücklagen im Sinne der Bilanz haben nichts mit dem umgangssprachlichen Begriff einer finanziellen Reserve zu tun.

Im Folgenden stellen wir alle wichtigen Begriffe rund um das Thema Bilanz in aller Kürze vor. Zunächst gehen wir auf Begriffe der Aktivseite ein. Die beiden Begriffe zum Schluss gehören der Passivseite an.

Aktivseite	Passivseite
A. Anlagevermögen	**A. Eigenkapital**
I. Immaterielle Vermögensgegenstände	I. gezeichnetes Kapital
1. Selbst geschaffene gewerbliche Schutzrechte und ähnliche Rechte und Werte	II. Kapitalrücklagen
	III. Gewinnrücklagen
2. entgeltlich erworbene Konzessionen, gewerbliche Schutzrechte und ähnliche Rechte und Werte sowie Lizenzen an solchen Rechten und Werten	1. gesetzliche Rücklage
	2. Rücklage für Anteile an einem herrschenden oder mehrheitlich beteiligten Unternehmen
3. Geschäfts- oder Firmenwert	3. satzungsmäßige Rücklagen
4. geleistete Anzahlungen	4. andere Gewinnrücklagen
II. Sachanlagen	IV. Gewinnvortrag/Verlustvortrag
1. Grundstücke, grundstücksgleiche Rechte und Bauten einschließlich der Bauten auf fremden Grundstücken	V. Jahresüberschuss/Jahresfehlbetrag
2. technische Anlagen und Maschinen	**B. Rückstellungen**
3. andere Anlagen, Betriebs- und Geschäftsausstattung	1. Rückstellungen für Pensionen und ähnliche Verpflichtungen
4. geleistete Anzahlungen und Anlagen im Bau	
III. Finanzanlagen	2. Steuerrückstellungen
1. Anteile an verbundenen Unternehmen	3. sonstige Rückstellungen
2. Ausleihungen an verbundene Unternehmen	
3. Unternehmensbeteiligungen	**C. Verbindlichkeiten**
4. Ausleihungen an Unternehmen, mit denen ein	1. Anleihen, davon konvertibel
2. Beteiligungsverhältnis besteht	2. Verbindlichkeiten gegenüber Kreditinstituten
5. Wertpapiere des Anlagevermögens	3. erhaltene Anzahlungen auf Bestellungen
6. sonstige Ausleihungen	4. Verbindlichkeiten aus Lieferungen und Leistungen (LuL), (V.a.L.L.), (VLL)
B. Umlaufvermögen	5. Verbindlichkeiten aus der Annahme gezogener Wechsel und der Ausstellung eigener Wechsel
I. Vorräte/Vorratsvermögen	
1. Rohstoffe, Hilfsstoffe und Betriebsstoffe	6. Verbindlichkeiten gegenüber verbundenen Unternehmen
2. unfertige Erzeugnisse, unfertige Leistungen	
3. fertige Erzeugnisse und Waren	7. Verbindlichkeiten gegenüber Unternehmen, mit denen ein Beteiligungsverhältnis besteht
4. geleistete Anzahlungen	
II. Forderungen und sonstige Vermögensgegenstände	8. sonstige Verbindlichkeiten, davon aus Steuern, davon im Rahmen der sozialen Sicherheit
1. Forderungen aus Lieferungen und Leistungen (LuL), (F.a.L.L.), (FLL)	
2. Forderungen gegen verbundene Unternehmen	**D. Rechnungsabgrenzungsposten**
3. Forderungen gegen Unternehmen, mit denen ein Beteiligungsverhältnis besteht	**E. Passive latente Steuern**
4. sonstige Vermögensgegenstände	
III. Wertpapiere	(Bilanzsumme)
1. Anteile an verbundenen Unternehmen	
2. sonstige Wertpapiere	
IV. Kassenbestand, Bundesbankguthaben, Guthaben bei Kreditinstituten und Schecks	
C. Rechnungsabgrenzungsposten	
D. Aktive latente Steuern	
E. Aktiver Unterschiedsbetrag aus der Vermögensverrechnung	
F. (ggfs.) nicht durch Eigenkapital gedeckter Fehlbetrag*	
(Bilanzsumme)	

* darf nicht zur Berechnung der Bilanzsumme herangezogen werden

Abb. 2.15: Bilanzgliederung für große Kapitalgesellschaften (§ 266 HGB)

Immaterielle Vermögensgegenstände
Immaterielle Vermögensgegenstände scheinen ein Widerspruch in sich zu sein. Tatsächlich beschreibt der Begriff bilanzierungsfähige, nicht-physische Gegenstände. Das HGB weist hier ein ähnliches Verständnis wie die IFRS (Intangible Assets) auf. Beide Rechnungslegungsnormen haben sich einander mittlerweile sehr weit angenähert. Im IFRS ist von Vermögens*werten* die Rede. Das sind beispielsweise Software, Rezepturen, Kundenlisten, ungeschützte Erfindungen, Wege-, Belieferungs-, Emissionsrechte sowie Lizenzen an solchen Rechten oder Werten – bis hin zur Spielerlaubnis im Profifußball.

Auch angefallene Aufwendungen können einen Vermögenswert begründen. Ein Beispiel sind Entwicklungskosten, für die nach § 255 Abs. 2a HGB im Zusammenhang mit § 248 Abs. 2 HGB ein Aktivierungswahlrecht besteht. Das Wahlrecht gilt für **selbst geschaffene immaterielle Vermögensgegenstände des Anlagevermögens**. Eine Ausnahme davon besteht nach § 248 Abs. 1 und 2 HGB für folgende immaterielle Vermögensgegenstände: originäre Firmenwerte, selbst geschaffene Marken, Drucktitel, Verlagsrechte, Kundenlisten oder vergleichbare Werte. Zu letzteren gehören z. B. Geschmacks- bzw. Gebrauchsmuster, Unternehmenskennzeichen oder Internet-Domains-Namen – gemäß der Logik des BilMoG.[24] Für diese Beispiele besteht ein explizites Aktivierungsverbot. Das Aktivierungsverbot gilt auch für alle Forschungs- und Vertriebskosten. Im Gegensatz zu Entwicklungskosten dürfen beide gemäß § 255 Abs. 2 HGB ebenfalls nicht aktiviert werden. Das gleiche gilt für die Gründung eines Unternehmens und die Beschaffung von Eigenkapital (§ 248 Abs. I HGB).

Für **entgeltlich erworbene immaterielle Vermögensgegenstände** besteht eine Aktivierungspflicht.

Immaterielle Vermögensgegenstände des Umlaufvermögens sind nach § 246 Abs. 1 aktivierungspflichtig.

Die unter Ziffer 4 genannte Position »geleistete Anzahlungen« bezieht sich natürlich ausschließlich auf Anzahlungen für den Erwerb von immateriellen Vermögensgegenständen.

Die Abschreibung bei immateriellen Vermögensgegenständen des Anlagevermögens erfolgt linear über die Nutzungsdauer. Kann diese nicht verlässlich geschätzt werden kann, so ist eine planmäßige Abschreibung über zehn Jahre vorzunehmen (§ 253 Abs. 3 HGB). Für geringwertige Wirtschaftsgüter besteht zusätzlich das Wahlrecht der sofortigen Abschreibung gemäß § 6 Abs. 2 EStG.

24 Vgl. Grottel, B./Schmidt, S./Schubert, W. J./Winkeljohann, N. (Hrsg.): »Beck'scher Bilanzkommentar«, (2018), Seite 255, Ziffer 20.

Verbundene Unternehmen

Bei den Finanzanlagen ist der Begriff der verbundenen Unternehmen zu erläutern. Dieser Begriff ist vom deutschen Gesetzgeber in unterschiedlichen Gesetzen auf verschiedene Art und Weise definiert worden. Es gibt beispielsweise Definitionen gemäß § 1 Abs. 2 AStG (≥ 25 % Beteiligung)[25] oder gemäß § 15 AktG (Mehrheitsbesitz oder Beherrschung). Die im HGB verwendete Definition des § 271 Abs. 2 stellt hingegen auf die Mutter-Tochter-Beziehung im Rahmen des vollkonsolidierten Konzernabschlusses gemäß § 290 HGB ab. Da es sich bei der Bilanz um einen Teil des Konzernabschlusses handelt, ist die letztgenannte Definition relevant.

Rechnungsabgrenzungsposten

Rechnungsabgrenzungsposten werden für Zahlungen angesetzt, die Wirkungen über das Geschäftsjahr hinaus erzeugen. Ein einfaches Beispiel soll dies verdeutlichen: Die Controller Akademie mietet im Hotel für zwölf Monate einen Seminarraum per 1. Mai des Jahres an. Dieses Jahr wird sie den Raum in sieben von zwölf Monaten nutzen können. Die restlichen fünf Monate fallen in das nächste Geschäftsjahr. Das Anrecht der Nutzung für diese fünf Monate wird als aktiver Rechnungsabgrenzungsposten (»Guthaben«) in der Bilanz ausgewiesen. Das Hotel hingegen hat das Geld für zwölf Monate im aktuellen Jahr erhalten. Es hat aber nur die Leistung für sieben Monate erbracht. Aufgrund der Anzahlung besteht die Verpflichtung, den Raum der Controller Akademie im nächsten Jahr für weitere fünf Monate zur Verfügung zu stellen. Diese Verpflichtung wird vom Hotel als passiver Rechnungsabgrenzungsposten ausgewiesen.

Aktiver Unterschiedsbetrag aus der Vermögensverrechnung

Der **aktive Unterschiedsbetrag aus der Vermögensverrechnung** stellt eine Besonderheit dar. Grundsätzlich dürfen Posten der Aktivseite nicht mit Posten der Passivseite, Aufwendungen nicht mit Erträgen, Grundstücksrechte nicht mit Grundstückslasten verrechnet werden. Dies entspricht dem Grundsatz der Vollständigkeit und dem Verrechnungsverbot, die beide § 246 HGB Abs. 1 und 2 entspringen. Eine Ausnahme bildet das »Planvermögen« – jenes Vermögen, das zur Abdeckung von Versorgungsansprüchen ausgeschiedener Mitarbeiter bereitsteht und anders als Pensionsrückstellungen vor jeglichen Zugriffen geschützt ist. Hier sind Vermögen und Schulden sowie Aufwendungen und Erträge aus der Abzinsung zu verrechnen. Übersteigt der beizulegende Zeitwert der Vermögensgegenstände den Betrag der Schulden, ist der übersteigende Betrag unter einem gesonderten Posten zu aktivieren. Der aktive Unterschiedsbetrag stellt damit ein Nettoguthaben dar, während die Pensionsrückstellungen (Passiva, B 1) eine Nettoschuld darstellt. Ein stark vereinfachtes Beispiel soll das erläutern: Es sei eine Einmalzahlung aus Altersversorgung von 103 EUR zu leisten und der Kapitalmarktzins betrage 3 %. Der diskontierte Betrag der Verpflichtung ist also 100 EUR. Wenn nun das Planvermögen (»Guthaben«) 101 EUR beträgt, dann resultiert ein positiver Saldo von einem EUR (= aktiver Unterschiedsbetrag).

25 Diese Definition gilt im Rahmen steuerlicher Verrechnungspreise, sog. Transferpreise (vgl. Kap. 12.).

Nicht durch Eigenkapital gedeckter Fehlbetrag

Mit dem BilMoG wurde erstmals geregelt, wie negatives Eigenkapital zu bilanzieren ist. § 19 Abs. 2 InsO (Insolvenzordnung) definiert, dass Überschuldung vorliegt, wenn das Vermögen des Schuldners die bestehenden Verbindlichkeiten nicht mehr deckt. Mit anderen Worten: wenn das Eigenkapital durch Verluste aufgezehrt ist, so liegt ein Insolvenzgrund vor.[26] In diesem Fall kann der negative Eigenkapitalbetrag unter den Passiva ausgewiesen werden oder auf der Aktivseite des Unternehmens unter der Position »F. (ggfs.) nicht durch Eigenkapital gedeckter Fehlbetrag«. Diese Position darf explizit nicht bilanzverlängernd wirken.

Verbindlichkeiten

Verbindlichkeiten stellen das Pendant zu einer Forderung dar. Sie sind also das Ergebnis aus einer Lieferung oder einer sonstigen Leistung. Damit stellen sie eine Verpflichtung aus einem Ergebnis der Vergangenheit dar.

Rückstellungen

Rückstellungen sind den Verbindlichkeiten ähnlich. Man könnte sie als Verbindlichkeiten beschreiben, bei denen die Höhe nicht eindeutig feststeht, die Eintrittswahrscheinlichkeit jedoch groß ist. Bei sogenannten Schuldrückstellungen besteht eine Verpflichtung gegenüber Dritten. Beispiele sind Pensionsrückstellungen, Steuerrückstellungen, Provisionsrückstellungen für Außendienstler, Rückstellungen für anhängige Prozesse, Rückstellungen für Garantieverpflichtungen und Kulanzrückstellungen oder auch Drohverlustrückstellungen für schwebende Geschäfte gemäß § 249 Abs. 1 HGB. Eine Aufwandsrückstellung ist dagegen eine Verpflichtung gegenüber dem Unternehmen (Selbstverpflichtung).

Mit dem BilMoG wurden die Möglichkeiten zur Bildung von Aufwandsrückstellungen weitestgehend abgeschafft. Ausgenommen sind Rückstellungen für Abraumbeseitigung oder unterlassene Instandhaltungsmaßnahmen, die innerhalb von drei Monaten nach Bilanzstichtag durchgeführt werden. Außerdem besteht grundsätzlich ein Passivierungsverbot für Risiken, die durch eine Versicherung abgedeckt ist. Damit sind die Rückstellungen im HGB und im Steuerrecht weitestgehend angeglichen (Ausnahme: Drohverlustrückstellungen).

Rückstellungen dürfen damit nicht mit Rücklagen verwechselt werden. Rücklagen sind ein Anspruch des Eigentümers gegen das Unternehmen, also Eigenkapital. Rückstellungen hingegen sind eine Verpflichtung, deren Fälligkeit erst nach dem Bilanzstichtag eintreten wird.

Gliederung der Bilanz

Im Übrigen ist noch erwähnenswert, dass die hiesige Art, eine Bilanz zu gliedern, nicht selbstverständlich ist. In angelsächsischen Ländern wird üblicherweise nach Fristigkeit gegliedert. Vermögensteile, die kurzfristig in Geld bzw. flüssige Mittel umgewandelt werden können, ste-

26 Wobei – abhängig von den Umständen – eine Fortführung des Unternehmens möglich ist.

hen weiter oben auf der Aktivseite. Genauso verhält es sich mit den zu zahlenden Schulden auf der Passivseite: Je kurzfristiger die Zahlungsfrist ist, desto weiter oben stehen sie. Ein Beispiel für eine derartige Gliederung findet sich im Schweizer Obligationenrecht.

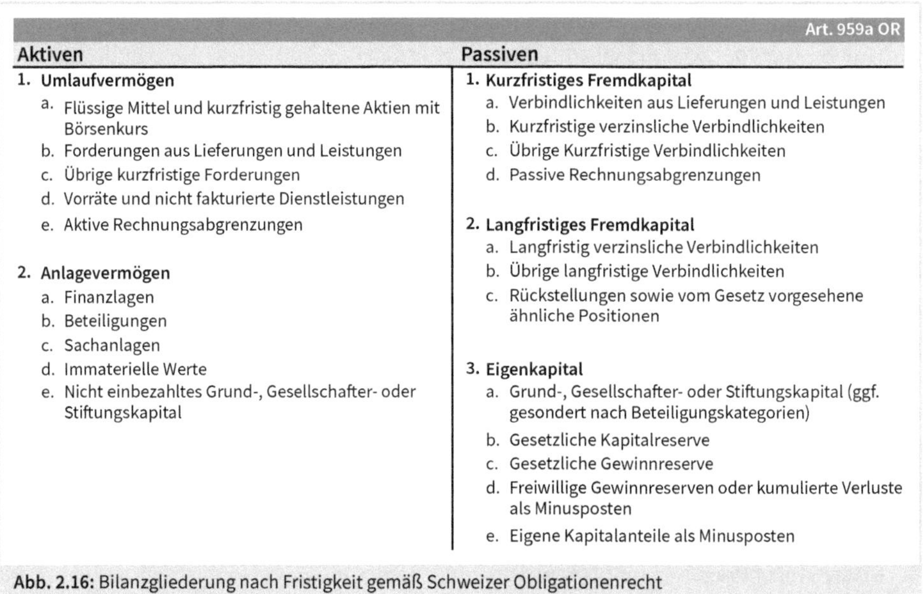

Art. 959a OR

Aktiven	Passiven
1. Umlaufvermögen a. Flüssige Mittel und kurzfristig gehaltene Aktien mit Börsenkurs b. Forderungen aus Lieferungen und Leistungen c. Übrige kurzfristige Forderungen d. Vorräte und nicht fakturierte Dienstleistungen e. Aktive Rechnungsabgrenzungen	**1. Kurzfristiges Fremdkapital** a. Verbindlichkeiten aus Lieferungen und Leistungen b. Kurzfristige verzinsliche Verbindlichkeiten c. Übrige Kurzfristige Verbindlichkeiten d. Passive Rechnungsabgrenzungen
2. Anlagevermögen a. Finanzlagen b. Beteiligungen c. Sachanlagen d. Immaterielle Werte e. Nicht einbezahltes Grund-, Gesellschafter- oder Stiftungskapital	**2. Langfristiges Fremdkapital** a. Langfristig verzinsliche Verbindlichkeiten b. Übrige langfristige Verbindlichkeiten c. Rückstellungen sowie vom Gesetz vorgesehene ähnliche Positionen
	3. Eigenkapital a. Grund-, Gesellschafter- oder Stiftungskapital (ggf. gesondert nach Beteiligungskategorien) b. Gesetzliche Kapitalreserve c. Gesetzliche Gewinnreserve d. Freiwillige Gewinnreserven oder kumulierte Verluste als Minusposten e. Eigene Kapitalanteile als Minusposten

Abb. 2.16: Bilanzgliederung nach Fristigkeit gemäß Schweizer Obligationenrecht

Diese Gliederungsstruktur ist auch sinnvoll, wenn man eine Finanzanalyse betreibt. Die größte Gefahr einer Insolvenz resultiert nämlich aus Zahlungsunfähigkeit (§ 17 InsO) und drohender Zahlungsunfähigkeit (§ 18 InsO). Auch für Kreditgeber ist es daher besonders wichtig, die Liquidierbarkeit von Vermögenspositionen und die Fälligkeit von Schulden im Rahmen einer Kreditwürdigkeitsprüfung (Rating) zu analysieren.

2.2.3 Die Gewinn- und Verlustrechnung

Die Einführung des **BilRUG** (Bilanzrichtlinie-Umsetzungsgesetz) im Jahr 2015 hatte weitreichende Konsequenzen für die GuV. Die **Umsatzerlöse** sind nicht mehr auf die »gewöhnliche Geschäftstätigkeit« oder »typische« Erlöse beschränkt. Der Umsatz umfasst nun alle Erlöse aus Verkauf und Vermietung oder Verpachtung von Produkten bzw. der Erbringung von Dienstleistungen – also auch aus Nebentätigkeiten! Zum Umsatz gehören demnach auch die Erträge aus Verwaltungskostenumlagen, Schrotterlösen, Arbeitnehmerverleih, Kantinenbetrieb, Grundstücksverpachtung usw. Konsequenterweise sollte sich das erweiterte Verständnis der Umsatzerlöse auch in der GuV zeigen:

1. Im Umsatzkostenverfahren (UKV) an den veränderten Herstellungskosten des Absatzes,
2. im Gesamtkostenverfahren (GKV) an einem Anstieg bei den Material- und Personalaufwendungen.

Da in vielen Firmen unterschiedliche **Umsatzbegriffe** für die verschiedensten Zwecke definiert sind, soll auch die Definition gem. § 277 HGB erläutert werden. Sie ist nach Abzug von Umsatzsteuer, Erlösschmälerungen sowie aller sonstigen direkt mit dem Umsatz verbundenen Steuern anzugeben. Beispiele dafür sind die Vergnügungs-, Strom-, Kaffee- oder Energiesteuern. Aktivierungspflichtige Steuern (z. B. Branntweinsteuer) können jedoch nicht abgezogen werden.

Exkurs zur Umsatzsteuer

Die Umsatzsteuer ist ein durchlaufender Posten in der GuV und daher nicht Teil des Umsatzes. Die einem Unternehmen auf der Faktura in Rechnung gestellte Umsatzsteuer für eingekauften Produkte und Dienstleistungen stellt einen Anspruch des Unternehmens gegen das Finanzamt dar. Die Umsatzsteuer wird daher auf dem aktiven Bestandskonto »Vorsteuer« im Soll gebucht.

Umsatzsteuer, die ein Unternehmen dem Kunden mit der erbrachten Leistung in Rechnung stellt, stellt eine Schuld gegenüber dem Finanzamt dar. Es wird darum das passive Bestandskonto »Umsatzsteuer« im Haben gebucht.

Vorsteuerforderung (Aktivkonto) und Umsatzsteuerschuld (Passivkonto) werden miteinander verrechnet. Der Saldo ist dann entweder eine Steuerschuld des Unternehmens oder ein Anspruch gegen das Finanzamt.

Ökonomisch betrachtet: Der Endverbraucher trägt die gesamte Umsatzsteuer, weil er keine Vorsteuer anrechnen kann. Die Unternehmen tragen hingegen nur die Differenz zwischen der eigenen Vorsteuerforderung und der Umsatzsteuerschuld – also die Steuer auf den Mehrwert.

Die Umsatzsteuer wird wie folgt ausgewiesen:

- **Bilanz**: Umsatzsteueransprüche – in Form von an Lieferanten gezahlte Umsatzsteuer (auch Vorsteuer genannt) – gegenüber dem Finanzamt finden sich unter den Aktiva im Umlaufvermögen unter der Position Forderungen und sonstige Vermögensgegenstände (konkret unter: 4. Sonstige Vermögensgegenstände). Zu zahlende Umsatzsteuer (»vom Kunden vereinnahmt«) findet sich unter den Verbindlichkeiten (konkret unter: 8. Sonstige Verbindlichkeiten davon aus Steuern).
- **Cashflow-Statement**: Sonstige *Aus*zahlungen, die nicht der Investitions- oder Finanzierungstätigkeit zuzuordnen sind bzw. sonstige *Ein*zahlungen, die nicht der Investitions- oder Finanzierungstätigkeit zuzuordnen sind.

Allgemeine Umlagen der Konzernmutter stellen keinen Leistungsaustausch dar und sind daher kein Umsatz. Das gilt auch für andere durchlaufende Posten wie z. B. Kostenerstattungen. Ebenfalls nicht Teil eines Leistungsaustauschs ist die Finanzierungstätigkeit. Erhaltene Zinsen sind kein Umsatz, sondern Zinserträge.

Viele Unternehmen weisen seit dem BilRuG höhere Umsätze aus. Als Folge stiegen die **Forderungen aus Lieferungen und Leistungen** und sanken die sonstigen Forderungen/Vermögensgegenstände. Bei der erstmaligen Anwendung der neuen Umsatzdefinition durften die **Vorjahreswerte nicht angepasst** werden (Anhangsangabe). Daher gilt es vorsichtig zu sein beim Vergleich von Kennzahlen über mehrere Jahre! Höchstwahrscheinlich ändert sich die Umsatzrendite.

Die Abschaffung der **außerordentlichen Positionen** in der GuV gleicht die HGB-Regelung den IFRS bzw. US-GAAP an. Die Streichung geht mit einer **Ausweitung der Erläuterungspflicht** im Geschäftsbericht einher: Gemäß der neuen Fassung sind alle Posten von **außergewöhnlicher** Höhe *oder* Bedeutung einzeln nach Betrag und Art anzugeben und zu erläutern – sofern sie nicht von untergeordneter Bedeutung sind. Der Begriff »außergewöhnlich« der neuen Fassung ist wesentlich umfassender als die alte Regelung, die von »außerordentlichen« Positionen sprach. Der bisherige Tatbestand »außerordentlich« bedeutete »nicht Teil der gewöhnlichen Geschäftstätigkeit« (§ 277 Abs. 4 HGB). Daher waren alle Vorkommnisse der gewöhnlichen Geschäftstätigkeit, egal welcher Höhe oder Bedeutung, nicht separat auszuweisen. Das ist seit 2016 anders. Positionen der gewöhnlichen Geschäftstätigkeit können nun ebenfalls unter die Erläuterungspflicht (Art und Betrag) fallen, z. B. wenn sie unregelmäßig oder nur selten anfallen.

Außerordentlicher Aufwand wurde zu »sbA« (sonstiger betrieblicher Aufwand) bzw. zu Material- oder Personalaufwand. Zugleich wurde der bisherige **außerordentliche Ertrag** zu »sbE« (sonstige betriebliche Erträge) oder zu Umsatz. Beide Änderungen führen dazu, dass Aufwand und Ertrag nun nicht mehr nach, sondern vor dem EBIT ausgewiesen werden. Das beeinflusst zahlreiche Kennzahlen. Die Positionen sbA und sbE selbst bleiben wie erwähnt in der GuV erhalten. Überall wo kein Leistungsaustausch stattfindet, darf kein Umsatz ausgewiesen werden. Hierzu gehören die Auflösung von Aufwandsrückstellungen, Versicherungsentschädigungen, Währungsgewinne oder Buchgewinne aus Anlagenabgängen. Diese Erträge bilden **sbE.**

Eine häufige Frage im Seminar lautet, **weshalb Gesamt- und Umsatzkostenverfahren zum gleichen Jahresüberschuss führen**. Die einfache Antwort darauf lautet: »GKV und UKV führen zum gleichen Jahresüberschuss, weil der Gesetzgeber aus dem Interesse heraus, Steuereinnahmen zu erzielen, dem Unternehmen nicht die Wahl lässt, welchen Gewinn es erzielt.« Eine erläuternde, inhaltliche Antwort ist umfangreicher: Wie in Kapitel 2.2.1 erläutert, unterscheiden sich die beiden Verfahren nicht allein durch ihre Gliederung, sondern auch durch den Umfang der dargestellten Sachverhalte (Bruttosicht versus saldierte Sicht).

HGB §275 (2) Bei Anwendung des **Gesamtkostenverfahrens** sind auszuweisen:

1. Umsatzerlöse
2. Erhöhung oder Verminderung des Bestands an fertigen und unfertigen Erzeugnissen
3. andere aktivierte Eigenleistungen
4. sonstige betriebliche Erträge
5. Materialaufwand (RHB-Stoffe, bezogene Waren und Leistungen)
6. Personalaufwand (Löhne und Gehälter, soziale Abgaben, Altersversorgung und Unterstützung)
7. Abschreibungen (auf Sachanlagen, immaterielle Vermögensgegenstände, Umlaufvermögen)

HGB §275 (3) Bei Anwendungen des **Umsatzkostenverfahrens** sind auszuweisen:

1. Umsatzerlöse
2. Herstellungskosten der zur Erzielung der Umsatzerlöse erbrachten Leistungen
3. Bruttoergebnis vom Umsatz
4. Vertriebskosten
5. allgemeine Verwaltungskosten
6. sonstige betriebliche Erträge

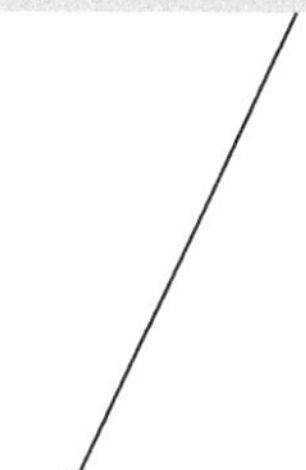

- sonstige betriebliche Aufwendungen
- Erträge aus Beteiligungen, davon aus verbundenen Unternehmen
- Erträge aus anderen Wertpapieren und Ausleihungen des Finanzanlagevermögens, davon aus verbundenen Unternehmen
- sonstige Zinsen und ähnliche Erträge, davon aus verbundenen Unternehmen
- Abschreibungen auf Finanzanlagen und auf Wertpapiere des Umlaufvermögens
- Zinsen und ähnliche Aufwendungen, davon an verbundene Unternehmen
- Steuern vom Einkommen und vom Ertrag

⇨ **Ergebnis nach Steuern**

- sonstige Steuern

⇨ **Jahresüberschuss/Jahresfehlbetrag**

Abb. 2.17: GuV-Gliederung gemäß §275 HGB

Im Folgenden veranschaulichen wir die Frage an einem Beispiel, in dem es um einen Bestandsaufbau geht: 10 Teile werden produziert, 9 verkauft. Die identischen Umsatzerlöse können wir bei der Betrachtung also außer Acht lassen. Für die 10 Teile fielen als Herstellungskosten 100 EUR Materialaufwand, 100 EUR Personalaufwand und 100 EUR Abschreibungen an. Die Herstellungskosten je Teil betrugen also 30 EUR.

Im Umsatzkostenverfahren werden unter der Ziffer 2 damit Erträge von 30 EUR für den Bestandsaufbau eines Teils ausgewiesen. Unter den Ziffern 5, 6 und 7 werden die Aufwandsarten mit jeweils 100 EUR gezeigt. De facto wird der Aufwand von 300 um 30 EUR vermindert, die in Zeile 2 durch den Bestandsaufbau ausgewiesen werden. Netto ergibt sich ein Aufwand von 270 EUR.

Im Umsatzkostenverfahren werden in Zeile 2 nur die Herstellungskosten für 9 Teile à 30 EUR = 270 EUR als Aufwand gezeigt. Damit ist in beiden Verfahren insgesamt ein Aufwand von 270 EUR netto (saldiert) gezeigt.

Das Beispiel erklärt indirekt auch, warum im Umsatzkostenverfahren zwar die Funktion (bzw. Kostenstelle) »Vertrieb« und die Funktion »Verwaltung« ausgewiesen wird, nicht jedoch die Funktion »Produktion«. Im Rahmen der Herstellungskosten werden alle anfallenden Kosten der Kostenstelle in die produzierte Leistung eingerechnet. Im Regelfall (bei sogenannter Normalauslastung) verbleiben also keine Kosten auf den Produktionskostenstellen. Wenn nun die Produktion am Periodenende immer Kosten von Null aufweist, dann muss sie auch nicht im Rahmen der GuV separat ausgewiesen werden.

2.2.4 Das Cashflow-Statement

In Mitteleuropa ist die indirekte Methode zur Erstellung der Kapitalflussrechnung vorherrschend. Diese Methode startet bei der Ergebnisrechnung – typischerweise mit dem EBIT oder dem JÜ. Sie korrigiert erfolgswirksame Vorgänge, die nicht zu Zahlungen geführt haben und ergänzt Zahlungen, die nicht erfolgswirksam, d. h. nicht in der GuV enthalten waren.

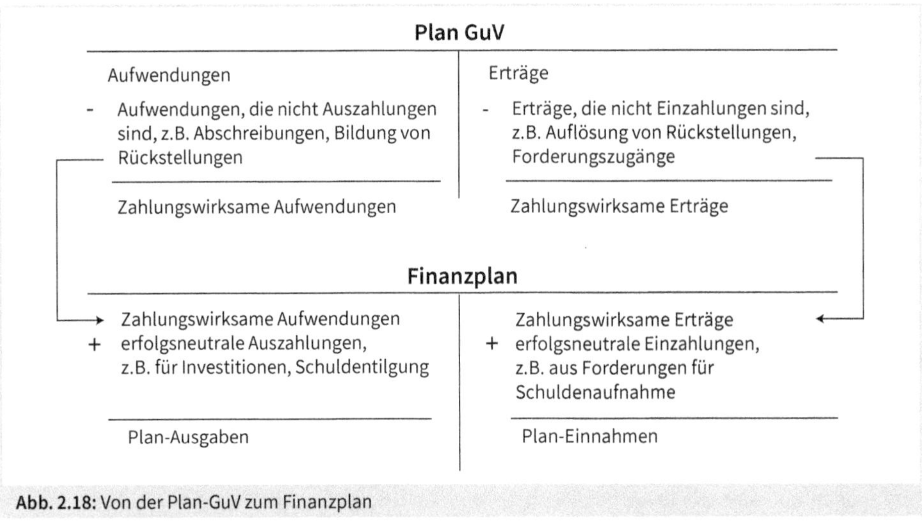

Abb. 2.18: Von der Plan-GuV zum Finanzplan

Durch die zeitliche Abgrenzung der Aufwendungen bzw. Erträge wird die Zahlungswirksamkeit für die Planperiode ermittelt. Der Saldo des Finanzplans ist entweder die Veränderung der flüssigen Mittel oder der Kredite und ist verknüpfbar mit der Planbilanz.

Für die Firma und die Kapitalgeber ist es wichtig, nicht nur die Höhe der Veränderung der flüssigen Mittel zu erfahren, sondern auch, wie sich die Veränderung zusammensetzt. Deshalb wird das Cashflow-Statement typischerweise in drei Hauptbereiche (so genannte Fonds) unterteilt: Geschäftstätigkeit, Investitionstätigkeit und Finanzierungstätigkeit. Diese werden natürlich noch weiter detailliert. So lässt sich die Nachhaltigkeit verschiedener Finanzierungseffekte prüfen.

	Cashflow aus laufender Geschäftstätigkeit
+	Cashflow aus Investitionstätigkeit
+	Cashflow aus Finanzierungstätigkeit
=	zahlungswirksame Veränderung des Finanzmittelbestandes
+	Änderung des Finanzmittelbestandes auf Grund von Wechselkurs, Konzernkreis und Bewertung
+	Finanzmittelbestand am Anfang der Periode
=	Finanzmittelbestand am Ende der Periode

Abb. 2.19: Das Cashflow-Statement zeigt die Liquiditätsänderung nach Fonds

Bei Geschäftsabschlüssen löste im Jahr 2015 der »Deutsche Rechnungslegungs Standard 21« (**DRS 21**) den DRS 2 ab. Der Standard gilt für Mutterunternehmen, die gemäß § 297 Abs. 1 HGB eine Kapitalflussrechnung für den Konzernabschluss aufzustellen haben. Die DRS sind nicht verpflichtend. Ihre Anwendung gilt aber gemäß § 342 Abs. 2 HGB als korrekte Ausübung der GoB. Ein DRS stellt unter den möglichen Auslegungen der GoB die empfohlene Variante dar. Verbunden ist damit der Begriff der »Ausstrahlungswirkung«. Das bedeutet, dass die Standards nicht nur im definierten Bereich Anwendung finden sollen, sondern auch darüber hinaus zu beachten sind. Im Fall des DRS 21 heißt das, dass die Empfehlungen zur Kapitalflussrechnung nicht nur für den Konzernabschluss (gem. § 299 Abs. 1, § 290 Abs. 1 HGB, § 11 PublG), sondern auch für den Einzelabschluss Anwendung finden sollen.

Die **wichtigsten Änderungen,** die durch den DRS 21 eingeführt wurden, sind:

- Ausgangspunkt ist das Periodenergebnis, andernfalls soll eine Überleitung erfolgen.
- Veränderungen des Konsolidierungskreises gehören zur Investitionstätigkeit.
- Erhaltene Zinsen und Dividenden gehören zur Investitionstätigkeit.
- Gezahlte Zinsen und Dividenden gehören zur Finanzierungstätigkeit.
- Zahlungen sollen dem zugrundeliegenden Sachverhalt zugeordnet werden (z. B. Steuerauszahlungen aus Desinvestition gehören zur Investitionstätigkeit).
- Vergleichszahlen der Vorperiode sind nicht mehr verpflichtend, sondern nur noch empfohlen.

Der Vorschlag sieht komprimiert dargestellt wie folgt aus:

	Jahresüberschuss
+	Abschreibungen (- Zuschreibung) auf das Anlagevermögen*
+	Zunahme (- Abnahme) der langfristigen Rückstellungen*
=	**Cashflow I**
+	Sonstige zahlungsunwirksame betriebliche Aufwendungen (- Erträge)*
-	Zunahme (+ Abnahme) der Vorräte, der Forderungen aus L+L und anderer entsprechender Aktiva*
+	Zunahme (- Abnahme) der Verbindlichkeiten aus L+L und anderer entsprechender Passiva*
-	Gewinn (+ Verlust) aus dem Abgang von Gegenständen des Anlagevermögens*
+	Zinsaufwand (- erträge)*
-	sonstige Beteiligungserträge
+	Ertragsteueraufwand (- erträge)*
-	Ertragsteuerauszahlungen (+ einzahlungen) aus lfd. Geschäftstätigkeit (Saldierung erlaubt)
=	**(1) Cashflow aus lfd. Geschäftstätigkeit**
+	Einzahlungen aus Desinvestitionen des AV (Immat., Sachanlagen, Finanzanlagen, Konsolidierungskreis)*
-	Auszahlungen für Investitionen ins AV (Immat., Sachanlagen, Finanzanlagen, Konsolidierungskreis)*
+	erhaltene Zinsen
+	erhaltene Dividenden
-	Ertragsteuerauszahlungen (+ Einzahlungen) aus Investitionstätigkeit*
=	**(2) Cashflow aus Investitionstätigkeit**
+	Einzahlungen aus Eigenkapitalzuführung
-	gezahlte Zinsen
-	Auszahlungen an Gesellschafter (z.B. Dividende, Kapitalrückzahlungen)
+	Einzahlungen (- Auszahlungen) aus Anleihen und Krediten*
-	Ertragsteuerauszahlungen (+ Einzahlungen) aus Finanzierungstätigkeit*
=	**(3) Cashflow aus Finanzierungstätigkeit**
=	**[Summe (1) - (3)] Zahlungswirksame Veränderung des Finanzmittelbestandes**
+/-	Veränderungen aus Wechselkurs, Konzernkreis oder Bewertung auf den Finanzmittelbestand
+	Finanzmittelbestand am Anfang der Periode
=	**Finanzmittelbestand am Ende der Periode**

* Es handelt sich um eine gekürzte Darstellung des DRS 21. Einige Positionen sind zudem in der Darstellung aus Platzgründen zusammengefasst. Es ist aber zu beachten, dass für das CF-Statement prinizpiell ein Saldierungsverbot gilt.

Abb. 2.20: Cashflow-Statement gemäß DRS 21 (leicht gekürzte und komprimierte Darstellung)

Für das Cashflow-Statement gilt ein **strenges Saldierungsverbot**. Das bedeutet beispielsweise, dass Zinserträge und Zinsaufwendungen nicht miteinander saldiert werden dürfen. Weitere Beispiele für diese Regel sind Investitionen, Desinvestitionen und Abschreibungen.

Ausgenommen von der Regel sind Verbindlichkeiten aus Investitionstätigkeit und die Investitionen selber. Hier wird lediglich die Auszahlung für die Investitionstätigkeit ausgewiesen. Das ist insofern besonders, da Warenzugänge und zugehörige Verbindlichkeiten nicht miteinander saldiert werden. Es wird die Verbindlichkeit aus dem Warenzugang ausgewiesen und der Bruttobetrag des Warenzuganges, so als ob beide in voller Höhe liquiditätswirksam gewesen wären.

Daneben ist es wichtig zu beachten, dass unter den veränderten Regeln des DRS 21 stärker darauf geachtet wird, die drei **Fonds von sachfremden Einflüssen freizuhalten**. So gelten Beteiligungserträge als Ergebnis einer Investitionstätigkeit. Sie sollen daher nicht im Cashflow aus laufender Geschäftstätigkeit ausgewiesen werden. Da sie Teil des Jahresüberschusses sind, müssen sie vor der ersten Zwischensumme neutralisiert werden (minus sonstige Beteiligungserträge) und im Rahmen des zweiten Fonds wieder hinzugerechnet werden (erhaltene Dividenden und sonstige Erträge). Ähnliches gilt für Zinsen. Sie sind ebenfalls erfolgswirksam in der GuV enthalten gewesen. Da sie nicht als Teil der operativen Geschäftstätigkeit gelten, muss ihr Einfluss auf den Fonds ebenfalls neutralisiert werden (plus Zinsaufwand bzw. minus Zinsertrag). Erhaltene Zinsen gelten wie auch Beteiligungserträge als Ergebnis einer Investitionstätigkeit und sind deshalb im zweiten Fond auszuweisen. Gezahlte Zinsen sind als Teil der Finanzierungstätigkeit klassifiziert und sind deshalb im zweiten Fonds auszuweisen.

Zu Verwirrung kann die Behandlung der **Ertragsteuern** führen. Hier muss man genau auf den Wortlaut achten. Es wird zunächst der Ertragsteuer*aufwand* hinzugerechnet bzw. ein möglicher Ertragsteuer*ertrag* abgezogen. Der Grund liegt nicht darin, dass die Position dem falschen Fonds (laufende Geschäftstätigkeit) zugeordnet ist, sondern vielmehr, dass es sich um Aufwand bzw. Ertrag handelt – also um erfolgswirksame Positionen und nicht automatisch um liquiditätswirksame Posten. Daher wird als nächstes die tatsächliche Steuerzahlung bzw. erhaltene Steuererstattung ins Cashflow-Statement aufgenommen. Typische Beispiele für die Abweichungen zwischen z. B. Steueraufwand und Steuerzahlung sind latente Steuern, genauso wie die kurzfristigen Steuerrückstellungen im vierten Quartal des Geschäftsjahres, welche erst mit Feststellung des Jahresabschlusses zur Auszahlung führen.

2.2.5 Überblick zu weiteren Abschluss-Elementen

Je nach Größe des Unternehmens und Art des Abschlusses (Einzel-, Konzernabschluss) treten weitere Elemente neben Bilanz, GuV und Cashflow-Statement hinzu. Diese sollen im Folgenden erläutert werden.

Der **Anhang** soll die übrigen Bestandteile des Jahresabschlusses erläutern und ergänzen. Er soll dazu beitragen, die Vermögens-, Finanz- und Ertragslage des Unternehmens besser darzustellen, indem zusätzliche quantitative und qualitative Informationen bereitgestellt werden. Durch die Auslagerung ergänzender Informationen in den Anhang können insbes. Bilanz und GuV komprimiert und damit übersichtlich aufgebaut werden.

Auch Korrekturen können dazu gehören, um die Unternehmenssituation korrekt darzustellen. Der Anhang ist ebenfalls Pflichtbestandteil eines Konzernabschlusses sowohl nach HGB als auch nach IFRS.

Zum Anhang gehört es, die Grundsätze der Bilanzierung, Bewertung und Währungsumrechnung (z. B. Umrechnungskurse für Verbindlichkeiten) anzugeben. Auch müssen manche Positionen, die in der Bilanz bzw. der GuV komprimiert dargestellt wurden, nun detaillierter gezeigt werden. Ein Beispiel ist dafür der Anlagespiegel, der in Abb. 2.8 schon vorgestellt wurde.

Der **Konzerneigenkapitalspiegel** (Eigenkapitalveränderungsrechnung) ist analog aufgebaut. Er ist nach IFRS gleichrangiger Bestandteil des Jahresabschlusses. Im HGB ist er für viele Konzernabschlüsse, aber nur selten bei Einzelabschlüssen vorgesehen.

Der **Lagebericht** soll entscheidungsrelevante Informationen liefern, die nicht aus den übrigen Elementen des Abschlusses erkennbar sind. Er soll in verdichteter Form die Gesamtsituation des Unternehmens widerspiegeln, indem die Ereignisse für die Unternehmenssituation dargestellt werden und so die Entwicklung des Unternehmens besser nachvollziehbar wird. Damit sind vor allem Informationen über das reine Zahlenwerk hinaus gemeint, wie beispielsweise Informationen zu Branche, Konjunktur, Marktposition, Kunden, Lieferanten und Mitarbeiterattraktivität. Auch Informationen zu Investition, Finanzierung sowie Forschung und Entwicklung gehören dazu. Sogar Informationen zu Humankapital oder Kundenstamm können hier einfließen. Dabei soll nicht nur die Vergangenheit erklärt werden, sondern auch ein Ausblick auf die zukünftige Geschäftsentwicklung gegeben werden. Das umfasst Risiken und Chancen. Auf das Risikomanagementsystem inkl. existenzgefährdender Risiken ist explizit einzugehen.

Einige Unternehmen müssen den Lagebericht um eine **nichtfinanzielle Erklärung** (insbes. Informationen zu Umwelt-, Arbeitnehmer- und Sozialbelangen, Achtung der Menschenrechte, Bekämpfung von Korruption und Bestechung) und ein **Diversitätskonzept** ergänzen.

In der **Segmentberichterstattung** werden Umsätze, Kosten und Kapitaleinsatz nach Tätigkeitsbereichen und geographischen Märkten gezeigt.

Insgesamt stehen dem Leser des Geschäftsberichts, insbesondere bei großen börsennotierten Kapitalgesellschaften, zahlreiche ergänzende Informationen – teils auch in Zahlenform – zur Verfügung, um die Situation des Unternehmens zu beurteilen. Diese sind **wertvolle Ergänzungen einer Finanzanalyse** (siehe Kapitel 9) und sollten unbedingt zur besseren Interpretation genutzt werden. Insbesondere unter IFRS stehen erhebliche Mengen an zusätzlichen Informationen zur Verfügung.

3 Schnittstellen von Controlling und Rechnungslegung

3.1 Harmonisierung des Rechnungswesens ist »in«

Im deutschsprachigen Raum war das Rechnungswesen lange Zeit zweigeteilt. Auf der einen Seite das **externe Rechnungswesen** mit Buchhaltung und Bilanzierung, das für die Erstellung des Jahresabschlusses verantwortlich zeichnete. Auf der anderen Seite die Controllingabteilung, die für das **interne Rechnungswesen** mit z. B. Deckungsbeitragsrechnung, Produktkalkulation und Investitionsrechnung zuständig war. Diese klassische Aufgabenteilung, bei der zwei Funktionsbereiche mit (fast) denselben Daten arbeiteten, schlug sich auch in den IT-Systemen nieder: So trennte beispielsweise SAP in den Systemen R/2 und R/3 auch zwischen CO-Daten und FI-Daten.

Ein modernes Controllingsystem überwindet diese Grenzen, die sich nicht nur in der IT, sondern auch oftmals in den Köpfen der Beteiligten fanden. Controlling und Rechnungslegung sind in den letzten Jahren immer mehr zusammengewachsen. Das hat mehrere Gründe:

- Da wäre einmal die **Pflicht zum Bankenrating** (vgl. Kapitel 10). Die Banken verlangen mehr Transparenz über z. B. Planungsrechnungen und Finanzen der Kreditnehmer.
- Dazu kommen die **Globalisierung** und die **zunehmende Bedeutung von Konzernen und Private-Equity-Gesellschaften**. Deutsche Mittelständler sehen sich nach einer Übernahme mit den Effizienzbestrebungen und Berichtsanforderungen eines international tätigen Großunternehmens konfrontiert.
- Eng verbunden damit ist oft der **Trend zur Rechnungslegung nach den IFRS**. Die Pflicht zur Erstellung eines IFRS-Abschlusses gibt es in der EU bereits seit dem Jahr 2005. Mittlerweile zeigen sich die Konsequenzen in allen Facetten: Start-up-Unternehmen mit nur wenigen Mitarbeitern, die von einem institutionellen Kapitalgeber finanziert werden, setzen sich genauso mit den IFRS auseinander wie öffentlich-rechtliche Unternehmen, für die ein Börsengang eine Option darstellt (z. B. Flughafen München GmbH) oder die am Kapitalmarkt eine Anleihe platzieren. Gemäß § 315a HGB **müssen** kapitalmarktorientierte Unternehmen den Konzernabschluss nach den Regeln der IFRS aufstellen. Nicht kapitalmarktorientierte Unternehmen **dürfen** einen befreienden Konzernabschluss nach IFRS aufstellen. Einen Überblick über die aktuelle Rechtssituation gibt die folgende Abbildung.

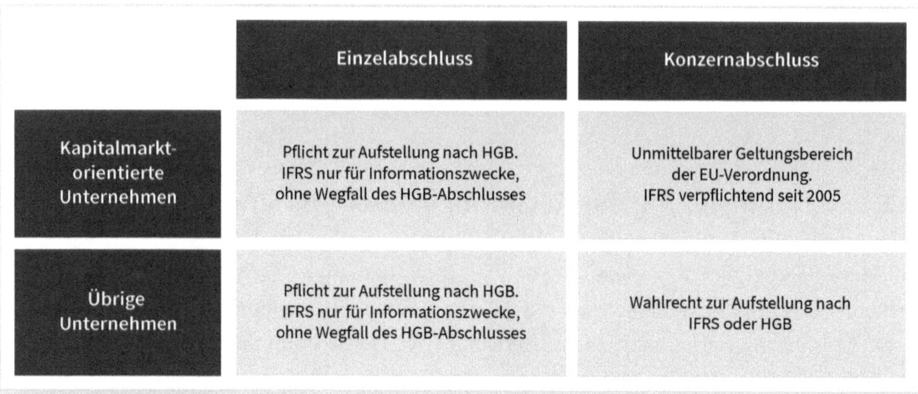

Abb. 3.1: Die Rechnungslegung nach IFRS ist nur für den Konzernabschluss kapitalmarktorientierter Unternehmen verpflichtend

Die IFRS haben in der Welt der Rechnungslegung eine Vorreiterrolle übernommen. Sie sind gewissermaßen auch ein **Trendsetter für das HGB**. Viele Regelungen, die ihren Ursprung in den IFRS haben, finden sich – vollständig oder teilweise – mittlerweile auch im deutschen Recht wieder. Das haben die letzten HGB-Novellierungen 2009 (BilMoG) und 2015 (BilRUG) gezeigt. Es empfiehlt sich also für alle Controller, die »Sensoren auszufahren« und nach Neuerungen in der IFRS-Welt Ausschau zu halten.

Dazu gesellt sich noch ein weiterer – gerne unterschätzter – Aspekt: Der erste Anwender von neuen Rechnungslegungsnormen (gleichgültig ob HGB oder IFRS) ist der Controller. Denn das, was es zum Stichtag X im Ist umzusetzen gilt, muss vorher in der entsprechenden Struktur geplant werden, damit Plan und Ist zueinander passen und ein aussagefähiger Plan-Ist-Vergleich durchgeführt werden kann.

Im Folgenden wollen wir uns mit einigen »Highlights« der Rechnungslegung beschäftigen, die für den Controller relevant sind. Da wir im Rahmen dieses Buches dem Thema Bilanzierung nur beschränkten Platz einräumen können, haben wir uns auf die wichtigsten Themen konzentriert.

3.2 Wie die Goodwill-Bilanzierung die Eigenkapitalquote beeinflussen kann

Der Goodwill (deutsch: Geschäfts- oder Firmenwert) gehört zum immateriellen Anlagevermögen und entsteht wie folgt: Erwirbt ein Unternehmen eine neue Tochtergesellschaft, ist es verpflichtet, deren Vermögen rechnerisch in Einzelteile zu zerlegen und separat neu zu bewerten – jede Maschine, jedes Grundstück, jedes Patent usw. Hat das Unternehmen für die neue Tochter mehr bezahlt als die Summe der einzelnen Vermögenswerte[27] (abzüglich der übernommenen Schulden), wird die Differenz als Geschäfts- oder Firmenwert in die Bilanz der Mutter eingestellt. Der Goodwill ist also eine Art »**Übernahmeprämie**« (böse Zungen verwenden auch das Wort »Luft«) und soll künftige Synergieeffekte widerspiegeln: Einsparungen im gemeinsamen Einkauf oder in der zusammen gelegten Verwaltung etc. Das für sich allein genommen ist schon kritisch, denn die meisten Unternehmen/Manager, die eine andere Firma kaufen möchten, tendieren dazu, zu viel zu bezahlen.

Nach deutschem Recht ist die Bilanzierung des Goodwills relativ unspektakulär (planmäßige Abschreibung über grundsätzlich 10 Jahre im HGB, über 15 Jahre im Steuerrecht). Doch nach IFRS stellt die Folgebewertung des Goodwills einen der spannendsten Punkte für Controller dar. Er wird nicht wie der Rest des Anlagevermögens über eine zu definierende Nutzungsdauer planmäßig abgeschrieben, sondern die Unternehmen prüfen mindestens einmal im Jahr seine Werthaltigkeit per **Impairment-Test**[28].

Vorgehensweise beim Impairment-Test

Das Verfahren des Impairment-Tests ist geregelt in **IAS 36**. Er ist immer dann anzuwenden, wenn keine planmäßige Abschreibung von Vermögenswerten vorzunehmen ist, Anhaltspunkte für eine Wertminderung vorliegen oder ein spezieller Standard das Verfahren vorschreibt. Das Grundkonzept ist einleuchtend. **Es wird der Buchwert des Vermögenswertes mit dem aktuell erzielbaren Betrag verglichen**. Der erzielbare Betrag leitet sich aus den **Verwendungsmöglichkeiten** des Vermögenswertes für den Eigentümer ab. Das Unternehmen könnte ihn verkaufen oder weiterhin selbst nutzen. Ist der erzielbare Betrag geringer als der Buchwert, muss abgeschrieben werden.

Im Regelablauf des Impairment-Tests scheidet die Option »Verkaufen« meist aus, da ein aktueller potenzieller Verkaufspreis nicht zu ermitteln ist (Ausnahme: börsennotierte Tochtergesellschaft). Daher ist die entscheidende Größe im Regelfall der Nutzungswert (value in use). Er beruht allerdings auf einer Reihe von **Ermessensspielräumen** und **Schätzungen**. Aufgrund der erheblichen Unsicherheiten empfehlen manche Experten, den Goodwill bei der Bilanzanalyse sofort vom Eigenkapital zu subtrahieren und damit die Investition in ein ganzes Unternehmen bilanzierungstechnisch der Investition in einzelne Vermögenswerte gleichzustellen. Im Regelfall tendieren die Unternehmen nämlich dazu, Impairments zu vermeiden und die Ergebnisse des Unternehmens dadurch zu positiv darzustellen – dazu später mehr. Wir bleiben zunächst bei der »Technik«.

27 Die IFRS verwenden den Begriff »Vermögenswert« (englisch: asset), das deutsche HGB spricht von »Vermögensgegenstand«.

28 Dieser sog. Impairment-Only-Ansatz ist aktuell jedoch Gegenstand kontroverser Diskussionen und steht 2020 im Rahmen eines Diskussionspapiers des IASB auf dem Prüfstand.

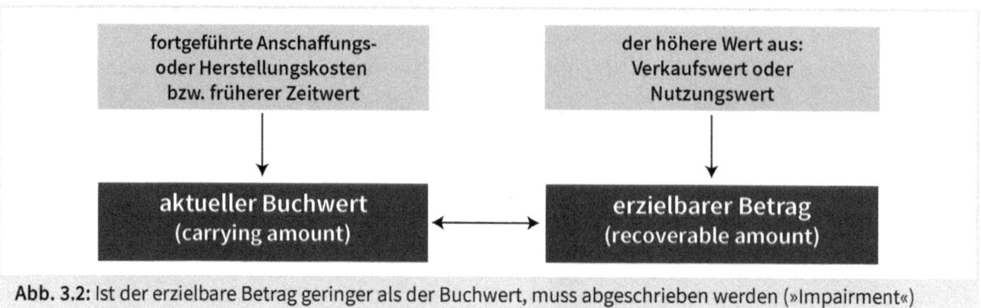

Abb. 3.2: Ist der erzielbare Betrag geringer als der Buchwert, muss abgeschrieben werden (»Impairment«)

Drei Problemfelder

Bei der Ermittlung des erzielbaren Betrags rücken **drei Problemfelder** in den Vordergrund:

Problemfeld 1: Wie werden die zu bewertenden Einheiten abgegrenzt? Generell gilt auch in den IFRS der **Grundsatz der Einzelbewertung**. Voraussetzung ist jedoch, dass den zu bewertenden Vermögenswerten Zahlungsströme aus ihrer betrieblichen Nutzung zugeordnet werden können. In der Praxis müssen daher Gruppen von Vermögenswerten mit abgrenzbaren Zahlungsströmen gebildet werden **(Cash Generating Units; CGUs lt. IAS 36.68)**. CGUs sind also Untereinheiten eines Unternehmens, die nach wirtschaftlichen Kriterien gebildet werden. Die Bildung muss in Übereinstimmung mit der Kontrolle der operativen Tätigkeit durch das Management stehen (Management Approach). Die Legalstruktur des Unternehmens ist nicht entscheidend, aber natürlich müssen die CGUs Planungsobjekte sein, d. h. vom Controller mit separaten Planwerten versehen werden. In der Praxis erfolgt die CGU-Bildung meist auf sehr aggregierter Ebene (z. B. unter den Segmenten), um sowohl die Anzahl der durchzuführenden Impairment-Tests sowie auch die Wahrscheinlichkeit einer Abwertung zu reduzieren (verdecktes Wahlrecht!).

Denn: Die Ebene, auf der die CGUs gebildet werden, hat Einfluss auf die Wahrscheinlichkeit einer späteren Abschreibung. Wenn intern gewachsenen CGUs erworbene Goodwills zugeordnet werden, können Wertminderungen des erworbenen Goodwills durch Werterhöhungen des selbst geschaffenen Goodwills kompensiert werden. Es kommt damit de facto zu einer Aktivierung von originären Geschäftswerten. Damit leidet aber auch die zwischenbetriebliche Vergleichbarkeit (Kennzahlen!).

Problemfeld 2: Was sind die Indikatoren für eine Wertminderung? Wann muss eine Überprüfung der Werthaltigkeit erfolgen? IAS 36.12 nennt exemplarisch einige **Indikatoren, die das Impairment-Procedere auslösen**:

- signifikante negative Veränderungen des technischen, marktbezogenen, ökonomischen oder gesetzlichen Umfelds (-> Corona-Krise)
- wesentlicher Rückgang des Marktwertes des Vermögenswertes

- eine Erhöhung der Marktrenditen, die sich »wahrscheinlich« auf den Diskontierungszinssatz für die Berechnung des Nutzungswertes auswirken wird (momentane Nullzinspolitik der EZB!)
- Anzeichen für einen physischen Schaden oder für die Überalterung eines Vermögenswertes
- Das interne Berichtswesen liefert substanzielle Hinweise auf eine Verschlechterung der Ertragskraft (Plan-Ist-Abweichung, Indikatoren aus dem Risikomanagement)
- ...

Fazit: Ab wann ist eine Veränderung »signifikant«, ab wann ein Hinweis »substanziell«? Die Beurteilung der Umstände liegt auch im Ermessen des Beteiligungs-Controllers!

Problemfeld 3: Welche Anforderungen müssen bei der Ermittlung des erzielbaren Betrags berücksichtigt werden? Wir müssen uns zunächst etwas näher mit dem **Begriff Zeitwert** beschäftigen, bevor wir speziell auf die Anforderungen bezüglich seiner Ermittlung eingehen können. Der Zeitwert resultiert aus dem Verkauf des Vermögenswertes oder seiner fortgesetzten Nutzung. Für den Verkaufswert ist der »bestmögliche ... Hinweis ... der in einem bindenden Verkaufsvertrag ... festgelegte Preis...« (IAS 36.25). Liegt ein solcher nicht vor, ist ein aktueller Marktpreis heranzuziehen. Ggf. kann auch der Preis der jüngsten Transaktion eine geeignete Grundlage für die Schätzung des beizulegenden Zeitwerts liefern. Da meist kein bindender Verkaufsvertrag oder aktiver Markt besteht, beschränkt man sich beim Impairment-Test in der Regel auf die Ermittlung des Nutzungswertes. Dazu wird normalerweise das Instrument des **Discounted Cashflow (DCF)** eingesetzt. Die CGU ist also so viel wert, wie sie in Zukunft dem Unternehmen an Nutzen stiftet, sprich welche Cashflows sie erzielen wird. Da sie das über einen längeren Zeitraum tut, müssen die Cashflows mit einem Zinssatz diskontiert werden[29]. Damit findet ein **Verfahren der klassischen Investitionsrechnung** – eine Kernkompetenz des Controllers – Eingang in die Bilanzierung: Es müssen die zukünftigen Cashflows der CGU geschätzt werden.

Praxisbeispiele: Wie halten es die DAX-Unternehmen?

Die Frage ist schnell und eindeutig zu beantworten: Sie nutzen den vorhandenen Spielraum großzügig. Die folgende Tabelle gibt einen guten Überblick. Die Goodwills der 30 DAX-Konzerne sind erneut gestiegen und summieren sich mittlerweile auf 316 Milliarden EUR (Stand 31.12.2019).

29 Ausdrücklich zugelassen sind die **gewogenen Kapitalkosten (WACC)** des Capital Asset Pricing Model (CAPM; vgl. Kapitel 5). So ermittelt Bayer im Rahmen der wertorientierten Steuerung für seine Teilkonzerne individuelle WACCs, die zu Diskontierung der geschätzten Cashflows herangezogen werden.

Unternehmen	bilanzierter Goodwill 2019		Abschreibungen 2005-2019		Abschreibungen 2000-2004	
	(Mio. Euro)	(in % vom EK)	Durchschnitt (Mio. Euro)	Durchschnitt (in % vom Goodwill)	Durchschnitt (Mio. Euro)	Durchschnitt (in % vom Goodwill)
Adidas	1.257	18	29	2,2	43	7,2
Allianz	13.207	17	70	0,6	964	8,5
BASF	8.105	19	34	0,5	227	9,7
BMW	385	1	0	0,0	kein Goodwill	kein Goodwill
Bayer	39.126	82	105	0,7	197	11,7
Beiersdorf	492	8	14	12,3	8	40,2
Continental	5.113	32	164	2,9	48	3,3
Covestro[1]	264	5	2	1,0	k.A.	k.A.
Daimler	1.217	2	2	0,2	101	3,9
Deutsche Bank	2.881	5	594	8,4	360	4,3
Deutsche Börse	3.470	57	1	0,0	43	5,9
Deutsche Post	11.336	79	70	0,1	291	11,1
Deutsche Telekom	12.436	27	1.015	6,1	4.603	15,2
E.On	17.515	134	662	5,5	674	8,0
Fresenius	27.737	104	0	0,0	65	2,9
Fresenius Medical Care	14.017	106	0	0,0	0	0,0
HeidelbergCement	11.783	64	79	0,8	200	8,3
Henkel	12.992	70	5	0,1	265	12,8
Infineon	909	11	2	0,5	35	16,1
Linde	24.052	52	0	0,0	124	4,0
Lufthansa	736	7	21	3,3	321	37,6
Merck	17.141	96	4	0,1	121	7,3
MTU Aero Engines[2]	392	16	0	0,0	0	0,0
Münchner Rück	2.941	10	103	3,3	355	9,6
RWE	2.386	14	180	1,7	518	6,0
SAP	29.162	95	0	0,0	19	6,1
Siemens	30.160	59	135	0,7	571	9,5
Volkswagen	23.247	19	1	0,0	106	27,7
Vonovia[1]	1.493	7	624	25,2	k.A.	k.A.
Wirecard[3]	726	31	0	0,0	0	0,0
Summe bzw. Durchschnitt	316.678	42	3.916	2,5	10.259	10,7

[1] *Konzerne existieren in dieser Form erst seit 2015; daher Zahlen nur seit 2015*
[2] *Zahlen seit 2002*
[3] *Nach neun Monaten des Geschäftsjahres 2019*

Quelle: WirtschaftsWoche 22/2020 vom 22.05.2020, Seite 80

Abb. 3.3: Spielball Goodwill-Impairment-Test: Viele DAX-Unternehmen ziehen seit Jahren hohe Goodwill-Werte durch die Bilanz und schreiben diese kaum noch ab[30]

Fazit: Seit die Unternehmen selbst bewerten dürfen (bis Ende 2004 mussten Goodwills planmäßig abgeschrieben werden), was ihre erworbenen Goodwills wert sind, schreiben sie kaum noch ab. Im Schnitt haben die Unternehmen seit 2005 die Positionen nur um 2,5 % abgewertet. Damit wird implizit eine Nutzungsdauer des Goodwills von 40 Jahren unterstellt (bei linearer Abschreibung). Im hier betrachteten Vergleichszeitraum 2000 bis 2004 lag die durchschnittliche Goodwill-Abschreibung bei 10,7 % (gut 9 Jahre implizite Nutzungsdauer).

Daher wäre bei der Bilanzanalyse zu überlegen, den ausgewiesenen **Goodwill direkt vom Eigenkapital abzuziehen**. Bei Bayer wären damit 82 % des Eigenkapitals aufgezehrt, eine Kapitalerhöhung faktisch unvermeidlich. Ähnlich ist die Situation bei der Deutschen Post, Fresenius, Fresenius Medical Care, SAP und E.on. Hier ist der Goodwill zum Teil deutlich höher als das Eigenkapital.

Organisch wachsende Unternehmen (z. B. Beiersdorf) generieren keinen Goodwill. Ihre Investitionen gehen in vollem Umfang durch die Gewinn- und Verlustrechnung. Sie sind deshalb

30 Quelle: WirtschaftsWoche 22/2020 vom 22.5.2020, Seite 80.

gegenüber Unternehmen, die durch Akquisitionen wachsen und diese teilweise nicht abwerten, bilanztechnisch klar benachteiligt. Hätten die Unternehmen ihre Goodwills über 10 Jahre (analog der HGB-Regel) abgeschrieben, dann wären die ausgewiesenen Jahresüberschüsse deutlich niedriger ausgefallen. Wenn es dann doch zu Abwertungen kommt, sind negative Reaktionen am Kapitalmarkt die Regel.

Unternehmen	Abschreibung über	im Jahr	Kursreaktion
Deutsche Telekom	13,1 Milliarden Euro	2002	Kurs fällt auf ein Allzeittief
Toshiba	712,5 Milliarden Yen	2017	Kurs fällt auf den tiefsten Stand seit 1980
Deutsche Bank	4,9 Milliarden Euro	2015	Kurs stabil, 2016 dann 45-Jahres-Tief
E.On	4,8 Milliarden Euro	2015	Kurs fällt auf ein Allzeittief
Credit Suisse	3,8 Milliarden Franken	2016	Kurs fällt auf ein Allzeittief

Abb. 3.4: Impairments fallen oft drastisch aus (Quelle: WirtschaftsWoche 32/4.8.2017, Seite 72)

3.3 Die Aktivierung von Entwicklungskosten beeinflusst die Ertragslage

Vor Inkrafttreten des BilMoG 2010 war es in Deutschland nicht erlaubt, selbst erstellte immaterielle Vermögensgegenstände des Anlagevermögens zu aktivieren (Vorsichtsprinzip!). Um eine Annäherung an die IFRS zu erreichen, besteht seitdem ein Ansatzwahlrecht (§ 248 Abs. 2 S 1 HGB). Dort gibt es seit jeher eine Aktivierungspflicht für Entwicklungskosten, wenn folgende **Voraussetzungen** kumulativ erfüllt sind (IAS 38.57):

- Technische Realisierbarkeit des Projekts (Prototyp, Machbarkeitsstudie)
- Benutzungs- oder Vermarktungsabsicht (freigegebener Projektplan)
- Fähigkeit zur Nutzung des Vermögenswerts *im* Unternehmen oder Existenz eines Absatzmarktes für den immateriellen Vermögenswert bzw. für seinen Produktionsoutput (Businessplan mit DCF-Betrachtung)
- Vorhalten von Ressourcen zur Vollendung und Nutzung des immateriellen Vermögenswertes (Projektbudget, Finanzierungszusage)
- Existenz einer Projektkostenrechnung zur Abgrenzung und Bewertung des zuordenbaren Aufwands

Beide Standardsetter (HGB und IFRS) ermöglichen dadurch umfangreiche bilanzpolitische Spielräume, denn für viele Unternehmen sind die Entwicklungskosten – physischer Produkte oder auch Software – einer der größten Kostenblöcke. Welche Möglichkeiten gibt es im Einzelnen?

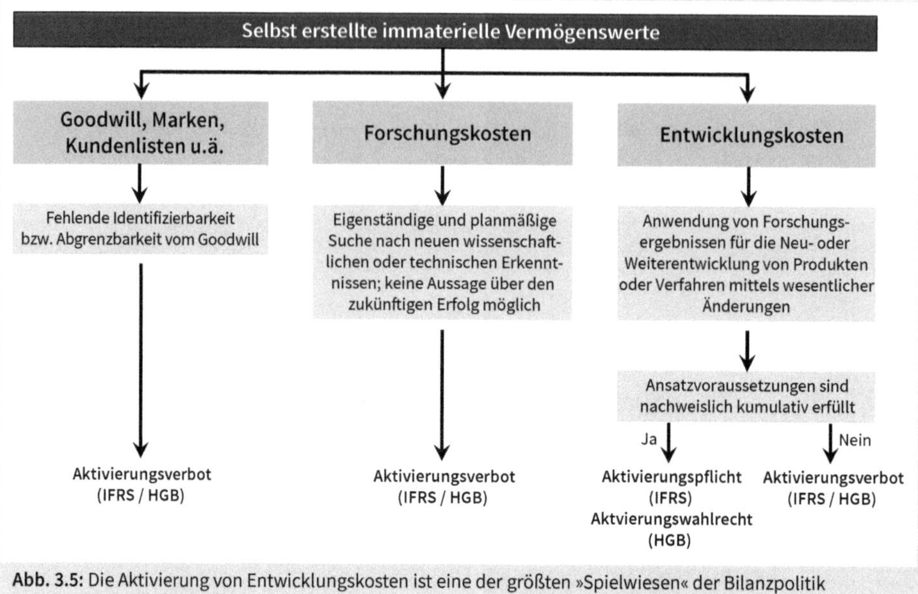

Abb. 3.5: Die Aktivierung von Entwicklungskosten ist eine der größten »Spielwiesen« der Bilanzpolitik

Die linke Seite der Grafik ist eindeutig, weil im Text des Gesetzes bzw. Standards spezifiziert. Die erste Schwierigkeit besteht darin, **Forschungs- von Entwicklungskosten zu trennen**. Wo hört die Suche nach Erkenntnissen auf und wo fängt die Anwendung dieser Erkenntnisse an? Die Praxis versucht, dieses Problem mit einem Phasenmodell zu lösen.

Bei einem langjährigen Kunden der CA Controller Akademie wurde ein dreistufiger Filterprozess implementiert. Aufgrund des schnellen Wachstums musste zunächst eine Entscheidung getroffen werden, **ab wann** ein neuer **Entwicklungsstandort** in die Bilanzierung nach IFRS **einbezogen** wird. Im nächsten Schritt erfolgte eine **Definition von Projektklassen**. Einige Kategorien waren eindeutig der Forschung zuzuweisen, andere sollten zwangsläufig zu einem immateriellen Vermögenswert führen. Eine schlichte Erfassung der FuE-Kosten auf Kostenstelle genügte zur Erfüllung der Ansatzvoraussetzungen also nicht; es mussten zusätzlich Kontierungsobjekte eingerichtet werden, die auch innerhalb des Projekts eine Trennung nach aktivierungspflichtig und nicht aktivierungspflichtig zuließen. Die Unterscheidung zwischen Forschung und Entwicklung wird festgemacht an der **Erreichung des Meilensteins »Existenz eines Prototyps«**. Bis dorthin wird das Projekt an die Kostenstelle abgerechnet, die ihrerseits wiederum in die Ergebnisrechnung fließt. Danach beginnt frühestens die Aktivierungsphase, die Abrechnung erfolgt dann auf »Anlage im Bau« analog zur Behandlung von physischen Vermögenswerten. Sowohl in der Forschungs- als auch in der Entwicklungsphase wird der Projektfortschritt über weitere Meilensteine verfolgt. Auch das **Risikomanagement** wird über das Erreichen bzw. Nichterreichen der Meilensteine gespeist. Der erfolgreiche **Projektabschluss stellt auch das Ende der Aktivierungsphase dar**. Danach beginnt die Nutzungs- und Abschreibungsphase.

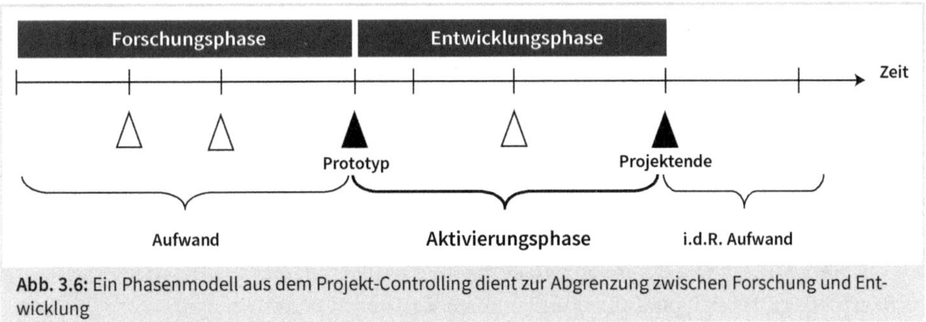

Abb. 3.6: Ein Phasenmodell aus dem Projekt-Controlling dient zur Abgrenzung zwischen Forschung und Entwicklung

Sowohl nach HGB als auch nach IFRS gilt: **Ist eine Trennung von Forschungs- und Entwicklungskosten nicht zuverlässig möglich, ist eine Aktivierung ausgeschlossen.** In welchem Ausmaß die Aktivierung bzw. Nichtaktivierung von FuE-Aufwand den Jahresüberschuss beeinflussen kann, belegen folgende Zahlen aus dem VW-Konzern:

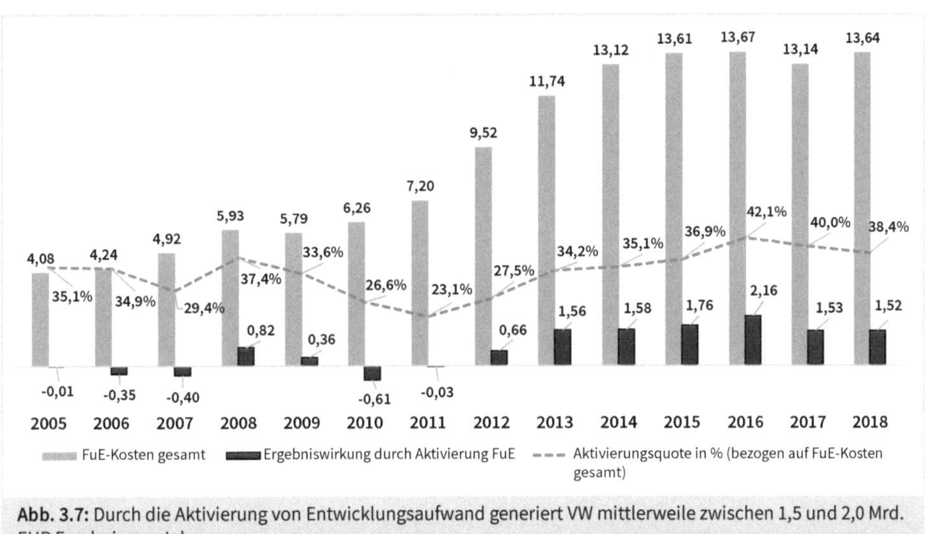

Abb. 3.7: Durch die Aktivierung von Entwicklungsaufwand generiert VW mittlerweile zwischen 1,5 und 2,0 Mrd. EUR Ergebnis pro Jahr

Die Grafik oben zeigt zunächst den steilen Anstieg der jährlichen FuE-Aufwendungen: von gut 4 Mrd. EUR in 2005 bis auf über 13 Mrd. EUR in 2018. Die Aktivierungsquote schwankt im Zeitablauf zwischen 23 und 42 %. Berücksichtigt man neben der Aktivierung auch noch die Abschreibungen auf die zuvor aktivierten Entwicklungsaufwendungen, so erkennt man ab dem Jahr 2013 eine »Netto-Ergebniswirkung« von gut 1,5 Mrd. EUR jährlich. Auf diese Weise wird zum jeweils aktuellen Zeitpunkt ein Ergebnis generiert zulasten späterer Perioden.

Der deutsche Gesetzgeber ist sich der bilanzpolitischen Spielräume durchaus bewusst. So veranlasste die Deutsche Prüfstelle für Rechnungslegung (DPR) am 12.9.2017 folgende Fehlerfeststellung eines deutschen Maschinenbau-Unternehmens im elektronischen Bundesanzeiger:

»Die in der Konzernbilanz zum 31.12.2015 aktivierten Entwicklungskosten sind um ca. 1,65 Mio. EUR, das Ergebnis vor Steuern für das Geschäftsjahr 2015 um ca. 1,5 Mio. EUR und die Gewinnrücklagen um ca. 0,15 Mio. EUR zu hoch ausgewiesen. Die Voraussetzungen für die Ansatzfähigkeit gemäß IAS 38.57 liegen nicht vor, da weder die technische Realisierbarkeit noch die Existenz eines Marktes hinreichend nachgewiesen werden konnte. Ferner standen insbesondere die finanziellen Ressourcen für einen erfolgreichen Abschluss des Entwicklungsprojektes nicht gesichert zur Verfügung«.

Mit anderen Worten: Von den oben genannten fünf Aktivierungsvoraussetzungen waren drei nicht erfüllt. Das Eigenkapital des Unternehmens war zum 31.12.2015 negativ.

Die Aktivierung der Entwicklungskosten ist auch ein **branchenspezifisches Thema**. Im Pharmasektor ist sie eher wenig verbreitet. »Da eigene Entwicklungsprojekte häufig behördlichen Genehmigungsverfahren und anderen Unwägbarkeiten unterliegen, sind die Bedingungen für eine Aktivierung der vor der Genehmigung entstandenen Kosten in der Regel nicht erfüllt« (Bayer AG, Geschäftsbericht 2016, Seite 219).

Falls unter HGB Entwicklungskosten aktiviert werden sollen, ist – mangels Detailregelung im Gesetz – die oben beschriebene Vorgehensweise der IFRS anzuraten. Es empfiehlt sich, die Managemententscheidung für die Aktivierung zu protokollieren, im ERP-System interne Kostensammler mindestens pro Projekt zu eröffnen und die Ist-Kontierung (z. B. Stundenaufschreibung der Entwicklungsmitarbeiter) sicherzustellen.

Für die **Folgebewertung** der aktivierten Entwicklungskosten gelten **dieselben Regeln wie im Sachanlagevermögen**. Die Schätzung der Nutzungsdauer eröffnet somit weiteren bilanzpolitischen Spielraum. Kann diese nicht verlässlich geschätzt werden, ist über 10 Jahre abzuschreiben.

Wichtig: In der Steuerbilanz gilt für selbst erstellte immaterielle Vermögensgegenstände weiterhin ein Aktivierungsverbot. D. h. in der Handelsbilanz entstehen passive latente Steuern. Das bessere Ergebnis wird also mit einer Portion Mehraufwand »erkauft«.

3.4 Wie die Bewertung von Sachanlagevermögen das Ergebnis beeinflusst

Bei der Erstbewertung von Sachanlagevermögen müssen folgende Parameter festgelegt werden:

- der **Abschreibungsausgangswert** (z. B. Anwendung des Komponentenansatzes[31] auch im HGB, Investitionszuschüsse als Anschaffungspreisminderung oder als Ertrag)
- die unterstellte **Nutzungsdauer** (die steuerlichen AfA-Tabellen sind nur ein Indikator!)

31 Nach IAS 16.43 sind die Anschaffungskosten eines Vermögenswertes zwingend auf einzelne Bestandteile zu verteilen, wenn diese wertmäßig als wesentlich in Relation zum Gesamtvermögenswert anzusehen sind (Beispiel aus IAS 16.44: ein Flugzeug und seine Triebwerke).

- der geschätzte **Restwert** am Ende der Nutzungsdauer und
- die **Abschreibungsmethode** (linear, degressiv, leistungsabhängig).

In allen vier Bereichen tun sich Argumentationsspielräume mit z. T. erheblichen EBIT-Effekten auf, die auf das jeweils gewünschte bilanzpolitische Ziel hin ausgenutzt werden können.

Beispiel: Bandbreite der Nutzungsdauern im Bayer-Konzern (Quelle: Online-Geschäftsbericht zum 31.12.2018):

Gebäude:	5 bis 50 Jahre (Buchwert 5.150 Mio. EUR[32])
Technische Anlagen und Maschinen:	4 bis 40 Jahre (Buchwert 4.639 Mio. EUR)
Andere Anlagen, BGA:	2 bis 15 Jahre (Buchwert 745 Mio. EUR).

Beispiel: Ermessensspielraum durch geänderte Schätzungen der Nutzungsdauern im Lufthansa-Konzern (Quelle: Geschäftsbericht 2014, Seite 48): »Im Geschäftsjahr 2014 reduzierten sich die Abschreibungen insgesamt um 14,4 % auf 1,5 Mrd. EUR. Dabei sanken die planmäßigen Abschreibungen auf Flugzeuge noch deutlicher um 20,2 % auf 1,1 Mrd. EUR. Ursache hierfür war die im Vorjahr vorgenommen Anpassung der Nutzungsdauer für Verkehrsflugzeuge und Reservetriebwerke von 12 auf 20 Jahre bei gleichzeitiger Reduzierung des Restwerts von 15 auf 5 %«.

Eine große Spielwiese ist auch die **Unterscheidung zwischen nachträglichen Herstellungskosten und Erhaltungsaufwand.** Sie ist in der Praxis schwierig und kann das Periodenergebnis stark beeinflussen. Das HGB schreibt lediglich vor (§ 255 Abs. 2 S. 1): Herstellungskosten sind die Aufwendungen, die durch den Verbrauch von Gütern und die Inanspruchnahme von Diensten für die Herstellung eines Vermögensgegenstands, seine **Erweiterung** oder für eine über seinen ursprünglichen Zustand hinausgehende **wesentliche Verbesserung** entstehen. Um die Lücke bzw. den Ermessensspielraum zu füllen, ist ein Rückgriff auf das Steuerrecht sinnvoll. Dort wird folgende Unterscheidung getroffen:

Werterhöhende Reparaturen	Werterhaltende Reparaturen
Herstellungsaufwand nach § 255 Abs. 2 HGB bzw. R 21.1 Abs. 2 EStR)	Erhaltungsaufwand nach R 21.1 Abs. 1 EStR
• Es wird das Wesen und die Funktion des Anlageguts wesentlich verändert bzw. • etwas Neues geschaffen und • die Lebensdauer wird nicht nur geringfügig verändert	• Erhaltung eines Vermögensgegenstands in einem ordnungsgemäßen Zustand, • alle regelmäßigen Reparaturen und Wartungskosten, die durch die gewöhnliche Abnutzung erforderlich werden
→ Aktivierung in der Bilanz	→ Aufwand in der GuV

Abb. 3.8: Die bilanzielle Abbildung von Instandhaltungen kann eine »Gratwanderung« sein

32 Inklusive Grundstücke.

Beispiel: In einem Kraftwerk wurde eine neue Turbine verbaut. Damit war eine Leistungssteigerung der Anlage von 300 auf 315 Megawatt verbunden. Ist diese Maßnahme (die immerhin einen mittleren zweistelligen Millionenbetrag kostete) nun werterhöhend oder werterhaltend? Das Unternehmen (dem es damals finanziell blendend ging) »einigte« sich mit dem Wirtschaftsprüfer auf werterhaltend. Die Folge war ein deutlich niedrigeres Jahresergebnis und eine in die Zukunft verschobene Steuerbelastung.

3.5 Warum Leasinggeschäfte für den Controller wichtig sind

Die bilanzielle Behandlung von Leasingverhältnissen nach HGB ist abhängig von der Gestaltung des Leasingvertrages. Er kann entweder starke Ähnlichkeiten mit einem Mietvertrag aufweisen (**Operate Leasing**; jederzeit kündbar; keine feste Grundmietzeit) oder aber einem Ratenkauf ähneln (**Finance Leasing**). Das HGB sieht keine detaillierten Vorschriften für die Leasingbilanzierung vor, daher ist ein Rückgriff auf das deutsche Steuerrecht nötig. Das **Bundesministerium der Finanzen (BMF)** hat insgesamt vier **Leasing-Erlasse** veröffentlicht. Sie regeln die Zurechnung des wirtschaftlichen Eigentums von Leasing-Objekten und die bilanzielle Abbildung von Leasing-Verhältnissen in den Jahresabschlüssen von Leasinggeber und Leasingnehmer.

- Alle Vermögensgegenstände, die im Rahmen eines **Operate Leasing** dem Leasingnehmer zur Verfügung gestellt werden, sind beim **Leasinggeber** auszuweisen.
- Jede Art von **Spezialleasing** (Nutzung hier nur durch den Leasingnehmer möglich) wird beim **Leasingnehmer** bilanziert.
- Beim **Finance Leasing** ist die bilanzielle Behandlung **diffiziler**. Hier ist auf die genaue Vertragsgestaltung abzustellen. Entscheidend ist, wo die Mehrheit der wirtschaftlichen Chancen und Risiken allokiert ist, z. B. Andienungsrecht des Leasinggebers am Ende der Grundmietzeit, vorzeitiges Kündigungsrecht des Leasingnehmers, Mehrerlösbeteiligung des Leasinggebers bei Verkauf > 25%. All diese Kriterien führen zu einem Ausweis beim Leasinggeber.

Wird der Leasinggegenstand jedoch dem Leasingnehmer zugeordnet, so hat er ihn mit dem **Barwert der kumulierten Leasingraten**, einer eventuellen Einmalzahlung und den Anschaffungsnebenkosten in seinem Anlagevermögen auszuweisen, obwohl er nicht der juristische Eigentümer ist (**Prinzip des wirtschaftlichen Eigentums**; § 246 Abs. 2 HGB). Auf der Passivseite findet sich in entsprechender Höhe die Schuld aus dem Leasingverhältnis wieder. Damit bewirkt die Leasingbilanzierung eine Bilanzverlängerung und eine Verschlechterung der Eigenkapitalquote.

Ähnliche Vorschriften gab es bis einschließlich 2018 auch nach IFRS. Der »alte« IAS 17.10 griff den »risk-and-reward-approach« auf und definierte einen Kriterienkatalog (ähnlich dem oben genannten) für die Klassifikation von Leasingverhältnissen. In der Praxis war festzustellen, dass die Unternehmen durch geschickte Vertragsgestaltung einen »Off-balance-Ausweis« anstreben (d. h. keine Bilanzierung, sondern nur Anhangsangaben).

Beispiel 1: Geschäftsbericht der AirBerlin PLC zum 31.12.2016

TEUR	Anhang	31.12.2016	31.12.2015
Aktiva			
Langfristige Vermögenswerte			
Immaterielle Vermögenswerte	5	**208.985**	405.031
Sachanlagen	6	**119.104**	182.956
Forderungen aus Lieferungen und Leistungen und sonstige Forderungen	9	**72.624**	56.273

Abb. 3.9: »Die aktivierten Sachanlagen sind deutlich niedriger …«

Die entsprechende Angabe im Anhang (Seite 140):

Aus unkündbaren Leasingverhältnissen ergeben sich die folgenden künftigen Mindestleasingraten:

TEUR	2016	2015
Bis zu einem Jahr	**567.405**	655.921
Zwischen einem und fünf Jahren	**1.652.616**	2.118.513
Mehr als fünf Jahre	**948.546**	1.012.352
	3.168.567	3.786.786

Abb. 3.10: »… als die nach Operate Leasing im Anhang ausgewiesenen Beträge«

Das Beispiel zeigt eindrucksvoll, wie wenig der »true and fair view« gewahrt ist, also wie verzerrt die tatsächliche Vermögens- und Finanzlage des Unternehmens in der Bilanz abgebildet ist.

Beispiel 2 entstammt einer Fehlerfeststellung der Deutschen Prüfstelle für Rechnungslegung. Wir zitieren die Fehlerfeststellung vom März 2017: »Die (…) AG hat in der Konzernbilanz Sachanlagen in Höhe von rund 50,9 Mio. EUR sowie Finanzverbindlichkeiten in Höhe von rund 57,4 Mio. EUR nicht angesetzt, weil sie Leasingverhältnisse fälschlich als Operate-Leasingverhältnisse statt als Finanzierungsleasing eingestuft hat …«.

Seit dem 1.1.2019 gilt der neue Standard IFRS 16. Sein primäres Ziel war von Anfang an die Beendigung der umfangreichen Off-Balance-Finanzierung durch Operate Leasing. Die **Bilanzierung beim Leasingnehmer** wurde dahingehend geändert, dass nun **grundsätzlich für alle** Leasingverhältnisse die erlangten Nutzungsrechte als Vermögenswerte zu aktivieren sind (Right-of-Use-Ansatz). Gleichzeitig ist eine Verbindlichkeit für die sich ergebenden Zahlungsverpflichtungen zu passivieren.

Interessant ist die Definition des Begriffs »Leasing« im neuen IFRS 16: Danach handelt es sich um einen Vertrag, durch den das Recht zur Beherrschung eines identifizierten (also physisch abgrenzbaren und nicht beliebig austauschbaren!) Vermögenswertes für einen festgelegten Zeitraum im Austausch gegen eine Vergütung übertragen wird. Damit fallen **auch Pacht-, Miet- und Mietkaufverträge** in den Anwendungsbereich des neuen Standards.

Ausnahmen bestehen u. a. für Leasingverhältnisse, die weniger als 12 Monate dauern, sowie für Leasingverhältnisse über Vermögenswerte von geringem Wert (Neupreis 5.000 USD).

Die neuen Regelungen führten dazu, dass z. B. bei der Deutschen Post über 25.000 Leasingverträge bilanziert werden mussten. Es entstanden zusätzliche Leasingverbindlichkeiten in Höhe von 9,2 Mrd. EUR, die Eigenkapitalquote sank nach dem 1. Quartal 2018[33] von 33,4 auf 27,7 %.

So paradox es klingen mag: Trotz steigender Verschuldung werden sich die EBITs und EBITDAs der Unternehmen verbessern, weil der Zinsanteil der Leasingraten in das Finanzergebnis gebucht werden muss. Die folgende Tabelle stellt die Auswirkungen der neuen Leasingbilanzierung im Vergleich zum alten IAS 17 dar.

Alte Regelung IAS 17 (Operate Leasing)		**Neue Regelung IFRS 16**	
	Umsatz		Umsatz
-	Aufwendungen (inkl. Leasing)	-	Aufwendungen (ohne Leasing)
=	EBITDA	=>	EBITDA steigt gegenüber IAS 17
-	Abschreibungen	-	Abschreibungen (inkl. Tilgungsanteil der Leasingraten)
=	EBIT	=	=> EBIT steigt gegenüber IAS 17
-	Zinsen, Steuern	-	Zinsen (inkl. Zinsanteil der Leasingraten), Steuern
=	Jahresüberschuss	=	Jahresüberschuss sinkt in den ersten Jahren, da AfA und Zins > Mietaufwand nach IAS 17

Abb. 3.11: Die neue Leasingbilanzierung nach IFRS 16 verbessert EBIT und EBITDA

Anstelle der bisherigen Miet- bzw. Leasingaufwendungen wird die GuV nun durch die Abschreibungen auf das Nutzungsrecht und die Zinsaufwendungen auf die Leasingverbindlichkeit belastet. Da am Anfang der Nutzungsdauer die Leasingverbindlichkeit (noch) hoch ist, ist die Gesamtbelastung der GuV nach der neuen Regelung höher als nach dem alten IAS 17. Später kehrt sich das Verhältnis um (Frontloading-Effekt).

3.6 Was es mit der Gesamtergebnisrechnung in den IFRS auf sich hat

Kernbestandteile eines Jahresabschlusses nach HGB sind traditionell Bilanz und GuV. Das ist in den IFRS anders. Hier findet sich der Ausdruck Gesamtergebnisrechnung. Sie umfasst (übrigens auch nach US-GAAP) neben Aufwendungen und Erträgen, die zum Jahresüberschuss

33 Die Deutsche Post begann als »early adopter« bereits 2018 mit der IFRS 16-Bilanzierung.

führen, auch das sogenannte »sonstige Ergebnis« – im Englischen auch Other Comprehensive Income (OCI) genannt.

Das OCI umfasst weitere Aufwendungen und Erträge, die direkt – also ohne den »Umweg« über die GuV – und damit erfolgsneutral in das Eigenkapital gebucht werden. Grundsätzlich werden nur solche Ergebnisse im OCI gezeigt, die noch nicht realisiert wurden. Die Einführung der Gesamtergebnisrechnung ist Folge der angloamerikanischen Rechnungslegung auf Basis von beizulegenden Zeitwerten (fair values), wie sie in IFRS und US-GAAP stark verankert ist. Während das HGB mit seinem Vorsichtsprinzip sehr stark auf die Verlässlichkeit der Wertansätze von Aktiva und Passiva abstellt, dominiert in den IFRS die Relevanz der Wertansätze für den Investor.

Daher findet man im OCI vor allem solche Posten, die mit **Fair Value-Bewertungen von Vermögenswerten oder Verbindlichkeiten** zu tun haben (IAS 1.7), z. B.:

- Neubewertung von leistungsorientierten Versorgungsplänen (=> Pensionsrückstellungen)
- Gewinn/Verluste aus der Währungsumrechnung
- Ergebnisse aus Cashflow Hedges (Sicherungsgeschäften).

Die einzelnen Standards regeln, welche Aufwendungen bzw. Erträge erfolgswirksam oder erfolgsneutral erfasst werden und ob sie im Falle einer Erfolgsneutralität später erfolgswirksam umgegliedert werden müssen oder nicht. Dieses so genannte Recycling bedeutet also, dass das Ergebnis nach Abschluss der Transaktion (d. h. beispielsweise, wenn ein zur Veräußerung verfügbarer Vermögenswert tatsächlich verkauft wurde) als realisierter Gewinn bzw. Verlust in der Gewinn- und Verlustrechnung erfasst werden muss.

Ein Beispiel aus dem Geschäftsbericht 2017/18 der Siemens AG:

			Geschäftsjahr
(in Mio. €)	Ziffer	2018	2017
Gewinn nach Steuern		6.120	6.094
Neubewertungen von leistungsorientierten Plänen	17	- 360	2.734
darin: Ertragsteuereffekte		*- 305*	*- 1.070*
Posten, die nicht in den Gewinn oder Verlust umgegliedert werden		- 360	2.735
Unterschied aus Währungsumrechnung		- 287	- 1.125
Zur Veräußerung verfügbare finanzielle Vermögenswerte	23	- 1.819	687
darin: Ertragsteuereffekte		*24*	*- 7*
Derivative Finanzinstrumente		- 63	136
darin: Ertragsteuereffekte		*24*	*- 63*
Ergebnis aus nach der Equity-Methode bilanzierten Beteiligungen		- 2	- 30
Posten, die anschließend möglicherweise in den Gewinn oder Verlust umgegliedert werden		- 2.170	- 332
Sonstiges Ergebnis nach Steuern		- 2.530	2.403
Gesamtergebnis		3.590	8.497

Abb. 3.12: Die Positionen im OCI können eine beträchtliche Höhe erreichen

Die hier abgebildete Situation ist nicht untypisch: Eine Auswertung der Gesamtergebnisrechnungen für die 160 größten deutschen Unternehmen zeigt, dass die im OCI erfassten Aufwendungen die Erträge im Durchschnitt übersteigen und etwa 20% des Gesamtergebnisses ausmachen. Bei den DAX- und MDAX-Unternehmen liegen diese Werte bei fast 40% bzw. 30%[34].

Die Zusammensetzung des OCI ist naturgemäß von Gegebenheiten im Unternehmen abhängig. Gibt es z. B. eine betriebliche Altersvorsorge für die Mitarbeiter und wenn ja, wie ist sie ausgestaltet? In Form von Pensionsrückstellungen (leistungsorientierte Pläne) oder mittels einer externen Pensionskasse (beitragsorientierte Pläne)? In welchem Umfang gibt es Fremdwährungsgeschäft bzw. Umrechnungsdifferenzen?

Pensionsrückstellungen (ca. 60%) und Differenzen aus der Währungsumrechnung (ca. 20%) stellen bei den DAX 30-Unternehmen die größten Positionen innerhalb des OCI dar.

Der Blick in die Praxis zeigt, dass das OCI in den IFRS eine wichtige Ergebniskomponente darstellt und der **Jahresüberschuss**, der oft die Bemessungsbasis für Vorstandstantiemen darstellt, zu einer bloßen **Zwischensumme der Gesamtergebnisrechnung** degradiert wird.

3.7 Die Bewertung des Vorratsvermögens hat auch Auswirkungen auf die GuV

Vorräte sind Vermögenswerte, die
1. zum Verkauf im normalen Geschäftsgang gehalten werden,
2. sich in der Herstellung für einen solchen Verkauf befinden oder
3. als RHB-Stoffe dazu bestimmt sind, bei der Herstellung von Produkten oder der Erbringung von Dienstleistungen verbraucht zu werden.

Unterschiede zwischen IFRS und HGB liegen:
1. in der Ermittlung der Herstellungskosten[35]. Nach IFRS gilt das Ansatzgebot produktionsbezogener Vollkosten
2. in der Anwendung von Bewertungsvereinfachungsverfahren[36] (in den IFRS sind nur die Durchschnitts- und die FiFo-Methode erlaubt, nicht dagegen LiFo)
3. im Fehlen von speziellen Vorschriften zur Festbewertung (ggf. über den allgemeinen Grundsatz der »materiality« [Wesentlichkeit] zu rechtfertigen).

34 Vgl. Zülch/Höltken (2015): Das Other Comprehensive Income – eine vielfach unbeachtete und wenig vergleichbare Größe auf dem deutschen Kapitalmarkt, www.kapitalmarkt-forschung.info.

35 Vgl. die Definitionen in Kapitel 4, Abbildung 8.

36 Vgl. die Ausführungen in Kapitel 2.1.2.

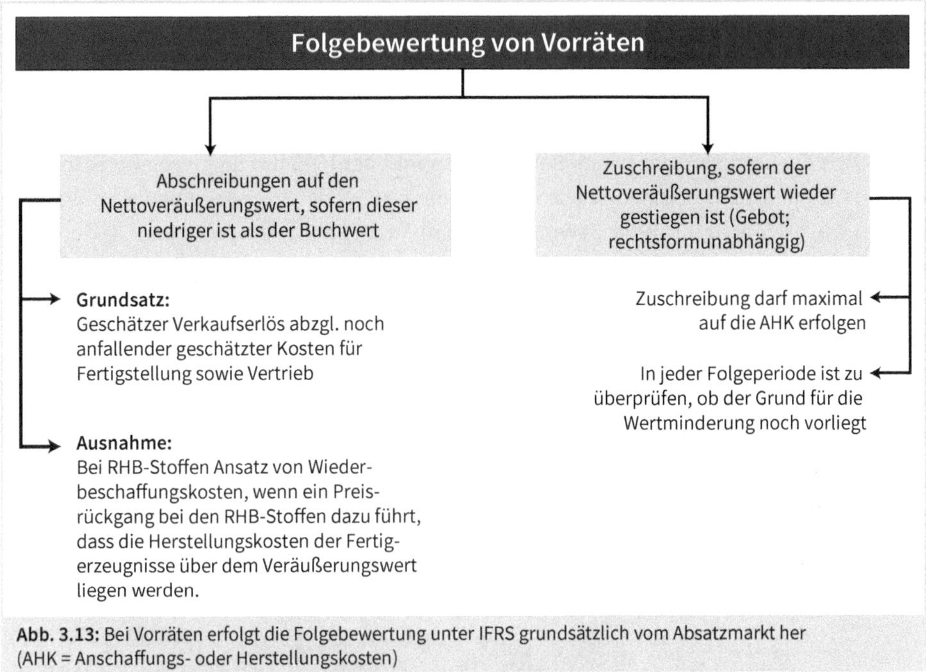

Abb. 3.13: Bei Vorräten erfolgt die Folgebewertung unter IFRS grundsätzlich vom Absatzmarkt her (AHK = Anschaffungs- oder Herstellungskosten)

3.8 Periodisierte Umsatzerfassung im Projektgeschäft (IFRS 15)

IFRS 15 regelt seit dem 1.1.2018, wann und in welcher Höhe ein IFRS-Berichterstatter Erlöse aus Verträgen mit Kunden zu erfassen hat. Zudem muss das Unternehmen den Abschlussadressaten informativere und relevantere Informationen als bisher zur Verfügung stellen.

Fünfstufiges Rahmenmodell

Das Konzept sieht ein fünfstufiges Rahmenmodell vor:

1. Identifizierung des Vertrags/der Verträge mit einem Kunden,
2. Identifizierung der eigenständigen Leistungsverpflichtungen in dem Vertrag,
3. Bestimmung des Transaktionspreises,
4. Verteilung des Transaktionspreises auf die Leistungsverpflichtungen des Vertrags,
5. Erlöserfassung bei Erfüllung der Leistungsverpflichtungen durch das Unternehmen.

Besonders im **Projektgeschäft** ist der letzte Unterpunkt kritisch. Denn für jede eingegangene Leistungsverpflichtung hat das Unternehmen bei Vertragsbeginn zu bestimmen, ob es diese zu einem bestimmten Zeitpunkt oder aber über einen bestimmten Zeitraum erfüllen wird (IFRS 15.32). Im letzteren Fall (= Projektgeschäft) hat das Unternehmen den über einen bestimmten Zeitraum erzielten Erlös zu erfassen, indem es den Leistungsfortschritt gegenüber der vollständigen Erfüllung dieser Leistungsverpflichtung ermittelt (IFRS 15.35). Bei der Bestimmung des Leistungsfortschritts wird das Ziel verfolgt, die **Leistung des Unternehmens** bei der Übertragung der Verfügungsgewalt **darzustellen**. Am Ende jeder Berichtsperiode ist erneut zu messen, welche Fortschritte das Unternehmen bei der Erfüllung der Leistungsverpflichtung erzielt hat.

Die Bewertung und Bilanzierung dieser kundenspezifischen Aufträge ist (neben der Aktivierung von Entwicklungskosten) der zweite **Berührungspunkt der IFRS mit dem Projektcontrolling**. Beide Themen sind Resultat eines zentralen Grundsatzes der IFRS-Rechnungslegung, dem **Prinzip der periodengerechten Gewinnermittlung (matching principle)**. Unter periodengerechter Gewinnermittlung verstehen die IFRS, dass man sachlich zusammengehörende Aufwendungen und Erträge zeitlich nicht auseinanderreißen darf, sondern sie in derselben Periode ausweisen muss. Die Vorschriften des IFRS 15 gelten nicht nur für physische Gegenstände, sondern auch für Dienstleistungen, z. B. Software. Für die Bilanzierung und Bewertung solcher Verträge schreiben die IFRS grundsätzlich die so genannte Teilgewinnrealisierung vor. Mit voranschreitendem Leistungsfortschritt ist am Periodenende anteilig Umsatz und damit Ergebnis dieses Projekts zu zeigen (**POC-Methode: percentage of completion**). Nach HGB ist dies nur in Ausnahmefällen erlaubt. Hier sind Umsatz- und Ergebnisausweis grundsätzlich erst nach Abnahme der Leistung durch den Empfänger möglich (**completed contract**).

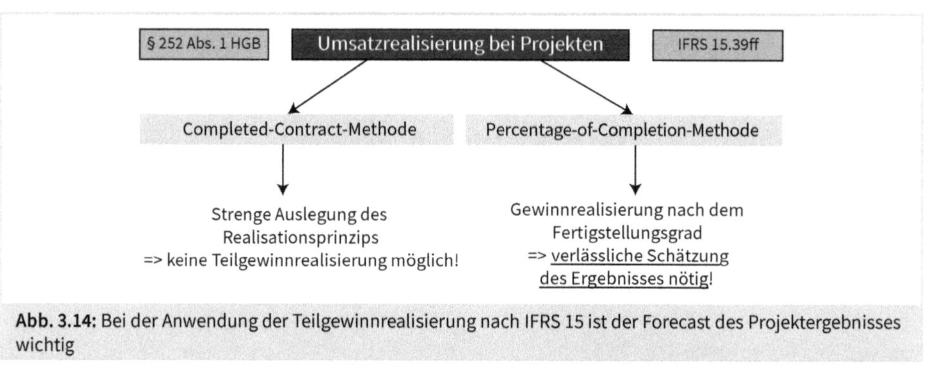

Abb. 3.14: Bei der Anwendung der Teilgewinnrealisierung nach IFRS 15 ist der Forecast des Projektergebnisses wichtig

Die Teilgewinnrealisierung geht davon aus, dass der Gewinn nicht zu einem bestimmten Zeitpunkt in Form eines Wertsprungs realisiert wird, sondern eine während der Auftragsbearbeitung stetig anwachsende Größe darstellt. Dies entspricht der mehr an wirtschaftlichen denn an formaljuristischen Aspekten orientierten Denkweise des Controllers. Die **Glättung des Ergebnisses** erleichtert in den meisten Fällen für Controller und Investoren die intertemporäre Vergleichbarkeit. Allerdings ist zu beachten, dass – analog zum HGB – auch nach den Regeln der IFRS **Drohverlustrückstellungen** gebildet werden müssen, sobald ein negatives Ergebnis aus dem Projekt erkennbar ist. Damit kommt es zu einer höheren **Volatilität** des Jahresüberschusses.

Zentrale Größe beim IFRS 15 ist der **aktuelle Projektstand (Leistungsfortschritt)**. Um ihn zu ermitteln, sind mehrere Methoden zulässig (IFRS 15 Anhang B 14 – 19). Kann das Projektergebnis nicht verlässlich geschätzt werden, erfolgt eine Erlösrealisierung in Höhe des angefallenen Aufwands (**Zero-Profit-Methode**). Vom Kunden erhaltene Abschlagszahlungen oder **Anzahlun-**

gen sind zwar wichtig für die Liquiditätssituation, haben aber **für die Bewertung des Projektes keine Bedeutung**, da sie die erbrachte Leistung häufig nicht widerspiegeln.

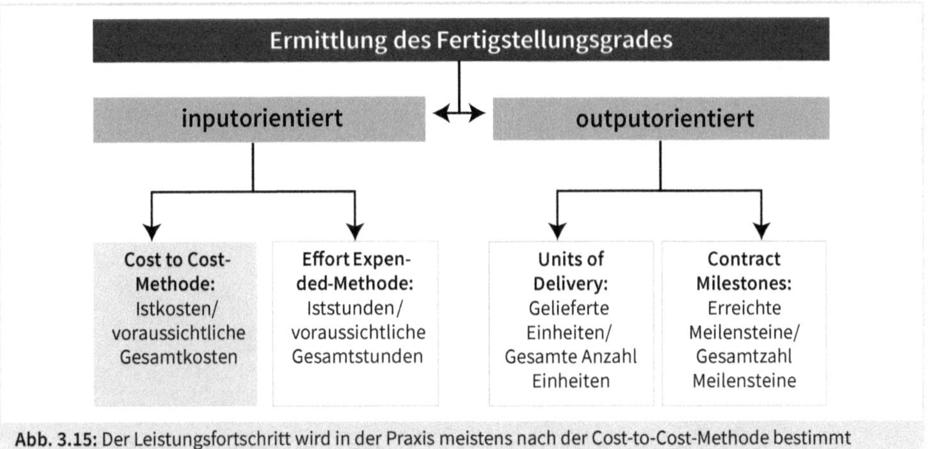

Abb. 3.15: Der Leistungsfortschritt wird in der Praxis meistens nach der Cost-to-Cost-Methode bestimmt

Rechenbeispiel zur Teilgewinnrealisierung:

Angenommen ist ein einmaliger Konstruktionsauftrag mit einem Festpreis von 800 EUR, der bei Abnahme am Ende des vierten Jahres fällig wird. Die Fertigstellung des Auftrags erfolgt gleichmäßig über einen Zeitraum von vier Jahren. Jährlich fallen Einzelkosten in Höhe von 125 EUR und aktivierungsfähige bzw. nach IFRS aktivierungspflichtige Gemeinkosten in Höhe von 60 EUR an. Der aus dem Auftrag zu erwartende Gesamtgewinn beträgt folglich: 800 – 4 x (125 + 60) = 60 EUR. Im Rahmen einer HGB-Bilanzierung wird dieser Gewinn im Regelfall erst nach einer Endabrechnung im vierten Jahr realisiert. Die bis zu diesem Zeitpunkt anfallenden Aufwendungen werden als unfertige Erzeugnisse aktiviert. Nach IFRS-Bilanzierung ist in jedem Jahr ein Gewinnanteil von 60/4 = 15 EUR auszuweisen. Dieser jährliche Teilerfolg wird zusätzlich zu den Herstellungskosten unter den unfertigen Erzeugnissen aktiviert.

		Jahr 1	Jahr 2	Jahr 3	Jahr 4
HGB	Bestand	125+60 = 185 (unfertige Erzeugnisse)	185+125+60 = 370 (unfertige Erzeugnisse)	370+125+60 = 555 (unfertige Erzeugnisse)	800 (Kasse)
	Jahres-ergebnis	0	0	0	800 - (555+125+60) = 60
IFRS 15	Bestand	125+60+15=200 (Aufträge in Bearbeitung)	200+125+60+15=400 (Aufträge in Bearbeitung)	400+125+60+15=600 (Aufträge in Bearbeitung)	800 (Kasse)
	Jahres-ergebnis	15	15	15	800 - (600+125+60) = 15

Abb. 3.16: Die Anwendung der Teilgewinnrealisierung führt zu einer zeitlichen Gewinnvorverlagerung

3.9 Ergebnisgestaltung durch Rückstellungsbildung

Die Möglichkeiten zur Rückstellungsbildung nach IFRS sind gegenüber dem HGB eingeschränkt. Eine Rückstellung ist nur anzusetzen, wenn

1. eine rechtliche oder faktische **Verpflichtung gegenüber Außenstehenden** aus einem Ereignis aus der Vergangenheit vorliegt (keine Aufwandsrückstellungen!),
2. ein Ressourcenabfluss aus dieser Verpflichtung **wahrscheinlich** ist (Mindestwahrscheinlichkeit für die Inanspruchnahme 51 %),
3. eine **zuverlässige Schätzung** der Höhe der Verpflichtung **möglich** ist (mindestens Bandbreite)

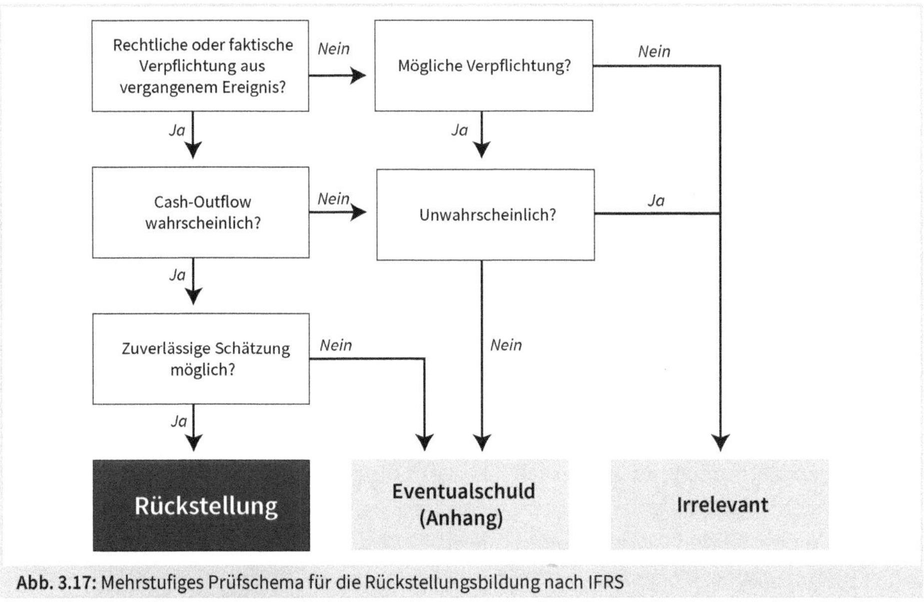

Abb. 3.17: Mehrstufiges Prüfschema für die Rückstellungsbildung nach IFRS

- Drohverlustrückstellungen: Keine wesentlichen Unterschiede zum HGB (steuerlich sind Drohverlustrückstellungen nicht mehr ansetzbar!)
- Restrukturierungsaufwendungen sind nur anzusetzen, wenn das Unternehmen zum Stichtag einen detaillierten Restrukturierungsplan (z. B. Standorte, Anzahl der betroffenen Mitarbeiter etc.) hat und mit der Umsetzung entweder begonnen oder der Plan ausreichend detailliert den Betroffenen gegenüber angekündigt wurde (faktischer Gestaltungsspielraum der Unternehmensleitung, welches Geschäftsjahr mit der Rückstellung belastet werden soll)

- Rückstellungen für Urlaub, Tantiemen, Boni sowie ausstehende Rechnungen werden nach IFRS als Verbindlichkeiten angesetzt (Umgruppierung der »accruals« in der Bilanz)
- Pensionsrückstellungen: IAS 19 differenziert bei der betrieblichen Altersvorsorge zwischen beitragsorientierten Pensionsplänen (Direktversicherungen, Pensionskassen => Beiträge sind Aufwand bzw. kurzfristige Verbindlichkeit) und leistungsorientierten Pensionsplänen (Verpflichtung des Unternehmens zur Gewährung einer bestimmten Leistung; abhängig von Einkommen, Beschäftigungszeit etc. des Begünstigten). Nur im letzten Fall sind Pensionsrückstellungen zu bilden. Die Ermittlung der Rückstellungshöhe geschieht in der Regel durch komplexe versicherungsmathematische Gutachten, die z. B. Annahmen über Lebenserwartung, Invaliditätsraten, Fluktuation, Frühpensionierungsverhalten etc. beinhalten. IAS 19 berücksichtigt wie HGB auch zukünftige Gehalts- und Karrieretrends. Nach HGB wird seit 2010 der Diskontierungszinssatz von der Bundesbank vorgegeben, während IFRS den fristenkongruenten Zinssatz erstrangiger Industrieanleihen vorsieht. Ergibt sich bei erstmaliger Anwendung der IFRS eine Unterdeckung, kann diese linear auf bis zu 5 Jahre verteilt werden.

Achtung: Ein Gutachten nach § 6a EStG reicht nicht aus! Seit 2010 weichen die handelsrechtlichen von den steuerrechtlichen Regelungen ab (Abschaffung der umgekehrten Maßgeblichkeit durch BilMoG).

3.10 Fazit

Durch die IFRS ist die Rechnungslegung ökonomischer geworden. Der ewige **Zielkonflikt zwischen Verlässlichkeit (Buchwerte) und Relevanz (Zeitwerte)** wird vor allem in den IFRS (weniger im HGB) immer öfter in Richtung der Zeitwerte (fair values) aufgelöst.

Zudem berührt die **Hervorhebung der Informationsfunktion** im IFRS-Jahresabschluss (siehe nächste Abbildung) unmittelbar die Kernaufgaben des Controllers und sorgt für eine wechselseitige Verknüpfung von internem und externem Rechnungswesen. Im **IFRS-Framework** F.11 heißt es: »*... published financial statements are based on the information used by the management ...*«. Hinter diesem – auch Management Approach genannten – Ansatz steht die Annahme, dass die für die interne Steuerung des Unternehmens herangezogenen Controlling-Informationen Entscheidungen herbeiführen, die den Unternehmenswert maximieren und daher auch für außenstehende Investoren relevant sind. Das eröffnet dem Controller die Möglichkeit, eine betriebswirtschaftlich orientierte Herangehensweise – basierend auf der Kosten- und Leistungsrechnung – in die externe Berichterstattung zu übernehmen. Gleichzeitig wächst dadurch auch die **Mitverantwortung des Controllers für die externe Finanzberichterstattung**.

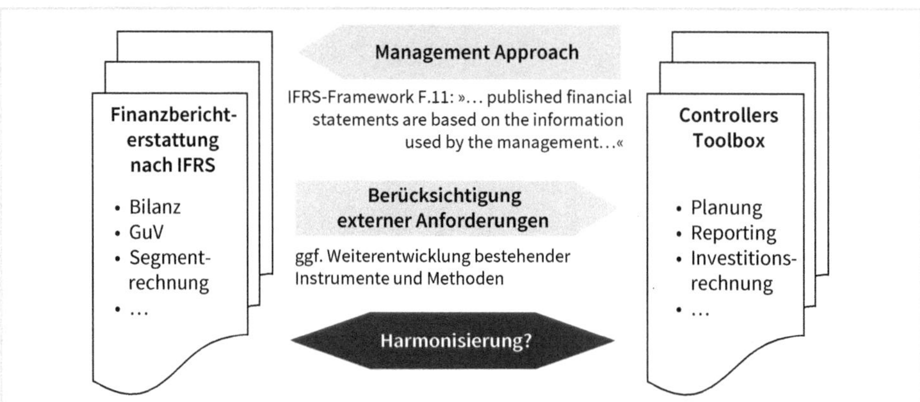

Abb. 3.18: Die Verbindung von IFRS und interner Rechnungslegung ist wechselseitig – viele Unternehmen streben eine Harmonisierung an (Quelle: In Anlehnung an: IGC (Hrsg.): Controller und IFRS, Freiburg i. Br., 2006)

4 Fallbeispiel: integrierte Finanzplanung

4.1 Ausgangssituation

Die Strategie AG stellt in einer Businessunit Garne (G) aus Chemiefasern her. Die verschiedenen Garne werden drei Produktgruppen zugeordnet. In einer kleineren Businessunit produziert die Strategie AG zudem Schnüre (S), die an bzw. über den Handel vertrieben werden. Aktuell befindet sich das Unternehmen mitten im Planungsprozess: Die operativen Teilpläne der einzelnen Sparten und der Zentrale wurden zusammengefügt und in Form einer **stufenweisen DB-Rechnung** (Management-Erfolgsrechnung – MER) konsolidiert und verabschiedet. Die Erwartungen des Vorstands top-down sind mit den Vorstellungen der Bereiche bottom-up bereits abgestimmt.

Nun steht die Integration der Finanzplanung an. Wir empfehlen hier die folgende Vorgehensweise:

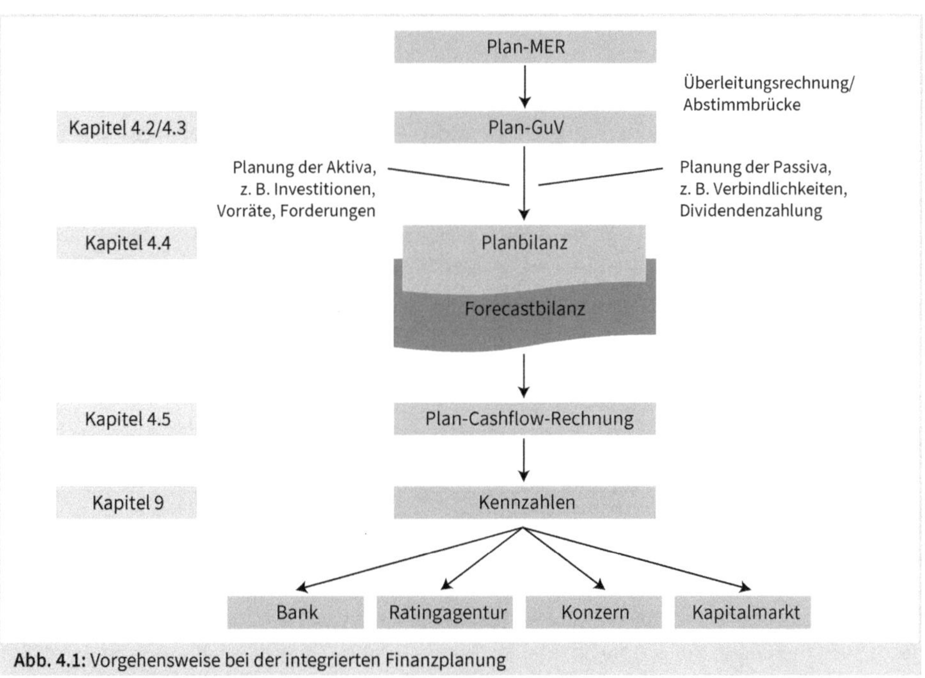

Abb. 4.1: Vorgehensweise bei der integrierten Finanzplanung

Die Plan-MER der Strategie AG für das nächste Jahr sieht folgendermaßen aus (in 1.000 EUR):

Artikel	Sparte G			Sub-Total	Sparte S	Gesamt
	1	2	3			
Absatz (t)	800	1.800	200	2.800	1.200	4.000
Umsatz	7.600	10.440	2.400	20.440	6.480	26.920
Produktkosten	7.040	8.100	1.400	16.540	4.320	20.860
DB I	**560**	**2.340**	**1.000**	**3.900**	**2.160**	**6.060**
Direkte Strukturkosten für Promotion				650	260	910
DB II				**3.250**	**1.900**	**5.150**
Spartendirekte Strukurkosten für Produktion, Entwicklung und Vertrieb				1.550	700	2.250
DB III				**1.700**	**1.200**	**2.900**
zentrale Strukturkosten						1.500
Brutto-Betriebsergebnis						**1.400**

Abb. 4.2: Die Finanzplanung beginnt mit der konsolidierten Management-Erfolgsrechnung (MER)

Für die Genehmigung durch den Aufsichtsrat sowie zur Vorlage bei der Hausbank ist es erforderlich, dass die Planung in Form einer Gewinn- und Verlustrechnung, einer Bilanz und einer Cashflow-Rechnung vorliegt.

Für die Umformung der MER in die GuV (erster Schritt in Abb. 4.1) sind noch **weitere Angaben nötig**. Nachdem die GuV die Begriffe Produkt- bzw. Strukturkosten nicht kennt, ist zunächst der Ausweis der Primärkosten gefragt. Diese können im Falle der Produktkosten der **Kostenträgerrechnung** (Produktkalkulationen) entnommen werden, wo sie als erste Zwischensumme auf dem Weg zum Verkaufspreis ermittelt werden. In unserem Fallbeispiel wollen wir von folgenden Werten (in 1.000 EUR) ausgehen:

Primärkosten	TEUR
Materialkosten	13.000
Fertigungslöhne (inkl. Sozialkosten)	5.000
Sonstige Produktkosten	2.860
Summe Produktkosten lt. Standardkalkulationen	**20.860**

Abb. 4.3: Die Standardkalkulation liefert die Detaillierung der Produktkosten

Die Zeile »sonstige Produktkosten« ist aggregiert: Hier werden Kostenarten wie Hilfs- und Betriebsstoffe, Energien, (proportionale) Instandhaltung etc. summiert. Auf diesem Level der Planung ist es u. E. nicht notwendig bzw. empfehlenswert, alle Kostenarten einzeln aufzuführen. **Planung ist auch die Kunst, gekonnt »schlampig« zu sein.** Dazu gehört es auch, Details, die nachher im Ist (ent)stehen, hier nicht aufzuführen, sondern die Zahlen zu »verdichten«.

Eine ähnliche Vorgehensweise findet sich auch bei den Strukturkosten: Die Informationsquellen dafür finden sich jedoch nicht in der Kalkulation, sondern in der **Kostenstellenrechnung**. Dort werden Gehälter, IT-Kosten, Reisekosten etc. geplant. Im Beispiel werden diese Kosten verdichtet dargestellt in den beiden Kostenblöcken »Personalkosten« (natürlich außer den oben genannten Fertigungslöhnen) und »Sachkosten«.

Wichtig: Aufwendungen, die nicht zahlungswirksam sind – wie in unserem Beispiel Abschreibungen oder auch Rückstellungszuführungen –, sind separat aufzuführen. Denn diese müssen später in der Kapitalflussrechnung als »non-cash items« bei der Überleitung des Periodenerfolgs in den Cashflow aus der laufenden Geschäftstätigkeit bereinigt werden.

Primärkosten	**TEUR**
Personalkosten	2.300
Sachkosten	1.200
Abschreibungen (auf das Anlagevermögen)	1.160
Summe Strukturkosten der Periode	**4.660**

Abb. 4.4: Die Strukturkosten werden auf den Kostenstellen geplant

In diesem Fallbeispiel gehen wir davon aus, dass die **Abschreibungen**, die die Strategie AG im internen Rechnungswesen ansetzt, **kalkulatorischer Natur** sind. Damit müssen wir sie nachher durch bilanzielle Werte ersetzen. Außerdem handelt es sich dabei um planmäßige Abschreibungen, die ausschließlich das Anlagevermögen betreffen. Außerplanmäßige Abschreibungen oder Wertminderungen im Umlaufvermögen kommen im Plan wohl eher selten vor und sind entsprechend hier nicht angesetzt.

Aus der Kostenstellenrechnung stammt auch eine weitere Angabe, die für den Aufbau der GuV nach dem **Umsatzkostenverfahren** notwendig ist: Die geplanten Kosten der **Funktionsbereiche** Verwaltung und Vertrieb. Hier gehen wir von folgenden Werten (in 1.000 EUR) aus:

Funktionsbereich	**TEUR**
Verwaltung	700
Vertrieb	1.400

Abb. 4.5: Die Kosten der Funktionsbereiche entspringen der Kostenstellenrechnung

Für unsere GuV- bzw. Bilanzplanung benötigen wir noch einen **Aufsatzpunkt**: Eine **Forecastbilanz** per Ende des laufenden Geschäftsjahrs. Sie entspricht der Eröffnungsbilanz des Planjahrs.

Aktiva	TEUR	Passiva	TEUR
Gebäude	3.000	Gezeichnetes Kapital	3.000
Maschinen	2.800	Gewinnrücklagen	1.500
Betriebs- und Geschäftsausstattung	800	Jahresüberschuss	0
Σ Anlagevermögen	**6.600**	**Σ Eigenkapital**	**4.500**
Roh-, Hilfs- und Betriebsstoffe	500	Langfristige Rückstellungen	500
Fertige Erzeugnisse und Waren	1.000	Langfristige Darlehen	1.400
– davon Handelsware	0	**Σ Langfristiges Fremdkapital**	**1.900**
Forderungen	1.300		
Flüssige Mittel	600	Bankkredite	3.200
Σ Umlaufvermögen	**3.400**	Verbindlichkeiten	400
		Σ Kurzfristiges Fremdkapital	**3.600**
ΣΣ Aktiva	**10.000**	**ΣΣ Passiva**	**10.000**

Abb. 4.6: Die Forecastbilanz ist Voraussetzung für die Finanzplanung

Die umfangreichen Investitionen in das Sachanlagevermögen werden sich in den nächsten Jahren rentieren. Für das laufende Jahr wird allerdings nur mit einem ausgeglichenen Ergebnis gerechnet.

Für das Planjahr wurde top-down ein Ergebnisziel aufgestellt. Aus der Sicht der Stakeholder ergibt sich dabei folgender Gewinnbedarf:

Position	TEUR
Dividenden, 14 % vom gezeichneten Kapital	420
Fremdkapitalzinsen, lt. Planung	350
Zuführung zu den Gewinnrücklagen zur Verbesserung der finanziellen Stabilität	210
Ertragsteuern, lt. Planung	420
Geplantes Brutto-Betriebsergebnis	**1.400**

Abb. 4.7: Zielerwartung des Vorstandes – top-down formuliert

Die geforderten 1.400 wurden also bottom-up (s. o. in der MER) erreicht. Die für das Beispiel vorausgesetzten Fremdkapitalzinsen und Ertragsteuern werden in der Planperiode zur Zahlung fällig. Übrigens löst man bei der **Planung der Fremdkapitalzinsen** einen methodischen **Zirkelschluss** aus. Denn Zinsen sind streng genommen erst planbar, wenn die Höhe der geplanten Verbindlichkeiten bekannt ist. Diese stehen in der Bilanz und die wiederum kann erst aufgestellt werden, wenn man den Jahresüberschuss aus der GuV hat. Lösung des Dilemmas: Sie treffen eine Annahme über den Zinsaufwand, setzen den Jahresüberschuss in die Bilanz ein, ermitteln die Höhe der Verbindlichkeiten und gleichen (»verproben«) das Ergebnis mit der Höhe des angenommenen Zinsaufwands ab – und prüfen auf diese Weise, ob die Annahme plausibel ist. Ggf. nochmal eine Schleife drehen (iteratives Verfahren).

Die Annahme »Zinsen und Steuern werden in der Planperiode fällig« ist übrigens auch ein schönes Beispiel, um unseren Vorschlag von »gekonnt schlampig« noch einmal an einem anderen

Sachverhalt zu erläutern. Viele wissen, dass der Forecast auf das Jahresergebnis die Basis für die Zahlung der ergebnisabhängigen Steuern ist. Die exakte Steuerhöhe ist natürlich erst bekannt, wenn alle finalen Buchungen erstellt sind. Am Anfang des folgenden Geschäftsjahres werden also auch noch kurzfristige Steuerrückstellungen per Q4 des abgelaufenen Geschäftsjahres gebucht. Also wird z. B. für Q4 des Jahres 2019 die Rückstellung gebucht und die Zahlung erfolgt in Q1 des Jahres 2020. Ist die gerade getroffene Annahme »Zahlung in der Periode« also ein grober Fehler? Auf den ersten Blick sicherlich. Allerdings gibt es in 2020 im letzten Quartal wieder eine Rückstellung für zu wenig geleistete Steuer, deren Zahlung im ersten Quartal 2021 erfolgt. Sofern ein stetiges Geschäft besteht, hebt sich der Zeitversatz auf und kann ignoriert werden. Insofern meint »gekonnt schlampig« die Kunst, in der Planung nicht jedes unwesentliche Detail separat zu berücksichtigen.

Erhöhung der Lagerbestände

Dann soll folgende Vorgabe umgesetzt werden. Bei den **Lagerbeständen** soll es mehrere Erhöhungen geben:

1. Das Rohstofflager soll um 150 t erweitert werden zu einem Einstandspreis von 3 EUR/kg
2. Artikel 1 der Garnsparte ist reine Handelsware und wird komplett von einem Zulieferer zugekauft. Es ist ein Lagerbestand von 60.000 EUR geplant.
3. Beim Artikel 2 der Garnsparte (selbst hergestellt) soll sich der Lagerbestand um 100 t erhöhen.

Auswirkungen auf Planbilanz und GuV

Betrachten wir die drei Positionen etwas genauer. Dass sich alle später in der Planbilanz in Form eines erhöhten Umlaufvermögens wiederfinden, ist klar. Doch wie sieht es mit ihrer Wirkung auf die GuV aus? Hier muss zwischen den Positionen differenziert werden: Denn bei den ersten beiden Positionen findet (noch) **keine Wertschöpfung** durch die Strategie AG statt, daher haben sie keine Auswirkung auf das Ergebnis. Es werden Rohstoffe bzw. fertige Produkte eingekauft und auf Lager gelegt. Daher betrifft die Veränderung nicht die GuV, die ja den Ressourcenverzehr der Periode zeigt. Jedoch zeigt sich der erhöhte Lagerbestand in der Planbilanz in Form eines **Aktivtauschs** (Ware gegen Geld) oder einer **Bilanzverlängerung** (Ware auf Ziel gekauft).

Anders verhält es sich bei der dritten Position: Artikel 2 der Garnsparte wird selbst hergestellt. Hier findet ein Ressourcenverzehr (Material- und Personalaufwand) statt. Der neu entstehende Lagerbestand ist mit den **Herstellungskosten** zu bewerten. Diese sind handelsrechtlich gemäß **§ 255 HGB** bzw. steuerrechtlich gemäß **§ 6 EStR** definiert. Im Rahmen des Bilanzrechtsmodernisierungsgesetzes (BilMoG, 2009) wurden **Handels- und Steuerrecht** weitgehend angeglichen, weswegen die folgende Tabelle nur die HGB-Werte zeigt. Daneben existiert die Definition der Herstellungskosten nach den **International Financial Reporting Standards (IFRS)**. Die folgende Tabelle zeigt die wichtigsten Unterschiede bzw. Gemeinsamkeiten von deutschem und internationalem Handelsrecht.

Kostenkategorien	HGB	IFRS
Materialkosten	Pflicht	Pflicht
Fertigungskosten	Pflicht	Pflicht
Sonderkosten der Fertigung	Pflicht	Pflicht
Materialgemeinkosten	Pflicht[1)]	Pflicht
Fertigungsgemeinkosten	Pflicht[1)]	Pflicht
Herstellungsbezogene Verwaltungskosten	Pflicht	Pflicht
Allgemeine Verwaltungskosten	Wahlrecht	Verbot
Vertriebskosten	Verbot	Verbot
Fremdkapitalkosten	Wahlrecht	Verbot [2)]

1) Mit dem BilMoG wurde aus dem Wahlrecht bei den Material- und bei Fertigungsgemeinkosten eine Ansatzpflicht.
2) für qualifizierte Vermögenswerte (d. h. Vermögenswerte, deren Herstellung bzw. Inbetriebnahme sich über einen längeren Zeitraum erstreckt) gilt eine Ansatzpflicht!

Abb. 4.8: Mit BilMoG wurde der Herstellungskostenbegriff des HGB den IFRS angenähert

Gemäß den IFRS wurden die Herstellungskosten immer schon nach dem Prinzip der »**produktionsorientierten Vollkosten**« ermittelt. Dem hat sich der deutsche Gesetzgeber mit BilMoG 2009 angenähert. Das wirft in der Kostenträgerrechnung das Problem auf, wie die Strukturkosten der Fertigung und die Materialgemeinkosten aus Einkauf und interner Logistik auf die jeweils einzelne, zu kalkulierende Einheit aufzuteilen sind. Da Strukturkosten von Haus aus nicht stückbezogen sind, behilft man sich in der Praxis mit diversen Umlageschlüsseln. Die **Schlüsselung erfolgt auf Basis der »Normalbeschäftigung«** (IAS 2.13) oder einer Ist-Beschäftigung, wenn diese der Normalbeschäftigung nahekommt. Durch Unterbeschäftigung entstehende Leerkosten dürfen nicht aktiviert werden. Die folgende Grafik zeigt beispielhaft, welche Spielräume im Wertansatz sich eröffnen. Die Breite des grauen Korridors und damit der Wertansatz einer einzelnen Einheit ist nicht klar definiert.

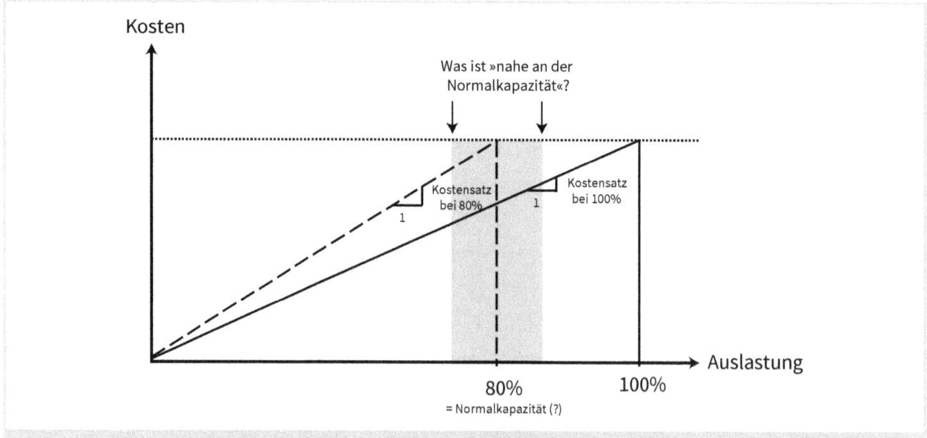

Abb. 4.9: Altes Controllerproblem auch in der Bilanzierung: Verteilung von Strukturkosten auf Einheiten (»Fixkostendegression« bzw. »Fixkostenprogression«)

Mit der in Abb. 4.8 gezeigten Definition ist übrigens zugleich eindeutig festgehalten, dass **auch Dienstleister Herstellungskosten haben**. Schließlich lassen sich Kosten für die Erzeugung auch einer Dienstleistung in der Regel eindeutig bestimmen. Bei einem Friseur sind z. B. Personalkosten Fertigungskosten oder Kosten für die Tönung Materialkosten. Auch Dienstleister haben meist sowohl Materialgemeinkosten (z. B. Einkauf) oder Fertigungsgemeinkosten (z. B. Raumkosten). Einer Anwendung des Umsatzkostenverfahrens steht damit – trotz des auf Branchen der Industrie bezogenen Wordings – nichts entgegen. Die Ausführungen des HGB bzw. der IFRS zu den Herstellungskosten sind also grundsätzlich branchenunabhängig gültig. Dienstleister können übrigens auch Lagerbestände haben. Physisch in Form von Roh-, Hilfs- und Betriebsstoffen (Medikamente in einem Krankenhaus, Ordner und Bücher bei einem Seminaranbieter) und immateriell in Form von unfertigen Erzeugnissen (noch nicht fertige Projekte z. B. im Beratungs- oder IT-Bereich).

HINWEIS: HERSTELLUNGSKOSTEN

Im externen Rechnungswesen (HGB, IFRS) spricht man übrigens immer von Herstel**lungs**kosten, nicht von Herstellkosten. Der Begriff **Herstellkosten** hat **keine allgemein gültige Definition** und wird oft mit firmenindividuellen Auslegungen gefüllt (meistens unter Ansatz von kalkulatorischen Werten, die in der Rechnungslegung verboten sind).

In unserem Beispiel setzen sich die Herstell**ungs**kosten für Garn 2 wie folgt zusammen (EUR je kg):

Position	**EUR je kg**
Material	3,00
Fertigungslohn	1,30
Sonstige Produktkosten	0,20
Summe Produktkosten (ProKo)	**4,50**
Anteilige Strukturkosten der Fertigung und des Materialgemeinkostenbereichs	0,50
Herstellungskosten	**5,00**

Abb. 4.10: Kalkulation der Herstellungskosten für Garnsorte 2

Für die **Planung der Forderungen und Verbindlichkeiten aus Lieferungen und Leistungen** soll gelten: Der Forderungsbestand soll ca. 10 % des geplanten Umsatzes sein. Daraus ergibt sich ein Kundenzahlungsziel (DSO; Days of Sales Outstanding) von etwas mehr als einem Monat, also 360 Tage dividiert durch 10 (weitere Informationen dazu in Kapitel 8 »Working Capital-Management«).

Teil der Planung ist, dass die oben beschriebene Erhöhung der Bestände des Rohstofflagers zum Teil über Lieferantenverbindlichkeiten finanziert wird. Der Wert der Erhöhung der Kreditoren soll sich auf 350.000 EUR belaufen.

Planung der Investitionen und Abschreibungen

Nachdem die Strategie AG in den letzten Jahren viel investiert hat, hat sie für das kommende Jahr keine Investitionen geplant. Die AfA-Simulation im ERP-System liefert folgende Planabschreibungen (bilanziell; TEUR):

Anlagenklasse	TEUR
Gebäude	100
Maschinen	800
Betriebs- und Geschäftsausstattung	100
Summe	**1.000**

Abb. 4.11: Aufteilung der bilanziellen Abschreibungen auf die Anlagenklassen

4.2 Umformung der Management-Erfolgsrechnung (MER) in die Gewinn- und Verlustrechnung (GuV) nach Gesamtkostenverfahren

In einem ersten Schritt wird aus der MER die **GuV** nach **Gesamtkostenverfahren (GKV)** erstellt. Dazu werden die Werte der MER – erweitert um die oben vorgenommene Differenzierung aus Kalkulation und Kostenstellenrechnung – in das folgende Lösungsschema übertragen:

Wir beginnen mit dem **Umsatz**. In unserem Beispiel ergeben sich keine Unterschiede zwischen dem Wert der MER und dem der GuV. In der Praxis könnten aber durchaus **Differenzen** entstehen, z. B. wenn die MER in den (dann Nettonetto-)Umsätzen **Sondereinzelkosten** (SEK) **des Vertriebs** (z. B. Frachten, Verpackungen, Provisionen) saldiert. Buchhalterisch ist es verboten, Aufwendungen und Erlöse miteinander zu verrechnen, aber kostenrechnerisch ist das Vorgehen stimmig. Denn diese Positionen sind im Regelfall mengenabhängig und gehören damit in den DB I. Sie sind aber weder Teil der Produktkosten (gehören nicht zur Stückliste oder zum Arbeitsplan) noch Teil der Herstellungskosten.

	Konto	MER	*Notizen zum Umbau*	GKV
1	Umsatzerlöse	26.920		26.920
2	+/- Best.veränd. bei fert./unf. Erzeugn.	-	*+ 100t Garn 2 à 5 € HK/kg*	500
3	**= Gesamtleistung**	-		**27.420**
4	- Fertigungsmaterial	13.000	*+ 100t Garn 2 à 3,00 € Proko/kg*	13.300
5	- Fertigungslöhne /Soz.Kosten	5.000	*+ 100t Garn 2 à 1,30 € Proko/kg*	5.130
6	- sonst. Produktkosten	2.860	*+ 100t Garn 2 à 0,20 € Proko/kg*	2.880
7	**Σ Produktkosten**	**20.860**	***+ 100t Garn 2 à 4,50 € Proko/kg***	**21.310**
8				
9	- Personalkosten (außer Fert.löhne)	2.300		2.300
10	- Sachkosten	1.200		1.200
11	- Abschreibungen	1.160		1.000
12	**Σ Strukturkosten der Periode**	**4.660**		**4.500**
13				
14	**= Brutto Betriebsergebnis**	**1.400**		
15	- Zinsen	-		350
17	- Ertragsteuern	-		420
18	**Abstimmbrücke:**			
19	+ Strukturkosten der BV	50		
20	+ Delta kalk./bil AfA	160		
21	- Zinsen	350		
22	- Ertragsteuern	420		
23	**JAHRESÜBERSCHUSS**	**840**		**840**

Abb. 4.12: Umformung der MER in die GuV (Gesamtkostenverfahren)

Auch kann es bei IFRS-Bilanzierern vorkommen, dass Umsätze gemäß der **Percentage-of-Completion-Methode** ermittelt werden. Diese Methode wird zumeist »POC« abgekürzt, bestimmt die Umsatzrealisierung nach Fertigstellungsgrad und ist in IFRS 15 geregelt (vgl. Kapitel 3.8). Wird diese Methode angewandt, so ist zu klären, ob die Umsätze, die aus noch nicht fertiggestellten Projekten generiert wurden, in der MER enthalten sein sollen. (Zudem stellt sich die Frage, wann der Verkaufserfolg entstanden ist und ob er Basis für Bonifizierung der Projektleiter sein kann.) Sollen die Umsätze nicht in der MER berücksichtigt werden, dann würden diese Teile des Umsatzes in die Abstimmbrücke wandern.

Der größte **methodische Unterschied** zwischen MER und GKV entsteht in Zeile 2 »Bestandsveränderungen bei fertigen und unfertigen Erzeugnissen«:

- Die MER ist eine reine Verkaufserfolgsrechnung, Bestandsveränderungen werden nicht berücksichtigt.
- In der GuV gilt dagegen das Prinzip der Periodisierung. Entsprechend werden im GKV den Umsatzerlösen *alle* in der Periode entstandenen Aufwendungen gegenübergestellt. Das gilt auch für die Aufwendungen, die für den Lageraufbau angefallen sind.

Damit Soll und Haben zusammenpassen, muss im GKV nun eine »Ausgleichsbuchung« geschaffen werden: Per Lager 500 an Bestandserhöhung (GuV) 500. Damit werden die Aufwendungen in der Bilanz aktiviert und die GuV um denselben Betrag entlastet (100 t von Garn 2 bewertet zu Herstellungskosten von 5 EUR/kg = 500 TEURO).

Bei der **Umformung der Produktkosten** (Zeilen 4 – 7) ist zu beachten, dass diese mengenabhängig sind. Die MER als Verkaufserfolgsrechnung zeigt die Produktkosten (Proko) der abgesetzten Menge. In der GKV-Spalte sind die Proko der produzierten Menge zu sehen (**Gesamtkostenverfahren**, also inkl. den Proko der Bestandsveränderung). Daher ist der Wert im GKV um 450 höher (= Produktkostenanteil innerhalb der 500 Herstellungskosten).

Die **Strukturkosten** (Zeile 9 – 12) fallen dagegen periodisch an, entsprechend gibt es keine mengenmäßigen Anpassungen. Vergleicht man die Werte von MER und GuV, ist das Ergebnis der GuV um 50 höher als das der MER: Die GuV hat durch die Aktivierung der Bestandserhöhung 500 mehr Erlöse, aber nur 450 mehr an Produktkosten. Die Differenz von 50 stellt die Strukturkosten der Bestandserhöhung innerhalb der 500 Herstellungskosten dar.

Diese Differenz von 50 wandert in die Abstimmbrücke. Die GuV weist also im Falle von Bestandserhöhungen immer ein besseres Ergebnis aus als die MER, weil auch anteilig Strukturkosten aktiviert werden (müssen). In der MER sind Strukturkosten dagegen **immer** ergebniswirksam.

Eine **weitere Position für die Abstimmbrücke** ist der Unterschiedsbetrag der kalkulatorischen (1.160) und der bilanziellen (1.000) Abschreibungen. Das Delta von 160 ist in der Abstimmbrücke zu addieren, weil in der MER-Spalte »zu viel« abgezogen wurde.

Im Fallbeispiel sind außerdem die **Zinsaufwendungen** und **Ertragsteuern** nicht in der MER enthalten. Sie sind daher ebenfalls Teil der Abstimmbrücke und stehen zudem stellvertretend für eine Reihe weiterer möglicher nicht operativ beeinflussbarer Positionen wie z. B. Pauschalwertberichtigungen auf Forderungen, Rückstellungsbildungen, Währungseffekte o. ä.

4.3 Herleitung der GuV nach dem Umsatzkostenverfahren

Das Umsatzkostenverfahren zeigt die **Kosten nach Funktionsbereichen** sortiert, wie z. B. Herstellung, Vertrieb, Verwaltung, evtl. auch Forschung und Entwicklung. Die Höhe der einzelnen Kostenarten – wie z. B. Personal, Material, Abschreibungen – ist nicht mehr ersichtlich. In den IFRS sind die Kostenarten daher im Anhang anzugeben. Ausnahmen von diesem Grundsatz sind Zinsen, Ertragsteuern, Beteiligungsergebnis und sonstige betriebliche Aufwendungen bzw. Erträge (vgl. hierzu auch Kapitel 2).

Die Funktionsbereichskosten liefert das Enterprise-Resource-Planning-System (ERP-System) – im Plan genauso wie im Ist. Sie sind auf Kostenstellen oder Projekten geplant bzw. gebucht und werden den einzelnen Bereichen des Umsatzkostenverfahrens (UKV) zugeordnet.

Die **Herstellungskosten des Umsatzes,** auch Cost of Goods Sold (COGS) genannt, werden nicht über die Kostenstellenrechnung, sondern über die Produktkalkulation ermittelt. Daraus ergibt sich das Problem, dass Strukturkosten auf eine Anzahl Einheiten (hier: Tonnen Garne) zugerechnet werden müssen (vgl. Abb. 4.9).

In Fallbeispiel tritt noch eine **weitere Schwierigkeit** auf: Wir verfügen in unserer Modellwelt nicht über alle erforderlichen Daten. Eigentlich bräuchten wir **für alle Produkte eine Kostenträgerrechnung,** um die Herstellungskosten der abzusetzenden Einheiten ermitteln zu können. Gegeben ist allerdings nur eine Kalkulation, nämlich die von Garn 2. Daher greifen wir für die Fallstudie zu einem kleinen Spieltrick: Wir übertragen die Relation, in der die Produktkosten zu den Strukturkosten stehen, so wie sie für Garn 2 gilt, auf alle Produkte der Strategie AG. Das bedeutet konkret für die Herstellungskosten je kg von Garn 2 (s. o.):

$$\frac{0{,}50 \text{ EUR Strukturkosten}}{4{,}50 \text{ EUR Produktkosten}} = 11{,}11\,\% \text{ Strukturkostenzuschlag auf die Basis der Produktkosten}$$

Die abgerundet 11 % Zuschlag übertragen wir auf die gesamte Produktpalette:

Gesamte Produktkosten lt. MER 20.860 * 1,11 = 23.155 (leicht gerundet) Herstellungskosten.

Somit ergeben sich für das UKV folgende Werte:

Position	TEUR
Umsatzerlöse	26.920 (analog zu GKV)
- Cost of Goods Sold	23.155
= Bruttoergebnis vom Umsatz	3.765
- Vertriebskosten	1.400
- Verwaltungskosten	700
- Zinsaufwand	350
- Ertragsteuern	420

Abb. 4.13: Das UKV zeigt die Kosten der Funktionsbereiche

Der Jahresüberschuss des UKV ist selbstverständlich mit dem Jahresüberschuss des GKV identisch. Im Fallbeispiel beträgt der Jahresüberschuss 840 (siehe Abb. 4.13).

Doch die Rechnung geht (noch) nicht auf, es fehlt in der Berechnung ein Aufwand von 55, um auf die 840 Jahresüberschuss zu kommen. Wie kann das passieren? Die Unschärfe resultiert wieder aus den Herstellungskosten. Betrachten Sie bitte nochmals die Abbildung 4.9. Dort können Sie nachvollziehen, dass der Tarif auf Fertigungskostenstellen bei 100 % Auslastung niedriger ist als bei z. B. 80 % Auslastung. Dieser Umstand wird »Fixkostendegression« genannt.

Etliche Unternehmen setzen für die Tarifermittlung in der Fertigung immer eine Auslastung von 100 % an, obwohl das Management weiß, dass z. B. nur 80 % Auslastung realistisch sind. Man möchte dadurch z. B. den Stundensatz der Mitarbeiter für einen Standort-Benchmark nicht durch die Auslastungsannahme verwässern. Man geht von einer höheren **Als-ob-Auslastung** aus. Das führt dazu, dass die Kostenstellen durch den zu niedrigen Tarif nicht vollständig entlastet werden. Es entsteht im Plan bereits eine Beschäftigungsabweichung, die noch Richtung GuV verrechnet werden muss.

In der Ist-Welt gibt es einen noch weitaus häufiger anzutreffenden Sachverhalt, der für Abweichungen in der Berechnung sorgt: So rechnet man unterjährig mit **Standard-COGS** und damit einer Planauslastung. Der Standard weicht jedoch von den Ist-COGS ab. Neben dem Beschäftigungsgrad können auch Abweichungen beim Materialpreis oder bei der Materialmenge die Ursache für Unschärfen sein. Üblicherweise fügt man diese Abweichungen zwischen der Zeile »Standard-COGS« und dem Bruttoergebnis vom Umsatz ein.

Position	**TEUR**
Umsatzerlöse	26.920
- Cost of Goods Sold	23.155
- Abweichung von den Standard-COGS	55
= Bruttoergebnis vom Umsatz	3.710
- Vertriebskosten	1.400
- Verwaltungskosten	700
- Zinsaufwand	350
- Ertragsteuern	420
= Jahresüberschuss	**840**

Abb. 4.14: Vollständiges UKV mit Abweichung von den Standard-COGS

Das UKV steht der MER deutlich näher als das GKV. Zum einen ist das UKV auch absatz- und nicht produktionsorientiert, zum anderen zeigt es auch Funktions- bzw. Kostenstellenbereiche und nicht Kostenarten. Trotzdem sind UKV und MER nicht identisch. **Die Herstellungskosten des UKV können Entscheidungen verzerren.** Denn sie enthalten, wie gesehen, per Definition Strukturkosten. Wird mit Herstellungskosten gerechnet, wird kein »richtiger« DB I ermittelt, sondern ein »verkürzter« DB I, das »Bruttoergebnis vom Umsatz«. Die formelhafte Darstellung in Abb. 4.15 zeigt den Zusammenhang, wie er in der Ergebnisrechnung ausgewiesen wird.

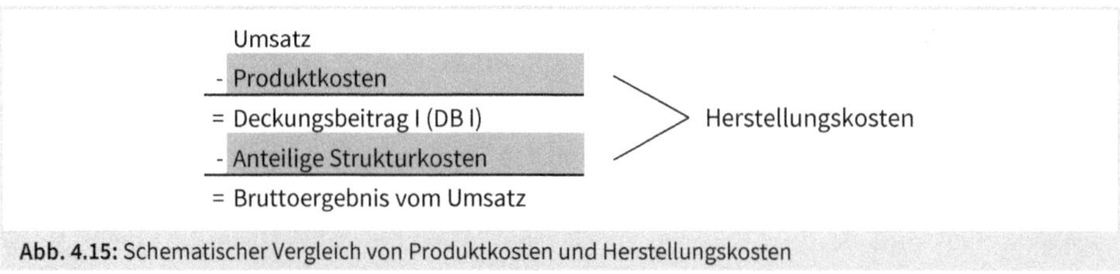

Abb. 4.15: Schematischer Vergleich von Produktkosten und Herstellungskosten

Da aber nur der Deckungsbeitrag sicherstellt, dass die Entscheidung (unter den betrachteten Annahmen) das maximale Ergebnis erzeugt, **kann die Rechnung mit dem Bruttoergebnis vom Umsatz zu einem schlechteren Resultat führen**, wenn sich der Sales-Mix verschiebt.

Entscheidend ist der Anteil der Strukturkosten innerhalb der Herstellungskosten (z. B. durch hohe Abschreibungen) und die Höhe der Marge. Besondere Sorgfalt ist geboten, wenn sich – aus Kundensicht ähnliche – Produkte/Dienstleistungen in diesen beiden Größen systematisch unterscheiden. Der »echte« DB I sollte also immer innerhalb der Herstellungskosten sichtbar bleiben, damit die Sortimentspriorität erkennbar bleibt.

4.4 Aufbau der Planbilanz

Der zweite Schritt der Finanzplanung ist die Erstellung der Planbilanz. Neben der GuV sind noch **weitere Annahmen über einzelne bilanzwirksame Geschäftsvorfälle** (= Buchungssätze) notwendig. Die folgende Auswahl an Buchungssätzen ist beispielhaft zu sehen und muss sich im Einzelfall an der Branche und am Geschäftsmodell des betrachteten Unternehmens orientieren. Bei den **Buchungssätzen** ist zu beachten, dass sie **»struktureller« Natur** sind, d. h. nicht jeder Lageraufbau oder Geldeingang wird einzeln dargestellt, sondern nur die Summe über das Jahr hinweg. Auch sind die Buchungen auf das für den Controller Wesentliche reduziert, z. B. sind Mehrwert- bzw. Vorsteuer nicht berücksichtigt.

Die Grundlagen der Finanzbuchhaltung aus Kapitel 2 kommen jetzt zur Anwendung.

Die wichtigste Botschaft – auf einen einzigen Satz verdichtet – lautete: **Aktivkonten mehren sich im Soll und mindern sich im Haben; Passivkonten mehren sich im Haben und mindern sich im Soll.**

Wenn wir dieses Prinzip konsequent anwenden, kann im Folgenden nicht mehr viel schiefgehen!

- **Buchung des Planumsatzes:** Dessen Höhe beträgt laut GuV 26.920. Nachdem es eine Mittelherkunft ist, wird die GuV im Haben angesprochen. Auf der Sollseite verteilt sich der Gesamtbetrag auf Forderungen und Kassenzugang. Laut Angabe sollen die Forderungen (etwa) 10 % des geplanten Umsatzes sein. Wir runden großzügig auf, der Buchungssatz lautet: **Forderungen 2.700 und Kasse 24.220 an Umsatzerlöse 26.920.**
- **Eingang der Forderungen aus dem Vorjahr:** Wir unterstellen, dass alle Kunden bezahlen, unsere bestehenden Forderungen der Eröffnungsbilanz also voll getilgt werden. Der Buchungssatz lautet: **Kasse 1.300 an Forderungen 1.300.** Dieser Geschäftsvorfall ist cashwirksam, aber nicht ergebniswirksam (GuV nicht betroffen).
- **Erhöhung der Bestände des Rohstofflagers:** 150 t à 3,- je kg macht 450 Mittelverwendung für Aufbau Lager (Soll). Die Mittelherkunft darf laut Angabe nur zu 350 durch Erhöhung der Kreditoren erfolgen. Die fehlenden 100 nehmen wir aus der Kasse. Der Buchungssatz lautet: **Lager RHB-Stoffe 450 an Kreditoren 350 und Kasse 100.**
- **Aufbau Lager Handelsware** laut Angabe um 60. Mangels weiterer Angaben unterstellen wir einen Kassenabgang: **Lager Handelsware 60 an Kasse 60.**
- **Bestandserhöhung fertiger Erzeugnisse:** Dieser Lageraufbau ist (im Gegensatz zu den beiden vorigen) GuV-wirksam. Wie vorher gesehen 100 t von Garn 2 bewertet zu Herstellungskosten macht 500. Also: **Lager fertige Erzeugnisse 500 an GuV 500.**

- **Bilanzielle Abschreibungen auf das Anlagevermögen.** Aufteilung laut AfA-Simulation: **GuV 1.000 an Gebäude 100, Maschinen 800 und BGA 100.** Diese Buchung ist rein ergebniswirksam, nicht aber cashwirksam (Gegenstück zur zweiten Buchung).
- Die **Buchung der Fremdkapitelzinsen** ist sowohl ergebnis- als auch cashwirksam: **GuV 350 an Kasse 350**
- Ebenso die **Buchung der Ertragsteuern: GuV 420 an Kasse 420**
- Um das Procedere abzukürzen und nicht z. B. jeden Gehaltslauf einzeln verbuchen zu müssen, bildet den Abschluss eine »**fröhliche Sammelbuchung« aller bisher noch nicht gebuchten zahlungswirksamen Aufwendungen.** (Bitte nicht im Ist machen, so etwas geht nur im Plan!) Die Sammelbuchung hat den Zweck, alle Aufwendungen, die wir bisher nicht mit einem eigenen Buchungssatz bedacht hatten, aus der GuV in die Bilanz – genauer gesagt: in das Eigenkapital – zu bringen. Als da sind: 13.300 Materialaufwand + 5.130 Fertigungslöhne + 2.880 sonstige Produktkosten + 2.300 Personalkosten + 1.200 Sachkosten = 24.810. Buchungssatz: **GuV 24.810 an Kasse 24.810.**

	Position/Konto	Eröffnungsbilanz	Bewegungsbilanz BS-Nr.	Soll	BS-Nr.	Haben	Schlussbilanz
1	Gebäude	3.000			6	100	2.900
2	Maschinen	2.800			6	800	2.000
3	BGA	800			6	100	700
4	***Summe AV***	***6.600***					***5.600***
5	RHB-Stoffe	500	3	450			950
6	Handelsware	-	4	60			60
7	Fertige Erzeugnisse	1.000	5	500			1.500
8	Forderungen aus LuL	1.300	1	2.700	2	1.300	2.700
9	Flüssige Mittel	600	1	24.220	3	100	380
10			2	1.300	4	60	
11					7	350	
12					8	420	
13					9	24.810	
14			***Σ EINZ***	***25.520***	***Σ AUSZ***	***25.740***	
15	***Summe UV***	***3.400***	***CF -***	***220***			***5.590***
16	**SUMME AKTIVA**	**10.000**					**11.190**
17							
18	Gezeichnetes Kapital	3.000					3.000
19	Gewinnrücklagen	1.500					1.500
20	GuV	-	6	1.000	1	26.920	840
21			7	350	5	500	
22			8	420			
23			9	24.810			
24			***ΣAUFW***	***26.580***	***Σ ERTR***	***27.420***	
25			***=> JÜ***	***840***			
26	***Summe EK***	***4.500***					***5.340***
27	Lafri Rückstellungen	500					500
28	Lafri Darlehen	1.400					1.400
29	***Summe LFK***	***1.900***					***1.900***
30	Bankkredite	3.200					3.200
31	Verbindlichkeiten LuL	400			3	350	750
32	***Summe KFK***	***3.600***					***3.950***
33	**SUMME PASSIVA**	**10.000**					**11.190**

Abb. 4.16: Aufbau der Planbilanz

Nach dem letzten Buchungssatz **verproben wir das GuV-Konto**. Zieht man den Saldo von Soll- und Habenseite, entsteht (auf der kleineren Sollseite) der Jahresüberschuss in Höhe von 840. Entscheidend ist aber das Konto Kasse/Flüssige Mittel. Denn dort ist jetzt – quasi als »Abfallprodukt« unserer Buchungssätze – der Cashflow entstanden. Wir sehen »links« die Einzahlungen und »rechts« die Auszahlungen. Wenn also alles so kommt, wie wir es jetzt planen, werden nächstes Jahr die Auszahlungen (25.740) größer sein als die Einzahlungen (25.520). **Der Cashflow als Veränderung der Flüssigen Mittel ist also negativ (220)**. Der Anfangsbestand (600) wird sich also im Laufe des Jahres auf 380 verringern.

WICHTIG: STRUKTURELLE CASHFLOW-BETRACHTUNG

Unsere Cashflow-Betrachtung ist »**strukturell**«, d. h. auf das ganze Jahr gesehen passt es. Allerdings gibt auch noch eine **dispositive (täglich sicher zu stellende) Liquidität**. Wir müssen jederzeit in der Lage sein, z. B. Gehälter oder Lieferantenrechnungen zu bezahlen. Das ist durch unsere Rechnung noch nicht gewährleistet. Dazu bräuchte es noch eine (mindestens) monatliche Aufteilung der Zahlungsströme. Dies ist in der Praxis oft die Schnittstelle zwischen Controller und Treasury-Abteilung, daher sei im Rahmen dieses Beispiels auf die Monatsscheiben verzichtet.

4.5 Aufstellen der Cashflow-Rechnung

An dieser Stelle wichtiger ist die Darstellung der Größe Cashflow. Im Konto »Flüssige Mittel« entsteht der Cashflow direkt als Gegenüberstellung von Ein- und Auszahlungen. Die Kapitalflussrechnung zeigt die indirekte Entstehung des Cashflows in der Staffelform (siehe Kapitel 2), d. h. die einzelnen Positionen werden ausgehend vom Periodenergebnis (hier: Jahresüberschuss) untereinander geschrieben und in die drei bekannten Bereiche (laufende Geschäftstätigkeit, Investitionstätigkeit und Finanzierung) aufgeteilt.

Je nach zugrundeliegender Rechnungslegungsnorm ist entweder **IAS 7** oder aber (hier gezeigt) **DRS 21** heranzuziehen:

Position	TEUR	
Periodenergebnis	840	
+ Abschreibungen	1.000	
– Zunahme der Vorräte	1.010	(500 + 450 + 60)
– Zunahme der Forderungen aus LuL	1.400	
+ Zunahme der Verbindlichkeiten aus LuL	350	
+ Zinsaufwand	350	
+ Ertragsteueraufwand	420	
– Ertragsteuerzahlungen	420	
= (1) Cashflow aus lfd. Geschäftstätigkeit	**130**	
+/– (2) Cashflow aus Investitionstätigkeit	**0**	
– gezahlte Zinsen	-350	
= (3) Cashflow aus Finanzierungstätigkeit	**-350**	
Saldo (1) bis (3) Veränderung Kasse	***- 220***	

Abb. 4.17: Die Cashflow-Rechnung (»indirekte Methode«) startet im Regelfall mit dem Jahresüberschuss

Die Cashflow-Rechnung zeigt, dass das Working Capital-Management der Strategie AG verbesserungsfähig ist. Damit werden wir uns in Kapitel 8 intensiv beschäftigen.

Im Fallbeispiel sind außerdem Ertragsteueraufwand und Ertragsteuerzahlungen identisch (420 T€). Das zweite Beispiel der MITAG (Kapitel 6) wird zeigen, dass es auch in der planerischen Praxis durchaus zu Abweichungen zwischen diesen Größen kommen kann.

Fazit des Fallbeispiels

- Das Brutto-Betriebsergebnis liegt bei 1.400, der Jahresüberschuss bei 840 und der Cashflow ist negativ.
- Ergebnis und Liquidität sind verschiedene und parallel zu verfolgende unternehmerische Zielgrößen.
- Die reine Fokussierung auf z. B. EBIT, wie sie bei vielen Unternehmen und Controllern anzutreffen ist, genügt nicht!
- »Cash is king« und muss sich in der Unternehmenssteuerung und der Entlohnung der Führungskräfte wiederfinden.

5 Investitionsbeurteilung

5.1 Einführung

5.1.1 Überblick: Verfahren der Investitionsbeurteilung

Wenn in der Praxis die Frage ansteht, ob Geräte und Maschinen neu angeschafft werden sollen, so gibt es vier grundsätzlich verschiedene methodische Ansätze, Investitionen zu beurteilen:

- Wirtschaftlichkeitsrechnungen
- Klassische Investitionsrechnungsverfahren
- Vollständige Finanzpläne (VOFI)
- Qualitative Methoden

Jeder der vier Begriffe umfasst mehrere unterschiedliche Arten zu rechnen. Es handelt sich jeweils um eine Gruppe von Verfahren. Die beiden ersten Gruppen werden in der Praxis am häufigsten eingesetzt. Im Folgenden stellen wir Ihnen die unterschiedlichen Verfahren vor.

Die Wirtschaftlichkeitsrechnung
Die Gruppe der Wirtschaftlichkeitsrechnungen ist die älteste der vier Gruppen. Sie hat aber auch die gravierendsten methodischen Mängel. Darum stellen wir die drei Varianten, die alle auf Kosten basieren, nur knapp vor.

Die einfachste Variante der Wirtschaftlichkeitsrechnung ist der **Kostenvergleich**. Die Entscheidung zwischen zwei Maschinen wird getroffen, indem berechnet wird, welche Anlage die erwartete Leistung mit den geringsten Kosten erbringt. Für die zweite Variante erweitert man die Rechnung um den Umsatz, so ergibt sich der **Gewinnvergleich**.[37] Bei stark abweichenden Investitionsbeträgen sollte der Gewinn in Relation zur Investitionssumme gesetzt werden, um den **Rentabilitätsvergleich** zu erhalten. Das ist die dritte Variante der Wirtschaftlichkeitsrechnung.[38]

Der wesentliche Nachteil der Wirtschaftlichkeitsrechnungen liegt in der Beschränkung auf eine zeitliche Periode. Die Wirtschaftlichkeitsrechnungen werden deshalb auch als »**statische Investitionsrechnung**« bezeichnet. Alle Veränderungen wesentlicher Größen im Zeitablauf müssen

37 Gründe für unterschiedliche Umsätze könnten abweichende Absatzmengen oder höhere Verkaufspreise aufgrund besserer Qualität sein. Abweichende Qualitätskosten (z. B. Nacharbeit, Garantiekosten etc.) sollten auch beim Kostenvergleich bereits berücksichtigt worden sein.

38 Mit der Investitionssumme steigt nicht nur die Abschreibung, sondern meist auch die Leistung (Kapazität). Daraus folgt leicht eine veränderte Beurteilung der Vorteilhaftigkeit der betrachteten Alternativen. Bei im Zeitablauf nicht stetiger Auslastung sollte die Methode nicht angewendet werden.

durch die Konstruktion einer *fiktiven, typischen Periode* abgebildet werden.[39] Allerdings ist mit Kosten- oder Gewinngrößen immer auch eine Diskrepanz zur Liquidität vorhanden. Zudem finden Zins- oder Zinseszinseffekte bei der Berechnung keine Berücksichtigung. Beide Fehler können methodisch durch die Beschränkung auf eine Periode nicht korrigiert werden. Der größte Vorteil der Methode ist zugleich ihr größter Nachteil: Eine Wirtschaftlichkeitsrechnung zu erstellen ist sehr einfach. Je teurer die Anschaffung und je länger die Nutzungsdauer, desto mehr weichen Wirtschaftlichkeitsrechnungen von den Ergebnissen der fortschrittlicheren Methoden ab. Deshalb werden Wirtschaftlichkeitsrechnungen vor allen Dingen bei kleineren Beträgen, kurzen Nutzungszeiten und bei Ersatzbeschaffungen genutzt.

Die klassische Investitionsrechnung

Die klassische Investitionsrechnung wird **auf Basis von Zahlungen** erstellt. Es sind also nicht Kosten wie bei der Wirtschaftlichkeitsrechnung, die betrachtet werden, sondern die Veränderungen der Liquidität. Zudem wird die Zeit selber zu einer Größe, welche die Vorteilhaftigkeit verschiedener Alternativen beeinflusst. Zahlungen werden nicht mit ihrem nominellen Wert, sondern mit ihrem Gegenwartswert (Wert aus heutiger Sicht) in die Rechnung einbezogen. Anders ausgedrückt: Alle Zahlungen werden diskontiert. Deshalb beeinflusst der Zeitpunkt einer (jeden) Zahlung das Ergebnis. Der Zinssatz, mit dem die nominellen Werte diskontiert werden, verdeutlicht dabei gleichzeitig Opportunitäts- und Inflationsgedanken. Üblicherweise wird als Zinsfuß der WACC (Weighted Average Cost of Capital) gewählt, also die gewichteten Kapitalkosten. In der einfachsten Variante wird die Investitionsrechnung ohne die explizite Betrachtung von Steuern durchgeführt. In diesem Fall ist darauf zu achten, dass auch die gewichteten Kapitalkosten in der Variante »vor Steuern« berechnet sind.

Kapitalwertmethode

Bei der Kapitalwertmethode wird dem Gegenwartswert aller künftigen Zahlungen, dem **Barwert**, die Auszahlung gegenübergestellt, die für die Investition erforderlich ist. Die Differenz ist der Kapitalwert. Die Konvention besteht darin, alle Zahlungen auf den Zeitpunkt heute – t_0 genannt – umzurechnen. Auf welchen Zeitpunkt Zahlungen umgerechnet werden, hat allerdings keine Auswirkung auf die relative Vorteilhaftigkeit verschiedener Alternativen. Es genügt, alle Zahlungen auf einen (beliebigen) gemeinsamen Zeitpunkt umzurechnen. Würde man sich beispielsweise statt des Zeitpunktes t_0 für das Ende des Betrachtungszeitraumes als Vergleichszeitpunkt entscheiden, so erhielte man statt des Barwerts den **Endwert**. Diskontiert man diesen auf t_0, so ergibt sich wiederum der Barwert.

Ein positiver Kapitalwert bedeutet, dass – ökonomisch betrachtet[40] – die Investition zu höheren Mittelzuflüssen als Mittelabflüssen führt. In diesem Fall ist klar erkennbar, dass die Durch-

39 Beispiele wären hohe Anlauf- bzw. Promotionskosten, nachlaufende Entsorgungs-, Rückbau- bzw. Garantiekosten oder Veränderungen der Absatzmenge auf Grund des Lebenszyklus etc. Diese sind jeweils anteilig oder als Mittelwert in der Rechnung abzubilden.

40 Also nicht auf Basis nomineller Werte gerechnet, sondern unter Berücksichtigung von Zinseffekten.

führung der Investition sinnvoll ist. Aber was macht man beim Vergleich zweier Investitionen? Wäre ein Kapitalwert von Investition A mit 25 TEUR besser als von Investition B mit 20 TEUR? Auf den ersten Blick schon. Aber das gilt nicht mehr, wenn die erforderliche Investitionssumme doppelt so hoch wäre. Die Interpretation von Kapitalwerten schauen wir uns darum im Folgenden genauer an.

In der Praxis wird deshalb häufig der sogenannte **Interne Zinsfuß** als ergänzende Kennzahl berechnet. Vielfach wird er *irrtümlich als Rendite* interpretiert. Dabei lautet die Definition: Der Interne Zinsfuß ist der Zinssatz, bei dem der Kapitalwert gleich Null wird. Die richtige Interpretation hängt damit vom Verständnis des Kapitalwerts ab und auch davon, mit welchen – (sehr stark) vereinfachenden – Annahmen die klassischen Methoden rechnen.

Vollständiger Finanzplan

Als Weiterentwicklung muss deshalb der **Vollständige Finanzplan** genannt werden. Hier wird jede Zahlung, inkl. der Finanzierung der Investition, korrekt abgebildet. Entsprechend groß ist der Aufwand, um die nötigen Informationen zu besorgen oder geeignete Annahmen zu treffen. Allein die Modellierung verschiedener Finanzierungsvarianten mit unterschiedlichen Zinssätzen, Zinszahlungs- und Tilgungszeitpunkten sowie den Annahmen zur Anlage überschüssiger Liquidität benötigt viel mehr Ressourcen als es für die vergleichsweise grob arbeitende Kapitalwertmethode braucht. Hinzu kommt die Unsicherheit, die jeder Planung (Schätzung der Absatzmengen und -preise, Beschaffungskosten etc.) innewohnt, sodass diese Methode in der Praxis nur bei großen und teuren Investitionsprojekten zum Einsatz kommt.

Qualitative Methoden

Diese Unsicherheit bzgl. der Zahlen ist ein wichtiger Grund, warum qualitative Methoden ergänzend zum Einsatz kommen. Eine davon, die Nutzwertanalyse, stellen wir in Kapitel 5.4.2 vor. Sie ist in der Praxis weiter verbreitet als andere Methoden – vielleicht, weil sie an die Mathematikkenntnisse nur geringe Anforderungen stellt. Sie bildet all das ab, was nicht bereits durch Liquidität oder Gewinn berücksichtigt wurde. Was die Methode aus unserer Sicht zudem besonders praxistauglich macht, ist die Tatsache, dass man sich bei der Einschätzung qualitativer Sachverhalte meist leichter tut, als bei der Schätzung weit in der Zukunft liegender Zahlen. Nicht zuletzt liegt ein Vorteil dieser Methode darin, dass die reine Beschränkung auf Zahlen eine unvollständige Sicht auf die Investition wäre.

5.1.2 Zins und Zinseszins

Zinsrechnung ist für die meisten Menschen intuitiv verständlich. Wenn man heute 100 EUR zur Bank bringt und 10 % Zinsen erhält, dann hat man in einem Jahr 110 EUR. Lässt man das Geld liegen und erhält nun wiederum Zinsen auf den höheren Betrag von 110 EUR, so hat man nach einem weiteren Jahr 121 EUR. Mathematisch ausgedrückt könnte man schreiben:

100 EUR * (1 + 10 %) = 110 EUR, und

110 EUR * (1 + 10 %) = 121 EUR

oder allgemein[41]: **Endbetrag = Anlagebetrag * (1+i)^1**

Für zwei Jahre ergibt sich entsprechend:

100 EUR * (1 + 10 %) * (1 + 10 %) = 121 EUR

oder allgemein[42]: **Endbetrag = Anlagebetrag * (1+i)^t**

Diese Art der Rechnung nennt man **Aufzinsen**. Beim Aufzinsen wird berechnet, wie viel ein heutiger Betrag morgen wert sein wird, sofern die angenommene Verzinsung auch tatsächlich erreicht wird. Der Gegenwartswert des Geldes wird quasi in einen Zukunftswert umgerechnet.

Das Gegenteil des Aufzinsens ist das **Abzinsen**. Es wird also ein Zukunftswert des Geldes in einen Gegenwartswert umgerechnet. Ein anderer Ausdruck für Gegenwartswert lautet **Barwert**. Auch mathematisch ist es die Umkehrung des Aufzinsens:

Es wird nicht mit (1 + i) multipliziert, sondern dadurch dividiert. Das Abzinsen (auch **Diskontieren** genannt) erklärt, warum 121 EUR in 2 Jahren einem Wert von nur 100 EUR bezogen auf heute entsprechen. Die Rechnung dazu lautet:

$$\frac{121\,\text{EUR}}{1+10\,\%} = 110\ \text{EUR}$$

in einem Jahr und daraus folgt:

$$\frac{110\ \text{EUR}}{1+10\,\%} = 100\ \text{EUR bezogen auf heute (Barwert)}$$

oder kürzer:

$$\frac{121\,\text{EUR}}{(1+10\,\%)^2} = 100\ \text{EUR bezogen auf heute (Barwert)}$$

Eine Tabelle, die diese Rechnung beschleunigt, findet sich auf der nächsten Seite. Diese sogenannte **Barwert-Tabelle** ist eine Rechenhilfe früherer Zeiten. Dividiert man einen EUR durch die Zahl 1,1 genau zwei Mal (für zwei Jahre) hintereinander, so erhält man den Faktor 0,82644628099 …[43] Die obige Rechnung geht dann wie folgt: 121 EUR * 0,82644628099 = 100 EUR.

---

41 i ist der Zinssatz in % (i = engl. interest); der Index 1 steht für ein betrachtetes Jahr.

42 t steht für die Zeitdauer in Jahren (t = engl. time).

43 Die Abb. 5.1 zeigt dies in der Zeile 2 beim Prozentsatz 10 % mit 0,826 auf drei Stellen gerundet.

Gegenwartswert (Barwert) einer Währungseinheit

	1,0%	2,0%	3,0%	4,0%	5,0%	6,0%	7,0%	8,0%	9,0%	10,0%	12,5%	15,0%	17,5%	20,0%	25,0%	30,0%	35,0%
1	0,990	0,980	0,971	0,962	0,952	0,943	0,935	0,926	0,917	0,909	0,889	0,870	0,851	0,833	0,800	0,769	0,741
2	0,980	0,961	0,943	0,925	0,907	0,890	0,873	0,857	0,842	0,826	0,790	0,756	0,724	0,694	0,640	0,592	0,549
3	0,971	0,942	0,915	0,889	0,864	0,840	0,816	0,794	0,772	0,751	0,702	0,658	0,616	0,579	0,512	0,455	0,406
4	0,961	0,924	0,888	0,855	0,823	0,792	0,763	0,735	0,708	0,683	0,624	0,572	0,525	0,482	0,410	0,350	0,301
5	0,951	0,906	0,863	0,822	0,784	0,747	0,713	0,681	0,650	0,621	0,555	0,497	0,446	0,402	0,328	0,269	0,223
6	0,942	0,888	0,837	0,790	0,746	0,705	0,666	0,630	0,596	0,564	0,493	0,432	0,380	0,335	0,262	0,207	0,165
7	0,933	0,982	0,971	0,963	0,954	0,946	0,938	0,930	0,923	0,916	1,000	0,870	0,869	0,853	1,000	0,769	0,794
8	0,923	0,853	0,789	0,731	0,677	0,627	0,582	0,540	0,502	0,467	0,390	0,327	0,275	0,233	0,168	0,123	0,091
9	0,914	0,837	0,766	0,703	0,645	0,592	0,544	0,500	0,460	0,424	0,346	0,284	0,234	0,194	0,134	0,094	0,067
10	0,905	0,820	0,744	0,676	0,614	0,558	0,508	0,463	0,422	0,386	0,308	0,247	0,199	0,162	0,107	0,073	0,050
11	0,896	0,804	0,722	0,650	0,585	0,527	0,475	0,429	0,388	0,350	0,274	0,215	0,170	0,135	0,086	0,056	0,037
12	0,887	0,788	0,701	0,625	0,557	0,497	0,444	0,397	0,356	0,319	0,243	0,187	0,144	0,112	0,069	0,043	0,027
13	0,879	0,773	0,681	0,601	0,530	0,469	0,415	0,368	0,326	0,290	0,216	0,163	0,123	0,093	0,055	0,033	0,020
14	0,870	0,758	0,661	0,577	0,505	0,442	0,388	0,340	0,299	0,263	0,192	0,141	0,105	0,078	0,044	0,025	0,015
15	0,861	0,743	0,642	0,555	0,481	0,417	0,362	0,315	0,275	0,239	0,171	0,123	0,089	0,065	0,035	0,020	0,011
20	0,820	0,673	0,554	0,456	0,377	0,312	0,258	0,215	0,178	0,149	0,095	0,061	0,040	0,026	0,012	0,005	0,002
25	0,780	0,610	0,478	0,375	0,295	0,233	0,184	0,146	0,116	0,092	0,053	0,030	0,018	0,010	0,004	0,001	0,001
30	0,742	0,552	0,412	0,308	0,231	0,174	0,131	0,099	0,075	0,057	0,029	0,015	0,008	0,004	0,001	0,000	0,000
35	0,706	0,500	0,355	0,253	0,181	0,130	0,094	0,068	0,049	0,036	0,016	0,008	0,004	0,002	0,000	0,000	0,000
40	0,672	0,453	0,307	0,208	0,142	0,097	0,067	0,046	0,032	0,022	0,009	0,004	0,002	0,001	0,000	0,000	0,000
45	0,639	0,410	0,264	0,171	0,111	0,073	0,048	0,031	0,021	0,014	0,005	0,002	0,001	0,000	0,000	0,000	0,000
50	0,608	0,372	0,228	0,141	0,087	0,054	0,034	0,021	0,013	0,009	0,003	0,001	0,000	0,000	0,000	0,000	0,000

Abb. 5.1: Gegenwartswert (Barwert) einer Währungseinheit

Besonders nützlich wird dies, wenn eine **Rente**[44] vorliegt. Für diesen Spezialfall bieten sie eine erhebliche Vereinfachung, da nicht jede einzelne Zahlung diskontiert werden muss, sondern die gesamte Zahlungsreihe auf einen Schlag diskontiert wird. Die **Rentenbarwerttabelle** in Abbildung 5.2 kann auf verschiedene Art und Weise interpretiert werden:

- Die Werte der Rentenbarwerttabelle ergiben sich aus der spaltenweisen Addition der Barwerte aus Abb. 5.1
- Der Wert innerhalb der Tabelle stellt das nötige Startkapital in EUR dar, das für eine jährliche Rente von 1 EUR benötigt wird (bei gewünschter Anzahl Rentenjahre und bei gegebenem Zinssatz)
- Sind Zinssatz und Startkapital in EUR (Wert innerhalb der Tabelle) gegeben, so kann die Rentenbezugsdauer in Höhe von 1 EUR p. a. am linken Tabellenrand abgelesen werden
- Bei gegebener (gewünschter) Rentendauer in Jahren und gegebenem Startkapital in EUR (Wert innerhalb der Tabelle) kann die erforderliche jährliche Verzinsung der Geldanlage am oberen Tabellenrand abgelesen werden

Auch bei der Ermittlung des Internen Zinsfußes kann sie nützliche Dienste leisten: Sofern die Rückzahlungszeit einer Investition bekannt ist, kann mit dieser Hilfe der Interne Zinsfuß durch einfaches Ablesen in der Tabelle bestimmt werden. Das werden wir in Kapitel 5.3.3 noch sehen.

44 In der Betriebswirtschaft ist eine »Rente« eine regelmäßige Zahlung gleicher Höhe.

Gegenwartswert (Barwert) einer nachschüssigen Rente von einer Währungseinheit

	1,0%	2,0%	3,0%	4,0%	5,0%	6,0%	7,0%	8,0%	9,0%	10,0%	12,5%	15,0%	17,5%	20,0%	25,0%	30,0%	35,0%
1	0,990	0,980	0,971	0,962	0,952	0,943	0,935	0,926	0,917	0,909	0,889	0,870	0,851	0,833	0,800	0,769	0,741
2	1,970	1,942	1,913	1,886	1,859	1,833	1,808	1,783	1,759	1,736	1,679	1,626	1,575	1,528	1,440	1,361	1,289
3	2,941	2,884	2,829	2,775	2,723	2,673	2,624	2,577	2,531	2,487	2,381	2,283	2,192	2,106	1,952	1,816	1,696
4	3,902	3,808	3,717	3,630	3,546	3,465	3,387	3,312	3,240	3,170	3,006	2,855	2,716	2,589	2,362	2,166	1,997
5	4,853	4,713	4,580	4,452	4,329	4,212	4,100	3,993	3,890	3,791	3,561	3,352	3,163	2,991	2,689	2,436	2,220
6	5,795	5,601	5,417	5,242	5,076	4,917	4,767	4,623	4,486	4,355	4,054	3,784	3,543	3,326	2,951	2,643	2,385
7	6,728	6,583	6,389	6,205	6,030	5,863	5,705	5,553	5,409	5,271	5,054	4,654	4,412	4,179	3,951	3,412	3,179
8	7,652	7,437	7,178	6,935	6,707	6,491	6,287	6,094	5,911	5,738	5,444	4,981	4,687	4,412	4,119	3,535	3,270
9	8,566	8,273	7,944	7,638	7,351	7,083	6,830	6,594	6,371	6,162	5,790	5,265	4,922	4,605	4,253	3,629	3,337
10	9,471	9,094	8,689	8,314	7,965	7,641	7,339	7,057	6,794	6,547	6,098	5,512	5,121	4,767	4,361	3,701	3,387
11	10,368	9,898	9,411	8,963	8,550	8,168	7,814	7,486	7,181	6,898	6,372	5,727	5,291	4,901	4,447	3,757	3,423
12	11,255	10,686	10,112	9,588	9,107	8,665	8,258	7,883	7,537	7,216	6,615	5,914	5,435	5,014	4,515	3,800	3,451
13	12,134	11,460	10,793	10,188	9,637	9,134	8,673	8,251	7,863	7,506	6,831	6,077	5,558	5,107	4,570	3,833	3,471
14	13,004	12,217	11,454	10,766	10,142	9,576	9,061	8,591	8,162	7,769	7,024	6,218	5,662	5,185	4,614	3,859	3,486
15	13,865	12,960	12,096	11,321	10,623	9,993	9,423	8,906	8,437	8,009	7,194	6,341	5,751	5,250	4,650	3,878	3,497
20	14,685	13,633	12,650	11,777	11,000	10,305	9,682	9,121	8,615	8,157	7,289	6,402	5,791	5,276	4,661	3,883	3,499
25	15,464	14,243	13,128	12,153	11,295	10,538	9,866	9,267	8,731	8,250	7,342	6,432	5,809	5,286	4,665	3,885	3,500
30	16,206	14,795	13,540	12,461	11,527	10,712	9,997	9,366	8,806	8,307	7,371	6,448	5,817	5,291	4,666	3,885	3,500
35	16,912	15,295	13,895	12,714	11,708	10,842	10,091	9,434	8,855	8,343	7,387	6,455	5,820	5,292	4,666	3,885	3,500
40	17,584	15,748	14,201	12,923	11,850	10,939	10,158	9,480	8,887	8,365	7,396	6,459	5,822	5,293	4,667	3,885	3,500
45	18,223	16,158	14,466	13,094	11,961	11,012	10,205	9,511	8,908	8,378	7,401	6,461	5,823	5,293	4,667	3,885	3,500
50	18,831	16,530	14,694	13,235	12,049	11,066	10,239	9,533	8,921	8,387	7,404	6,462	5,823	5,293	4,667	3,885	3,500

Abb. 5.2: Gegenwartswert einer nachschüssigen Rente von einer Währungseinheit

5.2 Was bei Kapitalkosten zu beachten ist

5.2.1 Das Prinzip der Kapitalkosten ist nur scheinbar simpel

Um den »Zeitwert des Geldes« korrekt zu ermitteln, müssen alle nominellen Beträge abgezinst werden. Wie bestimmt man nun den Diskontierungszinssatz?

Zunächst einmal müssen Zähler und Nenner des Bewertungsmodells konsequent aufeinander abgestimmt sein. Was also in die Kapitalkosten eingeht, hängt maßgeblich von der zu diskontierenden Erfolgsgröße, d. h. vom gewählten Bewertungsansatz ab. Die klassische Kapitalwertmethode ist – ebenso wie der Shareholder Value – ein Entity-Ansatz, d. h. es wird ein Free Cashflow ermittelt, der Eigen- und Fremdkapitalgebern zur Entnahme dient. Man könnte auch sagen, in der Rechnung wird nicht danach unterschieden, ob Eigen- oder ob Fremdkapitalgeber Geld (bzw. Anteile der Geldsumme) für die Finanzierung zur Verfügung gestellt haben. Daher wird der Nenner als Mischzinssatz von Eigen- und Fremdmitteln unter Berücksichtigung der Kapitalstruktur (Gewichtung) angesetzt (Weighted Average Cost of Capital – WACC). Die gewichteten Kapitalkosten sind damit einfach gesagt:

$$\text{Anteil EK} * \text{EK-Kosten} + \text{Anteil FK} * \text{FK-Kosten}$$

Bei der Berechnung orientiert man sich gemäß den Vorschlägen des Shareholder Values meist konsequent am Kapitalmarkt: Die Kapitalkosten bemessen sich an der Verzinsung, welche die Geldgeber am Kapitalmarkt für eine alternative Investition in derselben Risikoklasse erzielen können.

Die Entlohnung der *Fremdkapitalgeber* (z. B. Banken) erfolgt in Form von vertraglich fixierten Zinsen, deren Höhe von der Bonität bzw. dem Rating des Unternehmens abhängt. Die Bonität spiegelt die Risiken wider, die der Fremdkapitalgeber bezüglich der Tilgung und Zinszahlungen des Kreditnehmers eingeht. Aus Sicht des Unternehmens ist noch zu berücksichtigen, dass Zinsaufwand – anders als Dividende – einen steuerlich abzugsfähigen Aufwand darstellt[45], also die Ertragsteuerlast senkt. Man spricht auch vom »Steuervorteil des Fremdkapitals«.

Die *Eigenkapitalgeber* (z. B. Aktionäre) werden durch Ausschüttungen und Kurssteigerungen ihrer Unternehmensanteile entlohnt. Man spricht hier vom **Total Shareholder Return (TSR)**. Da diese Rückflüsse nicht vertraglich geregelt sind, tragen Aktionäre ein höheres Risiko als Fremdkapitalgeber und fordern dementsprechend auch eine höhere Verzinsung für ihre Kapitalanlage. Die Ermittlung der Kapitalkosten folgt in der Regel der Philosophie des **Capital Asset Pricing Model (CAPM)**. Die dem Modell zugrundeliegenden Annahmen sind durchaus proble-

45 Hier ist für jede Gesellschaft auf das jeweilige nationale Steuerrecht zu achten. In Deutschland ist die getroffene Aussage seit 2008 nicht mehr für alle Unternehmen gültig (Stichwort »Zinsschranke«).

matisch, jedoch fehlt es an besseren Alternativen. Die gemachten Ausführungen lassen sich auch als Formel darstellen:

$$WACC\left(\text{in }\%\right) = r_{EK} * \frac{EK}{GK} + r_{FK} * (1 - t) * \frac{FK}{GK}$$

dabei gilt:

$r_{EK} = i + \beta * (r_M - i)$ und $r_{FK} = i + z$

mit: r_{EK} = Renditeforderung der Eigenkapitalgeber
r_{FK} = Renditeforderung der Fremdkapitalgeber
i = risikofreier, langfristiger Kapitalmarktzins
EK/FK/GK = Eigen-/Fremd-/Gesamtkapital (zu Marktwerten)
r_M = langfristige Marktrendite
β = Maßzahl für das individuelle Unternehmensrisiko
z = bonitätsabhängiger Zuschlag auf den risikolosen Zins; kommt aus dem Rating (vgl. Kapitel 10)

In der Praxis unterscheidet man oft zwischen Eigenkapital und verzinslichem Fremdkapital. Korrekterweise sollte man auch prüfen, ob auch unverzinsliches Fremdkapital genutzt wird, z. B. Lieferantenverbindlichkeiten innerhalb der Skonto-Frist. Die WACC-Formel könnte jedoch ohne Probleme um weitere Kapitalquellen wie Anleihen, Genussscheine etc. erweitert werden.

Zu beachten ist, dass es sich beim Eigen- und Fremdkapital nicht um Buchwerte, sondern um aktuelle **Marktwerte** handelt. Die Buchwerte vor allem des Eigenkapitals spiegeln historische Kosten wider, die im Allgemeinen mit dem ökonomischen Wert in einem geringen Zusammenhang stehen und deshalb für gegenwärtige Investitionsentscheidungen irrelevant sind. Das Unternehmen muss aus seinem künftigen Geschäft seine künftigen Kapitalkosten erwirtschaften. Im Rahmen des Shareholder Value wird damit zugleich die (aktuelle) Unternehmensbewertung gerechtfertigt. Man könnte vereinfacht sagen, es gilt, auf die aktuellen Marktwerte eine konkurrenzfähige Rendite erwirtschaften.

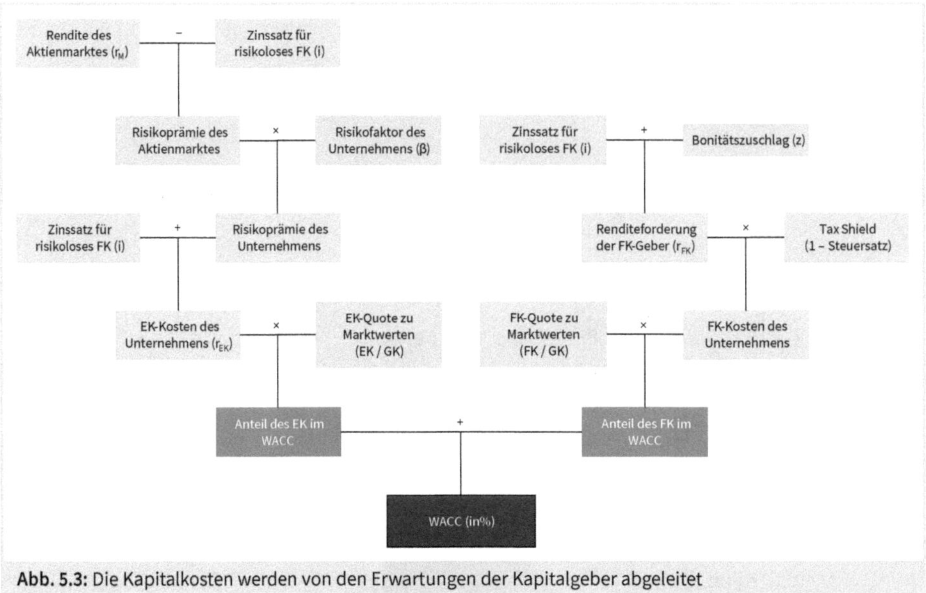

Abb. 5.3: Die Kapitalkosten werden von den Erwartungen der Kapitalgeber abgeleitet

5.2.2 Der Bezug zur Kostenrechnung ist spannend

Wenn Sie an die Einleitung in Abschnitt 5.1.1 denken, so könnte man auf einen sehr unangenehmen Gedanken bezüglich der Kostenrechnung kommen:

> Wieso sollen alle Entscheidungen bis Jahresfrist, also binnen 365 Tagen, mittels Kostenrechnung und alle Entscheidungen darüber, d. h. ab dem 366. Tag mittels Zahlungen entschieden werden? Wieso machen 24 Stunden diesen Unterschied?
> Ist vielleicht eine von beiden Methoden falsch?

Nicht zuletzt die angelsächsische Art der Rechnungslegung hat **massiv Kritik an kalkulatorischen Kosten** geäußert und diese schlicht als falsch bezeichnet. Beispielhaft sei die Kritik an der Verwendung kalkulatorischer Eigenkapitalkosten genannt. Stattdessen solle man den WACC in Verbindung mit Zahlungen verwenden. Dazu eine Grafik, die Sie vielleicht nachdenklich macht.

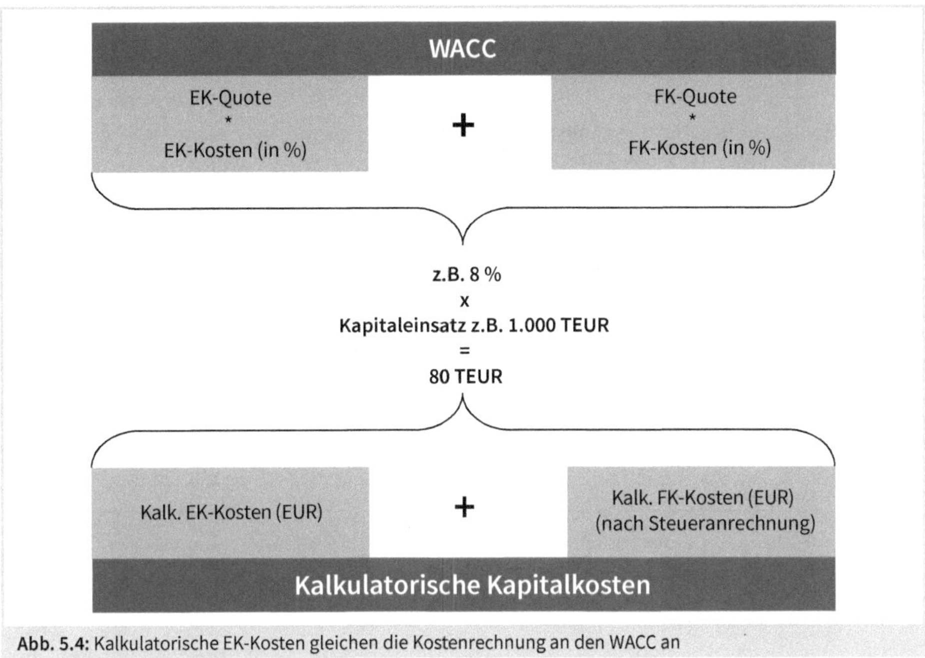

Abb. 5.4: Kalkulatorische EK-Kosten gleichen die Kostenrechnung an den WACC an

Die Behauptung, kalkulatorische EK-Kosten seien falsch, darf man daher getrost als unverfroren bezeichnen. Ohne kalkulatorische EK-Kosten als Kostenart entfernt sich die Kostenrechnung mit Kostenstellen und Kalkulation von der (richtigen) Logik der Investitionsrechnung. Dies haben bereits in den 30er bzw. 50er Jahren des vergangenen Jahrhunderts Gabriel Preinreich und Wolfgang Lücke unabhängig voneinander nachgewiesen. Heute spricht man daher vom »Preinreich-Lücke-Theorem«:

Zur Beurteilung einer Investition kann unter bestimmten Voraussetzungen auch eine Gewinngröße verwendet werden. Diese muss um kalkulatorische Zinsen auf eine spezifisch definierte »Kapitalbindung« modifiziert werden. Es ergibt sich ein sogenannter **Residualgewinn.** Dann gilt: Der Barwert aller Cashflows, d. h. inkl. der Investitionsauszahlung, ist mit dem Barwert der Residualgewinne (-verluste) identisch. *Voraussetzung* ist, dass die Summe der Zahlungsüberschüsse und die Summe der Gewinne über den Gesamtzeitraum gleich hoch sind (Kongruenzprinzip[46]). Ohne kalkulatorische Kosten ist das Kongruenzprinzip nicht erfüllt.

46 Auch »pagatorisches Prinzip genannt« (angelsächsisch: »clean surplus accounting«) genannt. Danach sollten nur Transaktionen zwischen Eignern und Unternehmen erfolgsneutral erfasst werden und alle anderen Änderungen des buchmäßigen Eigenkapitals erfolgswirksam. Darauf basieren alle Residualgewinn-Konzepte. Die Ausgestaltungen wichtiger Rechnungslegungsnormen wie z. B. der IFRS und der US-GAAP verstoßen hingegen beim OCI (Other Comprehensive Income) gegen dieses Prinzip.

Das *Vorgehen* selbst ist simpel: Zahlungen und Gewinne werden in jeder Periode kumuliert ermittelt. Auf die in der Vorperiode auftretende Differenz werden kalkulatorische Zinsen in Höhe des Kapitalkostensatzes berechnet und vom Gewinn der Periode abgezogen. Dies ergibt den Residualgewinn. Wird dieser diskontiert, ergibt sich exakt der gleiche Wert wie bei der Kapitalwertmethode. Dazu ein einfaches **Rechenbeispiel** (mit Diskontfaktoren aus Abb. 5.1):

Periode	0	1	2	3
bare Ertragsüberschüsse		800	900	1.000
AfA		-600	-600	-600
Gewinn		200	300	400

Periode	0	1	2	3	Summe
Cashflows	-1.800	800	900	1.000	900
Diskontfaktoren bei: 10%		0,909	0,826	0,751	
Discounted Cashflows (DCF)		727,273	743,802	751,315	
Kapitalwert	422,389				

Abb. 5.5: Auf den ersten Blick unterscheiden sich Kostenrechnung und Kapitalwert

1. **Was würde ohne korrekte kalkulatorische Kosten passieren?** Der Barwert der nicht korrigierten Gewinne wäre deutlich höher als der Barwert der Cashflows, weil die AfA später anfällt als die Investitionsauszahlung. Die AfA würde diskontiert – die Investitionssumme dagegen nicht. Der Barwert der Gewinne würde bei 10 % Zinssatz rund 730 betragen. Der Kapitalwert beträgt jedoch rund 422. Ohne die Modifikation um kalkulatorische Zinsen würde eine Rechnung auf Gewinnbasis dazu führen, dass manchmal auch nicht vorteilhafte Investitionen angenommen werden.
2. **Was zeigt die Rechnung mit kalkulatorischen Zinsen gemäß Preinreich-Lücke-Theorem?** Man sieht zu Anfang eine Reihe negativer kumulierter Cashflows. Die kumulierten Gewinne werden dagegen recht schnell positiv. In der letzten Periode beträgt die Kapitalbindung Null: Das Kongruenzprinzip ist erfüllt. Die ökonomische Erklärung lautet: Die Kapitalbindung zeigt an, wie sehr die Liquidität den Gewinnen nachläuft – ein typischer Verlauf der Lebenszykluskurve. Die Kapitalbindung in der dargestellten Form stellt den Finanzierungsbedarf dar. **Die kalkulatorischen Zinsen (EK + FK) sind tatsächlich Finanzierungskosten.** Als Kompensation für den Zinseszinseffekt werden die kalkulatorischen Zinsen auf die Kapitalbindung der Vorperiode angesetzt, um den Residualgewinn[47] zu ermitteln. Der Barwert der Residualgewinne entspricht dem Kapitalwert.

47 Bsp. (für t=2): Gewinn 300 – kalk. Zinsen 120 = 180.

Periode	0	1	2	3
kumulierte Cashflows	-1.800	-1.000	-100	900
kumulierte Gewinne	0	200	500	900
Kapitalbindung (gem. Lücke)	1.800	1.200	600	**0**
kalkulatorische Zinsen: 10%	-	180	120	60
Residualgewinn		**20**	**180**	**340**
Diskontfaktoren bei: 10%		0,909	0,826	0,751
Barwert der Residualgewinne	**422,389**	18,182	148,760	255,447

Abb. 5.6: Kostenrechnung und Kapitalwert kommen zum identischen Ergebnis

Daraus folgen wichtige Erkenntnisse:

- Nur eine Kostenrechnung inkl. kalkulatorischer (EK-)Zinsen kann zum identischen Ergebnis wie die Berechnung nach der Kapitalwertmethode kommen.
- Investitionsrechnung mittels Kostenrechnung benötigt mehr Rechenschritte. Es ist einfacher, Investitionsrechnungen direkt auf Zahlungen aufzubauen. Auch lassen sich die kalkulatorischen Zinsen nur ansetzen, wenn die Zahlungen ermittelt werden können.
- Wir haben ein Residualgewinnkonzept kennengelernt, das dem **EVA™** sehr ähnlich ist. Daher ist auch dort die Frage nach den richtigen Anpassungen (Conversions) wichtig. Man darf zudem vermuten, dass es eine Überleitung vom **EVA™** zum Shareholder Value geben muss.
- **Die Kostenrechnung** (effizienter Verzehr von Ressourcen) **steht damit nicht im Widerspruch zur Investitionsrechnung** (effizienter Einsatz der liquiden Mittel). Allerdings sind Wirtschaftlichkeitsrechnungen falsch, weil sie nur eine Periode betrachten.

5.2.3 Der Marktwert des Eigenkapitals ist schwer zu ermitteln

Die Unternehmensbewertung ermittelt in einer besonderen Investitionsrechnung den Wert des Unternehmens für die Eigentümer (= Wert des Eigenkapitals). Diese Rechnung benötigt die Kapitalkosten WACC. Zugleich benötigt man aber für die Berechnung des WACC bereits den Marktwert des Eigenkapitals als Inputgröße. **Es besteht also ein Zirkelschluss.**

Einen Lösungsansatz bietet eine iterative Vorgehensweise. In der ersten Iteration schätzt man zunächst den Marktwert des Eigenkapitals (z. B. über Multiplikatoren), ermittelt den WACC und erhält dann durch Diskontieren der Free Cashflows in der Shareholder Value-Methode[48] den Unternehmenswert. Anschließend wird durch Subtraktion des Fremdkapitals der Shareholder Value ermittelt, der vom oben angenommenen Wert abweichen wird. In der zweiten Iteration wählt man dann einen Wert, der zwischen ursprünglicher Schätzung und Ergebnis der ersten Rechnung liegt. Auf diese Weise nähert man sich schrittweise dem Wert an, der die Zirkularität auflöst.

48 Vgl. Kapitel 11.

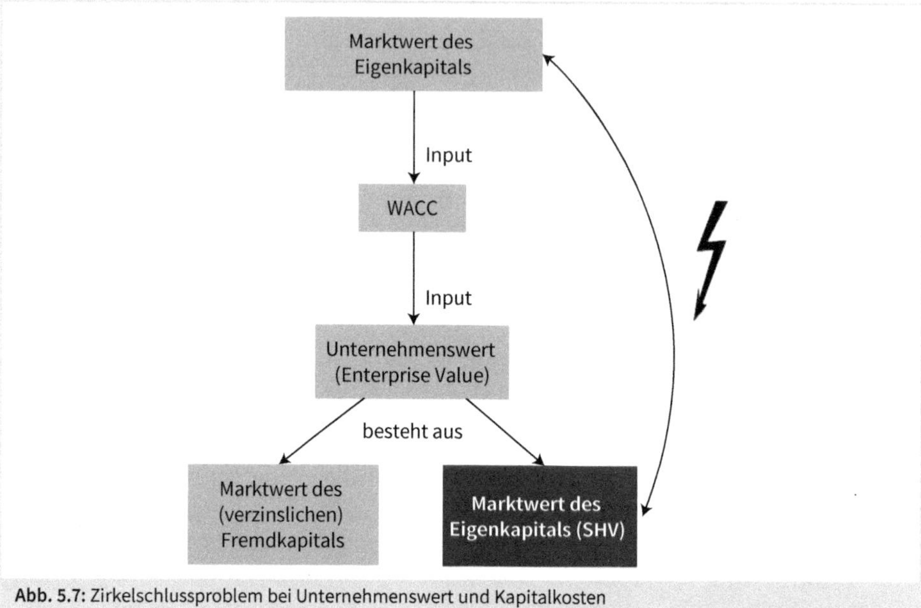

Abb. 5.7: Zirkelschlussproblem bei Unternehmenswert und Kapitalkosten

Ein zweiter Weg ist die Vorgabe einer Zielkapitalstruktur, die die zukünftig geplante Finanzierungsstruktur und damit (ggf.) einen gewünschten Aktienkurs abbildet. Beispielhaft haben viele Unternehmen nach der Finanzkrise ihre Verbindlichkeiten deutlich zurückgeführt und die Eigenkapitalbasis gestärkt. Aber auch der umgekehrte Weg kann beobachtet werden. Unternehmen nehmen z. B. durch Aktienrückkäufe teures Eigenkapital aus dem Markt und ersetzen es durch (billigeres) Fremdkapital, um den WACC zu senken. Wenn sich die Kapitalstruktur in Zukunft erheblich ändern wird, dann sollte man den Standardansatz des Entity-Verfahrens eines über die Zeit konstanten WACC verlassen und den WACC von Zeit zu Zeit an die neue Kapitalstruktur anpassen.

5.2.4 Der Marktwert des Fremdkapitals entspricht oft dem Buchwert

Für einige Komponenten des Fremdkapitals kann der Marktwert direkt abgeleitet werden (z. B. börsennotierte Anleihen). Der Marktwert eines bereits aufgenommenen Kredits hängt davon ab, welchen Zins das Unternehmen aktuell für einen vergleichbaren Kredit zahlen müsste.

- Ist der aktuell gültige Zinssatz gleich dem historisch vereinbarten Zinssatz, so entsprechen sich Buchwert und Marktwert.
- Ist der aktuell gültige Zinssatz niedriger bzw. höher als der historische, so liegt der Marktwert des Kredites über bzw. unter dem Buchwert.

Beispiel

Die E-Mobile GmbH hat vor Jahren einen Bankkredit von 1 Mio. EUR zu 8 % Zinssatz, aufgenommen; fällig am 31.12.2022. Welchen Marktwert hat der Kredit am 31.12.2019?

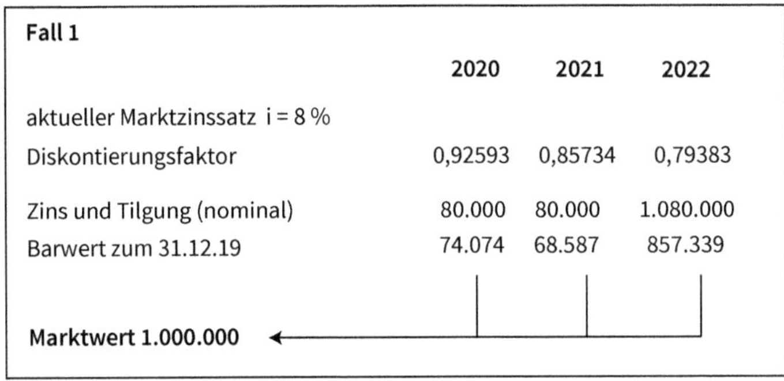

Fall 1

	2020	**2021**	**2022**
aktueller Marktzinssatz i = 8 %			
Diskontierungsfaktor	0,92593	0,85734	0,79383
Zins und Tilgung (nominal)	80.000	80.000	1.080.000
Barwert zum 31.12.19	74.074	68.587	857.339

Marktwert 1.000.000

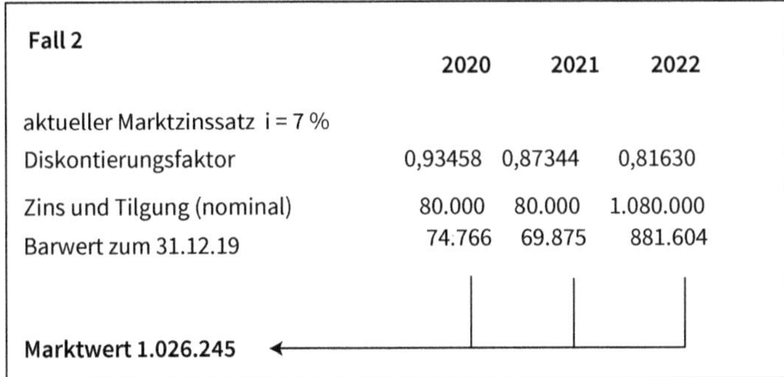

Fall 2

	2020	**2021**	**2022**
aktueller Marktzinssatz i = 7 %			
Diskontierungsfaktor	0,93458	0,87344	0,81630
Zins und Tilgung (nominal)	80.000	80.000	1.080.000
Barwert zum 31.12.19	74.766	69.875	881.604

Marktwert 1.026.245

Abb. 5.8: Vorgehensweise zur Ermittlung des Marktwerts des Fremdkapitals

Das Beispiel verdeutlicht: Bei nur geringen Abweichungen zwischen (historisch) vereinbarten Finanzierungskonditionen und aktuellen Marktzinsen unterscheiden sich beim Fremdkapital Buchwert und Marktwert nicht wesentlich. Aus Vereinfachungsgründen wurde in der Praxis deshalb lange Zeit der Buchwert des Fremdkapitals anstelle des Marktwertes herangezogen. In Phasen größerer Zinsveränderungen (vgl. Abb. 5.9) sollte jedoch eine separate Berechnung der Marktwerte – wie in Abb. 5.8 dargestellt – durchgeführt werden.

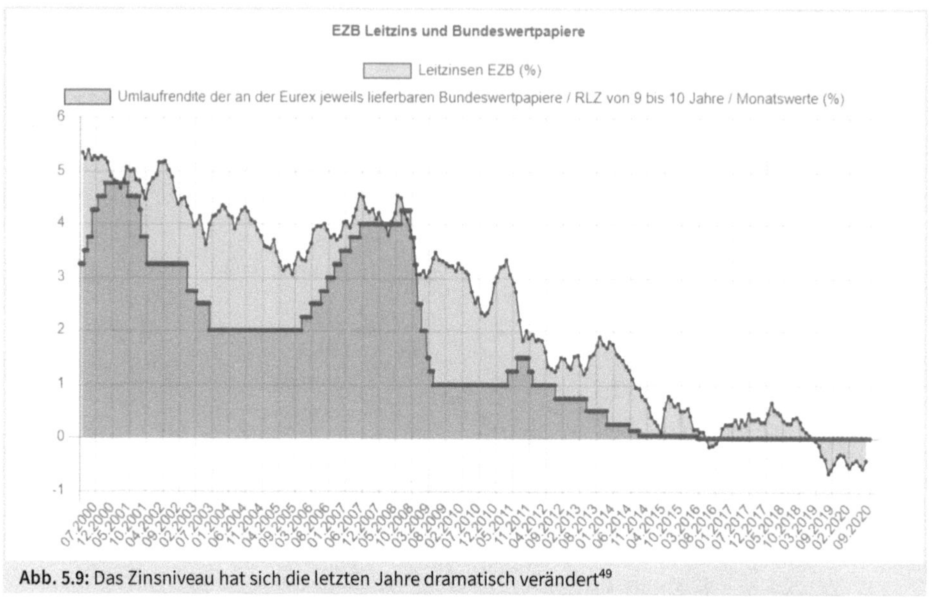

Abb. 5.9: Das Zinsniveau hat sich die letzten Jahre dramatisch verändert[49]

5.2.5 Die Kosten des Fremdkapitals müssen Steuern berücksichtigen

Die Ermittlung des Kostensatzes für das gesamte Fremdkapital, das dem Unternehmen in Form von Krediten oder Anleihen zur Verfügung gestellt wurde, ist in der Praxis unproblematisch. Gegenüber dem Management ist es sinnvoll, immer wieder darauf hinzuweisen, dass die Fremdkapitalzinsen (die Renditeforderungen der Fremdkapitalgeber) nicht den Fremdkapitalkosten des Unternehmens entsprechen. Denn der Einsatz des Fremdkapitals verschafft dem Unternehmen den bereits erwähnten Steuervorteil (Tax Shield), da die Zinszahlungen grundsätzlich das zu versteuernde Ergebnis und damit die Steuerlast des Unternehmens reduzieren. Diese Tatsache ist bei der Bemessung der Kapitalstruktur gemäß Abb.5.3 einzubeziehen.

Die (hier grundsätzlich angenommene) steuerliche Abzugsfähigkeit der Fremdkapitalzinsen wird im gewogenen Kapitalkostensatz durch den Korrekturfaktor (1-t) berücksichtigt, mit dem die Renditeerwartung der Fremdkapitalgeber multipliziert wird. Der effektive Fremdkapitalkostensatz des Unternehmens rechnet sich also als

$$r_{FK\,(n.St.)} = r_{FK} * (1 - t)$$

mit r_{FK} = Zinsforderung der Fremdkapitalgeber
t = Steuersatz (engl. tax) der lokalen GmbH bzw. Konzernsteuersatz
$r_{FK(n.St.)}$ = Effektive Zinskosten nach Steuervorteil des Fremdkapitals

49 Quelle: https://tagesgeld.info/ratgeber/risikoloser-zins/, abgerufen am 5.10.2020.

Der Ertragsteuersatz des Unternehmens beinhaltet die Körperschaftsteuer von 15%, den Solidaritätszuschlag (5,5% auf die Körperschaftsteuer) und die Gewerbeertragsteuer (Höhe ist kommunal unterschiedlich). In der Praxis werden für Unternehmen in Deutschland zurzeit in Summe etwa 30% angesetzt. Dabei ist zu beachten, dass die reale Steuerbelastung nicht allein von den Nominalsätzen abhängt. Insbesondere unterschiedliche Vorschriften zur (Nicht-) Abzugsfähigkeit verschiedener Aufwandspositionen bei der Ermittlung des steuerpflichtigen Gewinns in einigen Ländern sind zu nennen. Gerade in einigen osteuropäischen Ländern täuscht der nominal niedrige Satz über die reale Belastung hinweg.

5.2.6 Die Kosten des Eigenkapitals werden vom Risiko bestimmt

Die Eigenkapitalkosten des Unternehmens sind mit der von den Eigenkapitalgebern geforderten Rendite gleichzusetzen. Diese entspricht somit den Opportunitätskosten für Eigenkapital und setzt sich aus **risikoloser Verzinsung (i) und Risikozuschlag (r_M - i)** zusammen. Nach der Finanzkrise 2008/2009 gab es eine Diskussion, welches Engagement denn »risikolos« sei. Wobei, das sei angemerkt, es sich bei diesem Begriff ohnehin um einen realitätsfernen Begriff handelt. Man orientiert sich an einem Schuldner, von dem angenommen wird, er werde Zins und Tilgung leisten (kein Ausfallrisiko). Der risikolose Zinssatz ist die Rendite, die man als Geldgeber mit ihm erzielen kann.[50]

Wobei der **Begriff Risiko oft missverstanden** wird. Er bezeichnet im Sinne des Gesetzgebers und verschiedener Rechnungslegungsstandards sowohl positive als auch negative Abweichungen vom erwarteten Cashflow des Unternehmens; so begriffen, impliziert er also auch Chancen. Eine größere Schwankungsbreite **(Volatilität)** der zukünftigen Zahlungsströme - egal in welche Richtung - bedeutet daher ein höheres Risiko für den Investor.

50 Es gibt kein allgemeines Vorgehen zur Ermittlung. Man orientiert sich oft an der Rendite für kurzfristige Geldanlagen (z. B. Tagesgeld) sowie an der langfristigen Rendite von erstklassigen Staatsanleihen (z. B. 10-jährige Bundesanleihen). Beide sind in Deutschland seit Jahren auf Tiefstständen. Vgl. Abb. 5.9.

Abb. 5.10: Der risikolose Zins ist historisch betrachtet auf extrem niedrigem Niveau.
Quelle: http://www.marktrisikoprämie.de/de.html, Abruf vom 08.02.2019 um 15.35 Uhr

Anteilseigner verlangen aus verschiedenen Gründen einen Risikozuschlag:

- Risiko, ob es eine Gewinnausschüttung gibt (kein Rechtsanspruch)
- Risiko der Höhe der Ausschüttung (Ertragslage des Unternehmens)
- Risiko, das eingesetzte Kapital im Insolvenzfall (ganz oder teilweise) zu verlieren

Bei börsennotierten Unternehmen wird der Risikozuschlag in der Regel über folgende Formel errechnet:

$r_{EK} = i + \beta * (r_M - i)$

mit r_{EK} = Renditeanforderung der Eigenkapitalgeber
β = Risikofaktor des Unternehmers
i = Zinssatz (risikolose Anleihe)
r_M = Aktienmarktrendite (risikobehaftet)

Größeres Risiko und höhere Rendite gehen nach dem Modell des CAPM[51], auf dem diese Formel beruht, *immer* miteinander einher. Diese Annahme ist wesentlich stärker empirischer Kritik ausgesetzt als beispielsweise die unrealistischen Prämissen (wie z. B. des vollkommenen

51 Capital Asset Pricing Model (1960er Jahre) – ein Kapitalmarktgleichgewichtsmodell; erklärt welcher Teil des Gesamtrisikos eines Investitionsobjekts (nur für börsennotierte Unternehmen und nur teilweise nachweisbar) nicht durch Risikostreuung (Diversifikation) beseitigt werden kann. Ermöglicht so Performance-Messung für Investmentfonds (→ weiterentwickelte Portfoliotheorie).

Kapitalmarktes).[52] Wir finden zwar, dass dies ein wichtiger Kritikpunkt ist, weil davon auch die Vorhersagequalität für Renditen berührt wird, aber noch wichtiger ist unseres Erachtens, dass **wesentlich größere Prognosefehler in der Ermittlung zukünftiger Cashflows bestehen**. Deshalb empfehlen wir den Abgleich mit historischen Werten, um eigene Planwerte zu plausibilisieren. So betrug die Marktrisikoprämie für Investitionen in Unternehmen im langfristigen Durchschnitt etwa 3 % – 5 %. Das heißt, ein Anleger konnte mit einem Aktienportfolio im Durchschnitt 3 % – 5 % p. a. mehr verdienen als mit einem (risikolosen) Anleiheportfolio.[53]

Um **vom allgemeinen Marktrisiko zum unternehmensspezifischen Risiko** zu gelangen, muss noch eine Größe eingeführt werden, die das Risiko eines Unternehmens ausdrücken soll: der Beta-Faktor (β). Er beschreibt, in welchem Ausmaß der Kurs einer Aktie die Schwankungen des Gesamtmarktes nachvollzieht, d. h. er setzt die Schwankungen der Aktie ins Verhältnis zu den Schwankungen des Gesamtmarktes – im Zeitverlauf. Der Beta-Faktor ist ein Volatilitätsmaß. Er wird regelmäßig veröffentlicht.

	Jul 08	Nov 11	Feb 15	Feb 19
Commerzbank	1,72	1,09	1,31	1,76
Daimler	1,21	1,32	1,40	1,17
Deutsche Telekom	0,69	0.65	1,28	0,59
Volkswagen	0,41	1,03	1,07	1,39

Abb. 5.11: Beta-Faktoren (hier: Einjahres-Betas) können im Zeitverlauf stark schwanken[54]

Mathematisch errechnet sich der Beta-Faktor als Kovarianz zwischen der Rendite der Aktie und der Rendite des Marktportfolios [cov (r_A; r_M)], dividiert durch die Varianz der Marktrendite [var (r_M)]:

$$\beta = \frac{\text{cov}\,(r_A\,;r_M)}{\text{var}\,(r_M)}$$

Vereinfacht kann man die beiden statistischen Größen wie folgt beschreiben: Varianz ist die Abweichung vom Mittelwert und die Kovarianz misst, ob sich zwei Variablen in die gleiche Richtung bewegen. Bei einer negativen Kovarianz entwickeln sich beide Größen entgegengesetzt, d. h. ein Wertpapier steigt im Kurs, das andere fällt. Bei einer positiven Kovarianz entwickeln sich beide Variablen in die gleiche Richtung.

52 Quelle: Ballwieser, W. (2008): Betriebswirtschaftliche (kapitalmarkttheoretische) Anforderungen an die Unternehmensbewertung, in: WPg, 61. Jg., Sonderheft 2008, S. 102–108.

53 Die Veränderung durch zwei Kapitalmarktkrisen und darauffolgende Intervention der Zentralbanken zeigt Abb. 5.10.

54 Quelle: Finanzen.net; Abruf vom 24.2.2019.

Die **risikolose Kapitalanlage hat ein Beta**[55] **von 0**, da ihre Kovarianz mit dem Marktportfolio 0 ist. **Das Marktportfolio selbst besitzt ein Beta von 1**, da die Kovarianz der Rendite des Marktportfolios mit sich selbst der Varianz des Marktportfolios entspricht. Daraus folgt:

- **ß-Faktor = 1:** das Wertpapier schwankt im selben Maß wie der Gesamtmarkt. Es hat ein durchschnittliches Risiko (bezogen auf diese Risiko-Klasse), weil es sich wie der Durchschnitt des Marktes verhält. Steigt z. B. die Marktrendite um 5 %, so steigt auch die Einzelrendite der Aktie um 5 %.
- **ß-Faktor > 1 (bzw. < 1):** der Kurs der Aktie reagiert im Verhältnis zum Gesamtmaß überproportional (bzw. unterproportional). Steigt etwa der Markt um 1 %, der Kurs der Aktie dagegen um 1,2 %, ist der Beta-Faktor 1,2. Das Papier hat eine (unter- bzw.) überdurchschnittliche Volatilität: Je höher (bzw. geringer) der Beta-Faktor (also die Schwankungsbreite), desto höher (bzw. geringer) das Risiko bzw. die Chance des Investors und desto höher die geforderte Risikoprämie.

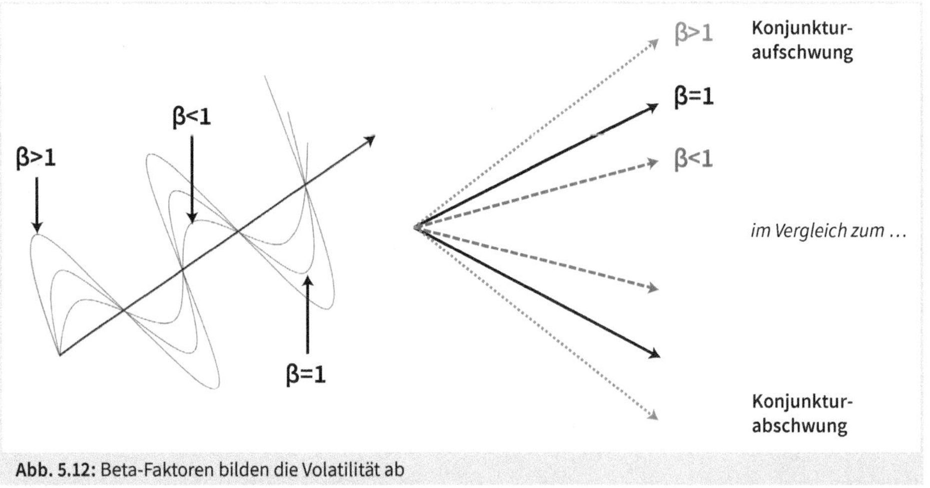

Abb. 5.12: Beta-Faktoren bilden die Volatilität ab

55 Beide Schreibweisen, Beta-Faktor und ß-Faktor, sind üblich.

Beta-Faktoren der DAX-30-Unternehmen (Referenzindex: DJ Stoxx 600)			
Name	**Beta 250 Tage**	**Name**	**Beta 250 Tage**
Adidas	1,37	E.on	0,87
Allianz	1,32	Fresenius	1,22
BASF	1,33	Fres. Med. Care	1,32
Bayer	1,01	HeidelbergCement	1,46
Beiersdorf	0,52	Henkel Vz.	0,77
BMW	1,27	Infineon	1,47
Continental	1,53	Linde	1,05
Covestro	1,17	Merck	0,84
Daimler	1,64	MTU Aero Engines	1,59
Delivery Hero	0,67	Munich Re	1,44
Deutsche Bank	1,59	RWE	0,90
Deutsche Börse	0,96	SAP	1,01
Deutsche Post	1,02	Siemens	1,24
Deutsche Telekom	0,80	Volkswagen Vz.	1,54
Deutsche Wohnen	0,55	Vonovia	0,63

Abb. 5.13: Die Beta-Faktoren der 30 DAX-Unternehmen zeigen eine große Spannbreite[56]

In Deutschland sind nur sehr wenige, meist große Unternehmen börsennotiert und können ihren Beta-Faktor direkt z. B. aus dem Internet entnehmen.[57] Zudem kann sich das geschäftsspezifische Risiko zwischen den einzelnen Bereichen eines Unternehmens z. B. wegen der unterschiedlichen Marktzyklizität, Kapitalintensität, Cashflow-Prognostizierbarkeit und Wettbewerbsposition so stark unterscheiden, dass bereichsspezifische Betas ermittelt werden müssen.

Bei nichtbörsennotierten Unternehmen lassen sich daher drei Vorgehensweisen beobachten:

1. In familiengeführten Unternehmen kommt es nicht selten schlichtweg zu einer Vorgabe des Beta-Faktors bzw. der Renditeforderung.
2. Ableitung des Beta-Faktors aus einer Schätzung der Risikotreiber.
3. Ableitung des Beta-Faktors aus dem Vergleich mit börsennotierten Unternehmen.

Zu 1. Vorgabe durch den Eigentümer

Diese Variante hat zwar keinen Bezug mehr zum Kapitalmarktmodell CAPM und ist damit auch in keiner Weise plausibilisierbar. Sie hat aber im Gegenzug eine hohe Akzeptanz durch die Eigentümerfamilie.

56 Quelle: finanzen.net/risikoanalyse/unternehmensname (der Adressteil »unternehmensname« muss durch einen tatsächlichen Unternehmensnamen ersetzt werden; Abruf vom 5.10.2020

57 Neuere Modelle wie das 3-Faktoren- bzw. 4-Faktoren-Modell haben bessere empirischer Qualität, insbesondere auch bei kleineren Unternehmen.

Zu 2. Schätzung der Risikotreiber

Eine pragmatische Methode ist es, auf das Fachwissen und die Urteilsfähigkeit des Managements zu vertrauen. In einem Verfahren, das der Potenzialanalyse[58] ähnlich ist, wird der Beta-Faktor anhand der Ausprägung sogenannter Risikotreiber geschätzt. Im Vergleich zur rechnerischen Ermittlung des Beta ist dieses skalierende Vorgehen mehr subjektiv, es wird dafür in der Regel beim Management besser verstanden und akzeptiert.

Risikotreiber z. B.	Gewichtung	Ausprägung bei SGE geringes Risiko	0,50	0,75	1,0	1,25	1,50	hohes Risiko
Zyklizität des Geschäftes		niedrig						hoch
Prognostizierbarkeit der Rendite		eher gut						eher schwierig
Größe		eher große Einheit						eher kleine Einheit
Kostenstruktur (z. B. Kapitalintensität)		kurzfristig beeinflussbar						nur langfristig beeinflussbar
Kapitalstruktur		hoher EK-Anteil						hoher FK-Anteil
Substanzwert		werthaltige Substanz						geringe Substanz
Schnelligkeit des technischen Fortschritts		eher langsam						schneller Fortschritt
Wettbewerbssituation (Anzahl der Wettbewerber, Konstanz der Marktanteile etc.)		gefestigt						labil

Abb. 5.14: Risikoprofil zur Abschätzung des Beta-Faktors (SGE = Strateg. Geschäftseinheit)

Ad 3) Vergleich mit börsennotierten Unternehmen

Der letzte Weg, sich den Beta-Faktor selbst zu »bauen«, besteht darin, das Beta eines vergleichbaren, börsennotierten Unternehmens heranzuziehen. Da es aber kaum ein Unternehmen gibt, das dem zu bewertenden exakt gleicht, muss der Begriff »vergleichbar« weiter gefasst und eine **Gruppe von Vergleichsunternehmen** aus derselben Branche gebildet werden (Peergroup). Auch sollte eine Anpassung bzgl. der Finanzierungsstruktur und anderer Faktoren (z. B. Abhängigkeit von Branchen, großen Kunden) erfolgen.

58 Vgl. Deyhle, A./Eiselmayer, K./Kleinhietpaß, G.: »Controller Praxis«, 18. Aufl., 2016, S. 150 ff.

Die Höhe des Diskontierungszinssatzes hat großen Einfluss auf den Kapitalwert einer Investition oder die Höhe des Shareholder Value. Daher ist es auf alle Fälle nötig, eine Sensitivitätsanalyse in Bezug auf mögliche Veränderungen von z. B. Beta-Faktor oder Fremdkapitalzinssatz durchzuführen, um dem Management die »werttreibenden« oder »wertvernichtenden« Auswirkungen von WACC-Veränderungen vor Augen zu führen. Deshalb ist an dieser Stelle eine **Warnung vor zu viel »Methodenperfektionismus«** angebracht. Trotz der Scheingenauigkeit, den WACC auf zwei Nachkommastellen exakt berechnen zu können, enthält er eine Vielzahl von »Gestaltungsmöglichkeiten«. Einen objektiv richtigen Zinsfuß gibt es nicht. Wichtig ist zunächst einmal, dass kein Risikofaktor auf den WACC vergessen wird! Ein Blick ins eigene Risiko-Managementsystem oder in den Lagebericht (auch der wichtigsten Branchenteilnehmer) hilft enorm weiter. Folgende **Einflussfaktoren auf das Risiko** sollten nicht vergessen werden:

- Land
- Branche
- Technologie
- Gesetzgeber
- Gesellschaftliche Trends

Wichtiger als die theoretisch fundierte Ermittlung des letzten Zehntels oder gar Hundertstels ist die stringente Anwendung des Zinssatzes – alle künftigen Zahlungen sind zu diskontieren. Und – bei allem Rechnen nicht vergessen – ganz wichtig: die **Plausibilität der Free Cashflows prüfen!**

Praktikabel ist es daher, ein relatives Urteil zu fällen. Das bedeutet, zwei Sachverhalte zu vergleichen: z. B. den Vergleich von zwei Tochtergesellschaften, zwei Ländern, zwei Technologien usw. zueinander. **Es geht dann nur noch um größer/kleiner** – was deutlich leichter zu beurteilen ist. Wer mag, kann sich dann auch an Quellen orientieren, die sich ausschließlich und professionell mit Risiken beschäftigen, wie z. B. Warenkreditversicherer oder spezialisierte Risikobzw. Rating-Agenturen.

5.2.7 Die optimale Kapitalstruktur minimiert die Kapitalkosten

Die Finanzierungsstruktur dient auch zur Optimierung der Gesamtkapitalkosten (WACC). Das folgende Originalbeispiel eines börsennotierten Konzerns möge das verdeutlichen:

Debt/Equity-Ratio (Gearing)	**0,00**	**0,25**	**0,50**	**0,75**	**1,00**	**1,25**	**1,50**	**1,75**	**2,00**
Cost of Debt after Taxes (36%) in %	3,70	3,80	4,00	4,30	4,70	5,30	6,10	7,40	9,20
Cost of Equity in %	8,80	9,30	9,80	10,20	10,70	11,20	11,70	12,10	12,60
WACC in %	8,80	8,20	7,80	7,70	7,70	7,90	8,40	9,10	10,40

Abb. 5.15: Das Gearing beeinflusst den Kapitalkostensatz WACC

In der grafischen Darstellung (Abb. 5.16) ist leicht erkennbar, wie sehr die Fremdkapitalkosten den WACC beeinflussen. Bei geringem Gearing (Verhältnis von Finanzschulden zu Eigenkapital) führt der steigende FK-Anteil zunächst zu einer Verringerung des WACC, um dann (ab einem Gearing von ca. 1,00) die Kapitalkosten deutlich in die Höhe zu treiben. Denn nicht nur das EK, sondern auch das FK muss das zunehmende Konkursrisiko abbilden. Wichtig ist zu bedenken, dass die FK-Geber diesen Anspruch in den Kreditverträgen abbilden und darum juristisch durchsetzen können. Ob der Eigentümer seinen ex ante geforderten Risikoausgleich auch erhält, wird erst die Zukunft zeigen. Die WACC-Linie als gewogener Mittelwert aus Eigen- und Fremdkapitalkosten erreicht ihren niedrigsten Wert im Bereich eines Verschuldungsgrades zwischen 0,75 und 1,00 (vgl. Abb. 5.15).

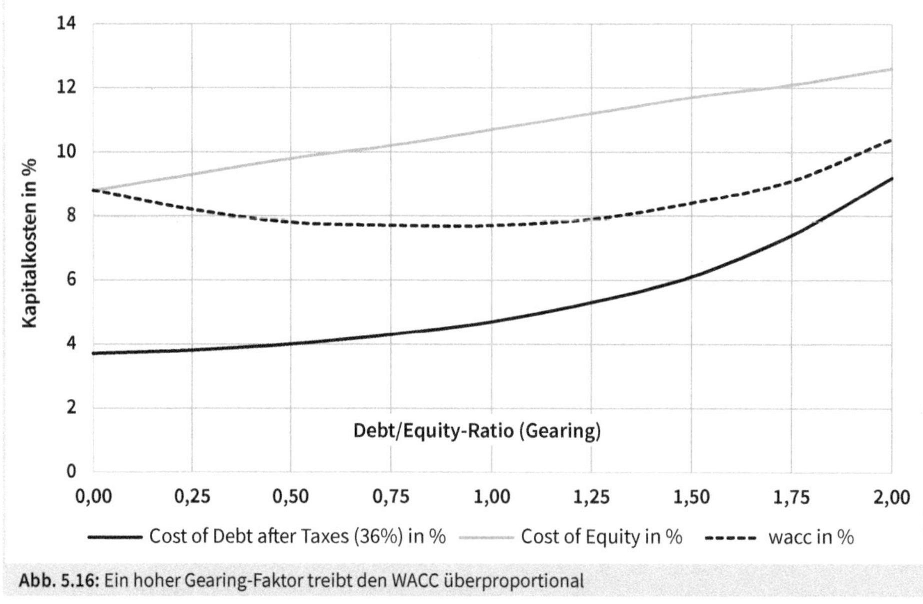

Abb. 5.16: Ein hoher Gearing-Faktor treibt den WACC überproportional

Durch Berücksichtigung der Risikosensibilität der Kapitalgeber lassen sich also die durchschnittlichen Gesamtkapitalkosten minimieren. Damit existiert ein **optimaler Verschuldungsgrad**. Neben den zukünftig erzielbaren Cashflows trägt er wesentlich dazu bei, den Marktwert des Unternehmens zu maximieren.

5.3 Darstellung der wichtigsten Methoden

5.3.1 Kosten-, Gewinn- und Rentabilitätsvergleich

Angesichts der Ausführungen in Kapitel 5.2.2 muss man von Wirtschaftlichkeitsrechnungen generell abraten. Da wir zudem vermuten, dass die Kostenrechnung hinreichend bekannt ist, gehen wir hier nicht weiter auf das Thema Wirtschaftlichkeitsrechnungen ein, sondern gleich weiter zum Thema Kapitalwertmethode.

5.3.2 Kapitalwertmethode

Auch die Kapitalwertmethode bleibt in der Konvention und rechnet alle Zahlen auf das jeweilige »Heute«, damit ist der Entscheidungszeitpunkt gemeint, um. Sie zieht von der Summe der diskontierten Zahlungen künftiger Perioden die heute nötige Investitionsauszahlung ab. Der (vorab gewählte) Diskontierungszinsfuß repräsentiert eine alternative Verwendung des Geldes. **Der Kapitalwert ist also ein ökonomischer Mehrwert[59] aus der Durchführung der Investition im Vergleich zur unterstellten Alternative.** Der englische Name lautet daher Net Present Value (NPV)[60]. Eine Investition ist vorteilhaft, wenn der Kapitalwert nicht negativ ist. Es gilt:

1. **Kapitalwert > 0:** Investition unbedingt durchführen, denn der Investor erhält seinen Kapitaleinsatz zurück sowie eine Verzinsung, die größer ist als durch den Kalkulationszinssatz unterstellt.
2. **Kapitalwert = 0:** Durchführung möglich, denn der Investor erhält seinen Kapitaleinsatz zurück und eine Verzinsung in Höhe des Diskontierungszinssatzes.
3. **Kapitalwert < 0:** Die Investition sollte unterbleiben, da die durch den Kalkulationszinssatz unterstellte Alternative rentabler ist.

Bei einem Kapitalwert von Null besteht Indifferenz, das heißt die Durchführung der Investition ist *genauso gut* wie die alternative Anlage des Geldes. Ein Kapitalwert von »Null« bedeutet, dass die Kapitalgeber die Verzinsung (FK-Zins, Dividende) ihres Kapitaleinsatzes erhalten und die Tilgung des geliehenen Geldes (fiktiv) erfolgt. Deshalb kann die Investition durchgeführt werden. **Der Zinssatz, der zum Kapitalwert von Null gehört, wird Interner Zinsfuß genannt.**

Gelegentlich hört man im Seminar die **Argumentation, dass ein Kapitalwert von Null zu risikobehaftet sei**, d. h. zu dicht an einem negativen Kapitalwert – sprich: **es bestehe das große Risiko einer »Wertvernichtung«.** Dem ist zu entgegnen, dass es sich aus mehreren Gründen

59 Der Begriff Mehrwert darf nicht darüber hinwegtäuschen, dass die Zahl auch negativ sein kann.

60 *Net* = saldierte Größen; *Present* = als Vergleichsjahr wurde Jahr Null gewählt; *Value* = ökonomischer (nicht nomineller) Wert, d. h. unter Berücksichtigung des Zeitwerts des Geldes (Zinseszins). Weitere übliche Begriffe sind Barwert- oder DCF-Methode.

heraus um einen Denkfehler handelt. Das Risiko ist bereits im Kalkulationszinsfuß (z. B. WACC) abgebildet:

- Bei den FK-Gebern durch den Bonitätszuschlag
- Bei den EK-Gebern durch den Beta-Faktor.

Mit der Aussage, dass der Kapitalwert gleich Null ist, ist zugleich gesagt, dass auch die Investitionsalternative des Investors risikobehaftet ist – und zwar mit dem *identischen* Wert! Es handelt sich ja um ein vergleichbares Risiko, weil es aus *derselben Risikoklasse* entstammt (z. B. Investition in ein Unternehmen einer gewissen Größe in einer spezifischen Branche in einem festgelegten Wirtschaftsraum). Bei der Alternative ist im Einzelfall ebenso wenig sicher, dass die Verzinsung erreicht wird.[61] Dieser Satz gilt sowohl für eine andere *Realinvestition* als auch für eine alternative *Investition am Kapitalmarkt.* Eine höhere Wahrscheinlichkeit für das Erreichen des Kapitalwerts kann nur durch eine bessere Plausibilisierung der Annahmen, die der Rechnung zugrunde liegen, erfolgen.

Der Kapitalwert als Formel dargestellt:

$$C = a_0 + \sum_{t=1}^{n} e_t \times (1+i)^{-1} + R_n \times (1+i)^{-n}$$

mit
C = Kapitalwert
a_0 = Anschaffungsauszahlung zum Zeitpunkt 0 (»heute«)
e_t = Einzahlungsüberschuss zum Zeitpunkt t
n = Nutzungsdauer der Investition
R_n = Restwert zum Ende der Nutzungsdauer im Jahr n
i = Zinssatz

Die Formel macht deutlich, dass die Wahl des Zinssatzes die Höhe der Barwerte und damit die Höhe des Kapitalwertes beeinflusst. *Mathematisch gesehen* ist klar, dass mit steigendem Zinssatz der Abzinsungsfaktor 1/(1 + i) sinkt. Dadurch steigt die Wirkung der Abzinsung und der Barwert sinkt. Die *ökonomische Interpretation* lautet: Kalkuliert man die Investition mit einem höheren Zinssatz, drückt das aus, dass die Alternative interessanter wird. Damit sinkt natürlich der Wert unserer Investition in den Augen des Investors. Darin kommt der Gedanke »**bewerten heißt vergleichen**« zum Ausdruck. Die Bewertung eines Investitionsprojektes beinhaltet immer den Vergleich mit der nächstbesten Geldverwendungsmöglichkeit. Dieser implizite Vergleich wird manchmal missverstanden und in einen expliziten Vergleich umgedeutet. **Unterscheiden Sie zwischen beiden Aussagen:**

- Zulässig: Ein höherer Kapitalwert ist besser als ein geringerer (bzgl. einer Investition).
- Unzulässig: Ein höherer Kapitalwert bei Investition A als bei Investition B zeigt, dass A vorzuziehen ist.

61 Das gilt erst für den Durchschnitt vieler durchgeführter alternativer Investitionen.

Das Problem ist, dass der Kapitalwert nur einen absoluten Betrag darstellt, nicht jedoch eine Rendite, die einen relativen Betrag darstellt. Es fehlt der Investitionsbetrag. Zur Verdeutlichung sei angenommen, dass wir zwei Investitionsalternativen haben: Der Kapitalwert der Anlage A betrage 20 TEUR und der Kapitalwert der Anlage B betrage 21 TEUR. Das sind 1 TEUR mehr und man könnte meinen, Investition B sei gegenüber Investition A vorzuziehen. Was wir jedoch nicht wissen, ist, wie hoch die erforderliche Investition ist. Wenn für Investition B eine doppelt so hohe Investitionsauszahlung erforderlich ist wie für Variante A, so ist offensichtlich, dass eine Differenz von 1 TEUR im Kapitalwert nicht alleiniges Entscheidungskriterium sein kann. Mit dem verbleibenden Geld aus Investition A kann schließlich eine weitere Investition, z. B. am Kapitalmarkt getätigt werden. Würden so die 1 TEUR kompensiert?

Mit anderen Worten: Gesucht wird eine Verzinsung, die der Kapitalwert alleine nicht ausdrückt. Vielfach wird (fälschlicherweise) vermutet, der Interne Zinsfuß wäre die benötigte Rendite der Investition. Dieser Frage werden wir in Kapitel 5.3.3 gründlich nachgehen. Schauen wir uns darum zunächst noch einmal an, wie sich der Interne Zinsfuß (IRR) ermitteln lässt.

Der Kapitalwert einer Investition nimmt – wie oben dargestellt – unterschiedliche Werte an, wenn man mit verschiedenen Zinssätzen rechnet. Ausdrücken lässt sich dieser Sachverhalt in der **Kapitalwertkurve**. Sie zeigt, wie sich der Kapitalwert mit steigendem Zinssatz verändert. Sie verläuft in diesem Beispiel monoton fallend und ist leicht linksgekrümmt. So könnte der Verlauf beispielhaft aussehen. Der Interne Zinsfuß beträgt rund 35 %. Wir kennen damit den kritischen Kalkulationszinssatz, bei dem die Entscheidung des Investors »kippt«, d. h. seine Mindestverzinsungsanforderung gerade nicht mehr erreicht wird.

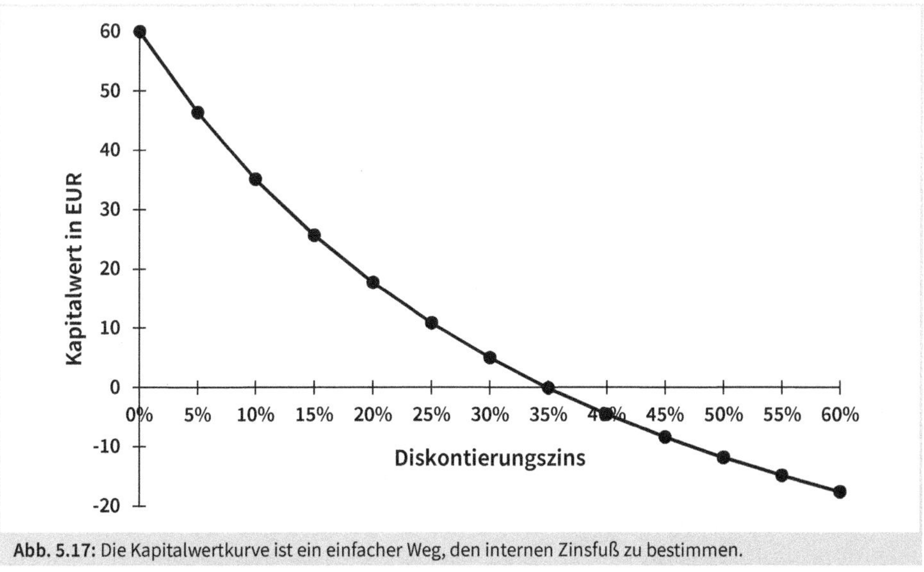

Abb. 5.17: Die Kapitalwertkurve ist ein einfacher Weg, den internen Zinsfuß zu bestimmen.

5.3.3 Der Interne Zinsfuß – ein oft missverstandenes Verfahren

Für den Begriff Interner Zinsfuß werden auch die Ausdrücke Effektivzins, Investitionsrendite oder IRR (Internal Rate of Return) verwendet. Zumindest der Begriff Effektivzins soll direkt zu Beginn angesprochen werden: **Im Regelfall handelt es sich nicht um »die Rendite der Investition«**. Das wird noch zu zeigen sein. Der Interne Zinsfuß beschreibt eine Investition, erlaubt für sich allein aber keine Aussage über deren Vorteilhaftigkeit (Annahme oder Ablehnung). Diese Aussage lässt sich erst treffen, wenn der Investor den Internen Zinsfuß mit seinem Verzinsungsanspruch aus der unterlassenen Alternative vergleicht. Ist der IRR größer als die geforderte Mindestverzinsung, wird er das Projekt durchführen. Das stimmt aber nur bei bestimmten Voraussetzungen, nämlich bei sogenannten »Normalinvestitionen«.

Sofern eine **Normalinvestition** vorliegt, kommen Interner Zinsfuß und Kapitalwert zum inhaltlich gleichen Ergebnis. Damit ist gemeint, dass beide Methoden die zu beurteilende Investition als vorteilhaft bewerten, denn eine Normalinvestition hat nur einen (positiven) Internen Zinsfuß. Sie ist durch drei Bedingungen gekennzeichnet:

- Die Auszahlungen für die Investition liegen hintereinander in den ersten Perioden oder in der ersten Periode (t_0).
- Nach der Anschaffungsauszahlung (den Auszahlungen) folgen nur noch Einzahlungsüberschüsse, d.h. es gibt nur einen Vorzeichenwechsel in der gesamten Zahlungsreihe der Investition.
- Die Summe aller Einzahlungen ist größer als die Summe der Auszahlungen.

Es gibt in der Praxis sehr viele Investitionen, die keine Normalinvestition sind. Sofern die Zahlungsreihe einer zu beurteilenden Investition in eine Normalinvestition umgeformt wird, ist es egal, ob mit dem Kapitalwert oder dem Internen Zinsfuß gearbeitet wird. Allerdings ist die Umformung nicht immer möglich. Liegt keine Normalinvestition vor, dann können beide Methoden unterschiedliche Empfehlungen abgeben. In diesem Fall entsteht der Fehler aus methodischen Schwächen des Internen Zinsfußes! Es sollte die Investition getätigt werden, die den besseren Kapitalwert hat. Trotz dieses Problems ist der Interne Zinsfuß gerade bei Managern sehr beliebt, weil der direkte Vergleich von Internem Zinsfuß zum WACC dann schnell und einfach ist. Vielleicht auch deshalb, weil der Interne Zinsfuß mit einer Rendite verwechselt wird. Die grafische Ermittlung des IRR kennen wir von der Kapitalwertkurve. **Schauen wir nun, wo das rechnerische Problem liegt und wie sich das in Bezug auf die »Renditevermutung« auswirkt.**

Anders als beim Kapitalwert, wo der Zinssatz bekannt ist, besteht beim Internen Zinsfuß das Problem, diesen Zinssatz zu ermitteln. Von Ausnahmefällen abgesehen, gibt es für den Internen Zinsfuß nicht immer eine eindeutige Lösung. Mathematisch gesehen handelt es sich um ein unbestimmtes Gleichungssystem. Deshalb ist es möglich, dass mehrere verschiedene Interne Zinsfüße einen Kapitalwert von Null ergeben. Die Lösung ist damit nicht eindeutig. Denn wenn es möglicherweise mehrere Interne Zinsfüße gibt, dann kann der jeweilige Zinssatz offensichtlich **nicht** die Rendite der Investition darstellen.

Mathematisch ermittelt sich der Interne Zinsfuß durch **Interpolation**. Zur Berechnung nutzt man ein Tabellenkalkulationsprogramm. Startpunkt ist ein beliebiger Kalkulationszinssatz i_1[62]. Daraus folgt ein Kapitalwert KW_1. Ist $KW_1 > 0$ ($KW_1 < 0$), berechnet man in einem zweiten Schritt mit einem höheren (niedrigeren) Zinssatz i_2 einen Kapitalwert KW_2, der natürlich kleiner (größer) ist als KW_1. Das passiert solange, bis ein Zinssatz mit KW = 0 gefunden ist.

Eine wichtige Annahme des Internen Zinsfußes lautet, dass überschüssige Zahlungen wieder genauso rentabel angelegt werden können, wie es die Rentabilität der betrachteten Investition ist. Wenn zwei verschiedene Investitionen also unterschiedliche Interne Zinsfüße aufweisen, dann wird durch den IRR implizit unterstellt, dass die Zahlungsüberschüsse der beiden Alternativen unterschiedlich rentabel reinvestiert werden (können). Diese Annahme **(implizite Wiederanlageprämisse)** ist weder ökonomisch logisch noch praxisgerecht. Trotzdem erfreut sich diese falsche Interpretation des IRR in der Praxis großer Beliebtheit. Die praktischen Konsequenzen sollen an einem ersten Beispiel gezeigt werden:

Jahr	Investition 1	Investition 2	Investition 3
0	- 100.000	- 100.000	- 30.000
1	0	60.000	- 25.000
2	0	5.000	- 25.000
3	0	5.000	- 20.000
4	0	5.000	5.000
5	0	5.000	10.000
6	0	5.000	15.000
7	0	5.000	20.000
8	0	5.000	30.000
9	0	5.000	60.000
10	250.000	80.000	75.000
interner Zinsfuß (IKV-Formel)			
	9,60%	12,41%	11,42%

Abb. 5.18: Der Interne Zinsfuß scheint ein eindeutiges Ergebnis zu liefern.[63]

In Abb. 5.18 werden 3 Investitionen mit sehr unterschiedlichen Zahlungsreihen verglichen.

- Investition 1 weist eine hohe Anfangsauszahlung auf, nach 10 Jahren erfolgt die Rückzahlung in einem Betrag.[64]

62 Die Excel-Formel »IKV« bzw. »IRR« startet bei einem »Schätzwert« von 10 %; ist aber veränderbar.

63 Quelle: Peterreins, H.: Interner Zinsfuß in der Fachkritik, in Vermögen und Steuern 7/2005, Seite 42/43.

64 Beispiele wären thesaurierende Wertpapiere oder Grundstücksspekulation.

- Investition 2 hat bereits zu Beginn einen hohen Rückfluss, dann viele kleine Zahlungen und eine hohe Schlusszahlung.[65]
- Bei Investition 3 ist die Investitionssumme über 4 Jahre verteilt und die Rückflüsse erfolgen sehr spät.[66]

Nach der IKV-Formel von Excel entsteht für den Investor eine klare Priorität: Investition 2 ist besser als 3, Investition 1 bildet das Schlusslicht. **Diese Reihenfolge verändert sich, sobald man die unrealistische Wiederanlageprämisse zum Internen Zinsfuß aufgibt.** Stattdessen lehnen wir uns an die Kapitalwertmethode an und verzinsen Einzahlungsüberschüsse bzw. noch nicht abgerufene Investitionsbeträge mit einem Kalkulationszinsfuß. Dieser wird meist als durchschnittliche Unternehmensrentabilität verstanden. Aber auch die Verzinsung einer expliziten Alternativinvestition kann angesetzt werden.[67] Für die verschiedenen Investitionen besteht damit immer *dieselbe* Möglichkeit zur Re-Investition. Das ist – im Gegensatz zum IRR – realistisch.

	Investition 1	Investition 2	Investition 3
bei 3%	9,60%	7,39%	8,87%
bei 4%	9,60%	7,87%	9,18%
bei 5%	9,60%	8,36%	9,48%
bei 6%	9,60%	8,87%	9,78%
bei 7%	9,60%	9,38%	10,09%
bei 8%	9,60%	9,92%	10,39%
bei 9%	9,60%	10,46%	10,69%

Abb. 5.19: Der qualifizierte Interne Zinsfuß ist deutlich realitätsnäher[68].

Die Tabelle zeigt, dass das für Investition 1 keine Auswirkung hat, da zwischen Investition und Rückzahlung keine Zahlungen fließen. Bei den Alternativen 2 und 3 ergibt sich jedoch eine starke Abhängigkeit der Vorteilhaftigkeit von der Wiederanlage der Rückflüsse bzw. der zwischenzeitlichen Anlage der noch nicht in Anspruch genommenen Investitionsbeträge. Der **Qualifizierte Interne Zinsfuß**[69] beurteilt die Investition damit deutlich besser als der Interne Zinsfuß. Jedoch hat sich diese Größe in der betrieblichen Praxis nicht durchgesetzt. Es besteht ein starker Hang zur Simplifizierung: Die **Kapitalwertrate** ist weiter verbreitet als der QIKV.

$$\text{Kapitalwertrate} = \frac{\text{Kapitalwert}}{\text{Investitionssumme}}$$

65 Ein Beispiel wäre die Filmverwertung in drei Stufen (Kino; DVD und ggfs. Merchandising Produkte; Weiterverkauf der Rechte für ein Sequel).
66 Beispiele wären Start-ups oder Markterschließung durch neuartige Innovationen.
67 MS-Excel hat hierfür die Formel QIKV.
68 Quelle: Peterreins, H.: Interner Zinsfuß in der Fachkritik, in Vermögen und Steuern 7/2005, Seite 42/43.
69 auch: Modifizierter Interner Zinsfuß; Baldwin-Zinsfuß.

Damit ist die Kapitalwertrate quasi wie eine Rendite definiert. Sie ist mathematisch nicht exakt, doch eine in vielen Firmen gebräuchliche Faustregel. Sie berücksichtigt den Zinseszins durch die Verwendung des Kapitalwerts.

Wenn Sie mögen, dann können Sie die folgende Aufgabe als »**Fingerübung**« einmal selber rechnen und sehen, was der IRR an unangenehmen Überraschungen bereithalten kann. (Die Lösung finden Sie in Kapitel 5.4.3). Gegeben seien folgende 6 Investitionsalternativen:

Investment	heute	Jahr 1	Jahr 2
Invest 1	- 2.500	1.700	1.000
Invest 2	- 2.500	2.700	0
Invest 3	31.000	- 69.000	38.200
Invest 4	2.500	- 2.700	0
Invest 5	- 31.000	69.000	- 38.200
Invest 6	- 29.000	67.000	- 38.200

Abb. 5.20: Übungsaufgabe zum IRR mit 6 Investitionsalternativen

1. Berechnen Sie für jede Investition die einfache Summe der Zahlungsströme (ohne Zins und Zinseszins). Welche Investitionen können Sie hier bereits ausschließen, d. h. welche Alternativen sind definitiv unvorteilhaft?
2. Können Sie an Hand der Struktur (zeitliche Verteilung) der Zahlungen erkennen, ob unter den verbleibenden Varianten einige besonders positiv sind? Wenn ja, welche?
3. Berechnen Sie den Kapitalwert der Investition beim Zinssatz 0 %, 5 %, 10 %, 15 %, 20 % und 25 % und tragen Sie die Daten in eine Grafik ein.

Welches Fazit ziehen Sie aus der Rechnung?

5.3.4 Beispiel: IT-Investition mit weiteren Kennzahlen

Die M&A-Bank möchte ein neues Berichtswesen-Tool einführen. Interne Analysen haben nämlich gezeigt, dass die Controller des Hauses einen erheblichen Teil ihrer Zeit damit verbringen, Daten aus dem operativen Basissystem zu erheben und in eine Tabellenkalkulation zu übertragen. Das neue System beinhaltet eine automatische Schnittstelle, daher könnte in Zukunft wesentlich mehr Zeit für die Beratung der Manager verwendet werden.

Frau Friedrich, die zuständige Controllerin, schätzt die Zeitersparnis innerhalb des Controller-Bereiches auf 600 Stunden pro Jahr. Demgegenüber rechnet sie mit jährlich dazukommendem

Zeitaufwand für z. B. Systempflege in Höhe von 100 Stunden. Den Stundensatz für den Controller-Bereich hat sie mit 60,- EUR errechnet. Sie rechnet mit folgenden Auszahlungen:

Anschaffung von Hardware: Server, Netz PCs	19.000 EUR
(Einmalige) Kosten für Softwarelizenzen	8.000 EUR
15 Tage à 1.200,– EUR für die Mitwirkung eines externen IT-Dienstleisters	18.000 EUR
Interne Kosten für IT-Personal (Einrichtung PCs): 50 h à 60 EUR	3.000 EUR
200 Stunden Zeiteinsatz von Frau Friedrich als Projektleiterin	12.000 EUR
SUMME	**60.000 EUR**

Die M & A-Bank strebt für Projekte dieser Kategorie eine Mindestverzinsung von 15 % an. Die Nutzungszeit wird zunächst einmal auf **4 Jahre** geschätzt.

Einfache Kapitalwert-Methode	t_0	t_1	t_2	t_3	t_4
Investitionsauszahlung	-60,0				
+ Restwert					0,0
+ wegfallende Auszahlungen		36,0	36,0	36,0	36,0
+ dazukommende Einzahlungen					
- dazukommende Auszahlungen		-6,0	-6,0	-6,0	-6,0
- wegfallende Einzahlungen					
= Zahlungsreihe der Investition	**-60,0**	**30,0**	**30,0**	**30,0**	**30,0**
* Abzinsungsfaktor bei 15,00% Zinsfuß		0,8696	0,7561	0,6575	0,5718
(auf t_0) abgezinste Zahlungen	**-60,0**	**26,1**	**22,7**	**19,7**	**17,2**
	85,6				
= Kapitalwert (Net Present Value)	**25,6**				

Abb. 5.21: Berechnung nach der einfachen Kapitalwertwertmethode

Der Interne Zinsfuß kann wie folgt berechnet werden:

$-\text{Investitionssumme} + \text{Rente} * \text{Rentenbarwertfaktor}\left(\text{RBF}\right) = \text{Null}$
$-60 + 30 * \text{RBF}\left(4\,\text{Jahre, Zins unbekannt}\right) = 0$
RBF = 2 → suche in Rentenbarwerttabelle (Abb. 5.2) ergibt knapp 35 %

Abb. 5.22: Bei diesem Beispiel kann eine Formel zur Ermittlung des IRR genutzt werden

Die nachfolgende Probe zeigt, dass der ermittelte Wert richtig ist:

Einfache Kapitalwertmethode	t_0	t_1	t_2	t_3	t_4
Investitionsauszahlung	-60,0				
+ Restwert					0,0
+ wegfallende Auszahlungen		36,0	36,0	36,0	36,0
+ dazukommende Einzahlungen					
- dazukommende Auszahlungen		-6,0	-6,0	-6,0	-6,0
- wegfallende Einzahlungen					
= Zahlungsreihe der Investition	**-60,0**	**30,0**	**30,0**	**30,0**	**30,0**
* Abzinsungsfaktor bei 34,9034% Zinsfuß		0,7413	0,5495	0,4073	0,3019
(auf t_0) abgezinste Zahlungen	**-60,0**	**22,2**	**16,5**	**12,2**	**9,1**
	60,0 ←				
= Kapitalwert (Net Present Value)	**0,00**				

Abb. 5.23: Rechnerische Probe zum Internen Zinsfuß

Die Rückzahlungsdauer (Payback Period) ist eine weitere wichtige Größe zur Beurteilung einer Investition. Je kürzer sie ist, desto risikoärmer ist sie aus Sicht des Investors, denn er erhält sein Geld früher zurück. Unabhängig vom Kapitalwert überlegt der Investor möglicherweise, wie groß das Risiko ist. Schlecht vorhersehbare Zukunftsszenarien führen tendenziell zu einer geringeren Risikobereitschaft des Investors. Bei gleicher Höhe des Kapitalwertes wird ein Investor die Variante mit der kürzeren Rückzahlungszeit wählen.

	t_0	t_1	t_2	t_3	t_4
Investitionsauszahlung	-60				
+ Cashflow der Jahre		30	30	30	30
= kumulierte CF		**-30**	**0**	**30**	**60**
Amortisation nach … Jahren			**2,0**		

Abb. 5.24: Die statische Payback-Zeit wird mit den nicht-abgezinsten Werten gerechnet.

Dieser Gedanke lässt sich noch verbessern, indem die Rückzahlungszeit nicht auf Basis der nominellen Beträge, sondern der bereits diskontierten Beträge errechnet wird. Diese Variante heißt auch **dynamische Rückzahlungsdauer.**

	t_0	t_1	t_2	t_3	t_4
Investitionsauszahlung	-60				
+ Discounted Cashflow der Jahre		26,09	22,68	19,73	17,15
= **kumulierte CF**		**-33,91**	**-11,23**	**8,5**	**25,65**
Amortisation nach ... Jahren		**(11,23 / 19,73 = 0,57)**	→	**2,57**	

Abb. 5.25: Die dynamische Payback-Zeit ist immer länger als die statische Payback-Zeit.

Man sieht am Vergleich, welchen Fehler man mit einer Rechnung erzeugt, die ohne Zins- und Zinseszins erstellt wurde: knapp 30 % bei nur vier Jahren Laufzeit der Investition.

5.4 Ergänzende Aspekte

5.4.1 Investitionsportfolio

Als Kriterien für den Vergleich unterschiedlicher Investitionsprojekte dienen die **Verzinsung** und die **Amortisationszeit.** Die Verzinsung fragt nach der Rentabilität des zu investierenden Kapitals. Bei der Amortisationszeit geht es um zwei Aussagen: Erstens die Frage, wann das Geld wieder »zurück« ist, um in das nächste Projekt investiert werden zu können. Zweitens um das Risiko, das höher ist, wenn Annahmen für sehr weit in der Zukunft liegende Zeiträume getroffen werden müssen. Bei gleicher Verzinsung wird man aufgrund der Sicherheit das Projekt, das sich in zwei Jahren zu amortisieren verspricht, dem vorziehen, bei dem man zwanzig Jahre warten muss.

In jeder Firma wird es unterschiedliche Arten von Investitionen geben: Ersatzinvestitionen oder Kapazitätserweiterungen, in FuE oder IT oder Gebäude/Anlagen, den Markt etc. Die Verzinsungsansprüche und erzielbaren Amortisationszeiten werden sich dabei unterscheiden. Damit man nicht am Ende nur kurzfristige IT-Projekte realisiert und die Entwicklungsprojekte streicht, ermöglicht das Portfolio in der folgenden Abbildung einen Vergleich auch über Investitionsklassen (»Typen«) hinweg.

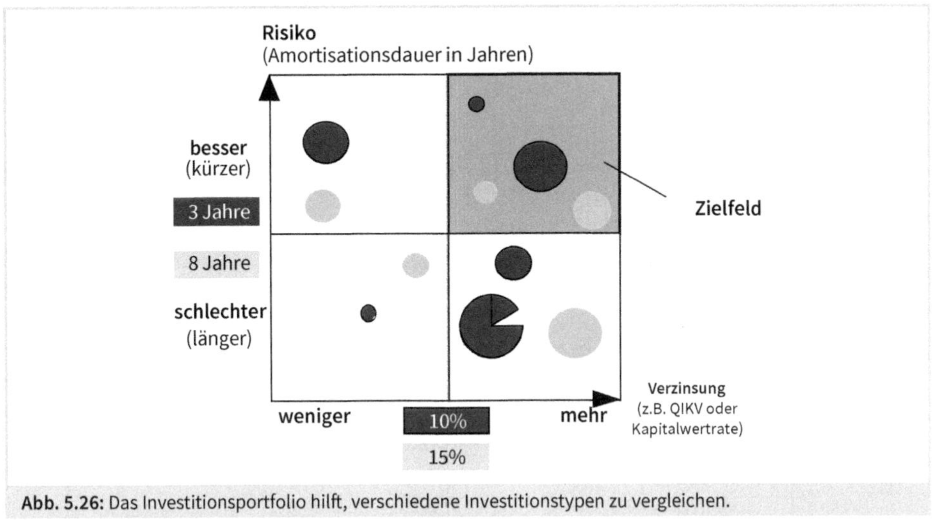

Abb. 5.26: Das Investitionsportfolio hilft, verschiedene Investitionstypen zu vergleichen.

Als Maßstab für das Risiko ist die Amortisationszeit eingesetzt, die z. B. für eine IT-Investition (durchgezogene Linien) 3 Jahre als Zielwert nicht überschreiten soll, während bei der Investition in neue Technologien (gestrichelte Linien) 8 Jahre noch in Ordnung sind. Dafür »reichen« bei der IT-Investition 10 % Verzinsung aus (hurdle rate), während die Technologieinvestition 15 % schaffen muss. Jede Investitionsart bekommt eine faire Kombination von Rendite und Risiko. Die Fläche der Kreise kennzeichnet hier die Investitionssumme. Der Kapitalwert kann als »Tortenstück« in die Kreise eingezeichnet werden.

So lassen sich zwei oder mehrere **Investitionsarten** gleichzeitig visualisieren. Erste Priorität haben dann alle Investitionsvorhaben, die rechts oben im Portfolio landen. Dort befinden sich die besten Vorhaben einer jeden Investitionsart. Dies sorgt dafür, dass in allen relevanten Kategorien (Forschung, Produktion, IT etc.) Investitionen stattfinden. Ist das Portfolio im ersten Wurf gezeichnet, kann eine Optimierungsrunde starten, d. h. Investitionen streichen, zusammenlegen, verändern – hinsichtlich der strategischen Zielsetzung, der zeitlichen Ausgestaltung, der Rückflüsse, der Effekte auf die Finanzierung (z. B. Rating) etc. Ergebnis ist dann ein optimiertes Portfolio als Werkzeug für die Planung und die Umsetzung.

5.4.2 Nutzwertanalyse

Die Nutzwertanalyse hilft, all die Effekte einer Investition zu bewerten, die nicht monetär darstellbar sind wie z. B. Zufriedenheit der Mitarbeiter. Das Vorgehen ist ähnlich einer Potenzialanalyse und umfasst fünf Phasen.

Phase 1: Welche qualitativen Kriterien gehen in die Investitionsbeurteilung ein?
Wichtig ist in dieser Phase vor allem, dass keine konkreten Ausprägungen (z. B. 3 USB-3.0-Anschlüsse) einfließen, sondern nur Beurteilungskategorien (z. B. Anschlüsse).

Phase 2: Bestimmung des (relativen) Gewichts der Faktoren

	Qualitative Bewertungskriterien	Gewicht (G)
1.	**Verbesserung des Informationsangebotes**	
1.1	Übertragungsgeschwindigkeit	...
1.2	Informationsumfang	...
1.3	Antwortzeiten	...
2.	**Erhöhung der Flexibilität**	
2.1	Definierbarkeit der operativen Inhalte	...
2.2	Zentrale/Dezentrale Eingriffsmöglichkeit	...
2.3	Kapazitätsreserve	...
3.	**Qualitätsverbesserung**	
3.1	Verringerung der Fehlerrate	...
3.2	Verbesserung der operativen Resultate	...
3.3	Reduktion von Medienbrüchen	...
4.	**Verbesserung der Arbeitsbedingungen**	
4.1	Individuelle Anpassbarkeit der Systeme	...
4.2	Abwechslungsreicheres Arbeitsumfeld	...
4.3	Verringerung von Reibungsverlusten	...
Gesamt		**100**

Abb. 5.27: Die Kriterien sollten möglichst unabhängig voneinander sein.

In der zweiten Phase können sogenannte Paarvergleiche helfen. Diese Methode erzeugt eine Reihenfolge. Danach fällt es meist leichter, die prozentualen Gewichte festzulegen.

Phase 3: Wie ist der Erfüllungsgrad der Kriterien in Bezug auf die einzelnen Investitionsalternativen? (von 1 = ungenügend bis 5 = sehr gut)
Empfehlung für diese Phase lautet, dass zumindest jeder beteiligte Mitarbeiter für sich alleine arbeitet. Erst dadurch wird in einer allgemeinen Diskussion ein Konsens herbeigeführt. Andernfalls verzerren z. B. dominante Chefs, Meinungsführer oder der Effekt der sog. »Anker-Heuristik« das Ergebnis.

Phase 4: Errechnen der Punktesumme für jede Investitionsalternative (Nutzwertanalyse)

	Qualitative Bewertungskriterien	Gewicht (G)	Erfüllungsgrad (E)	Gesamtpunkte (P=G×E)
1.	**Verbesserung des Informations-Angebotes**			
1.1	Übertragungsgeschwindigkeit	...	...	...
1.2	Informationsumfang	...	...	...
1.3	Antwortzeiten	...	...	...
2.	**Erhöhung der Flexibilität**			
2.1	Definierbarkeit der operativen Inhalte	...	...	...
2.2	Zentrale/Dezentrale Eingriffsmöglichkeit	...	...	...
2.3	Kapazitätsreserve	...	...	...
3.	**Qualitätsverbesserung**			
3.1	Verringerung der Fehlerrate	...	...	...
3.2	Verbesserung der operativen Resultate	...	...	...
3.3	Reduktion von Medienbrüchen	...	...	...
4.	**Verbesserung der Arbeitsbedingungen**			
4.1	Individuelle Anpassbarkeit der Systeme	...	...	...
4.2	Abwechslungsreicheres Arbeitsumfeld	...	...	...
4.3	Verringerung von Reibungsverlusten	...	...	...
Gesamt		100		

Abb. 5.28: Die Nutzwertanalyse ist ein Scoring-Verfahren

Phase 5: Zusammenfassende Darstellung von Finanzmathematik und Nutzwert zweier Alternativen

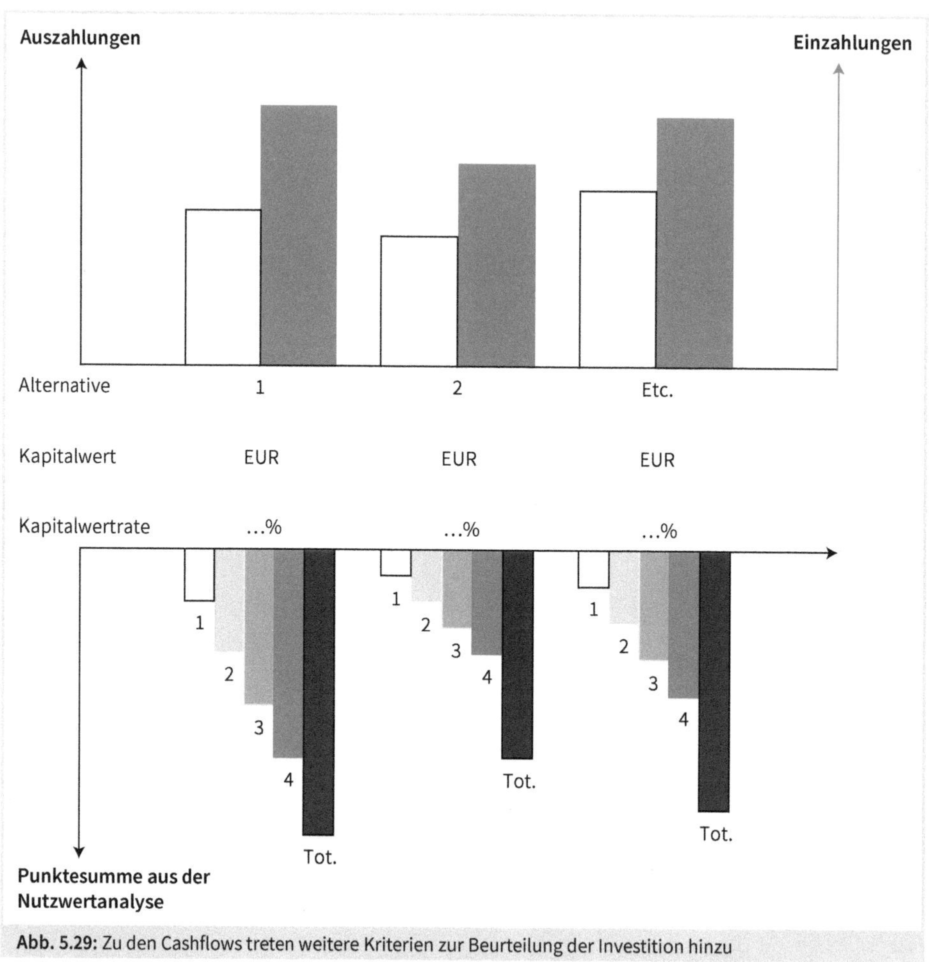

Abb. 5.29: Zu den Cashflows treten weitere Kriterien zur Beurteilung der Investition hinzu

5.4.3 Lösung zur »Fingerübung« beim IRR

Antwort zu Frage 1: Es lässt sich keine Investition ausschließen. Sie sehen nominale Zahlen (wie in der Kostenrechnung). Ohne Diskontierung ist keine Aussage möglich. Die nachfolgende Grafik zeigt, dass jede der Investitionen einen positiven Kapitalwert haben kann – entscheidend ist der für die Zukunft erwartete Kapitalkostensatz.

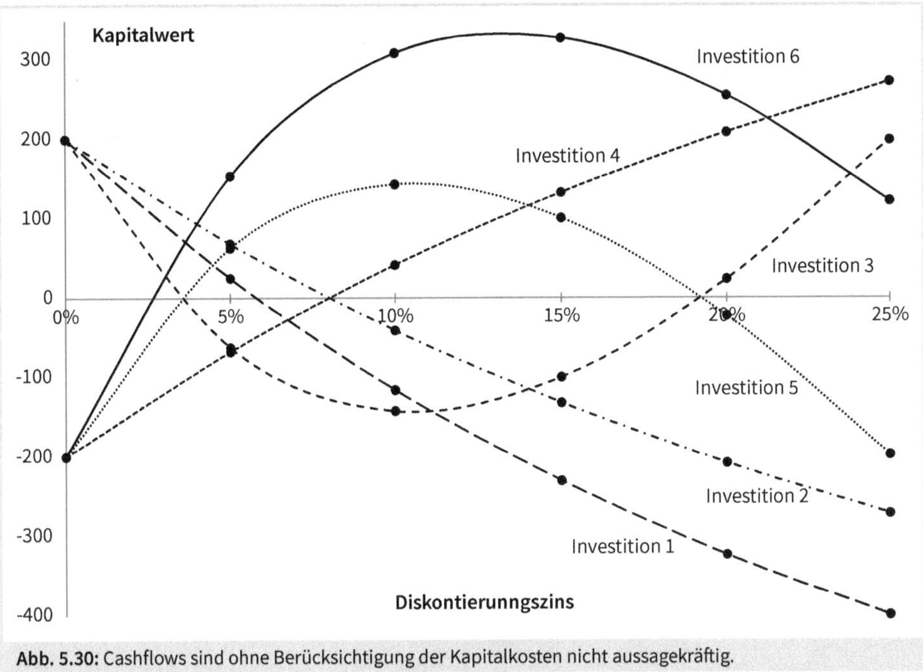

Abb. 5.30: Cashflows sind ohne Berücksichtigung der Kapitalkosten nicht aussagekräftig.

Antwort zu Frage 2

- I_2 ist besser als I_1
- I_6 ist besser als I_5.

Beide Investitionen unterscheiden sich in der Zahlungsreihe genau dadurch, dass exakt eine Zahlung früher eintritt, also weniger stark diskontiert wird. Weitere Aussagen sind nicht möglich. Die Grafik zeigt, dass jede Investition einen positiven Kapitalwert erzeugen kann.

Antwort zu Frage 3: Der Interne Zinsfuß kann nicht genutzt werden, sofern keine Normalinvestition vorliegt. Er kann auch nicht die Rendite der Investition sein, sonst hätten manche Investitionen zwei Renditen. Je mehr Vorzeichenwechsel eine Zahlungsreihe hat, desto wahrscheinlicher wird es, dass mehrere Interne Zinsfüße auftreten. Schauen Sie sich noch einmal die Zahlungsreihen an. Späte Auszahlungen sind in vielen Branchen typisch (Garantiefälle nach Ende der Verkaufsphase, Rückbau etc.). Auch gibt es Branchen, deren Investitionen aufgrund von Anzahlungen und Zuschüssen nicht mit einer Auszahlung starten, sondern mit einer Einzahlung.

6 Fallstudie MITAG

6.1 Einführung in die Fallstudie

Mit der Strategie AG haben wir in Kapitel 4 ein erstes, einfaches Beispiel für eine integrierte Planung kennengelernt. Das Vorgehen werden wir in der nachstehenden Fallstudie vertiefen und mit weiteren konkreten Inhalten anreichern. Der Schwerpunkt liegt auf Bilanz und Cashflow. Zu jedem Abschnitt des Fallbeispiels bieten wir zudem eine Aufgabe, anhand der das zuvor Gelesene praktisch nachvollzogen werden kann. Im dann folgenden Abschnitt ist sowohl die Lösung als auch die nächste Aufgabenstellung zu finden.

Damit Sie bei jeder Aufgabe leicht nachvollziehen können, auf welchen Sachverhalt wir uns beziehen, sind nach jedem Absatz in Klammern die Nummern der Buchungssätze angegeben und zwar so, wie sie später in der Lösung zu Buchungssätzen und Bilanz aufgeführt sind, z. B. (BS 3 - 6). Das bedeutet aber nicht, dass es sich zwingend um die von uns gewählte Anzahl Buchungssätze handeln muss. Auch andere Verbuchungen sind möglich.[70]

6.2 Überführung der Planung in Buchungssätze

Die MITAG (Münchner IT AG) ist ein bundesweit tätiges Informatikunternehmen. Sie hat als Geschäftszweck bisher - quasi als einzige Sparte - das »Betreiben von Rechenzentren«. Künftig soll eine neue Sparte »Handel mit IT-nahen Produkten« aufgebaut werden. Softwareentwicklung ist derzeit noch nicht angedacht.

Der Vorstand erwägt, zur Erweiterung der Kapazität in den nächsten Jahren ein neues Gebäude zu errichten. Die Abteilung Unternehmensplanung wurde gebeten, die für die endgültige Entscheidung erforderlichen Daten (Bilanz, GuV, CF-Statement, Analyse) für die nächsten 3 Jahre bereitzustellen.

	Mio. EUR
Bodenerwerb im 1. Jahr	10,0
Gebäudeinvestitionen	20,0
Gesamtinvestition	30,0

70 Die in den Aufgaben verwendeten Zahlen weisen keinen Bezug zu einer realen Firma oder auch nur zur Branche auf. Vielmehr wurden die Zahlen nach didaktischen Überlegungen - d. h. im Hinblick auf die spätere Analyse - gewählt.

6.2.1 Aufgabenstellung

Zu dieser Ausgangslage finden Sie im Folgenden weitere Detailinformationen. Formulieren Sie nach jedem Absatz die erforderlichen (handelsrechtlichen) Buchungssätze für die ersten drei Planjahre. Im jeweiligen Absatz nicht thematisierte Folgewirkungen (z. B. Investitionen führen zu Abschreibungen) dürfen Sie ignorieren. Die Folgewirkungen werden in einem der späteren Absätze nachgeholt. Der Text berücksichtigt alle wesentlichen betriebswirtschaftlichen Effekte. Zur besseren Übersicht ist die Aufgabe in die Abschnitte A bis D unterteilt.

Abschnitt A: Plandaten zum Bodenerwerb und zur Erstellung des Gebäudes
Aufgrund der bisherigen Verhandlungen ist damit zu rechnen, dass auf den Kaufpreis von 10,0 Mio. EUR für den Boden Grundschulddarlehen (vom Verkäufer übernommen) in Höhe von 2,0 Mio. EUR angerechnet werden. Diese sind bis zum 4. Jahr tilgungsfrei. Der Restkaufpreis für den Bodenerwerb soll je zur Hälfte im 1. und 2. Jahr an die Hausbank fällig sein. (BS 1 + 2)

Die Investitionen in das Gebäude in Höhe von 20 Mio. EUR teilen sich auf zwei Jahre auf (BS 3 – 6):

- Nach den Kostenvoranschlägen werden im ersten Jahr 12,0 Mio. EUR fällig. Von diesen 12,0 Mio. EUR können 3,0 Mio. EUR bis ins Jahr 2 hinein schuldig geblieben werden.
- Der restliche Investitionsbetrag des Gebäudes von 8,0 Mio. EUR fällt im 2. Jahr an. Davon müssten 6,0 Mio. EUR sofort und 2,0 Mio. EUR erst im 3. Jahr an die Lieferanten bezahlt werden.

Für die Finanzierung des Vorhabens hat die Unternehmensplanung folgenden Vorschlag ausgearbeitet: Ein Grundstücksverkauf soll im 2. Jahr zum Preis von 6,0 Mio. EUR erfolgen (Buchwert von 1,0 Mio. EUR). Kaufwillige Interessenten sind vorhanden.

- Der Veräußerungsgewinn kann nach den geltenden *steuerlichen* Bestimmungen erfolgsneutral auf das zu erwerbende Grundstück übertragen werden. Es werden also keine Steuern veranlagt oder bezahlt.
- Für die Erstellung der *Handelsbilanz* ist jedoch zu beachten: Vor einigen Jahren wurde die »umgekehrte Maßgeblichkeit«[71] abgeschafft. Steuerliche Wertminderungen eines Vermögensgegenstandes oder Sonderposten mit Rücklageanteil (»SoPo«) dürfen handelsrechtlich darum nicht mehr angesetzt werden. Damit entstehen in der Handelsbilanz **passive latente Steuern** (»drohende Gefahr künftiger Steuerlast«). Berechnen Sie diese mit einem voraussichtlichen (künftigen) unternehmensindividuellen Steuersatz von 30 % auf den Veräußerungsgewinn. (BS 7 + 8)

Außerdem verfügt das Unternehmen über ein Areal noch nicht belasteter Grundstücke. Diese sollten zur Aufnahme eines **langfristigen Darlehens** mit Grundschulden belastet werden. Die

71 Hierdurch wurden steuerliche Wertansätze ins Handelsrecht übernommen.

Aufnahme des Darlehens in Höhe von 6,0 Mio. EUR ist für das 1. Jahr vorgesehen. Bei einer Auszahlung von 100% soll es bis zum 4. Jahr tilgungsfrei bleiben. (BS 9).

Abschnitt B: Daten zur Investitions- und Abschreibungsplanung
Die Investitionen in den Serverpark und die erforderliche Sicherheitstechnik sowie die Abschreibungen (inkl. Abschreibungen auf den Bestand) sind wie folgt geplant. Die Lieferantenrechnungen für Investitionen sind nach den heutigen Erwartungen durchschnittlich zur Hälfte im Anschaffungsjahr, zur Hälfte im darauffolgenden Jahr fällig.

	Investitionen Mio. EUR	**Abschreibungen Mio. EUR**
a) Technische Anlagen		
1. Jahr	3,0	5,0
2. Jahr	27,0	5,5
3. Jahr	6,0	10,0
b) BGA		
1. Jahr	2,0	3,0
2. Jahr	10,0	3,5
3. Jahr	2,0	6,0
c) Bauten		
1. Jahr		1,5
2. Jahr		2,0
3. Jahr		2,0
d) Firmenwert		
1. Jahr		1,0
2. Jahr		1,0
3. Jahr		1,0

In dieser Übersicht sind die Abschreibungen für das neue Gebäude bereits enthalten. (BS 10 – 12). **Die Nutzungsdauer für den Firmenwert (Goodwill) wurde verlässlich auf 5 Jahre geschätzt (gem. § 253 Abs. 3 HGB).** Die daraus resultierenden latenten Steuern ignorieren wir in der Fallstudie aus Vereinfachungsgründen.

Abschnitt C: Daten aus der Ergebnisplanung
Bei den Verbindlichkeiten aus LuL wird (von den bereits gebuchten Sachverhalten abgesehen) keine Veränderung erwartet.

Bei den Forderungen wird aufgrund der Geschäftsausweitung zunächst ein Anstieg um 2,0 Mio. EUR, dann um 1,0 Mio. EUR und im dritten Jahr um 6,0 Mio. EUR erwartet (BS 13 + 14). Berücksichtigen Sie dabei den aktuellen Forderungsbestand der »voraussichtlichen Schlussbilanz« des laufenden Jahres im Abschnitt D und auch den Umsatz der nachstehenden Tabelle. Dazu besteht folgende Planung in Mio. EUR:

	1. Jahr	2. Jahr	3. Jahr
Umsatz	85,0	90,0	104,5
Fremdkapitalzinsen	8,5	9,5	10,5
Beteiligungserträge	3,0	3,0	0,5
Ertragsteuern (KöSt, GewSt, Soli = 30 %)	4,0	6,0	3,5

Buchen Sie auch FK-Zinsen, Beteiligungsergebnis und Steuern (BS 15 – 17). **Zinserträge** werden als vernachlässigbar eingeschätzt, so dass sie nicht separat ausgewiesen werden. Sie sind in den obigen Zahlen mit den zu zahlenden FK-Zinsen saldiert. Im CF Statement werden sie zur Vereinfachung ebenfalls nicht separat gezeigt.

Für das CF-Statement wäre eine Detaillierung der **Ertragsteuern** hinsichtlich der drei Fonds (»operatives Geschäft«, »Investitionstätigkeit« und »Finanzierungstätigkeit«) zu überlegen. Diese Detaillierung liegt noch nicht vor. Für die Planung der Flüssigen Mittel ist sie aber auch nicht erforderlich. Laut Einschätzung der Steuerabteilung kann davon ausgegangen werden, dass es sich fast ausschließlich um Ertragsteuern aufgrund operativer Tätigkeit handelt.

Jährlicher Mittelabfluss durch **Pensionszahlungen** in Höhe von 1,0 Mio. EUR im ersten Jahr, sowie 1,5 Mio. EUR im zweiten und dritten Jahr. (BS 18)

Der Alleininhaber (100 % der Aktien) erwartet folgende **Dividendenausschüttung** für die nächsten drei Jahre: 2,0 Mio. EUR, 4,0 Mio. EUR und 5,5 Mio. EUR. (BS 19) Siehe dazu auch die »voraussichtliche Schlussbilanz« zum Ende des laufenden Jahres.

Der Aufbau der zweiten Sparte »Handel« soll vorbereitet werden. Der Lageraufbau der **Handelswaren** beträgt im dritten Jahr 7,0 Mio. EUR, von denen 6,0 Mio. EUR sofort und 1,0 Mio. EUR im Folgejahr fällig werden. (BS 20)

Buchen Sie auch – im Sinne einer arbeitssparenden »Sammelbuchung« – den **sonstigen zahlungswirksamen Aufwand**. Er beträgt für die drei Jahre der Mittelfristplanung: 55,5 Mio. EUR im ersten und zweiten Jahr, sowie 63,5 Mio. EUR im dritten Jahr. (BS 21)

In einer Nebenrechnung wurde der **Jahresüberschuss** für die nächsten 3 Jahre ermittelt: 9,5 Mio. EUR, 13,5 Mio. EUR und 8,5 Mio. EUR. Dabei wird eine Zuführung zu den Gewinnrücklagen von 5,5 Mio. EUR, 8,0 Mio. EUR und 4,5 Mio. EUR angestrebt. Der Rest geht auf Bilanzgewinn/ Gewinnvortrag. (BS 22).

Abschnitt D: Voraussichtliche Jahresschlussbilanz der MITAG (in Mio. EUR)
Die nachstehende »voraussichtliche Schlussbilanz« zum Jahresende des aktuellen Jahres ist nicht auf Basis der handelsrechtlichen Gliederung erstellt. Vielmehr ist sie auf der Passivseite (»Mittelherkunft«) schon für die spätere Kennzahlenanalyse, gemäß der zugrundeliegenden Fälligkeit des Fremdkapitals sortiert.

Mittelverwendung			**Mittelherkunft**		
Firmenwert	4		Gezeichnetes Kapital	50	
Grundstücke	42		Gewinnrücklagen	5	
Bauten	40		Gewinnvortrag	2	
Technische Anlagen	30		Jahresergebnis/GuV	0	
BGA	12		**Eigenkapital**		**57**
Anlagen im Bau	0				
Beteiligungen	29		Pensions-Rückst.	40	
Anlagevermögen		**157**	langfr. Bankverbindl.	64	
			langfr. Fremdkapital		**104**
Handelsware	0				
Forderungen aus L+L	18		Kurzfr. Bankverbindl.	1	
Flüssige Mittel	7		Verbindl. aus L+L	20	
Umlaufvermögen		**25**	**kurzfr. Fremdkapital**		**21**
...					
Summe Aktiva		**182**	**Summe Passiva**		**182**

Abb. 6.1: Voraussichtliche Schlussbilanz der MITAG – vorbereitet für die Analyse

Der **Gewinnvortrag** soll im Jahr 1 als Dividende ausgeschüttet werden (vgl. obiger Hinweis zum BS 19).

6.2.2 Lösung und Erläuterungen

	Jahr 1 Soll	Jahr 1 Haben	Jahr 2 Soll	Jahr 2 Haben	Jahr 3 Soll	Jahr 3 Haben
1) Bodenerwerb						
Grundstücke an	10,0					
Langfr. Bankverbindlichkeiten u.		2,0				
Flüssige Mittel und		4,0				
Kurzfr. Bankverbindlichkeiten		4,0				
2) Zahlungsausgleich (zu 1)						
Kurzfr. Bankverbindlichkeiten an			4,0			
Flüssige Mittel				4,0		
3) Baubeginn Gebäude						
Anlagen im Bau (AiB) an	12,0					
Flüssige Mittel und		9,0				
Verbindlichkeiten aus L+L (VLL)		3,0				
4) Fertigstellung Gebäude						
Anlagen im Bau (AiB) an			8,0			
Flüssige Mittel und				6,0		
Verbindlichkeiten aus L+L (VLL)				2,0		
5) Umbuchen AiB bei Fertigstellung						
Bauten an			20,0			
Anlagen im Bau (AiB)				20,0		
6) Zahlungsausgleich (zu 3 und 4)						
Verbindlichk. aus L+L (VLL) an			3,0		2,0	
Flüssige Mittel				3,0		2,0
7) Verkauf des Grundstückes						
Flüssige Mittel an			6,0			
Grundstücke und				1,0		
GuV (sonst. betr. Ertrag)				5,0		
8) Differenz aus Handels- u. Steuerbilanz						
GuV an			1,5			
passive Latente Steuern				1,5		
9) Darlehensaufnahme						
Flüssige Mittel an	6,0					
Langfr. Bankverbindlichkeiten		6,0				
10) Invest in Anlagen und BGA						
Technische Anlagen und	3,0		27,0		6,0	
Betriebs- und Geschäftsausstattung (BGA) an	2,0		10,0		2,0	
Flüssige Mittel und		2,5		18,5		4,0
Verbindlichkeiten aus L+L (VLL)		2,5		18,5		4,0
11) Zahlungsausgleich (zu 10)						
Verbindlichk. aus L+L (VLL) an			2,5		18,5	
Flüssige Mittel				2,5		18,5

Abb. 6.2: Erste Hälfte der Buchungssätze

Dem Leser ist für diese erste Hälfte der Buchungssätze vielleicht aufgefallen, dass einige Buchungssätze bereits eine Zusammenfassung darstellen dürften. Beispielhaft sei dazu BS 1) erläutert. Dem Kauf des Grundstücks (Soll-Buchung) steht auf der Haben-Seite der Buchung ein Anstieg lang- und kurzfristiger Bankverbindlichkeiten gegenüber. Das dürfte für die meisten Geschäftsfälle der Praxis, also über den Grundstückskauf hinaus, nicht der Regelfall sein. In den allermeisten Fällen sind die Veränderungen der Bankverbindlichkeiten separat vom Zahlungsvorgang zu buchen. Die ungekürzte Darstellung in zwei Buchungssätzen lautet:

1a) Kasse 4,0	an Kurzfristige Bankverbindlichkeiten 4,0
1b) Grundstück 10,0	an Kasse 6,0 und Langfristige Bankverbindlichkeiten 4,0

Diese »Langversion« führt zum gleichen Ergebnis wie der kürzere Buchungssatz 1. Die Vereinfachung im Rahmen einer internen Planung verfälscht also nicht die Daten. Die verkürzte Darstellung ist für die interne Planungserstellung pragmatisch und damit zeitsparend.

Zudem gibt es Geschäftsfälle, bei denen der Kassenzugang gar nicht erst stattfindet, sondern die Bank die Zahlung an Stelle des Unternehmens direkt durchführt. Privatpersonen kennen diese Situation vom Kauf oder Bau eines Hauses. Dort wird die Zahlung auch direkt von der Bank durchgeführt, um die Sicherheiten der Bank nicht zu gefährden. Man sieht, es gibt auch Geschäftsfälle, die gemäß Buchungssatz 1 abgewickelt werden. Wichtig ist, dass man um den Hintergrund weiß. **Andernfalls besteht die Gefahr, dass man vergisst, dies bei der Erstellung des Plan-CF-Statements zu berücksichtigen.** Zudem sollte man für das Ist-CF-Statement wissen, dass die Finanzbuchhaltung im Regelfall die Verbuchung gemäß 1a und 1b vornehmen muss.

Erwähnenswert sind auch die BS 3 – 5. Zunächst einmal erfolgte die Buchung auf »unfertige Gebäude (im Bau)«, um später eine Umbuchung in fertiggestellte (= nutzungsbereite) Gebäude vorzunehmen. Das kann aus zwei Gründen sinnvoll sein. Zum einen macht es bei den Kreditgebern einen guten Eindruck, wenn der Finanzbereich (Controlling, Buchhaltung, Treasury) in der Planung genauso sorgfältig und korrekt arbeitet wie bei den späteren realen Buchungen im Ist. Das kann sich im Rating positiv bemerkbar machen und damit den Fremdkapitalzins senken. Zum anderen erleichtern diese ausführlicheren Buchungen die Nachvollziehbarkeit im Vergleich zu einer zusammenfassenden Darstellung. Das gilt umso mehr, wenn die Planung in einem Tabellenkalkulationsprogramm erstellt wird und der korrekte Aufbau der Formeln überprüft werden muss. Schließlich können nur nutzungsbereite Anlagen und Gebäude abgeschrieben werden – Anlagen sowie Gebäude im Bau hingegen nicht. Wenn die Kategorien getrennt sind – und zwar schon durch separate, eindeutige Buchungen, dann kann eine entsprechende »Verformelung« helfen, den manuellen Aufwand bei der Rechnung von Varianten und Szenarien zu begrenzen.

Außerdem ist noch ein Hinweis zu den Verbindlichkeiten zu geben. Im Hinblick auf das CF-Statement empfehlen wir dringend eine **Trennung zwischen den Verbindlichkeiten aus Lieferungen und Leistungen und den Verbindlichkeiten aus Investitionstätigkeit.** Ansonsten wird später die korrekte Abbildung der Auszahlungen für Investitionen im Cashflow-Statement nicht automatisiert möglich.

	Jahr 1		Jahr 2		Jahr 3	
	Soll	Haben	Soll	Haben	Soll	Haben
12) Abschreibungen vom AV						
GuV an	10,5		12,0		19,0	
Bauten und		1,5		2,0		2,0
Technische Anlagen und		5,0		5,5		10,0
Betriebs- und Geschäftsausstattung (BGA) und		3,0		3,5		6,0
Firmenwert		1,0		1,0		1,0
13) Umsatz, FLL-Aufbau und FlüMi						
Flüssige Mittel und	65,0		69,0		77,5	
Forderungen aus L+L (FLL) an	20,0		21,0		27,0	
GuV (Umsatzertrag)		85,0		90,0		104,5
14) Zahlungseingang (aus 13)						
Flüssige Mittel an	18,0		20,0		21,0	
Forderungen aus L+L (FLL)		18,0		20,0		21,0
15) Fremdkapitalzinsen						
GuV an	8,5		9,5		10,5	
Flüssige Mittel		8,5		9,5		10,5
16) Beteiligungserträge						
Flüssige Mittel an	3,0		3,0		0,5	
GuV		3,0		3,0		0,5
17) Ertragssteuern						
GuV an	4,0		6,0		3,5	
Flüssige Mittel		4,0		6,0		3,5
18) Pensionszahlung						
Pensionsrückstellungen an	1,0		1,5		1,5	
Flüssige Mittel		1,0		1,5		1,5
19) Dividendenausschüttung						
Bilanzgewinn an	2,0		4,0		5,5	
Flüssige Mittel		2,0		4,0		5,5
20) Bestandsaufbau Handelsware						
Handelsware an					7,0	
Flüssige Mittel und						6,0
Verbindlichkeiten aus L+L (VLL)						1,0
21) Sonstiger zahlungswirksamer Aufwand						
GuV an	55,5		55,5		63,5	
Flüssige Mittel		55,5		55,5		63,5
22) Jahresabschlussbuchung						
Jahresüberschuss an	9,5		13,5		8,5	
Gewinnrücklagen und		5,5		8,0		4,5
Bilanzgewinn		4,0		5,5		4,0

Abb. 6.3: Zweite Hälfte der Buchungssätze

Die Dividendenausschüttung im Buchungssatz 19 wird durch die Jahresabschlussbuchung (BS 22) begründet. Letztere wirkt zeitverzögert ins Folgejahr – was darin begründet ist, dass die Hauptversammlung über die Gewinnverwendung (des festgestellten Jahresabschlusses) beschließen muss. Erst der Beschluss der Hauptversammlung erlaubt die Dividendenzahlung. Der Bilanzgewinn im Jahr 1 entspricht der Ausschüttung im Jahr 2. Deshalb wird die Plandividende für Jahr 1 aus der erwarteten Jahresabschlussbuchung des aktuellen Jahres abgeleitet. Mit anderen Worten: Der Nachsatz unterhalb der »voraussichtlichen Schlussbilanz« im Abschnitt D der Aufgabenstellung begründet die Dividende von 2,0 im ersten Planjahr.

6.3 Bilanz und CF-Statement der MITAG

6.3.1 Bilanz

Aufgabe: Erstellen Sie nun eine Planbilanz aus den Buchungssätzen. Sie können »direkt in die Bilanz buchen«. Die Eröffnung von Bestands- und Erfolgskonten sowie die Schließung dieser Konten ist nicht nötig. Weisen Sie neben der Höhe der Buchung auch die Buchungssatznummer aus, um bei der späteren Analyse den zugrundeliegenden Sachverhalt leichter identifizieren zu können.

MITAG - 3 Jahres-Mittelfristplanung

1. Planjahr

	Nr.	AB	BS-Nr.	MV	BS-Nr.	MH	SB
Firmenwert	1	4,0			12)	1,0	3,0
Grundstücke	2	42,0	1)	10,0			52,0
Bauten	3	40,0			12)	1,5	38,5
Technische Anl.	4	30,0	10)	3,0	12)	5,0	28,0
BGA	5	12,0	10)	2,0	12)	3,0	11,0
Anlagen im Bau	6	0,0	3)	12,0			12,0
Beteiligungen	7	29,0					29,0
Anlagevermögen	**8**	157,0					173,5
Handelsware	9	0,0					0,0
Forderungen aus L+L	10	18,0	13)	20,0	14)	18,0	20,0
Flüssige Mittel	11	7,0	9)	6,0	1)	4,0	12,5
	12		13)	65,0	3)	9,0	
	13		14)	18,0	10)	2,5	
	14		16)	3,0	15)	8,5	
	15				17)	4,0	
	16				18)	1,0	
	17				19)	2,0	
	18				21)	55,5	
	19						
	20						
Umlaufvermögen	**21**	25,0					32,5
Summe Aktiva	**22**	182,0					206,0
Gezeichnetes Kapital	23	50,0					50,0
Gewinnrücklagen	24	5,0			22)	5,5	10,5
Gewinnvortrag	25	2,0	19)	2,0	22)	4,0	4,0
Jahresergebnis/GuV	26	0,0	12)	10,5	13)	85,0	0,0
	27		15)	8,5	16)	3,0	
	28		17)	4,0			
	29		21)	55,5			
	30		22)	9,5			
	31						
Eigenkapital	**32**	57,0					64,5
Pensions-Rückst.	33	40,0	18)	1,0			39,0
Lgfr. Bankverbindl.	34	64,0			1)	2,0	72,0
	35				9)	6,0	
Kurzfr. Bankverbindl.	36	1,0			1)	4,0	5,0
Verbindl. aus L+L	37	20,0			3)	3,0	25,5
	38				10)	2,5	
Latente Steuern	39	0,0					0,0
Fremdkapital	**40**	125,0					141,5
Summe Passiva	**41**	182,0					206,0

2. Planjahr

	Nr.	AB	BS-Nr.	MV	BS-Nr.	MH	SB
Firmenwert	1	3,0			12)	1,0	2,0
Grundstücke	2	52,0			7)	1,0	51,0
Bauten	3	38,5	5)	20,0	12)	2,0	56,5
Technische Anl.	4	28,0	10)	27,0	12)	5,5	49,5
BGA	5	11,0	10)	10,0	12)	3,5	17,5
Anlagen im Bau	6	12,0	4)	8,0	5)	20,0	0,0
Beteiligungen	7	29,0					29,0
Anlagevermögen	**8**	173,5					205,5
Handelsware	9	0,0					0,0
Forderungen aus L+L	10	20,0	13)	21,0	14)	20,0	21,0
Flüssige Mittel	11	12,5	7)	6,0	2)	4,0	0,0
	12		13)	69,0	4)	6,0	
	13		14)	20,0	6)	3,0	
	14		16)	3,0	10)	18,5	
	15				11)	2,5	
	16				15)	9,5	
	17				17)	6,0	
	18				18)	1,5	
	19				19)	4,0	
	20				21)	55,5	
Umlaufvermögen	**21**	32,5					21,0
Summe Aktiva	**22**	206,0					226,5
Gezeichnetes Kapital	23	50,0					50,0
Gewinnrücklagen	24	10,5			22)	8,0	18,5
Gewinnvortrag	25	4,0	19)	4,0	22)	5,5	5,5
Jahresergebnis/GuV	26	0,0	8)	1,5	7)	5,0	0,0
	27		12)	12,0	13)	90,0	
	28		15)	9,5	16)	3,0	
	29		17)	6,0			
	30		21)	55,5			
	31		22)	13,5			
Eigenkapital	**32**	64,5					74,0
Pensions-Rückst.	33	39,0	18)	1,5			37,5
Lgfr. Bankverbindl.	34	72,0					72,0
	35						
Kurzfr. Bankverbindl.	36	5,0	2)	4,0			1,0
Verbindl. aus L+L	37	25,5	6)	3,0	4)	2,0	40,5
	38		11)	2,5	10)	18,5	
Latente Steuern	39	0,0			8)	1,5	1,5
Fremdkapital	**40**	141,5					152,5
Summe Passiva	**41**	206,0					226,5

3. Planjahr

	Nr.	AB	BS-Nr.	MV	BS-Nr.	MH	SB
Firmenwert	1	2,0			12)	1,0	1,0
Grundstücke	2	51,0					51,0
Bauten	3	56,5			12)	2,0	54,5
Technische Anl.	4	49,5	10)	6,0	12)	10,0	45,5
BGA	5	17,5	10)	2,0	12)	6,0	13,5
Anlagen im Bau	6	0,0					0,0
Beteiligungen	7	29,0					29,0
Anlagevermögen	**8**	205,5					194,5
Handelsware	9	0,0	20)	7,0			7,0
Forderungen aus L+L	10	21,0	13)	27,0	14)	21,0	27,0
Flüssige Mittel	11	0,0	13)	77,5	6)	2,0	-16,00
	12		14)	21,0	10)	4,0	
	13		16)	0,5	11)	18,5	
	14				15)	10,5	
	15				17)	3,5	
	16				18)	1,5	
	17				19)	5,5	
	18				20)	6,0	
	19				21)	63,5	
	20						
Umlaufvermögen	**21**	21,0					18,0
Summe Aktiva	**22**	226,5					212,5
Gezeichnetes Kapital	23	50,0					50,0
Gewinnrücklagen	24	18,5			22)	4,5	23,0
Gewinnvortrag	25	5,5	19)	5,5	22)	4,0	4,0
Jahresergebnis/GuV	26	0,0	12)	19,0	13)	104,5	0,0
	27		15)	10,5	16)	0,5	
	28		17)	3,5			
	29		21)	63,5			
	30		22)	8,5			
	31						
Eigenkapital	**32**	74,0					77,0
Pensions-Rückst.	33	37,5	18)	1,5			36,0
Lgfr. Bankverbindl.	34	72,0					72,0
	35						
Kurzfr. Bankverbindl.	36	1,0					1,0
Verbindl. aus L+L	37	40,5	11)	18,5	10)	4,0	25,0
	38		6)	2,0	20)	1,0	
Latente Steuern	39	1,5					1,5
Fremdkapital	**40**	152,5					135,5
Summe Passiva	**41**	226,5					212,5

Abb. 6.4: Planbilanzen für die nächsten 3 Jahre der MITAG in der Übersicht

6.3.2 Eine versteckte GuV

Sicherlich würde im Rahmen einer integrierten Planung auch eine GuV zu planen sein. Im Rahmen der Fallstudie liegt darauf kein Schwerpunkt. Die Ergebnisrechnung ist eines der zentralen Aufgabengebiete bei Controllern, sodass hier wenig Übungsbedarf bestehen dürfte. Trainiert werden sollen eher fachlich angrenzende Themen. Trotzdem haben Sie vielleicht eine GuV vermisst oder beim intensiven Bearbeiten der Fallstudie auch schon die vorhandenen Inhalte entdeckt. In jeder Bilanzdarstellung ist immer auch zumindest eine komprimierte GuV-Information vorhanden. Schließlich ist die GuV eine Unterposition des Eigenkapitals und damit der Bilanz. Für das erste Planjahr waren ab der Zeile 26 folgende Sachverhalte in der Bilanz ausgewiesen:

AB	BS-Nr.	MV	BS-Nr.	MH	SB
0,0	12)	10,5	13)	85,0	**0,0**
	15)	8,5	16)	3,0	
	17)	4,0			
	21)	55,5			
	22)	9,5			

Abb. 6.5: In den Bilanzbuchungen versteckte GuV-Darstellung (Jahr 1)

Die Spalte »MV« (Mittelverwendung) würde man im Rahmen einer GuV typischerweise als Aufwand und die Spalte »MH« (Mittelherkunft) typischerweise als Ertrag bezeichnen. Die Tabelle lässt sich mit minimalem Aufwand in eine T-Konto-Darstellung überführen:

Aufwand		Ertrag	
Abschreibungen	10,5	Umsatz	85,0
FK-Zinsen	8,5	Beteiligungsertrag	3,0
Steuern	4,0	Summe	88,0
Sonst. zahlungsw. Aufwand	55,5		
Zwischensumme	78,5		
JÜ	9,5		

Abb. 6.6: Die GuV der MITAG in Kontoform (Jahr 1)

Hierdurch wird klarer herausgestellt, dass das Periodenergebnis nicht Null beträgt, wie man angesichts der Schlussbilanzspalte (SB) vermuten könnte. Der Aufwand ist mit 78,5 kleiner als der Ertrag mit 88,0. Der Jahresüberschuss (JÜ) bringt beide Seiten des Kontos zum Ausgleich.[72]

Es darf nicht vergessen werden, dass die Schlussbilanz mit Buchungssatz 22 bereits eine planerische Vorwegnahme des erwarteten Gewinnverwendungsbeschlusses der Hauptversammlung enthält. So sind die Dividende (→ cash out) und die Zuführung zu den Gewinnrücklagen (→ EK-Quote) für die nächste Planperiode richtig ausgewiesen – allerdings zu Lasten einer weniger eingängigen Darstellung des Jahresüberschusses.

Überführt man diese Informationen in das Schema des Gesamtkostenverfahrens, so zeigt sich, dass unsere Planung mit 22 beispielhaften Buchungssätzen natürlich nicht detailliert genug ist:

	Umsatzerlöse		85,0
+/-	BV an fertigen und unfert. Erzeugnissen		0,0
+	andere aktivierte Eigenleistungen		0,0
+	sonstige betriebliche Erträge		0,0
=	***Betriebsleistung (freiwillige Zw-Summe)***		***85,0***
-	Materialaufwand	} Sonstiger zahlungswirksamer Aufwand	55,5
-	Personalaufwand		
-	Abschreibungen		10,5
-	sonst. betr. Aufwendungen		0,0
+	Erträge aus Beteiligungen		3,0
+	Erträge aus anderen Wertpapieren		0,0
+	Sonst. Zinsen und ähnliche Erträge		0,0
-	Abschreibungen auf Finanzanlagen		0,0
-	Zinsen		8,5
-	Steuern vom Einkommen und Ertrag		4,0
=	**Ergebnis nach Steuern**		**9,5**
-	Sonstige Steuern		0,0
=	**Jahresüberschuss**		**9,5**

Abb. 6.7: Die GuV der MITAG dargestellt als Gesamtkostenverfahren (Jahr 1)

72 In der Buchungslogik von Soll und Haben unserer vereinfachten Darstellung würde dem JÜ das Eigenkapital gegenüberstehen. Das ist auch sachlogisch richtig, weil der Jahresüberschuss dem Eigentümer zusteht.

Dass der Detaillierungsgrad nicht ausreicht, gilt insbesondere für die Position »sonstiger zahlungswirksamer Aufwand«. Hier ließe sich aber leicht eine Trennung in die grundlegenden Aufwandsarten »Material« und »Personal« vornehmen. Möglicherweise sind in den 55,5 des ersten Jahres auch »sonstige betriebliche Aufwendungen« enthalten, die im Rahmen der GuV separat gezeigt werden müssen.

Wichtig ist, dass Buchungssatz 18 nicht in die GuV aufgenommen wird. Hier entsteht in der Planperiode kein Aufwand. Vielmehr ist der Aufwand in Form einer Rückstellung in früheren Perioden entstanden – also auch in einer entsprechend zurückliegenden Periode als Aufwand in der GuV erschienen. Im ersten Jahr der Planung wird diese Rückstellung in Anspruch genommen und die Zahlung geleistet. Es handelt sich also um einen Vorgang, der sich im Planjahr nur noch in Bilanz und CF-Statement auswirkt.

Für unsere Zwecke genügt es, dass wir mit den vorliegenden Daten vom Jahresüberschuss zum EBIT zurückrechnen können. Gedanklich gehen wir vom Jahresüberschuss zurück zum EBIT. Zur Erinnerung noch einmal das zugrunde liegende Schema der GuV:

	EBIT
-	Fremdkapitalzinsen
=	EBT/PBT
-	ertragsabhängige Steuern
=	Jahresüberschuss

Abb. 6.8: Vom EBIT zum Jahresüberschuss

Daraus ergibt sich:

		Planjahr 1	**Planjahr 2**	**Planjahr 3**
	JÜ	**9,5**	**13,5**	**8,5**
+	Ertragsteuern	4,0	6,0	3,5
=	EBT	13,5	19,5	12,0
+	FK-Zinsen	8,5	9,5	10,5
=	**EBIT**	**22,0**	**29,0**	**32,5**

Abb. 6.9: Ausgehend vom JÜ kann das EBIT ermittelt werden

Sofern für die Planung nur geringe Ressourcen zur Verfügung stehen, würde dieser minimalistische Ansatz bereits ausreichend sein, auch Rentabilitätskennzahlen zu ermitteln: Die beiden wichtigsten Größen EBIT und JÜ sind ermittelt. Der aufmerksame Leser wird gemerkt haben, dass sich in den Zahlen noch eine wichtige Ungenauigkeit versteckt, die wir im Rahmen der Kennzahlenanalyse gesondert berücksichtigen sollten.

6.4 Eine erste Interpretation und daraus resultierende Ideen für Maßnahmen

Bei einem realen Businessplan müsste sich hier eine ausführliche Analyse inkl. der Berechnung von Kennzahlen anschließen. Da wir Kapitel 9 der Kennzahlenanalyse gewidmet haben, soll hier nur eine erste, noch grobe Analyse ohne Kennzahlen erfolgen.

6.4.1 Prüfung existenzgefährdender Risiken

Als Spezialisten im Bereich Kosten- und Ergebnisrechnung schauen Controller meist als erstes auf das EBIT bzw. den Jahresüberschuss. Beide sind über die 3 Jahre positiv. Es wird also kein Eigenkapital aufgezehrt. Es droht damit kein Insolvenzrisiko aus möglichen Verlusten des Projekts. Damit ist natürlich nicht gesagt, dass das Projekt auch hinreichend rentabel ist. Entsprechende Kennzahlen sind ja noch nicht berechnet, aber es soll direkt angemerkt werden, dass bei Investitionen mit Laufzeit länger ein Jahr ohnehin keine Wirtschaftlichkeitsrechnungen (Kosten-, Gewinn-, Rentabilitätsvergleich, siehe Kapitel 5) genutzt werden sollten. In diesen Fällen ist die Berechnung eines Kapitalwerts angemessen. Möglicherweise käme als noch genauere Rechenmethode auch der VOFI (Vollständiger Finanzplan) als Methode infrage – sofern die Daten in der benötigten Detaillierung plausibel einschätzbar sind.

Beide Rechnungen, Kapitalwert und VOFI, basieren auf Zahlungen. Hier stehen uns mit dem Cashflow-Statement bereits deutlich detailliertere Informationen zur Verfügung. Es fällt direkt auf, dass nur im 1. Planjahr ein positiver Gesamtcashflow von + 5,5 erzielt wird – die Flüssigen Mittel steigen von 7,0 auf 12,5. Dieser Cashflow wird durch den Mittelabfluss im Jahr 2 und 3 von insgesamt 28,5 deutlich überkompensiert. Über alle 3 Jahre verliert die Kasse also 23 Mio. EUR. Ein Sachverhalt der angesichts einer Kasse von 7,0 zu Beginn des 1. Planjahres gar nicht möglich ist. Das hätte uns auch ein Blick in die Bilanz bereits zeigen können. Am Ende von Jahr 3 steht dort der absolute Wert von – 16,0. Die Kasse selber kann den Wert von 0 aber nicht unterschreiten. Weniger als »es ist nichts drin« ist nicht möglich. Das gilt gleichermaßen für den inhaltlich weiter gefassten Begriff der flüssigen Mittel (»FlüMi«). Hier handelt es sich um alle Positionen, die innerhalb von 3 Monaten in Bargeld umgewandelt werden können. Das können zum Beispiel zentralbankfähige Wechsel, Schecks, Termingelder mit 3-monatiger Kündigungsfrist etc. sein. Aber eine Kreditlinie oder ein Überziehungskredit sind gemäß Definition ausgeschlossen. Es kann sich also nicht um die Überziehung des Girokontos handeln. Zusammengefasst lautet das Fazit: Mit dieser Planung geht das Unternehmen in die **Insolvenz**.

Die Frage ist jedoch, zu welchem Zeitpunkt die Insolvenz erreicht wird. Hier ist keinesfalls davon auszugehen, dass dieser Zustand erst zum Ende von Jahr 3 erreicht wird bzw. erkannt wird. Zu Beginn von Jahr 3 hat das Unternehmen einen Kassenbestand von Null. Bereits nach kürzester Zeit dürften die kumulierten Auszahlungen die kumulierten Einzahlungen überschreiten. Mangels Kasse tritt damit sofort die Zahlungsunfähigkeit ein und es ist erkennbar, dass sich die Situation – zumindest mit der aktuellen Planung – auch nicht temporärer Natur ist.

Aber das Fehlen von Liquidität wird bereits wesentlich früher, d. h. während des 2. Planjahres, die Abwicklung des operativen Geschäfts beeinträchtigen. Aufgrund der Tatsache, dass die Einzahlungen zeitlich nicht immer so anfallen, wie sie für die Begleichung der Auszahlungen nötig wären, werden Liquiditätsengpässe auftreten. Das wird dadurch verschärft, dass durch die Investition punktuell sehr große Zahlungen fällig werden. Die aufkommenden Zahlungsschwierigkeiten müssen also bei einem sogenannten »ordentlichen Kaufmann« dazu führen, dass spätestens jetzt eine regelmäßige Liquiditätsvorschau erstellt wird.

Die Insolvenzordnung verlangt, dass auch bei drohender Zahlungsunfähigkeit ein Insolvenzantrag gestellt wird. Man würde also bereits Mitte bis Ende des 2. Jahres gemäß dieser Überlegung einen Gang zum Gericht vornehmen müssen, sofern zu diesem Zeitpunkt eindeutig klar wäre, dass keine weitere Liquidität erzeugt werden kann[73], welche die drohende Zahlungsunfähigkeit beseitigt.

6.4.2 3-Jahres-Bewegungsbilanz als Zusammenfassung

Noch deutlicher wird die Situation in einer sogenannten »3-Jahres-Bewegungsbilanz« sichtbar. In dieser Darstellung wird gezeigt, was sich von Beginn (01.01.'01) bis zum Ende des Planungszeitraums (31.12.'03) in Summe verändert hat. Entwicklungen innerhalb der verschiedenen Planjahre, d. h. die »zwischendrin« stattfindenden Zu- oder Abnahmen einzelner Konten, werden so ausgeblendet – was die Transparenz der Darstellung verbessert. Die Zahlen lassen sich wieder aus den Buchungssätzen oder alternativ aus der Bilanz ermitteln. Dazu drei Beispiele:

- Die Abschreibungen stehen im Buchungssatz 12 mit 10,5 + 12,0 + 19,0 = 41,5. Es handelt sich um Aufwand, dem in der Periode keine Auszahlung mehr gegenübersteht. Es ist eine Korrektur des Gewinns. Hier wird oft vom »Zurückverdienen der Investition« gesprochen.
  In der Bilanz ist die gleiche Information nur mit mehr Aufwand zu erlangen. Es muss jeweils die Spalte »Mittelherkunft« (= Haben-Buchung) für das Anlagevermögen betrachtet werden, welche Buchungen Abschreibungen waren.
- Die Pensionsrückstellungen verringern sich durch die Inanspruchnahme von 40,0 zu Beginn des ersten Planjahrs auf 36,0 zum Ende des dritten Planjahrs (Bilanz, Zeile 33). Den Mitar-

73 Z. B. durch ein weiteres Darlehen, den Verkauf von Anlagevermögen oder auch operative Maßnahmen.

beitern werden also Pensionen ausbezahlt, was einen Mittelabfluss darstellt. Die Informationen könnten genauso bequem aus Buchungssatz 18 ermittelt werden (1,0 + 1,5 + 1,5 = 4,0).

- Die Investitionen ins Anlagevermögen kann man am elegantesten wie folgt ermitteln: über die drei Jahre steigt das AV in der Bilanz (Zeile 8) von 157,0 auf 194,5 = + 37,5 (netto). Zugleich gibt es Abschreibungen von 41,5, welche in der Entwicklung bereits enthalten sind. Die Brutto-Investition ins Anlagevermögen beträgt also 79.0

Mittelverwendung (Mio. EUR)		**Mittelherkunft (Mio. EUR)**	
Investition Anlagevermögen	79,0	Jahresüberschuss vor Dividende	31,5
Inanspruchnahme Pensions-RSt.	4,0	Abschreibungen auf AV	41,5
Aufbau Forderungen aus L + L	9,0	Brutto-Cashflow	73,0
Aufbau Handelsware	7,0		
Dividende	11,5	Aufbau langfr. FK	8,0
		Aufbau kurzfr. FK	5,0
		Anstieg pass. lat. Steuern	1,5
		Abbau FlüMi	23,0
Summe	110,5	Summe	110,5

Abb. 6.10: Die 3-Jahres-Bewegungsbilanz der MITAG zeigt Handlungsoptionen auf

6.4.3 Interpretation und Identifizierung möglicher Maßnahmen

Für viele Branchen gibt es Faustregeln, nach wie vielen Jahren eine Investition durch den **Brutto-Cashflow** »hereinzuverdienen« ist. Würde die Zahl beispielsweise für die MITAG 3 Jahre betragen, so könnten wir anhand der Bewegungsbilanz sehen, dass eine solche Kenngröße (knapp) verfehlt wird. Statt 79,0 werden nur 73,0 erwirtschaftet. Das heißt, die Zielvorgabe wird um rund 3 Monate verfehlt.[74] Das ist also nicht der Grund für den drohenden Liquiditätsengpass.

Die Darstellung zeigt auch, dass die Investition aus dem operativen Geschäft und nicht durch langfristiges Eigen- und Fremdkapital finanziert wird. Das überfordert aber nicht selten auch sehr rentable Unternehmen. Es ist sofort erkennbar, dass ein Drittel der Investition aus den flüssigen Mitteln erfolgen soll.[75] Das ist keine solide Finanzierung. Das gilt umso mehr, als die Aufnahme langfristigen Fremdkapitals nur 10 % der Investitionssumme ausmacht. Das ist ein

74 Der 3-Jahres-Brutto-Cashflow von 73,0 entspricht rund 24 pro Jahr. Damit entsprechen die fehlenden 6,0 rund 3 Monaten.

75 Es wird das Prinzip erläutert. Natürlich ist klar, dass der Kasse von 7,0 nicht 23,0 entnommen werden können. Das ist dem Beispiel der drohenden Insolvenz geschuldet.

klares Missverhältnis zur aktuellen **Finanzierungsstruktur**. Der Blick in die Schlussbilanz des aktuellen Jahres (Abb. 6.1) zeigt 57% Anteil des langfristigen Fremdkapitals an der Bilanzsumme. Als Finanzcontroller muss man sich fragen, ob die aktuelle oder die künftige Kapitalstruktur, welche durch eine solche Finanzierung der Investition herbeigeführt wird, angemessen ist.[76] Hier sind darum auch Folgeeffekte, z. B. auf den Kapitalkostensatz WACC oder Financial Covenants in Kreditverträgen zu beachten.

Darüber hinaus zeigt die 3-Jahres-Bewegungsbilanz eine weitere Möglichkeit, die Lücke von 16,0 in der Kasse im Jahr 3 zu schließen. Der **Aufbau der Handelsware 7,0 und der Anstieg der Forderungen 9,0** führen exakt zum benötigten Betrag. Kann man den Anstieg beider Positionen begrenzen? Sollte man den Einstieg in das Handelsgeschäft um zwei oder drei Jahre verschieben? Dazu braucht es eine Detailanalyse, welcher Teil der Forderungen und der Marge aus dem Handelswarengeschäft stammt.

Die Bewegungsbilanz zeigt auch, dass durch **Einbehalten der Dividende** ein erheblicher Beitrag geleistet werden könnte, die Liquiditätslücke zu schließen. Damit würde zugleich die Eigenkapitalbasis gestärkt. Damit setzt auch die Eigentümer ein starkes Zeichen des Vertrauens in die Zukunftsfähigkeit des Unternehmens. Selbstverständlich verbessert ein solcher Schritt auch die Chance auf weitere **Bankkredite**.

In diesem Sinne lassen sich weitere Maßnahmen identifizieren, die jeweils zu diskutieren wären. Einige Vorschläge der nachstehenden Liste haben nicht nur finanzielle Konsequenzen, sondern sind auch operativ bzw. strategisch bedeutsam, so dass eine gründliche Abwägung der Vor- und Nachteile erfolgen sollte.

Ideen für Maßnahmen

- Erhöhung des Grundkapitals durch die bisherigen und/oder durch neue Gesellschafter
- Umschuldung von kurz- auf langfristig bzw. direkt langfristig finanzieren
- Verlängerung der Zahlungsziele gegenüber Lieferanten
- Kürzere Zahlungsziele gegenüber Kunden
- Verkauf der Beteiligung
- Leasing
- Factoring
- Kann die Investition über einen längeren Zeitraum verteilt werden?

Die Beurteilung dieser Ideen sollte nicht auf den hier beispielhaft angenommenen Planungszeitraum von drei Jahren begrenzt werden. Manche Vorschläge wirken sehr lange nach – wie z. B. der Beteiligungsverkauf. Andere Ideen verschieben womöglich nur das Problem und lösen

76 Dazu gehört auch die Frage nach der optimalen Kassenhaltung. Sind bei 85 Mio. EUR Umsatz wirklich 7 Mio. EUR in der Kasse erforderlich? Angesichts vermutlich zahlreicher langfristiger Verträge mit guter Planbarkeit, sollte eine deutlich geringere Kasse ausreichend sein. Ein »Abschmelzen« der Kasse wäre daher sinnvoll.

es nicht grundsätzlich (z. B. Zahlungsziele verändern). Hinzu kommt, dass im **Jahr 4 die Tilgungen für die Kredite beginnen**! Wie sieht also die weitere Planung aus?

Darüber hinaus sollte wie eingangs erwähnt eine Kennzahlenanalyse erfolgen. Dieser haben wir aufgrund Ihrer großen Bedeutung darum mit Kapitel 9 auch den gebührenden Umfang einräumen wollen. Dort finden sich auch die für die MITAG gerechneten Kennzahlen.

7 Schnittstellen von Controlling und Treasury

7.1 Welche Ziele eine Treasury-Abteilung verfolgt

Eine Finanz-/Treasury-Abteilung steuert normalerweise alle finanzwirtschaftlichen Risiken der Wertschöpfungskette eines Unternehmens, also v. a. Liquiditäts-, Währungs-, Rohstoffpreis-, Zins- und Kreditrisiken. Dabei steht im Vordergrund die Sicherstellung des finanziellen Gleichgewichts des Unternehmens. Das bedeutet im Einzelnen:

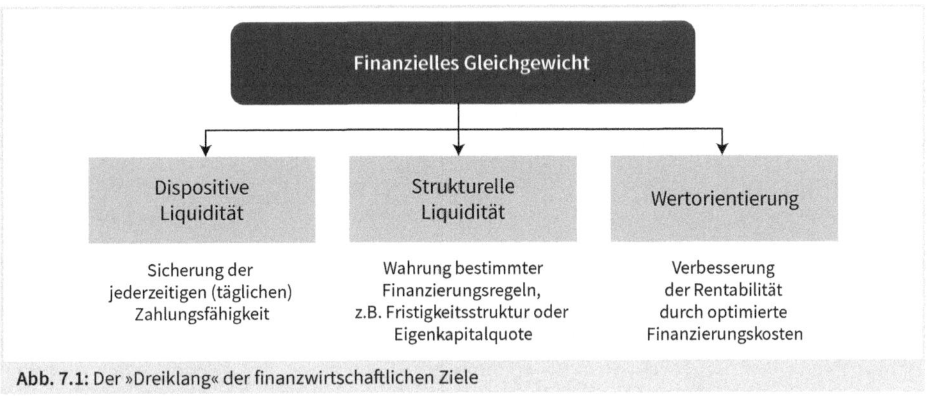

Abb. 7.1: Der »Dreiklang« der finanzwirtschaftlichen Ziele

Daneben treten – je nach Größe oder Eigentumsverhältnissen – typischerweise weitere Handlungsfelder auf:

- Reduzierung von realen Ergebnisrisiken (s. o.)
- Wahrung der Unabhängigkeit von einzelnen Gläubigern oder Finanzierungsinstrumenten
- Erhöhung der Planungssicherheit für das Gesamtunternehmen
- Nutzung von Finanzmarktchancen
- Steigerung des Unternehmenswertes (Shareholder Value)
- Sicherstellung eines dauerhaften Zugangs zu den internationalen Finanzmärkten; eine entscheidende Rolle spielt hierbei die Kreditwürdigkeit des Unternehmens (siehe Kapitel 10 Unternehmensrating).

Die **tägliche Zahlungsfähigkeit als zwingende Nebenbedingung** jeglichen unternehmerischen Handelns überragt alle anderen Zielsetzungen. Sie ist entweder erfüllt oder nicht erfüllt, es gibt keine intensitätsmäßigen Abstufungen. Die Bedeutung des Liquiditätsziels erschließt sich auch aus der Insolvenzordnung (InsO). Dort ist in § 17 bezüglich der Insolvenz geregelt:

§ 17 InsO
(1) Allgemeiner Eröffnungsgrund ist die Zahlungsunfähigkeit.
(2) Der Schuldner ist zahlungsunfähig, wenn er nicht in der Lage ist, die fälligen Zahlungspflichten zu erfüllen. Zahlungsunfähigkeit ist in der Regel anzunehmen, wenn der Schuldner seine Zahlungen eingestellt hat.

Nach § 18 InsO ist auch die drohende Zahlungsunfähigkeit des Schuldners ein Insolvenzgrund. De facto besteht hier natürlich ein Ermessensspielraum, da dieser Sachverhalt ja nur aus der (z. T. subjektiven) **Liquiditätsplanung** abgeleitet werden kann. Bei juristischen Personen ist auch eine Überschuldung Eröffnungsgrund (§ 19 InsO). Sie liegt vor, wenn das Vermögen des Schuldners die bestehenden Verbindlichkeiten nicht mehr deckt (Eigenkapital ist negativ), es sei denn, die Fortführung des Unternehmens ist nach den Umständen überwiegend wahrscheinlich.

7.2 Welche Finanzierungsformen es gibt (Überblick)

Eine Investition ist eine Zahlungsreihe, die üblicherweise mit einer Auszahlung beginnt. Demgegenüber stellt Finanzierung eine Zahlungsreihe dar, die mit einer Einzahlung beginnt. **Investition und Finanzierung sind also Zwillingsschwestern,** die wie Absatz und Produktion hinsichtlich Volumina und Terminstruktur aufeinander abgestimmt – also »controlled« – werden müssen. Zum Finanzmanagement gehört aber mehr als nur die Bereitstellung und Rückzahlung finanzieller Mittel; die Globalisierung der Güter- und Kapitalmärkte und die strengeren Kapitalvergaberichtlinien der Banken (Rating nach Basel II bzw. III) machen eine aktive Informations- und Kommunikationspolitik des Unternehmens notwendig.

Die verschiedenen Formen der Finanzierung lassen sich zum einen nach der **Rechtsstellung der Kapitalgeber** in Eigen- und Fremdfinanzierung, zum anderen nach der **Herkunft der Mittel** in Außen- und Innenfinanzierung unterscheiden:

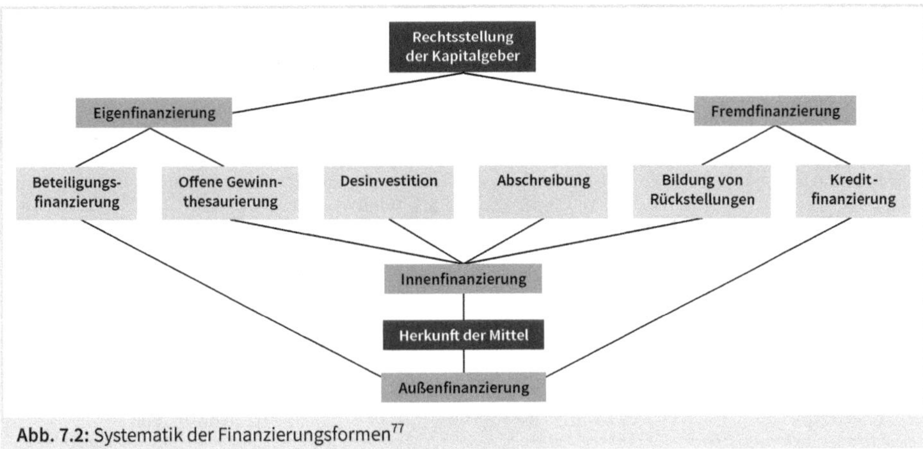

Abb. 7.2: Systematik der Finanzierungsformen[77]

Das **Eigenkapital** einer Gesellschaft ist eine **Residualgröße.** Es stellt denjenigen Teil des Vermögens dar, der nach Abzug sämtlicher Schulden verbleibt. Damit beschreibt der Begriff Eigenkapital alle dem Unternehmen zur Verfügung stehenden Mittel, die als Leistungen der Gesellschafter zu betrachten sind (dazu gehört auch der Gewinn, unabhängig davon, ob er ausgeschüttet wurde oder nicht).

Nach §266 Abs. 2 A HGB (Gliederungsvorschrift der Bilanz für Kapitalgesellschaften) besteht das Eigenkapital aus den folgenden Bestandteilen:

- Gezeichnetes Kapital
- Kapitalrücklage
- Gewinnrücklage (gesetzliche Rücklage, Rücklage für Anteile an einem herrschenden oder mehrheitlich beteiligten Unternehmen, satzungsmäßige Rücklage, andere Gewinnrücklagen)
- Gewinnvortrag/Verlustvortrag
- Jahresüberschuss/Jahresfehlbetrag

Aus der Überlassung von Eigen- bzw. Fremdkapital resultieren **verschiedenartige Rechte bzw. Pflichten der Kapitalgeber.**

77 Angelehnt an Perridon/Steiner/Rathgeber (2012): Finanzwirtschaft der Unternehmung, Seite 390.

Kriterium	Eigenkapital	Fremdkapital
Haftung bei Insolvenz	Mindestens in Höhe der Kapitaleinlage, ggf. auch mit dem Privatvermögen	Keine Haftung, da Gläubigerstellung
Anspruch bei Insolvenz	Quotenanspruch, falls Liquidationserlös > Schulden	Nominalanspruch in Höhe der Forderung
Fristigkeit	i.d.R. unbefristet	i.d.R. befristet
Verzinsung	Teilhabe an Gewinnen und Verlusten der Gesellschaft	Fester Zinsanspruch
Mitbestimmung	i.d.R. berechtigt	i.d.R. nicht berechtigt
Steuerliche Behandlung der Erträge	Ausschüttung ist eine »Nach-Steuergröße«	Zinsen sind grundsätzlich steuerlich absetzbar

Abb. 7.3: Grundsätzliche Unterschiede zwischen Eigen- und Fremdkapital

Während der Eigenkapitalgeber zum Miteigentümer wird, damit (mindestens) bis zur Höhe seiner Einlage haftet und im Gegenzug dafür **Mitgestaltungs- bzw.** mindestens **Kontrollrechte** erhält, ist der Fremdkapitalgeber als Gläubiger des Unternehmens von der **Haftung** ausgeschlossen. Er erhält im Gegenzug in der Regel einen festen **Zinsanspruch** (der dann auch zum Liquiditätsabfluss beim Unternehmen führt), partizipiert aber nicht an Gewinnen oder Verlusten der Gesellschaft. Fremdkapital steht dem Unternehmen **meist zeitlich begrenzt** zur Verfügung und muss zu den vereinbarten Terminen zurückbezahlt werden (während die Eigenmittelüberlassung unbefristet erfolgt). Im **Konkursfall** haben die Gläubiger – sofern sie nicht sowieso eine Besicherung ihrer Kreditforderung vereinbart haben – einen Quotenanspruch auf die Konkursmasse, während die Eigenkapitalgeber leer ausgehen (theoretische Ausnahme: Liquidationserlöse übersteigen Schulden).

Auch hinsichtlich der **steuerlichen Belastung** existieren Unterschiede: Die Ausschüttung an die Anteilseigner ist eine sog. »Nach-Steuergröße«, d. h. sie darf erst vorgenommen werden, nachdem der Fiskus bedient wurde. Beim Fremdkapital stellt sich die Situation wie folgt dar: Seit der Unternehmenssteuerreform 2008 ist die steuerliche Absetzbarkeit von Zinsen bei der Bemessung der Körperschaftsteuer erschwert. Ist der Saldo aus Zinsaufwendungen und Zinserträgen größer als 1 Million EUR, dürfen Schuldzinsen nur in Höhe der Zinserträge uneingeschränkt und darüber hinaus bis zu 30 % des Gewinns vor Zinsen, Steuern und Abschreibungen (EBITDA) als Betriebsausgaben abgezogen werden (sog. Zinsschranke). Der Rest kann zeitlich befristet vorgetragen werden.

Die Zinsschranke soll die steuerminimierende Gestaltung bekämpfen. Sie soll insbesondere verhindern, dass Konzerne mittels grenzüberschreitender konzerninterner Fremdkapitalfinanzierung in Deutschland erwirtschaftete Erträge ins Ausland transferieren. Weiterhin soll die

Zinsschranke den Anreiz internationaler Konzerne verringern, sich gezielt über deutsche Töchter auf dem Kapitalmarkt zu verschulden und über die gezahlten Zinsen vor allem in Deutschland die Steuerbemessungsgrundlage zu verringern.

Beispiel: Steuerermittlung bei einer deutschen Kapitalgesellschaft

	Gewinn vor Abzug von Ertragsteuern	**100,00**
+	körperschaftsteuerliche Hinzurechnungen (z. B. 30 % der Bewirtungsausgaben, 50 % der Aufsichtsratsvergütungen etc.)	0,00
=	**körperschaftsteuerliches Einkommen**	**100,00**
+	gewerbesteuerliche Hinzurechnungen (z. B. 25 % aller Schuldzinsen und fiktiven Zinsanteilen in Mieten, Leasingraten etc.)	0,00
-	gewerbesteuerliche Kürzungen (z. B. 1,2 % des Einheitswerts des zum Betriebsvermögen gehörenden Grundbesitzes)	0,00
=	**Gewerbeertrag**	**100,00**
-	Gewerbesteuer (Steuermesszahl immer 3,5; Hebesatz hier 400 %)	14,00
-	Körperschaftsteuer (15 %)	15,00
-	Solidaritätszuschlag (5,5 % auf Körperschaftsteuer)	0,825
=	**Ausschüttung**	**70,175**
-	Abgeltungsteuer (25 %)	17,54
-	Solidaritätszuschlag (5,5 % auf Abgeltungsteuer)	0,96
=	**Gutschrift beim Eigentümer** (evtl. anfallende Kirchensteuer nicht berücksichtigt)	**51,68**

Seit 2008 wird auch die **Bemessungsgrundlage für die Gewerbesteuer erweitert,** indem 25% der Finanzierungsaufwendungen dem Gewinn hinzugerechnet werden müssen, sofern sie nicht bereits wegen der Zinsschranke Bestandteil der Bemessungsgrundlage für die Körperschaftsteuer sind. Bei Mieten, Pachten, Leasingraten und Lizenzgebühren wird der sog. Finanzierungsanteil hinzugerechnet. Dieser beträgt bei immobilen Wirtschaftsgütern 75 %, bei mobilen Wirtschaftsgütern pauschal 20 % und bei Lizenzen 25 %. Von der Summe aus gezahlten und erhaltenen Zinsen wird der jeweilige Freibetrag von 100.000 EUR abgezogen und erst der sich so ergebende Betrag wird dann zu einem Viertel der Bemessungsgrundlage der Gewerbesteuer hinzugerechnet.

Die in Abbildung 7.3 gezeigte Gegenüberstellung von Eigen- und Fremdkapital ist **idealtypisch** zu verstehen. Sie soll die Ränder eines breiten Spektrums fixieren, in dem **in der Praxis mittler-**

weile auch viele Zwischenformen ihren Platz finden. Bei ihnen verschwimmen die genannten Unterschiede zwischen Eigen- und Fremdkapital. Daher werden sie auch **hybride oder mezzanine Kapitalformen** genannt.

7.3 Steigende Bedeutung mezzaniner Kapitalformen

Der Ausdruck »Mezzanine« kommt ursprünglich aus der Architektur und bezeichnet ein Zwischengeschoß eines mehrstöckigen Gebäudes. In der Betriebswirtschaftslehre dient »Mezzanine« als Oberbegriff für Finanzierungsinstrumente, die aufgrund ihrer rechtlichen und wirtschaftlichen Charakteristika **bilanziell zwischen Eigenkapital und Fremdkapital** einzuordnen sind. Mezzanine-Kapital ist also keine eigenständige Finanzierungsform, sondern vereint bestimmte Charakteristika anderer Finanzierungsformen. In den letzten Jahren - auch hervorgerufen durch die zunehmend vorsichtige Kreditvergabe von Banken (Basel II/III) - haben mezzanine Finanzierungen auch bei mittelständischen Unternehmen zunehmend an Bedeutung gewonnen.

Wie Eigenkapital sind mezzanine Kapitalformen **nachrangig**, d. h. im Insolvenzfall werden Mezzanine-Kapitalgeber erst nach den Fremdkapitalgebern bedient. Ein weiteres wichtiges Kennzeichen ist die **langfristige** (im Regelfall 5-10 Jahre), **aber eben meistens zeitliche begrenzte** und unbesicherte **Kapitalüberlassung**. Daher rechnen klassische Fremdkapitalgeber das Mezzanine-Kapital meist dem wirtschaftlichen Eigenkapital zu, da es die potenziell verfügbaren Sicherheiten nicht verringert. In der Mehrzahl der Fälle führt eine Finanzierung mit Mezzanine-Kapital nicht zu einer Veränderung der Eigentümerstruktur, da der Kapitalgeber keinen Gesellschafterstatus bekommt. Im Gegenzug werden sie **im Insolvenzfall vor den Eigenkapitalgebern** bedient.

Die **Zinsen** bestehen oft aus zwei Komponenten, einem fixen Basiszins und einer erfolgsabhängigen Zusatzverzinsung (Kicker). Kickers können **in verschiedenen Varianten** auftreten, z. B. als Prämienzahlungen bei Fälligkeit des Kapitals, als Optionsrecht auf Unternehmensanteile oder Wandlungsrecht in Eigenkapital. Da sie oftmals erst am Ende der Laufzeit abgegolten werden, schonen sie zunächst die Liquidität des Unternehmens. Die Gesamtverzinsung ist höher als beim klassischen Bankkredit und im Regelfall steuerlich absetzbar, aber niedriger als bei der Eigenkapitalfinanzierung.

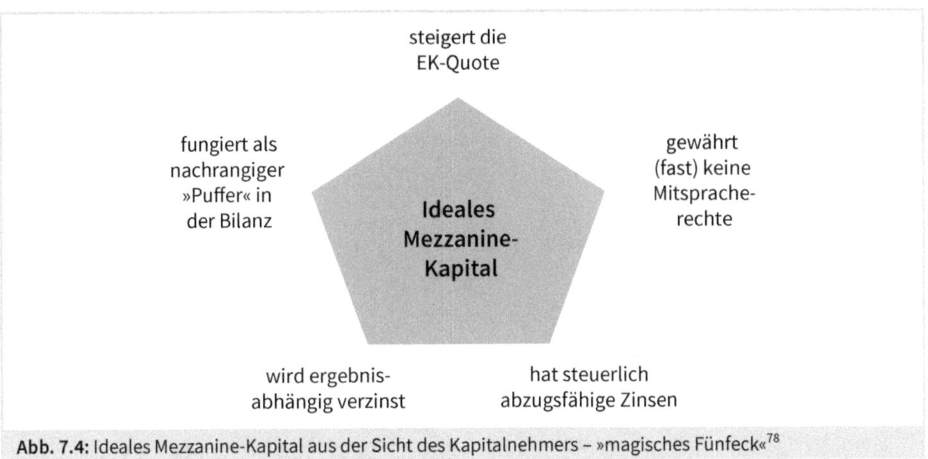

Abb. 7.4: Ideales Mezzanine-Kapital aus der Sicht des Kapitalnehmers – »magisches Fünfeck«[78]

Die **Ausgestaltungsmöglichkeiten** von Mezzanine-Kapital sind vom Gesetzgeber nur wenig reglementiert (z. B. ist die stille Gesellschaft in den §§ 230 bis 236 HGB geregelt), sodass sich eine **große Flexibilität** bei der konkreten Vertragsgestaltung ergibt (Laufzeiten, Kündigungs- und Rückzahlungsmodalitäten etc.). Je nach Bedarf des Kapitalgebers kann Eigenkapital geschaffen werden, das wirtschaftliche Charakteristika von Fremdkapital aufweist oder eben umgekehrt. Aufgrund des (meistens angestrebten) Eigenkapitalcharakters ermöglicht die Mezzanine-Finanzierung auch eine **Verbesserung der Bilanzstruktur** und damit der Bonität des Unternehmens. Dies wirkt sich positiv auf das Rating des Unternehmens aus und damit auch auf die Möglichkeiten, weitere Fremdmittel aufzunehmen, ohne die Bilanzstruktur zu verschlechtern.

Bei mezzaninen Kapitalformen unterscheidet man oft zwischen eigenkapitalähnlichen (Equity Mezzanine oder Junior Mezzanine Capital) und fremdkapitalähnlichen Formen (Debt Mezzanine oder Senior Mezzanine Capital):

Bilanz

Anlagevermögen	Eigenkapital Equity Mezzanine Capital
Umlaufvermögen	Debt Mezzanine Capital Fremdkapital

Abb. 7.5: Mezzanine-Kapital steht – auch bilanziell gesehen – zwischen Eigen und Fremdkapital

78 skizziert nach einer Idee von Wöhe/Bilstein/Ernst/Häcker (2013): Grundzüge der Unternehmensfinanzierung, Seite 200.

Equity Mezzanine Capital (bilanzielles Eigenkapital) wird sowohl wirtschaftlich als auch bilanziell als Eigenkapital angesehen, bei entsprechender Ausgestaltung des Finanzierungsinstrumentes kann das Kapital zudem steuerlich als Fremdkapital behandelt werden. Um Eigenkapitalcharakter zu erlangen, benötigt Equity Mezzanine Capital in jedem Fall:

- eine erfolgsabhängige Vergütungskomponente (Ausgestaltung des Kickers!)
- die Nachrangigkeit der Forderung
- die Langfristigkeit der Kapitalüberlassung

Beispiele: Equity Mezzanine

- Atypische stille Beteiligungen (hier erhält der stille Gesellschafter nicht nur eine Gewinn-, sondern auch eine Verlustbeteiligung)
- Optionsanleihen (neben der Schuldverschreibung bekommt der Gläubiger auch zusätzlich ein Bezugsrecht auf Unternehmensanteile)
- Wandelanleihen (der Gläubiger darf die Schuldverschreibung in Unternehmensanteile umtauschen; Wandel- und Optionsanleihen eignen sich durch ihre Verbriefung für die Kapitalmarktfinanzierung und somit v. a. für größere Unternehmen, die einen Zugang zum Kapitalmarkt anstreben oder schon besitzen)
- Vorzugsaktien (sie gewähren dem Inhaber bestimmte Vorteile gegenüber Stammaktien wie z. B. eine höhere Dividende, Vorzüge bei der Liquidation oder beim Stimmrecht)

Beispiele: Debt Mezzanine

- Typische stille Beteiligungen
- Nachrangdarlehen (der Darlehensgeber tritt hinter die Forderungen aller anderen Fremdkapitalgeber im Rang zurück und wird für das höhere Risiko durch eine höhere Verzinsung belohnt)
- Schuldscheindarlehen (Kreditgewährung durch große Kapitalsammelstellen wie Bausparkasse, Versicherungen, Fonds. Der Kreditvertrag stellt hier zwar eine Schuldschein-Urkunde dar, aber kein fungibles Wertpapier, das an einer Börse gehandelt werden kann).

Nicht eindeutig dem Debt oder Equity Mezzanine zurechenbar sind **Genussrechte/-scheine.** Genussrechte sind gewinnabhängige Gläubigerrechte, die aber keine Gesellschafterrechte beinhalten. Ihre inhaltliche Ausgestaltung ist nicht gesetzlich geregelt, so dass der konkrete Einzelfall über ihre Zuordnung entscheidet.

Beispiel

BayWa AG, Geschäftsbericht 2017, Seite 53 und 111

Passiva

in Mio. Euro	Anhang	31.12.2017	31.12.2016
Eigenkapital	(C.13.)		
Ausgegebenes Kapital		89,583	89,297
Kapitalrücklage		111,501	108,153
Hybridkapital		296,286	–
Gewinnrücklagen		557,218	537,042
Sonstige Rücklagen		52,964	69,850
Eigenkapital vor Anteilen anderer Gesellschafter		**1.107,552**	**804,342**
Anteile anderer Gesellschafter		327,959	294,003
		1.435,511	**1.098,345**

Abb. 7.6: Die Hybrid-Anleihe päppelt das Eigenkapital auf …

Zitat: »Die BayWa AG hat am 4. Oktober 2017 eine Schuldverschreibung in Form einer sog. Hybridanleihe mit einem Gesamtnennbetrag in Höhe von 300,000 Mio. EUR am Kapitalmarkt begeben. Der Emissionspreis belief sich – unter Berücksichtigung eines Disagios von 0,551 Prozent – auf 99,449 Prozent des Gesamtnennbetrags. Der Nettoemissionserlös beläuft sich auf 295,197 Mio. EUR …

Das Hybridkapital ist ein Eigenkapitalinstrument im Sinne von IAS 32 und hat eine unendliche Laufzeit. Es kann nur von der BayWa ordentlich sowie beim Eintritt bestimmter Ereignisse auch außerordentlich gekündigt werden. Zu diesem Zeitpunkt erfolgt dann die Rückzahlung. Hinsichtlich der Verzinsung im Zeitraum zwischen Emission und Rückzahlung sind zwei Zinsphasen zu unterscheiden: In der Zinsphase bis zum ersten möglichen Rückzahlungstermin im Jahr 2022 beläuft sich der Zinssatz auf fixe 4,250 Prozent, in der sich anschließenden zweiten Phase bis zur Rückzahlung erfolgt die Verzinsung variabel mit vorab festgelegter Marge.«

Kapitalstruktur und Kapitalausstattung

in Mio. Euro	2013	2014	2015	2016	**2017**	Veranderung in % 2017/16
Eigenkapital	1.115,0	1.050,4	1.075,9	1.098,3	1.435,5	30,7
Eigenkapitalquote (in %)	21,4	18,6	17,8	17,0	22,1	–
Kurzfristiges Fremdkapital [1]	2.421,7	2.493,5	2.769,3	3.084,4	2.986,8	- 3,2
Langfristiges Fremdkapital	1.662,5	2.108,1	2.191,5	2.292,2	2.065,7	- 9,9
Fremdkapital	4.084,2	4.601,6	4.960,8	5.376,6	5.052,5	- 6,0
Fremdkapitalquote (in %)	78,6	81,4	82,2	83,0	77,9	–
Gesamtkapital (Eigenkapital plus Fremdkapital)	5.199,3	5.652,0	6.036,7	6.474,9	6.488,0	0,2

1 Einschließlich Verbindlichkeiten aus zur Veräußerung gehaltenen langfristigen Vermögenswerten

Abb. 7.7: ... die EK-Quote steigt deutlich an

Zitat: »Zum Bilanzstichtag beträgt die Eigenkapitalquote des BayWa Konzerns 22,1 Prozent. Diese Ausstattung mit Eigenmitteln stellt für ein Handelsunternehmen einen grundsoliden Wert dar und bildet eine stabile Basis für die Fortentwicklung der Geschäftsaktivitäten. Gleichwohl ist eine starre Eigenkapitalquote eine nur bedingt aussagefähige Unternehmenskennziffer. Insbesondere die Veränderung der kurzfristigen Vermögenswerte mit der Einlagerung von Vorräten in Form von Agrarrohstoffen als auch der Erwerb von Projektrechten im Bereich der erneuerbaren Energien hat unmittelbar Einfluss auf Bilanzsumme und Eigenkapitalquote, bildet jedoch die Grundlage für entsprechende Handelstätigkeiten im Folgejahr. Im Kapitalmanagementprozess des BayWa Konzerns wird daher der Anlagendeckungsgrad II als Zielgröße verwendet. So sollen das Eigenkapital und das langfristige Fremdkapital das langfristige Vermögen zu mindestens 90 Prozent decken. Zum 31. Dezember 2017 ergibt sich ein Anlagendeckungsgrad II von über 140 Prozent«.[79]

79 Vgl. dazu die Ausführungen zu dieser Kennzahl im Kapitel 10.3.

7.4 Wichtige Aspekte der Fremdkapitalfinanzierung – Controllers Compact

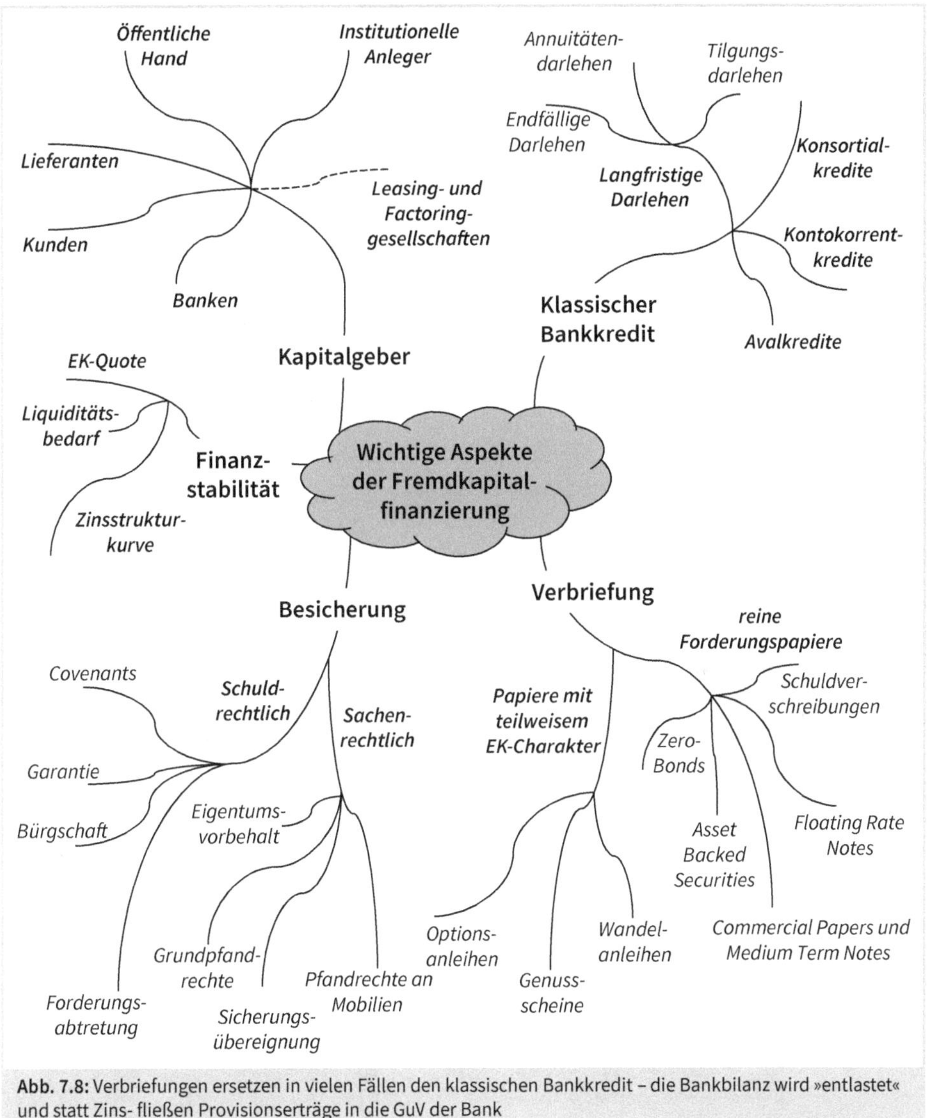

Abb. 7.8: Verbriefungen ersetzen in vielen Fällen den klassischen Bankkredit – die Bankbilanz wird »entlastet« und statt Zins- fließen Provisionserträge in die GuV der Bank

Kleines Finanzierungsvokabular

- **Annuitätendarlehen:** Darlehen mit konstanten Rückzahlungsbeträgen (Raten). Im Gegensatz zum Tilgungsdarlehen bleibt die Höhe der zu zahlenden Rate über die gesamte Laufzeit gleich (sofern eine Zinsbindungsfrist über die gesamte Laufzeit vereinbart wurde). Die Annuitätenrate oder kurz Annuität setzt sich aus einem Zins- und einem Tilgungsanteil zusammen. Da durch jede Rate ein Teil der Restschuld getilgt wird, verringert sich der Zinsanteil zugunsten des Tilgungsanteils.
- **Asset Backed Securities:** Schuldverschreibungen, die durch Vermögenswerte gesichert sind. Es werden Forderungen eines Unternehmens (i. d. R einer Bank) auf eine Zweckgesellschaft (SPV – Special Purpose Vehicle) übertragen. Dort werden sie verbrieft und als handelbare Wertpapiere am Kapitalmarkt emittiert. Die Forderungen können zusätzlich auch durch Sicherheiten, die meist auf einen Treuhänder übertragen werden, gedeckt sein.
- **Avalkredit:** Bürgschaft bzw. Garantie einer Bank für einen Kunden (Kreditleihe).
- **Bürgschaft** (§§ 765ff. BGB): Persönliche Haftung eines Dritten; im Gegensatz zur **Garantie** ist sie akzessorisch, d. h. an das Bestehen des Grundgeschäfts unmittelbar gebunden.
- **Commercial Papers** (CPs) und **Medium Term Notes** (MTNs): festverzinsliche Wertpapiere, die im Rahmen eines Daueremissionsprogramms aufgelegt werden und den kurz- (CPs; bis ca. 1 Jahr) bzw. mittelfristigen Laufzeitbereich (MTNs; ca. 1 bis 5 Jahre) abdecken. Nötig ist dafür eine Rahmenvereinbarung mit einer Bank oder einem Bankenkonsortium, die Laufzeit und Volumen festlegt. Adressaten sind v. a. institutionelle Anleger, daher eher große Stückelungen. I. d. R. kein Börsenhandel (Private Placement).
- **Covenants:** Dabei handelt es um bestimmte Klauseln oder (Neben-)Abreden in Kreditverträgen und Anleihebedingungen. Es sind vertraglich bindende Zusicherungen des Kreditnehmers oder Schuldners während der Laufzeit eines Kredits und dienen der Überwachung der wirtschaftlichen Leistungsfähigkeit eines Kreditnehmers. Die folgende Abbildung zeigt eine Systematisierung der wesentlichen Formen von Covenants.

Positive Covenants – aktive Handlungen des Kreditnehmers
- Informationspflichten (Geschäftsplan, Jahresabschluss, laufende Gerichtsverfahren)
- Rechnungslegungsstandards (HGB, IFRS, US-GAAP)
- Versicherungen (Key Men Insurance)

Negative Covenants – zustimmungsbedürftige Handlungen des Kreditnehmers
- Ausschüttung von Gesellschaftsvermögen, Verkauf von Unternehmensvermögen
- Investitionen > x Mio. EUR
- Aufnahme weiterer Verbindlichkeiten, Gewährung von Sicherheiten an Dritte
- Umstrukturierungsmaßnahmen

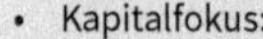

Financial Covenants – durch Kreditnehmer einzuhaltender Finanzrahmen
- Kapitalfokus:
  - Net Worth (Mindest-Eigenkapital)
  - Gearing Ratio (Mindest-Ratio Verbindlichkeiten / Eigenkapital)
- Ertragsfokus:
  - Leverage Covenant (Nettoverschuldungsgrad: Nettoverbindlichkeiten / EBITDA)
  - Interest Cover (Zinsdeckungsgrad: EBITDA / Zinsaufwand)
  - Cashflow Cover (Schuldendienstdeckungsgrad: Cashflow / (Zins + Tilgung))

Abb. 7.9: Covenants sind Nebenbestimmungen, die spezifische Verhaltenspflichten eines Kreditnehmers vertraglich festlegen

Weitere oft verwendete Covenants sind z. B.:
- Konstanz in den Gesellschafterverhältnissen
- Einhaltung aller Gesetze und Vorschriften
- Sonderkündigungsrecht, wenn der Schuldner zwar eine Anleihe bedient, jedoch bezüglich einer anderen Zahlungsverpflichtung in Rückstand gerät.

Typische Reaktionen bei Covenants-Bruch sind:
- Fordern von Überwindungsmaßnahmen (Kapitalerhöhung, Beauftragung externer Berater)
- Nachverhandeln der Kreditvertragsinhalte (Einschränken der Investitionsautonomie; Verschärfen der Financial Covenants; Erhöhen des Zinssatzes; Einfordern von Nachbesicherungen; Aufnehmen weiteren Eigenkapitals oder nachrangigen Fremdkapitals)
- Bei Einigung: Stand Still-Periode oder Aufheben der Vertragsstörung (Waiver Fee)
- Kündigung meist erst bei Insolvenzerwartung.

- **Floating Rate Notes** (auch Floater genannt): Anleihen mit variablem Zinssatz, der sich meistens am Interbanken-Zinssatz EURIBOR orientiert. Die Anpassung erfolgt in regelmäßigen Abständen, z. B. alle 6 Monate. Zur Begrenzung des Spielraums lassen sich Zinsober- bzw. Zinsuntergrenzen (Caps/Floors) einbauen. Als Variante existieren auch die »Reverse Floater«. Hier lautet die Verzinsung nicht auf EURIBOR plus x, sondern EURIBOR minus x. Geeignet für Emittenten, die mit steigenden Geldmarktzinsen oder Anleger, die mit sinkenden Geldmarktzinsen rechnen.
- **Hypothek und Grundschuld:** Pfandrechte an Immobilien. Keine Übergabe, dafür aber Eintragung ins Grundbuch erforderlich. Die Hypothek ist akzessorisch (siehe Bürgschaft), die Grundschuld dagegen fiduziarisch, d. h. in Entstehung und Fortbestand vom Grundgeschäft unabhängig, daher bei Banken deutlich beliebter.
- Der **Konsortialkredit** (auch »syndizierter Kredit« genannt) ist ein von mehreren Banken gemeinsam gewährter Kredit. Oftmals folgt auf eine Ansammlung bilateraler Kredite die Entscheidung für eine Syndizierung in einem Konsortialkredit. Dabei werden mehrere bilaterale Kredite abgelöst durch eine strukturierte Finanzierungslösung, an der sich mehrere Banken beteiligen. Der Konsortialkredit gibt den Unternehmen Sicherheit: Durch eine feste Laufzeit – in der Regel fünf Jahre – bietet er ihnen für diesen Zeitraum Finanzierungssicherheit. Zweitens ist sichergestellt, dass einzelne Banken innerhalb der vereinbarten Frist nicht einfach ihr Engagement zurückfahren können. Und schließlich drittens: Statt mehrerer Verträge muss das Unternehmen fortan nur noch einen klaren Vertrag erfüllen. Der Managementaufwand reduziert sich dadurch in der Regel deutlich.
- **Pfandrecht:** Dingliches Recht, das es dem Sicherungsnehmer erlaubt, die verpfändete bewegliche Sache oder das Recht (z. B. Forderung) mit Vorrang vor anderen Gläubigern zu verwerten (§§ 1204 ff. BGB). Grundsätzlich ist Übergabe nötig, daher wird in der Praxis oft eine **Sicherungsübereignung** vereinbart (z. B. bei Maschinen, Kfz), bei der der Sicherungsgeber unmittelbarer Besitzer bleiben kann.
- **Schuldschein(-darlehen):** Darlehen, das dem Kreditnehmer durch große Kapitalsammelstellen als Kreditgeber gewährt wird, ohne dass dieser den organisierten Kapitalmarkt in Anspruch nehmen muss. Der als Schuldschein ausgestellte Kreditvertrag ist kein Wertpapier und damit kaum fungibel, kann aber durch Vertragsübernahme oder Abtretung übertragen werden.
- **Zero-Bonds:** Schuldverschreibung ohne regelmäßige Zinszahlung. Diese erfolgt komplett am Ende der Laufzeit (Zinseszinseffekt für den Anleger; Liquiditätsvorteil für den Emittenten).

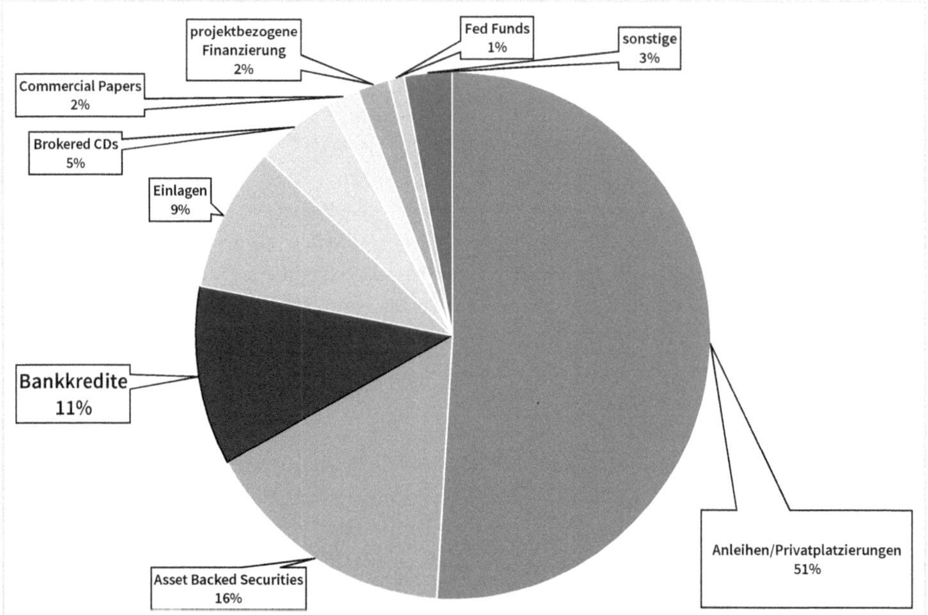

Abb. 7.10: Der klassische Bankkredit spielt bei der Fremdkapitalfinanzierung großer Konzerne mitunter nur noch eine untergeordnete Rolle (Originalbeispiel)
Anmerkung: Brokered CDs (Certificates of Deposit) sind Einlagenzertifikate, die von einem Finanzintermediär angeboten werden.

7.5 Was man zum Leverage-Effekt wissen muss

Die **Wahl der Kapitalstruktur**[80], also des Verhältnisses von Eigen- zu Fremdkapital in der Bilanz, ist eine Grundsatzentscheidung der Unternehmensführung. Der gewählte Verschuldungsgrad (Quotient Fremdkapital/Eigenkapital) muss dem Charakter des operativen Geschäfts angepasst werden.

Ist das Geschäftsrisiko als eher hoch zu einzuschätzen, z. B. determiniert durch

- eine hohe Konjunkturabhängigkeit,
- schnellen technischen Fortschritt,
- starke gesetzgeberische Eingriffe,
- einen hohen Strukturkostenanteil oder
- eine große Anzahl aggressiver Wettbewerber,

geht ein hoher Verschuldungsgrad mit einem hohen Konkursrisiko einher. Hier ist also tendenziell ein hohes Eigenkapital als Risikodeckungsmasse vorzuhalten.

80 Vgl. hierzu auch das Kapitel 5.2.7.

In Branchen mit niedrigem Geschäftsrisiko und daher vergleichsweise gut prognostizierbaren Cashflows kann dagegen der Verschuldungsgrad eher hoch sein, ohne den Bestand des Unternehmens zu gefährden (vgl. folgende Abbildung).

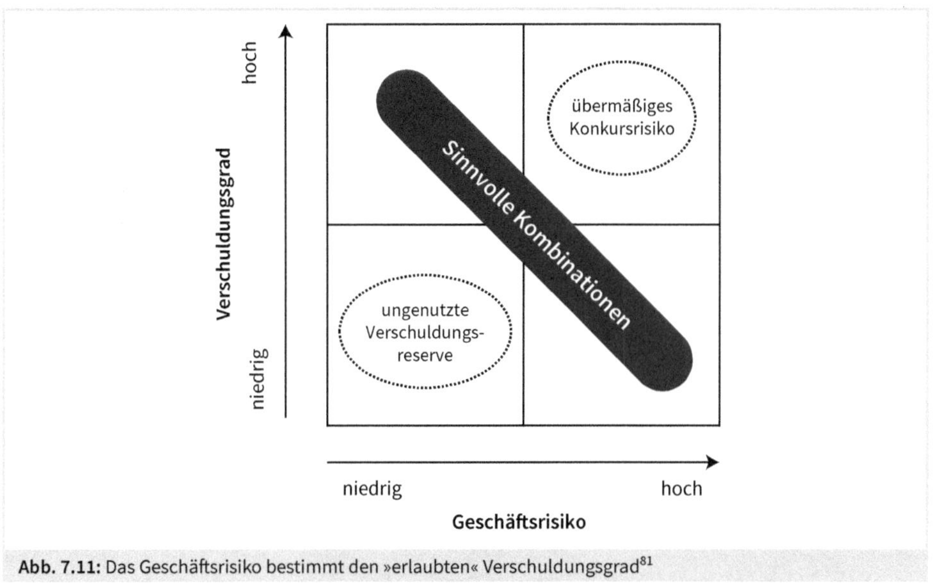

Abb. 7.11: Das Geschäftsrisiko bestimmt den »erlaubten« Verschuldungsgrad[81]

Ein wichtiger Ausgangspunkt für **die Optimierung der Kapitalstruktur** ist der Zusammenhang von Eigenkapitalrendite und Verschuldungsgrad. In der Literatur wird dieser Zusammenhang auch als **Leverage-Effekt** bezeichnet. Er besagt, dass die Eigenkapitalrendite mit steigendem Verschuldungsgrad[82] zunimmt, solange die Rendite der getätigten Investitionen den Fremdkapitalzinssatz übersteigt.

Das folgende Beispiel[83] zeigt die Auswirkungen eines steigenden Verschuldungsgrades (bzw. einer sinkenden Eigenkapitalquote) auf die Eigenkapitalrendite. Unterstellt ist hier, dass sich das Unternehmen – unabhängig vom Verschuldungsgrad – immer zu 8 % verschulden kann. Da dies unter der zu erwartenden Rendite des Gesamtkapitals liegt, geht die Eigenkapitalrendite theoretisch gegen unendlich.

81 Vgl. Coenenberg/Salfeld/Schultze (2015): Wertorientierte Unternehmensführung, Seite 174 ff.

82 Der hier gezeigte Verschuldungsgrad wird auch als Gearing-Faktor bezeichnet (siehe Abb. 5.16).

83 Vgl. Perridon/Steiner/Rathgeber (2012): Finanzwirtschaft der Unternehmung, Seite 520 ff.

Gesamtkapital: 100		Verschuldungs-grad (V)	damit EK-Quote	Gewinn vor Zinsaufwand	FK-Zins (i) 8%	Gewinn nach Zinsaufwand	EK-Rendite r_{EK}	GK-Rendite r_{GK}
davon EK	davon FK							
100	0	0,00	100%	10	0,0	10,0	10,0%	10,0%
90	10	0,11	90%	10	0,8	9,2	10,2%	10,0%
80	20	0,25	80%	10	1,6	8,4	10,5%	10,0%
70	30	0,43	70%	10	2,4	7,6	10,9%	10,0%
60	40	0,67	60%	10	3,2	6,8	11,3%	10,0%
50	50	1,00	50%	10	4,0	6,0	12,0%	10,0%
40	60	1,50	40%	10	4,8	5,2	13,0%	10,0%
30	70	2,33	30%	10	5,6	4,4	14,7%	10,0%
20	80	4,00	20%	10	6,4	3,6	18,0%	10,0%
10	90	9,00	10%	10	7,2	2,8	28,0%	10,0%
5	95	19,00	5%	10	7,6	2,4	48,0%	10,0%

Mathematisch gilt: $r_{EK} = r_{GK} + V * (r_{GK} - i)$

Diese Gleichung zeigt eine lineare Abhängigkeit der Eigenkapitalrendite (r_{EK}) vom Verschuldungsgrad (V). Außerdem lässt sie sich durch eine zunehmende Verschuldung immer weiter steigern, solange der Fremdkapitalzinssatz (i) unter der Gesamtkapitalrendite (r_{GK}) liegt.

Die überproportional steigende Kurve im nachfolgenden Diagramm (Abbildung 7.12) zeigt eine besondere Tücke des Leverage-Effekts: Er ist vor allem im Bereich sehr niedriger Eigenkapitalquoten (sehr hoher Verschuldungsgrade) wirksam, also bei besonders riskanten Finanzierungen, weniger im Bereich relativ solider Eigenkapitalquoten von 50 oder 60 %.

An dieser Stelle sei noch ein anderer **Einflussfaktor** auf den Verschuldungsgrad erwähnt: Die **Eigentumsverhältnisse** eines Unternehmens. So tendieren etwa viele Familienunternehmen dazu, hohe Eigenkapitalquoten vorzuhalten. Dahinter stecken Argumente wie Unabhängigkeit von Banken, »sich nicht dreinreden lassen wollen«, damit verbunden auch Transparenzpflichten. Es ist wohl überflüssig zu erwähnen, dass solche Unternehmen weit weniger gefährdet sind, dem Leverage-Effekt zu verfallen als kapitalmarktorientierte Unternehmen, in denen es auch häufiger zu Interessenkonflikten zwischen Management und Eigentümern kommt. Die Literatur spricht hier von der **Principal-Agent-Theorie** oder **Agency-Kosten**.

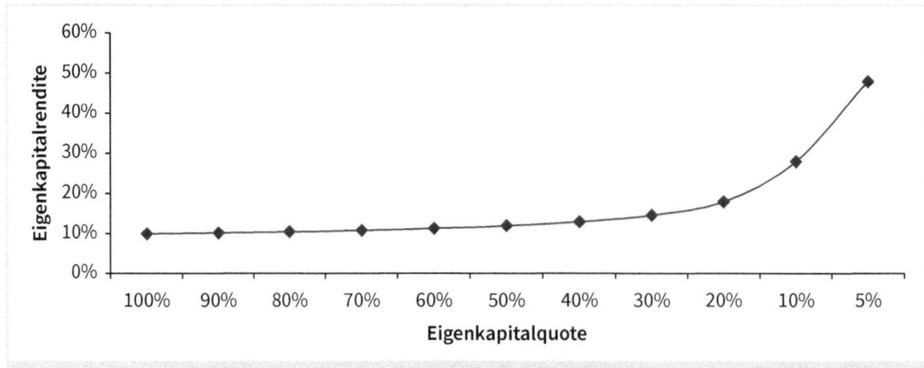

Abb. 7.12: Der Leverage-Effekt wirkt überproportional stark bei Unternehmen mit sehr niedriger Eigenkapitalquote, z. B. bei Banken

Die bisherigen Überlegungen beruhen auf zwei **Prämissen**. Die erste Prämisse ist die Möglichkeit, sich unabhängig vom Verschuldungsgrad in uneingeschränkter Höhe zu einem festen Zinssatz i verschulden zu können. Die zweite Prämisse besteht in einer als sicher geltenden Investitionsrendite r_{GK}.

Was aber geschieht, wenn man eine dieser beiden Prämissen aufgibt?

Abwandlung 1: Das folgende Beispiel baut auf dem vorhergehenden auf, allerdings wird **unterstellt, dass sich der Fremdkapitalzinssatz linear mit dem Verschuldungsgrad** erhöht. Tabelle und Grafik zeigen, dass auch hier sich die Eigenkapitalrendite zunächst erhöht, wenngleich nur unterproportional. Später dann bricht die Eigenkapitalrendite dramatisch zusammen, wenn die Investitionsrendite unter dem Zinssatz für die Neuverschuldung liegt.

Gesamtkapital: 100		Verschuldungsgrad (V)	damit EK-Quote	Gewinn vor Zinsaufwand	FK-Zinssatz (i)	FK-Zinsen	Gewinn nach Zinsaufwand	EK-Rendite r_{EK}	GK-Rendite r_{GK}
davon EK	davon FK								
100	0	0,00	100%	10	6,0%	0,00	10,00	10,00%	10,0%
90	10	0,11	90%	10	6,5%	0,65	9,35	10,39%	10,0%
80	20	0,25	80%	10	7,0%	1,40	8,60	10,75%	10,0%
70	30	0,43	70%	10	7,5%	2,25	7,75	11,07%	10,0%
60	40	0,67	60%	10	8,0%	3,20	6,80	11,33%	10,0%
50	50	1,00	50%	10	8,5%	4,25	5,75	11,50%	10,0%
40	60	1,50	40%	10	9,0%	5,40	4,60	11,50%	10,0%
30	70	2,33	30%	10	9,5%	6,65	3,35	11,17%	10,0%
20	80	4,00	20%	10	10,0%	8,00	2,00	10,00%	10,0%
10	90	9,00	10%	10	10,5%	9,45	0,55	5,50%	10,0%
5	95	19,00	5%	10	11,0%	10,45	-0,45	-9,00%	10,0%

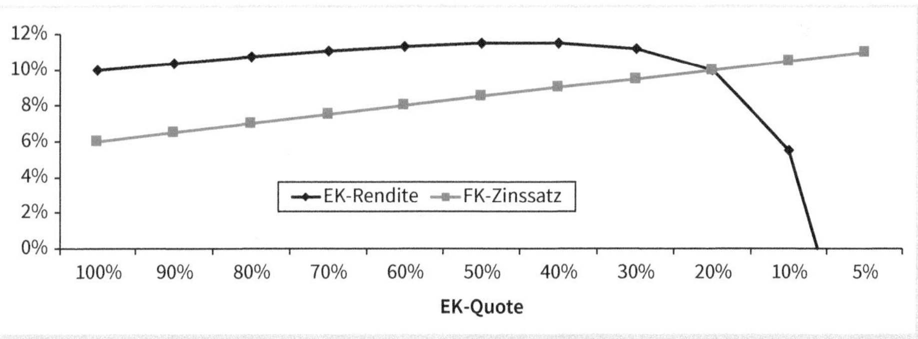

Abb. 7.13: Auch bei steigendem Fremdkapital-Zinssatz infolge der höheren Verschuldung lässt sich die Eigenkapitalrendite zunächst noch steigern (wenn auch nur leicht), bevor sie einbricht

Abwandlung 2: Hier wird nun die Investitionsrendite r_{GK} nicht mehr als sicher angenommen. Diese Unsicherheit drückt sich durch zwei alternative Szenarien (best bzw. worst case) aus. Im ersten Fall erzielt die Investition eine Rendite von 10 % (ist also größer als der Zinssatz für die Neuverschuldung von 8 %), im zweiten Fall liegt sie nur bei 6 %. Auch hier gilt: Je geringer die Eigenkapitalausstattung, desto größer der Leverage-Effekt. Im ersten Fall als Chance, im zweiten Fall als Risiko.

Gesamtkapital: 100		Verschuldungs-grad (V)	damit EK-Quote	FK-Zinsen bei i = 8%	r_{EK} bei Gewinn vor Zinsen von	
davon EK	davon FK				9 (r_{GK} = 9%)	6 (r_{GK} = 6%)
100	0	0,00	100%	0,0	9,0%	6,0%
90	10	0,11	90%	0,8	9,1%	5,8%
80	20	0,25	80%	1,6	9,3%	5,5%
70	30	0,43	70%	2,4	9,4%	5,1%
60	40	0,67	60%	3,2	9,7%	4,7%
50	50	1,00	50%	4,0	10,0%	4,0%
40	60	1,50	40%	4,8	10,5%	3,0%
30	70	2,33	30%	5,6	11,3%	1,3%
20	80	4,00	20%	6,4	13,0%	-2,0%
10	90	9,00	10%	7,2	18,0%	-12,0%
5	95	19,00	5%	7,6	28,0%	-32,0%

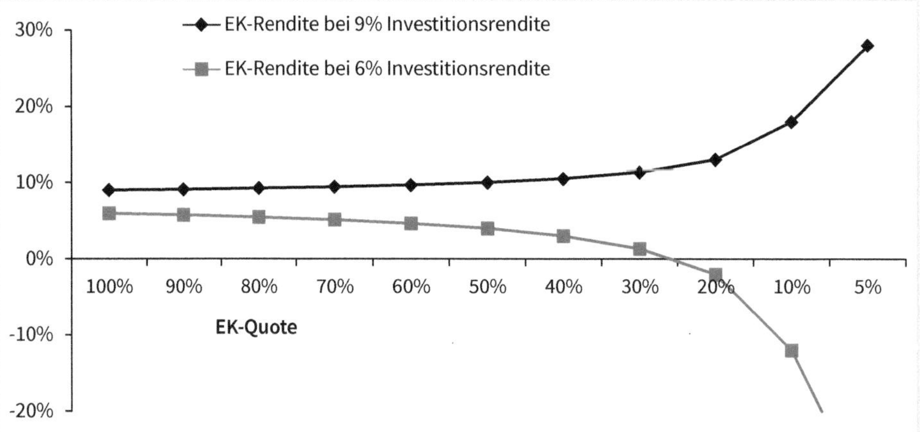

Abb. 7.14: Zwei-Alternativen-Vergleich: Hohe Schwankungsbreite der Eigenkapitalrendite bei geringer Eigenkapital-Finanzierung

7.6 Risikomanagement mit Finanzderivaten

Bevor wir in dieses Thema einsteigen, erscheint es sinnvoll, wichtige Begriffe zu definieren. Ein **Derivat** ist ein Finanzprodukt, dessen Wert bzw. Wertentwicklung vom Wert eines anderen Finanzproduktes (Basiswert, Underlying) abhängt. **Basiswerte** können Wertpapiere (z. B. Aktien oder Anleihen), finanzielle Kennzahlen (z. B. Indices, Devisenkurse oder Zinssätze), physische Gegenstände (z. B. Rohstoffe) oder auch andere Derivate sein. Derivate ermöglichen es dem Inhaber, losgelöst vom physischen Besitz des Basiswertes an dessen Marktchancen (bzw. natürlich auch -risiken) zu partizipieren.

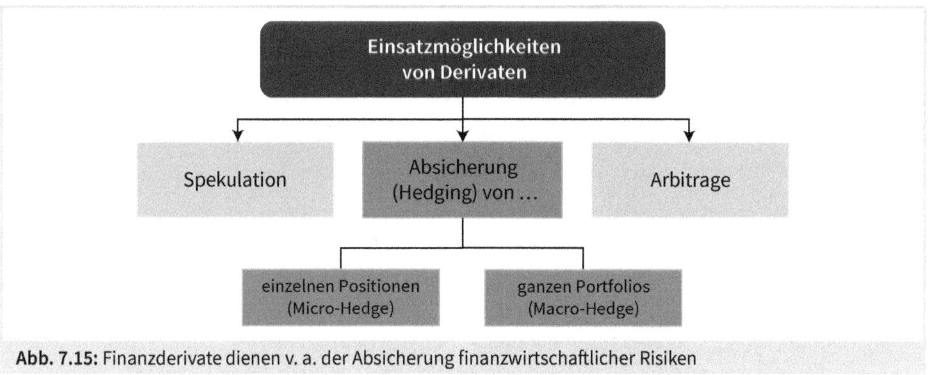

Abb. 7.15: Finanzderivate dienen v. a. der Absicherung finanzwirtschaftlicher Risiken

Spekulationsmotive und Arbitragegeschäfte (das Ausnutzen unterschiedlicher Preise an verschiedenen Märkten) sollen an dieser Stelle ausgeblendet werden. **Im Vordergrund** soll hier der **Transfer von Risiken** (Währungs-, Zinsänderungs-, Marktpreisrisiken) stehen, das so genannte **Hedging**.

Finanzderivate sind ausschließlich **Termingeschäfte**, d. h. Vertragsabschluss und Erfüllung fallen zeitlich auseinander (Gegenteil: Kassageschäfte). Es werden also in der Gegenwart die Konditionen für zukünftige Transaktionen fixiert. Dieses Grundprinzip ist keine Erfindung der Neuzeit, sondern bereits seit Jahrhunderten bekannt und praktiziert (z. B. Zusammenbruch des Tulpenmarktes in den Niederlanden im Jahr 1637, der wohl ersten Spekulationsblase der Wirtschaftsgeschichte).

Derivate können an einer **Terminbörse** (z. B. EUREX in Eschborn oder CME in Chicago) oder aber **außerbörslich** und damit individuell gehandelt werden. Letzteres wird auch als OTC-Geschäft (OTC steht hier für »over the counter«) bezeichnet. Hauptmerkmal der börsengehandelten Varianten ist ihre hohe Standardisierung bzgl. Betrag und Erfüllungsterminen, um einen schnellen und liquiden Handel gewährleisten zu können. Zudem existiert hier eine öffentlich-rechtliche Börsenaufsicht.

Es gilt **zwei Kategorien von Finanzderivaten** zu unterscheiden:

Zum einen gibt es **unbedingte Termingeschäfte**, also einen Kauf bzw. Verkauf auf Termin. Der Verkäufer verspricht bei Vertragsabschluss, zum Fälligkeitstermin den Basiswert physisch zu liefern (Physical Settlement) oder aber für einen Barausgleich (Cash Settlement) des dann gültigen Marktpreises zu sorgen. Der Käufer muss dafür am Fälligkeitstermin eine festgelegte Zahlung an den Verkäufer leisten. *Wichtig*: Für beide Vertragspartner gilt eine **Erfüllungspflicht**.

Zum anderen gibt es **bedingte Termingeschäfte**. Hier hat *ein* Vertragspartner das **Wahlrecht**, ob er während der Vertragslaufzeit oder aber zum Fälligkeitszeitpunkt des Basiswertes eine Ausübung verlangen möchte oder nicht.

7.6.1 Futures und Forwards

Am Terminmarkt unterscheidet man zwischen den Begriffen **Future** und **Forward**. Der Forward-Markt ist nicht börsenmäßig organisiert, d. h. die Kontrakte dort sind individuell auf die Bedürfnisse der Vertragspartner abgestimmt (OTC s. o.).

Ein Future ist hingegen ein **börsenmäßiger** Kauf oder Verkauf

- eines bestimmten Basiswertes
- in einer bestimmten Menge
- zu einem festgelegten Preis (bzw. Kurs)
- **mit zwingender Erfüllung** zu einem bestimmten zukünftigen Zeitpunkt.

Um eine ausreichende Liquidität der Märkte zu ermöglichen, sind die Verträge **hoch standardisiert** bzgl. Erfüllungstermin, Menge und Betrag. Als **Basiswerte** kommen Zinspapiere (Anleihen), Aktien bzw. Aktienkörbe oder -indices, Devisen oder auch Rohstoffe und Nahrungsmittel in Frage. Futures werden nur in den seltensten Fällen durch effektive Lieferung bzw. Abnahme des Basiswertes erfüllt. Im Regelfall wird eine eingegangene Verpflichtung durch ein Gegengeschäft wieder ausgeglichen (Glattstellung). Diese Auflösung vor Vertragsende wird durch den zentralisierten Handel an einer Börse sichergestellt. Eine sog. **Clearingstelle** hat die Aufgabe, die Abrechnung und Abwicklung der Kontrakte durchzuführen. Sie übernimmt zudem für die Vertragspartner das **Bonitätsrisiko**. Hierfür verpflichtet die Clearingstelle die Vertragspartner, ein sog. **Margin-Konto** zu eröffnen und darauf Sicherheitseinzahlungen zu leisten. Der Ersteinschuss wird **Initial Margin** genannt. Seine Höhe hängt von Art und Menge des Kontrakts ab. Die Clearingstelle bewertet täglich die eingegangenen Positionen. Angefallene Gewinne werden dem Kundenkonto gutgeschrieben, angefallene Verluste belastet. Bei Unterschreiten eines Mindestkontostandes (**Maintenance Level**) werden weitere Sicherheitseinzahlungen (**Margin Calls**) gefordert. Der durch dieses System **begrenzte Kapitaleinsatz** ist ein wesentlicher Vorteil des Terminmarkts gegenüber dem Kassamarkt (Hebelwirkung!).

Beispiel: Ausgestaltung eines BUND-Futures

- Basiswert: (fiktive) idealtypische 6 %ige Bundesanleihe mit einer Restlaufzeit von 10 Jahren
- Kontraktwert: 100.000 EUR, Preisfeststellung in Prozent, z. B. 108,75 %
- Kleinstmögliche Preisänderung (Ticks): 0,01 %, entspricht also 10 EUR
- Laufzeit maximal 9 Monate, mögliche Liefermonate März, Juni, September, Dezember, jeweils am 10. Kalendertag des Monats

Es handelt sich hier nicht um ein real existierendes Basispapier, sondern um eine künstlich konstruierte Anleihe mit standardisierter Restlaufzeit von immer 10 Jahren. Über einen Umrechnungsfaktor wird diese synthetische Anleihe mit real existierenden Bundesanleihen (Restlaufzeit 8,5 bis 10 Jahre) vergleichbar gemacht.

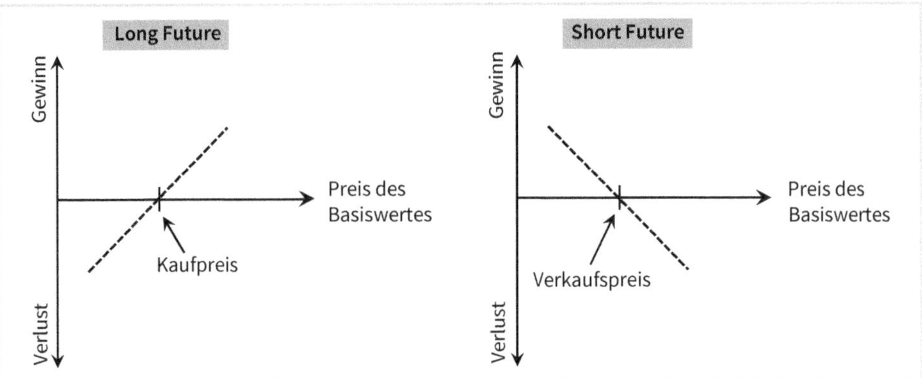

Abb. 7.16: Ergebnisprofile eines Futurekaufs (links) bzw. Futureverkaufs (rechts). Sie sind spiegelbildlich, weil der Gewinn des Käufers dem Verlust des Verkäufers entspricht (und umgekehrt)

Abbildung 7.16 zeigt die beiden **Grundpositionen** von Futures: Der **Käufer eines Futures** (links) erwartet steigende Preise für den Basiswert. Er verpflichtet sich, unabhängig vom späteren tatsächlichen Kassakurs am Fälligkeitstag den vereinbarten Preis zu bezahlen und erzielt einen Gewinn, wenn der Future-Preis zum Zeitpunkt der Glattstellung oder der Fälligkeit **über** dem ursprünglichen Einstandspreis liegt. Der **Verkäufer eines Futures** verpflichtet sich, den Basiswert am Fälligkeitstag zum vereinbarten Preis zu liefern. Er verbucht einen Gewinn, wenn der Future zum Zeitpunkt der Glattstellung oder am Fälligkeitstag **unter** dem Einstandspreis liegt.

Der Preis bzw. die Preisentwicklung eines Futures hängt ab vom Kassakurs des Basiswertes, von der Restlaufzeit (am Fälligkeitstag sind Future-Preis und Preis des Basiswertes identisch) sowie vom Zinsniveau (geringere Finanzierungskosten gegenüber dem Kassageschäft).

Futures und Forwards sind als moderne Instrumente des Risikomanagements aus den Finanzabteilungen v. a. international ausgerichteter Unternehmen nicht mehr wegzudenken. Neben einer schon bestehenden oder zukünftigen Position aus einem Grundgeschäft wird eine entgegengesetzte Terminposition eingegangen. Deren Wertänderung soll – je nach **Risikoappetit** des Unternehmens – die Wertänderung des Grundgeschäfts ganz oder teilweise kompensieren. Hier vermischen sich also Hedging und Spekulation! Der BUND-Future als Zinsfuture wird beispielsweise eingesetzt zum Management von Zinsänderungsrisiken, denn der Kurs eines festverzinslichen Wertpapiers spiegelt unmittelbar die aktuelle Zinsentwicklung wider. Bei steigenden Marktzinsen fällt der Kurs des Wertpapiers soweit, bis sich eine Rendite des Wertpapiers ergibt, die dem gestiegenen Marktzins entspricht.

In einer globalisierten Welt sind **Devisentermingeschäfte** für die Steuerung von Währungsrisiken unverzichtbar geworden. Deutsche Unternehmen mit ihrem meist hohen Exportanteil sehen sich in starkem Maße mit diesem Sachverhalt konfrontiert.

Beispiel: Devisentermingeschäft

Ein deutscher Autohersteller verkauft ein Fahrzeug in den USA für 100.000 USD.

- Zeitpunkt 1: Frühjahr 2017 (EUR/USD 1,06) entspricht dies ca. 94.300 EUR.
- Zeitpunkt 2: Herbst 2017 (EUR/USD 1,20) entspricht dies ca. 83.300 EUR.

Differenzbetrag von ca. 11.000 EUR pro verkauftem Fahrzeug in nur 6 Monaten!

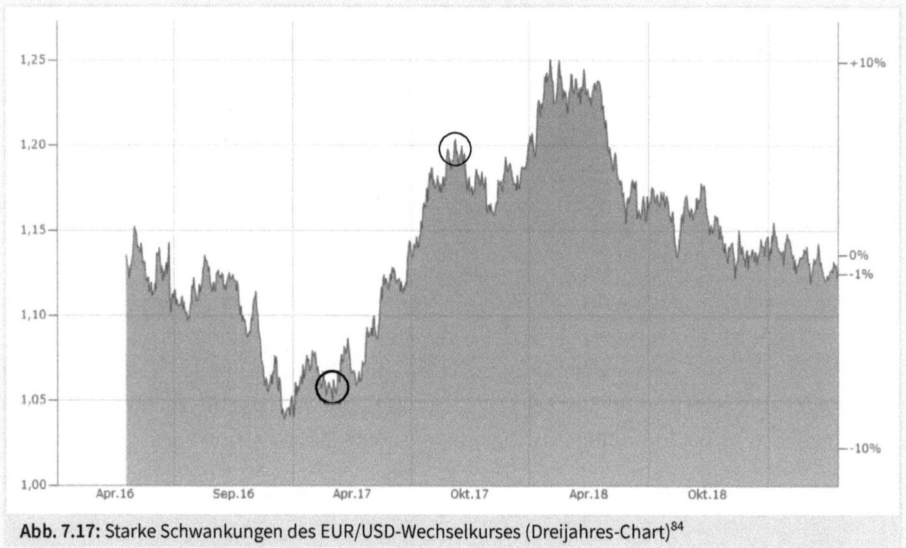

Abb. 7.17: Starke Schwankungen des EUR/USD-Wechselkurses (Dreijahres-Chart)[84]

Die **Terminbörse EUREX**[85] bietet Stand Oktober 2020 für insgesamt 12 Währungspaare Future-Kontrakte an (z. B. EUR/CHF, EUR/GBP, EUR/USD, GBP/CHF, GBP/USD, USD/CHF). Die aktuelle Kontraktgröße beträgt 100.000, die Laufzeiten bis zu 36 Monate. **Alternativ** bieten **Banken** individuell ausgestaltete Forward-Kontrakte mit allerdings höheren Mindestvolumina und höheren Transaktionskosten an.

7.6.2 Swaps

Swaps sind finanzielle **Tauschgeschäfte**. Sie dienen entweder der **Spekulation**, dem **Hedging** oder aber dem **Ausnutzen von komparativen Kostenvorteilen** an den internationalen Finanzmärkten, die durch unterschiedliche Bonitätseinschätzungen oder unterschiedliche Marktzugangsmöglichkeiten der beiden Vertragspartner entstehen. Swaps werden OTC gehandelt, daher spielen Banken entweder als Vermittler oder als Vertragspartner hier eine zentrale Rolle.

84 Quelle: Finanzen.net, Abruf vom 6.10.2020.

85 www.eurexchange.com.

Ein **Zinsswap** ist ein Tausch von Zinszahlungen (Zuflüsse und Abflüsse), ohne dass die zu Grunde liegenden – natürlich gleich hohen – Kapitalbeträge ausgetauscht werden. Es werden kurz- und langfristige oder auch zinsvariable und zinsfixe Zahlungen gegeneinander getauscht. Swaps sind besonders im Bereich der mittel- bis langfristigen Finanzierung (bis zu 10 Jahre) von Bedeutung. Daher ist neben dem Swap-Volumen auch die Fixierung der Austauschtermine wichtig.

Beispiel 1[86]

Unternehmen A hat auf sinkende Zinsen gesetzt und daher ein variabel zu verzinsendes Darlehen bei seiner Hausbank aufgenommen, Unternehmen B dagegen – in der Meinung steigender Zinsen – ein festverzinsliches. In beiden Unternehmen ändert sich nun die Ansicht über die zukünftige Zinsentwicklung – natürlich konträr zueinander. Sie vereinbaren nun das in der folgenden Abbildung dargestellte Swap-Geschäft:

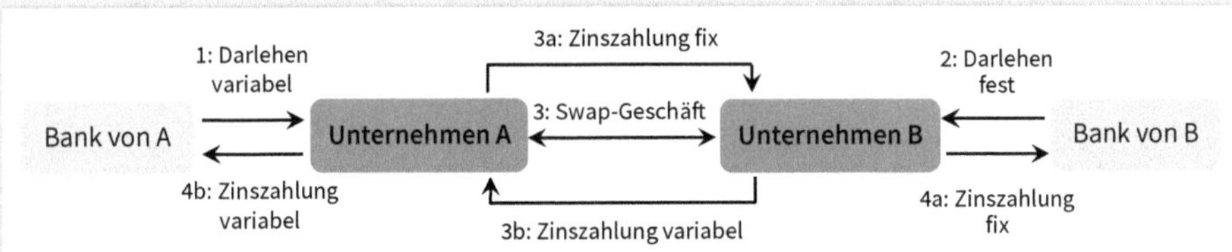

Abb. 7.18: Durch das Swap-Geschäft heben sich die Zahlungsströme 3a und 4a sowie 3b und 4b jeweils auf. Resultat: A zahlt nun feste Zinsen, B dagegen variable Zinsen

Dadurch haben beide Unternehmen nun ihre Finanzierung an die gewünschte Zinsart angepasst, ohne dass sie dafür aus den laufenden Bankverträgen aussteigen mussten. Der Zinsswap dient also dazu, auf eine künftige Zinsentwicklung zu setzen (**Spekulation**) oder aber sich gegen eine zukünftige Zinsentwicklung abzusichern (**Hedging**). In der Praxis ist zu berücksichtigen, dass zwischen den Unternehmen im Regelfall eine Bank vermittelt.

Beispiel 2

Dieses Beispiel zeigt, wie zwei Unternehmen komparative Kostenvorteile mittels eines Swaps nutzen können: Zwei Unternehmen A und B mit unterschiedlicher Bonität finanzieren sich zu folgenden Konditionen[87]:

	Festzins p. a.	**variabler Zins p. a.**
Unternehmen A	8 %	6-Monats-EURIBOR plus 0,25 %, z. B. 6,25 %
Unternehmen B	8,5 %	6-Monats-EURIBOR plus 0,5 %, z. B. 6,5 %

Abb. 7.19: Unterschiedliche Bonitäten haben unterschiedliche Finanzierungskonditionen zur Folge

86 in Anlehnung an Zantow/Dinauer (2011): Finanzwirtschaft des Unternehmens, Seite 376.
87 in Anlehnung an Zantow/Dinauer (2011): Finanzwirtschaft des Unternehmens, Seite 378 ff.

EURIBOR (**Eur**o **I**nter**B**ank **O**ffered **R**ate) ist ein **Referenzzinssatz für Termingelder in Euro im Interbankengeschäft**. Die Laufzeiten bewegen sich zwischen einer Woche und einem Jahr. Der genannte Aufschlag stellt die jeweilige Marge für die Bank dar.

Abbildung 7.19 zeigt, dass Unternehmen B bei beiden Zinsarten – absolut gesehen – höhere Zinsen bezahlt. Der Nachteil bei den variablen Zinsen ist mit 25 Basispunkten aber **komparativ** (vergleichsweise) geringer als beim Festzins mit 50 Basispunkten. Drückt man die **Festzinsen jeweils als Vielfaches der variablen Zinsen** aus, so ergibt sich folgendes Bild:

	Festzins
Unternehmen A	1,28
Unternehmen B	1,31

Abb. 7.20: A hat einen komparativen Vorteil bei den Festzinsen (niedrigerer Quotient)

Drückt man umgekehrt die **variablen Zinsen in Relation zu den Festzinsen** aus, so ergibt sich:

	variabler Zins
Unternehmen A	0,78
Unternehmen B	0,76

Abb. 7.21: Obwohl A die absolut günstigeren Konditionen hat, besitzt B einen komparativen Vorteil beim variablen Zins (niedrigerer Quotient)

A möchte sich im Beispiel variabel verschulden, B mit fester Verzinsung.

Variante 1 (ohne Swap): Die »Gesamtzinsen« für beide Unternehmen isoliert wären 6,25 % (für A variabel) plus 8,5 % (für B fest) = 14,75 %.

Variante 2 (mit Swap): A nimmt nun zunächst ein Festzinsdarlehen auf, B dagegen ein variabel verzinsliches Darlehen. Beide gehen also in die Finanzierung, die sie eigentlich **nicht** haben wollen, bei der sie jedoch einen komparativen Vorteil besitzen. Zwischenergebnis: 8 % fest für A plus 6,5 % variabel für B = 14,5 %. Dann wird »geswapt« (siehe Abbildung 7.22).

Beide kommen zusammen auf einen Vorteil von 0,25 %-Punkten – bei einer angenommenen Darlehenssumme von 50 Mio. EUR also 125.000 EUR. In dem hier vorgestellten Modell (ohne Vermittlung des Swaps durch eine Bank) wäre noch zu verhandeln, wie der Vorteil aufgeteilt werden soll. Geht man von einer 50:50-Lösung aus, so kämen beide auf einen Vorteil von 0,125 %. Unternehmen A müsste effektiv den 6-Monats-EURIBOR plus 0,125 % (statt 0,25 %) bezahlen und Unternehmen B 8,375 % fest (statt 8,5 %).

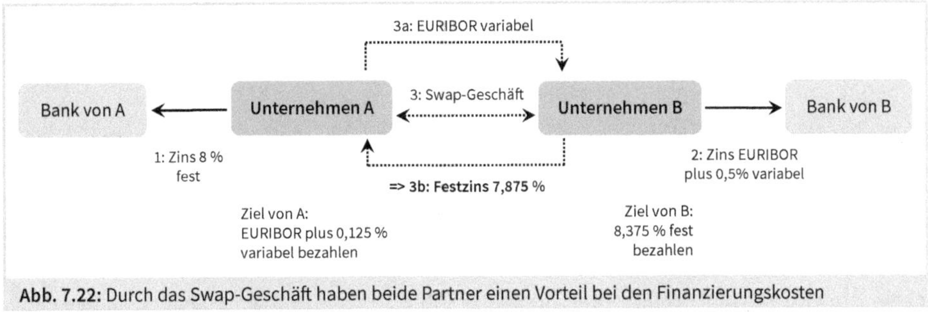

Abb. 7.22: Durch das Swap-Geschäft haben beide Partner einen Vorteil bei den Finanzierungskosten

Beim **Währungsswap** erfolgt ein Austausch von Zinsverpflichtung **und** einer Kapitalsumme der Unternehmen, die entgegen gerichtete Währungswünsche haben. Die **Vorteile** liegen in der **Absicherung des Fremdwährungsrisikos** und der Möglichkeit, einen **kostengünstigeren Zugang zu Fremdwährungsmärkten** zu bekommen.

Das gesamte Geschäft kann in Ausgangs-, Zins- und Schlusstransaktion zerlegt werden. Zunächst erfolgt ein Tausch der Kapitalbeträge (gleiche Höhe, gleiche Fristigkeit) zu dem jeweils gültigen Kurs. Dieser Schritt ist nur dann nötig, wenn die Vertragspartner die gewünschten Währungen noch nicht besitzen, aber in Zukunft besitzen wollen. Dann werden die Zinszahlungen auf die jeweiligen Kapitalbeträge ausgetauscht. Jedes Unternehmen bezahlt also während der Laufzeit des Swap-Geschäftes die Zinsen für die Währung, die sie sich »ertauscht« hat. In der Schlusstransaktion werden die ursprünglich getauschten Kapitalbeträge zu einem vereinbarten Kurs wieder »zurückgeswapt«. Erfolgt dies zum ursprünglichen EUR/USD-Kurs, ist damit eine 100 %-Sicherung erfolgt.

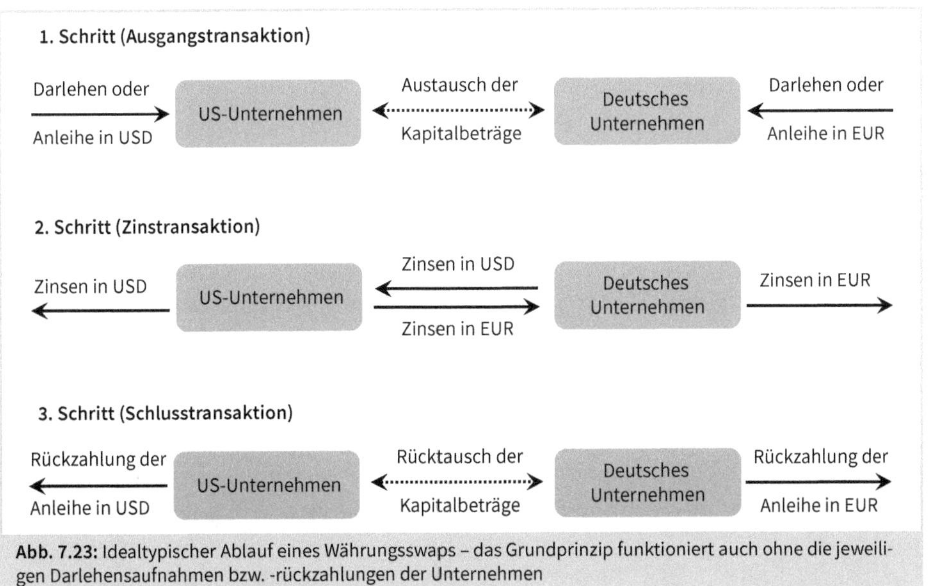

Abb. 7.23: Idealtypischer Ablauf eines Währungsswaps – das Grundprinzip funktioniert auch ohne die jeweiligen Darlehensaufnahmen bzw. -rückzahlungen der Unternehmen

Zu beachten ist ein zwingender **Zusammenhang zwischen Zins- und Devisenmarkt:** Zinsen sind immer individuell gültig für eine Währung. Wird also beim Swap der Rücktausch der Kapitalbeträge zum Ursprungskurs vereinbart, sind – bei angenommen unterschiedlichen Zinsniveaus der beteiligten Währungen – Zinsausgleichszahlungen fällig, denn der (ursprüngliche) Halter der höherverzinslichen Währung hat durch den Tausch einen Nachteil.

Bei »normalen« Devisentermingeschäften (auch **Outrightgeschäfte** genannt) gibt es im Gegensatz zu Währungsswaps keinen sofortigen Austausch von Kapitalbeträgen und damit auch keinen Austausch von Zinszahlungen während der Laufzeit. Das **unterschiedliche Zinsniveau** der beteiligten Währungen wird durch eine **Abweichung des Terminkurses zum Kassakurs** ausgedrückt:

- Ist das Zinsniveau des Euro höher als das Zinsniveau der Fremdwährung, liegt der Terminkurs der Fremdwährung unter dem Kassakurs. Es wird also ein Abschlag (Deport) auf den Kassakurs vorgenommen.
- Ist das Zinsniveau des Euro niedriger als das der Fremdwährung, liegt der Terminkurs der Fremdwährung über dem Kassakurs. Es wird also ein Aufschlag (Report) auf den Kassakurs vorgenommen.

Deports und Reports werden auch als **Swapsätze** bezeichnet. Sie stellen nichts anderes als Kurssicherungskosten dar. Der Terminkurs einer Währung ist daher nicht Ausdruck der vom Markt für die Zukunft erwarteten Entwicklungen der Währung, sondern lediglich Ausdruck von Zinsunterschieden.

7.6.3 Optionen

Der *Käufer* einer Option erwirbt das **Recht,**

- bis zum Fälligkeitstag (Typ amerikanische Option) bzw. genau am Fälligkeitstag (Typ europäische Option)
- eine bestimmte Menge eines Basiswertes
- zu einem festen Preis (Basispreis bzw. Strike)
- zu kaufen (Call-Option) oder zu verkaufen (Put-Option).

Der *Verkäufer* der Option (Stillhalter) übernimmt die **Verpflichtung**, bei Ausübung der Option den Basiswert zum Basispreis zu liefern (Call) oder abzunehmen (Put). Dafür erhält er vom Käufer eine **Optionsprämie.** Optionsrechte können – müssen aber nicht – in Wertpapieren **verbrieft** sein. Dann spricht man von Optionsscheinen. Im Optionsgeschäft gibt es vier mögliche Positionen:

	Kauf (Long) einer ...	Verkauf (Short) einer ...
... Kaufoption (Call)	Recht zum Kauf (Long Call)	Pflicht zum Verkauf (Short Call)
... Verkaufsoption (Put)	Recht zum Verkauf (Long Put)	Pflicht zum Kauf (Short Put)

Fall 1: Kauf einer Kaufoption (Long Call)

Ein deutscher Importeur benötigt zum 1.7. des nächsten Jahres eine Million USD, um einen wichtigen Rohstoff bezahlen zu können. Am heutigen Tag steht der EUR bei 1,30 USD. Bei einem Kauf wären das etwa 769 TEUR. Fällt der EUR-Kurs (steigt der USD-Kurs) auf 1,20 USD, wären gut 833 TEUR zu bezahlen. Steigt der EUR-Kurs hingegen auf 1,40 USD, entspräche das einem Wert von 714 TEUR. Um sich gegen dieses Währungsrisiko abzusichern, kann der Importeur eine Kaufoption kaufen. Konkretes Beispiel: Basispreis 1,30 und Optionspreis 5 (US-)Cent.

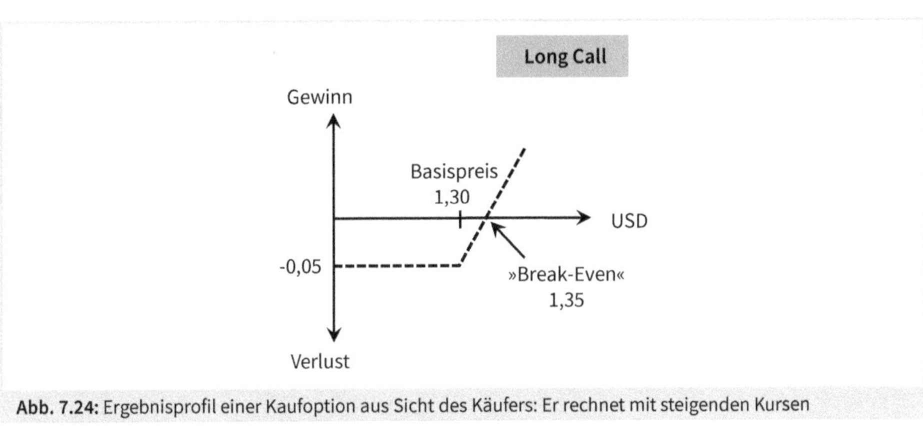

Abb. 7.24: Ergebnisprofil einer Kaufoption aus Sicht des Käufers: Er rechnet mit steigenden Kursen

Der Optionskäufer erreicht die Gewinnzone bei 1,35 USD (Basispreis plus bezahlte Optionsprämie). Theoretisch ist seine Gewinnchance bei steigendem USD-Kurs unbeschränkt. Sein Verlustrisiko beschränkt sich auf die eingesetzte Optionsprämie, da er bei für ihn ungünstigem Kursverlauf die Option nicht ausüben wird. Er ist bezüglich der Dollarentwicklung klar optimistisch.

Fall 2: Verkauf einer Kaufoption (Short Call)

Die Hausbank des Importeurs hat andere Kurserwartungen. Sie rechnet mit einem leicht steigenden, gleichbleibenden oder leicht fallenden USD-Kurs.

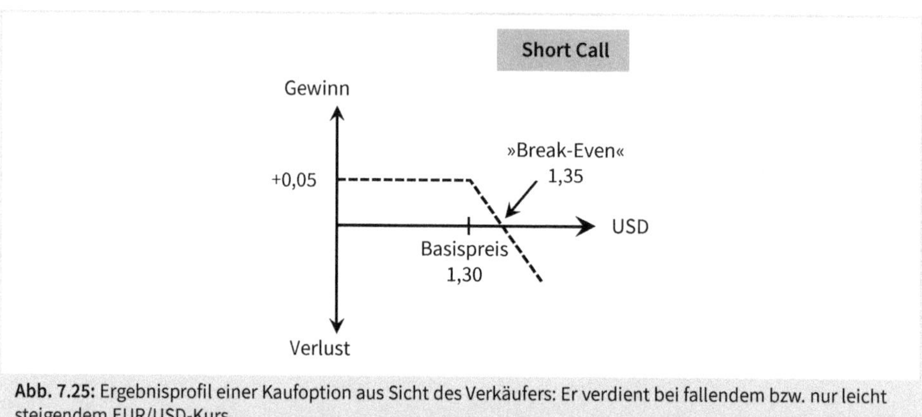

Abb. 7.25: Ergebnisprofil einer Kaufoption aus Sicht des Verkäufers: Er verdient bei fallendem bzw. nur leicht steigendem EUR/USD-Kurs

Der Verkäufer einer Kaufoption vereinnahmt in jedem Fall die Optionsprämie und hätte den vollen Gewinn, wenn sich der USD-Kurs überhaupt nicht verändert (Annahme: vereinbarter Basispreis entspricht aktuellem Kassakurs). Steigt der Kurs zum Fälligkeitstermin bis maximal 1,35 USD, wird der Käufer die Option ausüben und der Verkäufer muss zu 1,30 USD statt zum höheren Kassakurs verkaufen. Dies schmälert seinen Gewinn aus der Optionsprämie. Bei einem Kassakurs von mehr als 1,35 USD ist der entgangene Gewinn größer als die erhaltene Optionsprämie. Rechnet die Hausbank mit stark fallenden USD-Kursen, wird sie sich vermutlich auf dieses Geschäft nicht einlassen und ihre Dollar am Kassamarkt verkaufen. Insgesamt hat sie also eine »gemäßigte« Kurserwartung.

Fall 3: Kauf einer Verkaufsoption (Long Put)

Ein deutscher Exporteur bekommt zum 1.7. des nächsten Jahres aus einem Kundengeschäft 1 Million USD. Aktueller Wechselkurs EUR/USD 1,30. Rechnet der Exporteur mit einem (deutlich) fallenden Dollarkurs, kann er eine Verkaufsoption kaufen und damit seinen erwarteten Dollareingang schon heute per Termin wieder verkaufen.

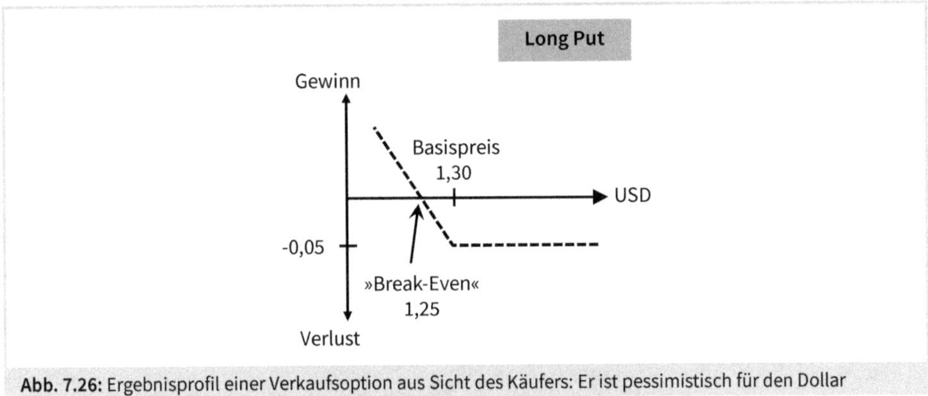

Abb. 7.26: Ergebnisprofil einer Verkaufsoption aus Sicht des Käufers: Er ist pessimistisch für den Dollar

Das Verlustpotenzial des Put-Käufers ist wiederum auf die zu zahlende Optionsprämie beschränkt. Fällt der Kurs unter 1,30 USD wird er die Option nicht ausüben, sondern über den Kassamarkt verkaufen (z. B. realisiert er bei einem Kurs von 1,28 USD gut 781 TEUR; würde er die Option ausüben, käme er nur auf etwa 769 TEUR). Je stärker der Kurs fällt, desto höher ist sein Gewinn.

Fall 4: Verkauf einer Verkaufsoption (Short Put)

Die Hausbank des Exporteurs rechnet mit einem steigenden Dollarkurs. Sie hält typischerweise einen größeren Devisenbestand vor und kann durch die erhaltene Prämie aus dem Verkauf einer Verkaufsoption ihre Rendite verbessern.

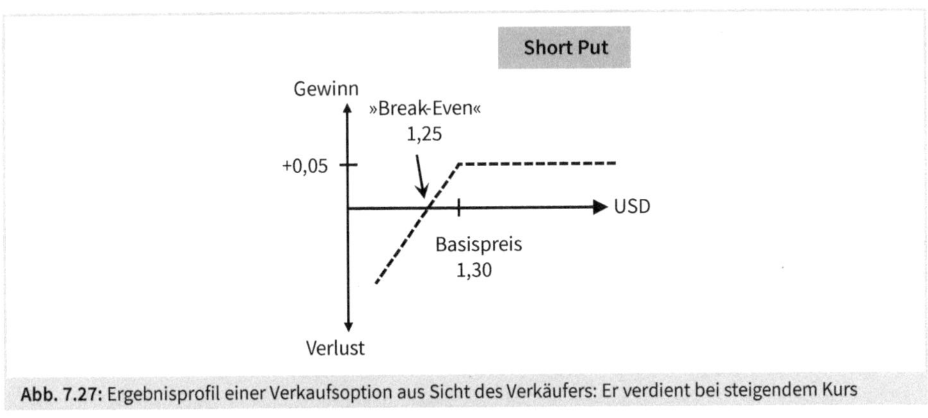

Abb. 7.27: Ergebnisprofil einer Verkaufsoption aus Sicht des Verkäufers: Er verdient bei steigendem Kurs

Die Hausbank realisiert wiederum die Optionsprämie für ihr »Stillhalten«. Fällt der Kurs unter 1,25 USD, wird der Käufer seine Option ausüben und die Bank muss 1 Million Dollar zu z. B. 1,20 abnehmen (833 TEUR). Je weiter der Kurs fällt, desto größer der Verlust für den Optionsverkäufer, weil er die Dollars teuer einkaufen muss.

Zusammengefasst: Wesentlich für den Käufer ist, dass er nicht mehr als die gezahlte Optionsprämie verlieren kann, weil er bei für ihn ungünstiger Kursentwicklung seine Option ausüben und damit das Risiko an den Stillhalter überwälzen wird. Umgekehrt kann der Stillhalter nicht mehr verdienen als die Optionsprämie. Daher ist die Verkäuferposition *nicht* für das Hedging geeignet.

Wichtige Varianten von Optionen sind **Caps** und **Floors**. Mit einem Cap (Deckel) begrenzt man das Risiko von Zinssteigerungen. Gleichzeitig hat man aber die Möglichkeit, von Zinssenkungen zu profitieren (Options-Charakter). Ursprünglich gedacht zum Einsatz bei der Emission von Floating Rate Notes werden Caps als »Zinsbegrenzungsvereinbarungen« mittlerweile auch im klassischen Kreditgeschäft eingesetzt. Sobald der Zins innerhalb der Laufzeit des Caps die vereinbarte Obergrenze überschreitet, erhält der Käufer eine Ausgleichszahlung. Dafür zahlt er eine Prämie an den Optionsverkäufer. Das Gegenstück zum Cap bildet der Floor. Damit sichert sich der Anleger für einen bestimmten Betrag einen Mindestzins, d. h. er erhält vom Verkäufer gegen Zahlung der Prämie die Differenz zwischen dem Referenzzinssatz (z. B. EURIBOR) und der vereinbarten Zinsuntergrenze. Die Kombination von Cap und Floor heißt **Collar**.

7.7 Fazit

Mit diesem (Überblicks-)Kapitel wollten wir zeigen, dass gerade das Finanz-Controlling viel mehr ist, als »nur« Kostenstellen, Projekte, Standorte etc. mit Plan-Ist-Vergleichen zu »beglücken«. Controlling im Sinne von Unternehmenssteuerung ist auch nicht an die Abteilungsbezeichnung gebunden. Auch eine Finanzabteilung übt Steuerungsfunktion aus. Für den Controller ist es wichtig, eingetretene oder zukünftige Effekte aus Währungseinflüssen – das gilt für Chancen und Risiken gleichermaßen – zu erkennen oder auch zumindest Grundkenntnisse über die Möglichkeiten der Finanzierung des operativen Geschäfts jenseits vom Working Capital (vgl. dazu Kapitel 8) zu erlangen. Um diese Erkenntnisse in der täglichen Arbeit als (Finanz-) Controller einsetzen und auch mit den Kollegen der Finanzabteilung auf Augenhöhe kommunizieren zu können, ist ein Verständnis für die Grundlagen des Treasury unerlässlich.

8 Working Capital-Management

Zahlreiche Unternehmen haben die **vielfältigen positiven Wirkungen** dieses Instruments erkannt: Im Kern geht es darum, brachliegendes Kapital aufzuspüren und – soweit möglich – gewinnbringend einzusetzen.

In diesem Kapitel zeigen wir Ihnen, was Working Capital ist, wie Sie es erkennen und schließlich sinnvoll managen.

8.1 Was Working Capital ist und wie Sie es aufspüren

Wie bei fast allen Finanzkennzahlen existiert auch beim Working Capital eine Fülle von Ausprägungen. Im Folgenden stellen wir Ihnen zwei davon vor, eine Definition im weiteren Sinn und eine Definition im engeren Sinn.

Definition 1: Die goldene Bilanzregel »Langfristiges Vermögen soll auch langfristig finanziert werden« dient dabei als Ausgangspunkt der Definition. Demnach wird das Working Capital als Differenz zwischen Umlaufvermögen und kurzfristigem Fremdkapital aufgefasst.

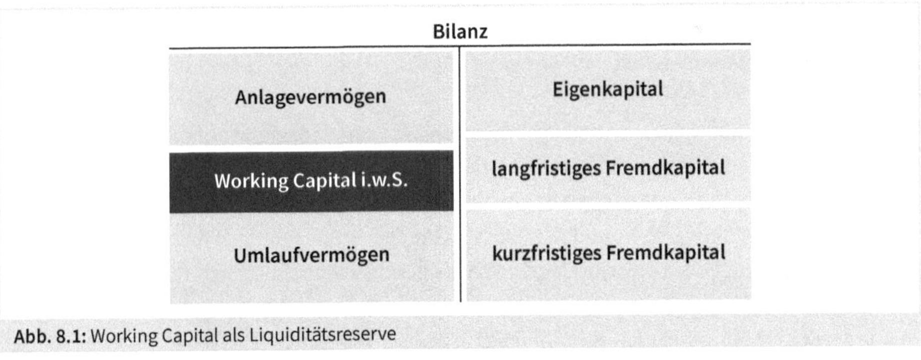

Abb. 8.1: Working Capital als Liquiditätsreserve

Definition 2: Diese Definition im engeren Sinn entsteht aus einer anderen Perspektive und begreift Working Capital als im Unternehmen brachliegendes Kapital, das diversen Risiken unterliegt (Abschreibungen, Forderungsausfall) und daher zu minimieren ist. Working Capital stellt demnach im engeren Sinne die Summe bzw. den Saldo des Kapitals dar, das

- in Lagerbestände »investiert« ist,
- in Form von offenen Debitoren noch nicht als Cash an das Unternehmen zurückgeflossen ist und
- über offene Kreditoren durch die Lieferanten des Unternehmens vorfinanziert wurde.

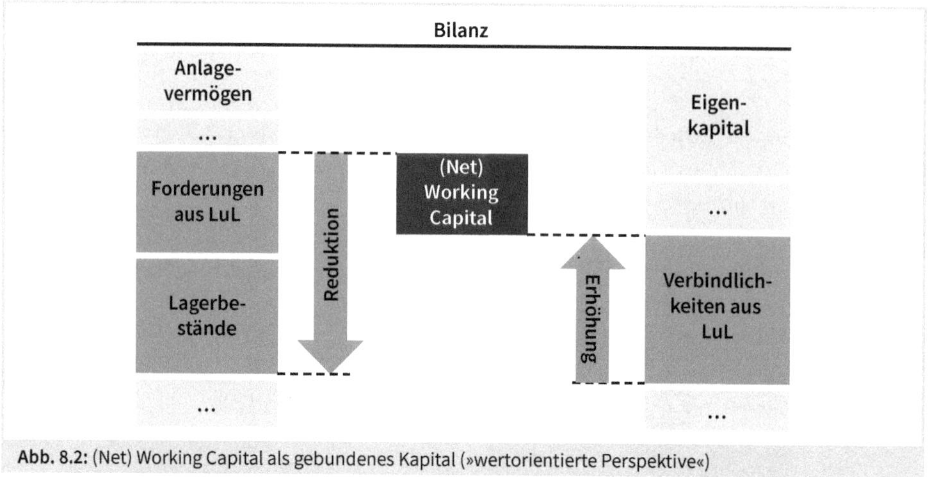

Abb. 8.2: (Net) Working Capital als gebundenes Kapital (»wertorientierte Perspektive«)

Was sind die wesentlichen Unterschiede zwischen diesen beiden Definitionen?
Working Capital laut Definition 1 enthält zum einen das komplette Umlaufvermögen (inkl. flüssige Mittel, sonstige Vermögensgegenstände etc.). Außerdem werden innerhalb der kurzfristigen Verbindlichkeiten auch die Finanzschulden abgezogen. Definition 1 stellt also v. a. auf die Fristigkeitskongruenz von Aktiv- und Passivseite der Bilanz ab. Die beiden Definitionen beschreiben sehr gut auch den **Zielkonflikt** zwischen der Sicherstellung der Zahlungsfähigkeit (»Working Capital positiv«) einerseits aus der Sicht einer Kredit gebenden Bank und der Optimierung von Kapitalkosten und damit Shareholder Value (»Working Capital negativ«) aus der Sicht des Unternehmens selbst andererseits.

Für die folgenden Überlegungen soll die Definition 2 zugrunde gelegt werden. Diese **wertorientierte Perspektive** ist zu der gläubigerorientierten Perspektive völlig konträr, da das **Working Capital i. e. S.**[88] **als gebundenes, nicht zinsbringendes Kapital** betrachtet wird, das nicht für Wachstum zur Verfügung steht und die Rentabilität drückt. Aus dieser Perspektive betrachtet liegt es auf der Hand, dass das Working Capital so gering wie möglich sein sollte. Im Extremfall kann es sogar negativ sein. Dann finanzieren die Lieferanten nicht nur Lagerbestände und Kundenforderungen, sondern auch einen Teil des Anlagevermögens.

Cashflow als Steuerungsgröße

Spätestens die Corona-Krise des Jahres 2020 hat gezeigt, dass man aus einem positiven Deckungsbeitrag, EBIT oder Jahresüberschuss heraus nicht unbedingt am Ende des Monats die Gehälter der Mitarbeiter oder die Rechnungen der Lieferanten bezahlen kann. **Der Cashflow als Steuerungsgröße ist damit in den Vordergrund gerückt!** Und für die Herleitung des Cashflows braucht der Controller ein gutes Maß an Bilanzierungswissen.

88 Im anglo-amerikanischen Sprachraum wird für die enge Definition häufig der Begriff »net working capital« oder auch »managerial working capital« verwendet. Im Deutschen existiert hierfür auch der Ausdruck »Netto-Umlaufvermögen«.

Zwischen den oben skizzierten Extrempunkten existiert **in der Praxis ein breites Spektrum** an Ausgestaltungsmöglichkeiten. Diskussionspunkte können Positionen sein wie Forderungen bzw. Verbindlichkeiten gegen verbundene Unternehmen, erhaltene sowie geleistete Anzahlungen, Rechnungsabgrenzungsposten oder sonstige Vermögensgegenstände bzw. Verbindlichkeiten.

Faustregel: Die Positionen sollten operativ »verursacht«, nicht verzinslich und möglichst gut beeinflussbar sein!

Position	Bestandteil des Working Capital		
	Ja	Nein	Bedingt
Vorräte, Vorratsvermögen			
Rohstoffe, Hilfsstoffe und Betriebsstoffe	X		
Unfertige Erzeugnisse, unfertige Leistungen	X		
Fertige Erzeugnisse von Waren	X		
Geleistete Anzahlungen	X		
+ Forderungen und sonstige Vermögensgegenstände			
Forderungen aus Lieferungen und Leistungen	X		
Forderungen gegen verbundene Unternehmen			wenn operativ, nicht zinstragend & steuerbar
Forderungen gegen Unternehmen, mit denen ein Beteiligungsverhältnis besteht			wenn operativ, nicht zinstragend & steuerbar
Sonstige Vermögensgegenstände			wenn operativ, nicht zinstragend & steuerbar
Anteile an verbundenen Unternehmen		X	
Sonstige Wertpapiere		X	
Kassenbestand, Bankguthaben und Schecks		X	
Rechnungsabgrenzungsposten		X	
Noch nicht abgerechnete, aber erbrachte Leistungen	X		
- Kurzfristige Verbindlichkeiten			
Rückstellungen			wenn operativ, nicht verzinslich & steuerbar
Steuerrückstellungen		X	
Sonstige Rückstellungen		X	
Verbindlichkeiten		X	

Position	Bestandteil des Working Capital		
	Ja	Nein	Bedingt
Kurzfristig fällige Anleihen		X	
Kurzfristige Verbindlichkeiten gegenüber Kreditinstituten		X	
Erhaltene Anzahlungen auf Bestellungen	X		
Verbindlichkeiten aus Lieferungen und Leistungen	X		
Verbindlichkeiten aus der Annahme gezogener Wechsel & Ausstellung eigener Wechsel			bei Warenwechsel
Verbindlichkeiten gegenüber verbundenen Unternehmen			wenn operativ, nicht zinstragend & steuerbar
Verbindlichkeiten gegenüber Unternehmen, mit denen ein Beteiligungsverhältnis besteht			wenn operativ, nicht zinstragend & steuerbar
Sonstige Verbindlichkeiten, davon aus Steuern		X	
Rechnungsabgrenzungsposten		X	
Verbindlichkeiten für erhaltene, aber noch nicht abgerechnete Leistungen	X		

Abb. 8.3: Im ersten Schritt ist eine exakte Definition des Working Capital unternehmensindividuell festzulegen (Vater et al., 2013, S. 19)

8.2 Stoßrichtungen eines ganzheitlichen Working Capital-Managements

Im Working Capital eines Industrieunternehmens sind – je nach Branche – zwischen 10 und 25 Prozent des Umsatzes gebunden. Entsprechend hoch fällt auch der Finanzierungsbedarf aus. Vordergründig geht es also beim Working Capital-Management (WCM) – das zeigt besonders die Abbildung 8.4 – um die Generierung von Cashflow. Liquidität ist der Treibstoff jedes Unternehmens und somit jederzeit unerlässliche Grundbedingung. WCM erhöht aber nicht nur die Zahlungsfähigkeit, sondern kann darüber hinaus einen wertvollen Beitrag zur **Optimierung der finanziellen Gesamtperformance** leisten. Mit der geschaffenen Liquidität lassen sich Schulden abbauen – und somit die Eigenkapitalquote erhöhen –, die Kapitalkosten absolut senken, Investitionen durchführen, ggf. Umsätze steigern etc. Die Effekte eines ganzheitlich aufgesetzten WCM machen sich damit nicht nur in der Kapitalflussrechnung, sondern auch in der Bilanz und in der Gewinn- und Verlustrechnung bemerkbar. Auch für das **Risikomanagement** können sich positive Implikationen ergeben (weniger Abschreibungen auf Forderungen, weniger Abwertung der Lagerbestände etc.).

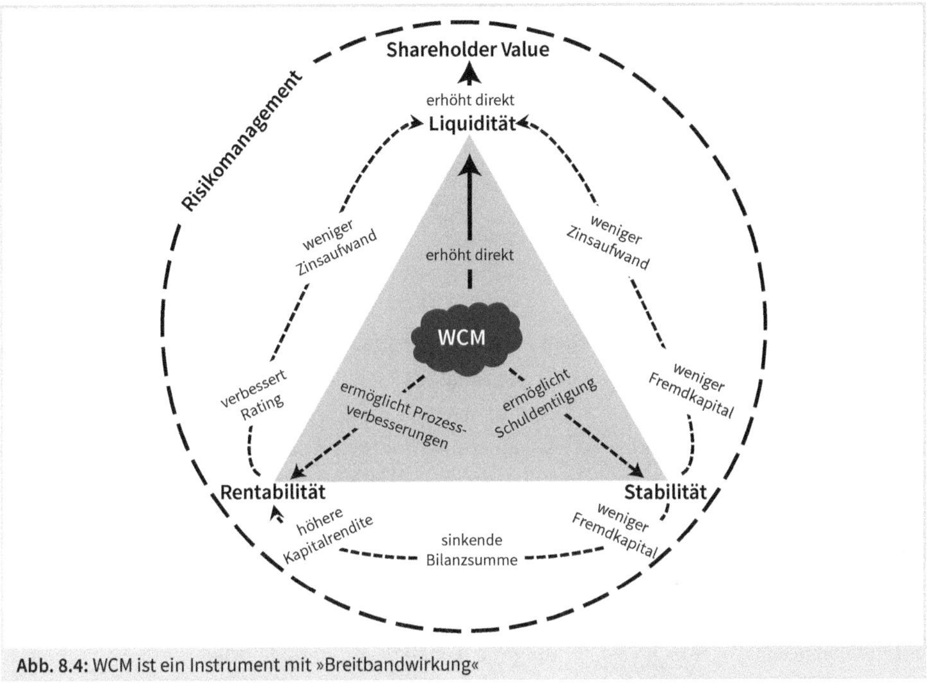

Abb. 8.4: WCM ist ein Instrument mit »Breitbandwirkung«

Die beiden vertikalen, durchgezogenen Pfeile in der Abbildung symbolisieren eine direkte Wirkung. WCM wirkt unmittelbar auf die **Liquidität** und erhöht somit auch den **Shareholder Value** als den Barwert der abgezinsten zukünftigen Free Cashflows des Unternehmens. Die gestrichelten Pfeile sind dagegen keine Automatismen. Man muss sie sich erst »erarbeiten«, d. h. die Unternehmenssteuerung konsequent darauf ausrichten.

WCM ist eine **Daueraufgabe**, kein einmaliges Kurzzeitprojekt! Dafür ergibt sich aber auch die Chance, einen sich selbst verstärkenden Kreislauf in Gang zu setzen: Die **Fokussierung auf die Kernprozesse des WCM** führt nicht nur zu einer Steigerung des Cashflows, sondern eröffnet auch die Chance zur Steigerung des EBIT und damit auch der Kapitalrendite durch Prozessverbesserungen. Der niedrigere Fremdkapitalbedarf ermöglicht auch eine Entlastung der GuV durch sinkende (absolute) Finanzierungskosten. Insgesamt verbessern sich dadurch die Rentabilitätskennzahlen des Unternehmens, was wiederum zu einer besseren Bonitätseinschätzung (Rating) seitens der Banken führt. Ein **»Upgrade« in eine bessere Ratingklasse** bringt schließlich auch niedrigere (prozentuale) Finanzierungskosten mit sich. Diese wiederum erhöhen den Cashflow und damit den Unternehmenswert etc. Der frei werdende Cashflow schafft auch die Möglichkeit, Fremdkapital durch Eigenkapital zu ersetzen (EK-Quote steigt). Dadurch sinkt wiederum der Zinsaufwand in der GuV und generiert Liquidität. Ein angenehmer – in der Grafik nicht dargestellter – Nebeneffekt ist die größere unternehmerische **Freiheit/Unabhängigkeit von Banken** und der größere **finanzielle Spielraum/Flexibilität für neue Investitionen** durch die Reduzierung der Bank- und/oder Kapitalmarktschulden.

Die positiven Effekte bei Rentabilität und Liquidität schlagen in einem zweiten Schritt auch auf **wertorientierte Steuerungskonzepte** (z. B. EVA – Economic Value Added™[89] – in der Abbildung unten als Economic Profit bezeichnet) durch. Hier stellt die Effizienz des Kapitaleinsatzes einen wichtigen Werttreiber dar.

Beispiel: Verbesserung der finanziellen Performance durch WCM
Im unten gezeigten Beispiel sinkt – bei unterstellter gleichbleibender Rentabilität – der Finanzierungsbedarf um 85 Mio. EUR. Zu beachten ist allerdings, dass unter sonst gleichen Bedingungen die so geschaffene höhere EK-Quote aufgrund des Risikozuschlags der Shareholder den WACC ebenfalls erhöht und damit die Finanzierung wieder verteuert. Es ist somit ein optimaler Verschuldungsgrad gefragt, bei dem die Summe aus Eigen- und Fremdkapitalkosten minimiert ist.

Auch beim WCM sind also – wie beinahe überall in der Unternehmenssteuerung – **Zielkonflikte** auszubalancieren. Das erschwert die Aufgabe des Managements. Speziell in solchen Situationen ist eine ganzheitliche Beratungsfähigkeit seitens des Controllers gefragt!

89 Trademark by sternstewart.com.

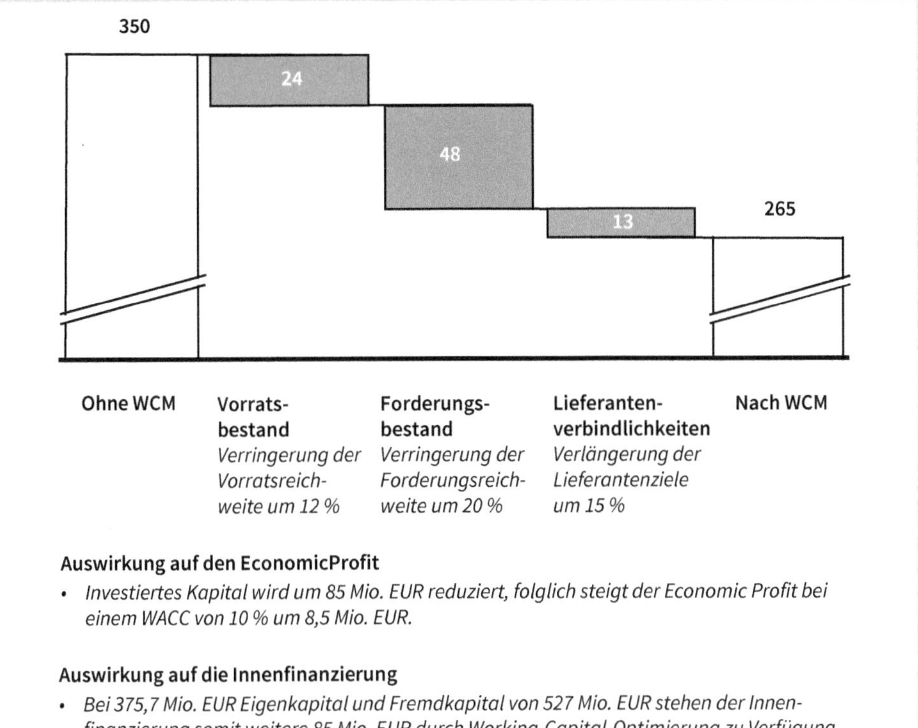

Auswirkung auf den EconomicProfit

- *Investiertes Kapital wird um 85 Mio. EUR reduziert, folglich steigt der Economic Profit bei einem WACC von 10 % um 8,5 Mio. EUR.*

Auswirkung auf die Innenfinanzierung

- *Bei 375,7 Mio. EUR Eigenkapital und Fremdkapital von 527 Mio. EUR stehen der Innenfinanzierung somit weitere 85 Mio. EUR durch Working-Capital-Optimierung zu Verfügung.*
- *Bei Nutzung zur Fremdkapitaltilgung steigt die Eigenkapitalquote um 4,5 Prozentpunkte auf 46 %.*

Angaben in Mio. EUR.

Abb. 8.5: Eine Verbesserung des Working Capitals hat auch positive Auswirkungen auf Profitabilität und Eigenkapitalquote des Unternehmens (Richter und Ernst, 2014)

8.3 Der Cash-to-Cash-Cycle als zentrale Messgröße

Ausgehend wiederum von der engen Fassung des Working-Capital-Begriffs lässt sich die operative Exzellenz eines Unternehmens durch den Cash-to-Cash-Cycle (in Tagen) messen. Die Cash-to-Cash-Cycle-Zeit gibt an, wie lange eine Organisation braucht, um das Geld, das sie an die Lieferanten bezahlt hat, durch die Zahlung der Kunden zurückzuerhalten (Kapitalbindungsdauer). In der Literatur findet sich auch manchmal der Begriff »Cash Conversion Cycle«.

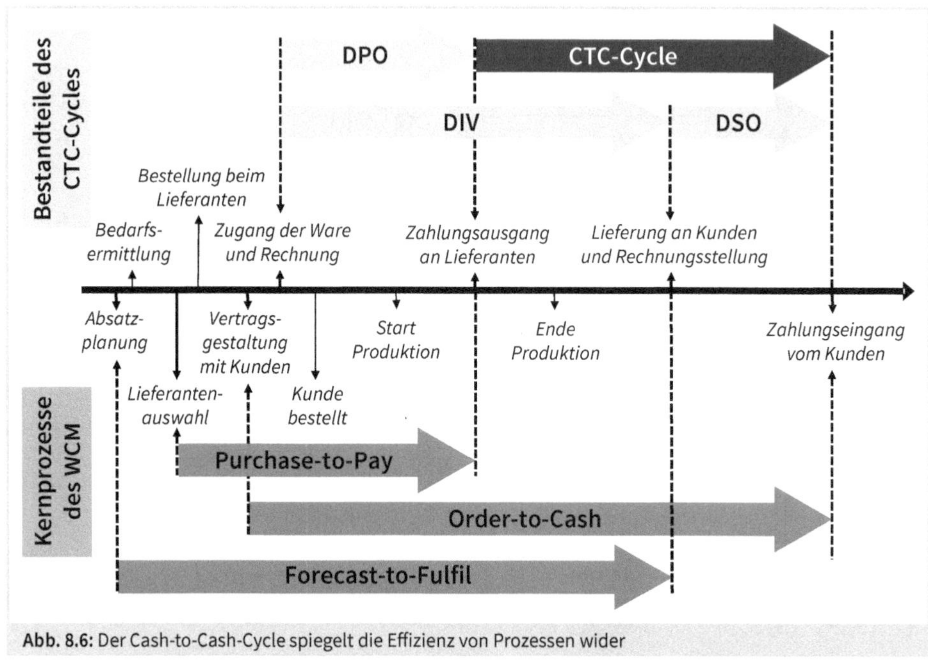

Abb. 8.6: Der Cash-to-Cash-Cycle spiegelt die Effizienz von Prozessen wider

Es gilt folgender Zusammenhang (jeweils in Tagen ausgedrückt):

CTC-Cycle = DIV + DSO - DPO

DIV = Days of Inventories Valued (Lagerreichweite)
DSO = Days of Sales Outstanding (Forderungsreichweite)
DPO = Days of Payables Outstanding (Verbindlichkeitenreichweite)

Für die Ermittlung der einzelnen Komponenten werden folgende Formeln zugrunde gelegt:

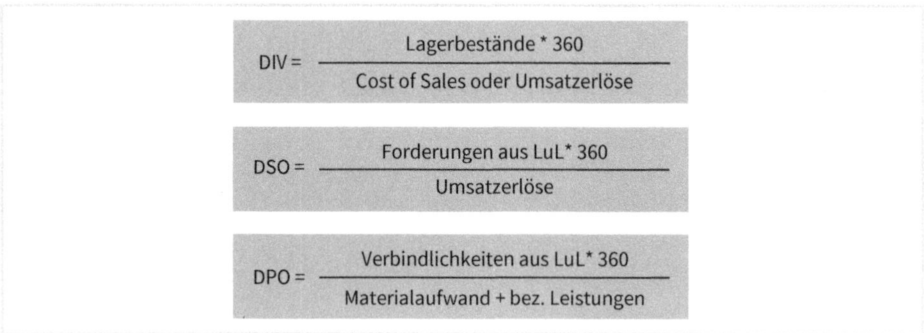

$$\text{DIV} = \frac{\text{Lagerbestände} * 360}{\text{Cost of Sales oder Umsatzerlöse}}$$

$$\text{DSO} = \frac{\text{Forderungen aus LuL} * 360}{\text{Umsatzerlöse}}$$

$$\text{DPO} = \frac{\text{Verbindlichkeiten aus LuL} * 360}{\text{Materialaufwand + bez. Leistungen}}$$

Die drei Formeln haben im Zähler jeweils die zu steuernde Bilanzgröße. Diese wird zu den »passenden« GuV-Positionen in Relation gesetzt und mit 360 (bzw. 365) Tagen multipliziert.

- Die **Lagerreichweite** (DIV) drückt aus, wie lange es dauert, bis die Vorräte zu Umsatz (besser: zu Herstellungskosten des Umsatzes) werden. Der Umsatz ist eine schnell zu erhebende Größe; allerdings beeinflussen dann Preisänderungen im Vertrieb die Kennzahl DIV. Das ist unlogisch.
- Die **Forderungsreichweite** (DSO) gibt an, nach wie vielen Tagen die Kunden im Schnitt unsere Rechnungen bezahlen.
- Die **Verbindlichkeitenreichweite** (DPO) sagt aus, wie lange wir uns mit der Begleichung von eingehenden Lieferantenrechnungen Zeit lassen.

Um die Cash-to-Cash-Cycle-Zeit möglichst gering zu halten, gilt es, möglichst **lange Zahlungsziele mit den eigenen Lieferanten** und möglichst **kurze Zahlungsziele mit den Kunden** zu verhandeln und auch durchzusetzen sowie einen **schnellen Lagerumschlag** zu erzielen. Je schneller dieser Zyklus durchlaufen wird, desto eher erhält das Unternehmen das Geld zurück, das es in das operative Geschäft investiert hat. **Eine niedrige Cash-to-Cash-Zeit bedeutet auch niedriges (Net) Working Capital**. Eine negative Cash-to-Cash-Zeit (z. B. im Handel oder bei reinen Auftragsfertigern) heißt außerdem, dass die Lieferanten einen Beitrag zur Finanzierung des Anlagevermögens leisten und so das Finanzergebnis verbessern. Das (Net) Working Capital ist in solchen Fällen negativ.

Die Abbildung 8.6 zeigt, dass WCM sich vor allem im **Prozessmanagement** widerspiegelt. Untersucht werden müssen die Prozesse im Einkauf, in der Logistik (bedingt durch enge Verzahnungen häufig auch unternehmensübergreifend), in der Produktion und in der Finanzbuchhaltung. So können leicht Projekte von ein bis zwei Jahren Dauer entstehen. Wie immer bildet natürlich auch hier die **Strategie** einen **Ordnungsrahmen für die operative Umsetzung** (z. B. große Auswahl für den Kunden, eigene Lieferfähigkeit, Servicegedanke etc.).

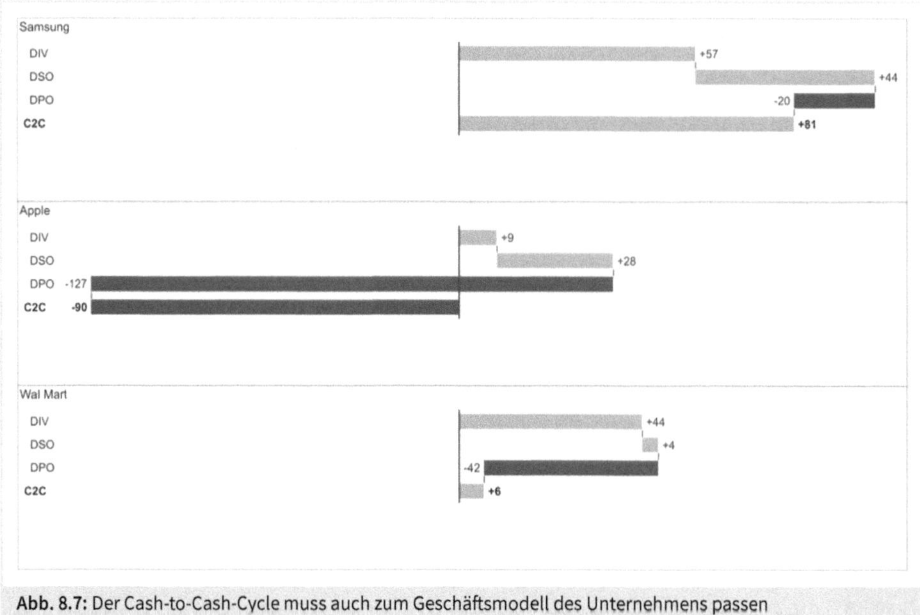

Abb. 8.7: Der Cash-to-Cash-Cycle muss auch zum Geschäftsmodell des Unternehmens passen

Die Grafik oben zeigt, dass der Cash-to-Cash-Cycle auch Spiegelbild der Unternehmensstrategie und der branchenüblichen Gepflogenheiten ist. So drücken sich beim Einzelhändler Wal Mart die hohe Verfügbarkeit der Verkaufsprodukte in der Lagerreichweite und die Bezahlart der Kunden in der Forderungsreichweite aus. Apple als stark fokussiertes Unternehmen weist einen deutlich besseren Cash-to-Cash-Cycle aus als der Mischkonzern Samsung.

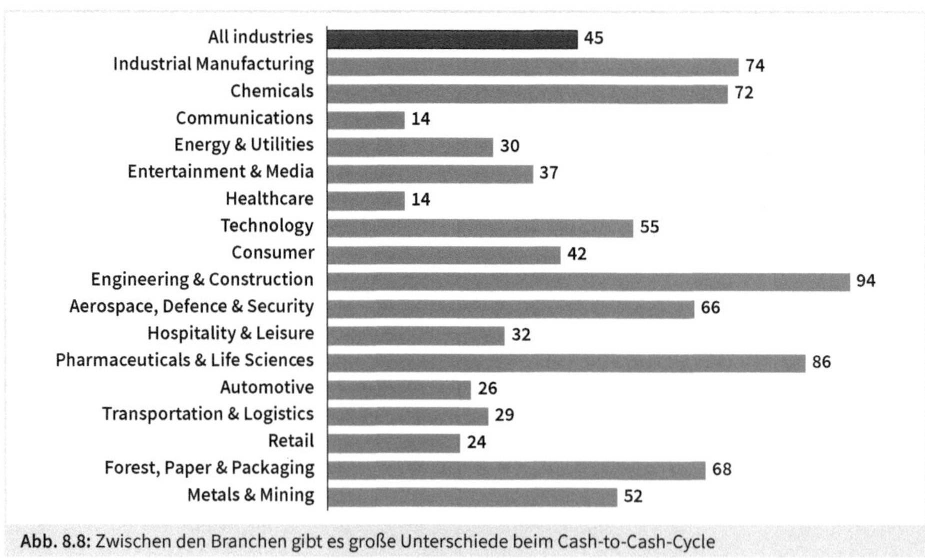

Abb. 8.8: Zwischen den Branchen gibt es große Unterschiede beim Cash-to-Cash-Cycle

8.4 Reduzierung des Working Capitals über Prozessverbesserungen

Wie oben bereits erwähnt, steht die (direkte) Generierung von Liquidität durch die Reduzierung der Kapitalbindung im Fokus des WCM. Ein nicht zu unterschätzender Effekt eines guten WCMs resultiert aber auch aus der Steigerung der Rentabilität durch Prozessverbesserungen. Diese können in einem weiteren Schritt zu weniger Abschreibungen im Umlaufvermögen, Transportkosten etc. führen.

Bewusstsein für WCM schärfen und Zielkonflikte auflösen

Bevor diese Benefits realisiert werden können, muss jedoch zuerst das oft fehlende **Bewusstsein für WCM** geschärft werden. Wir müssen deutlich machen, dass **WCM keine isolierte Aufgabe** nur des Finanzbereichs ist, sondern die Prozesse im gesamten Unternehmen betrifft. Außerdem gilt es, einige gravierende Zielkonflikte mit den betroffenen Unternehmensbereichen aufzulösen, z. B.:

Bereich ...	hat das Ziel ...	will daher...
Einkauf	• niedrige Einstandspreise • hohe Verfügbarkeit	• große Bestellmengen • schnelle Bezahlung der Lieferanten
Logistik	• schnelles, sicheres und kostengünstiges Transportwesen	• Puffer in den Abläufen • hohe Bestände
Produktion	• niedrige Herstellungskosten • reibungslose Abläufe • hohe Auslastung • hohe Losgrößen	• hohe Bestände
Vertrieb	• hoher Umsatz • attraktive Zahlungskonditionen • schneller Service	• hohe Bestände (Variantenvielfalt, Liefertreue, Lieferfähigkeit) • lange Zahlungsziele für die Kunden

Abb. 8.9: Typische Konflikte von WCM mit Bereichszielen

Organisatorische Verankerung des WCM im Unternehmen

Aus diesen Zielkonflikten folgt unmittelbar eine weitere Herausforderung, nämlich die **organisatorische Verankerung des WCM im Unternehmen** (Controlling, eigene Stelle, »Gremium« etc.). In jedem Falle aber sollte der Finanzvorstand/CFO Mentor und Gesamtverantwortlicher für dieses Thema sein. Hat man diese organisatorischen Themen geklärt, geht es an die eigentliche Aufgabenstellung des WCM: Die Analyse und Verbesserung der folgenden Geschäftsprozesse, die in den folgenden Unterkapiteln dargestellt werden:

- Forderungsmanagement (Order-to-Cash-Prozess)
- Vorratsmanagement (Forecast-to-Fulfil-Prozess)
- Verbindlichkeitenmanagement (Purchase-to-Pay-Prozess).

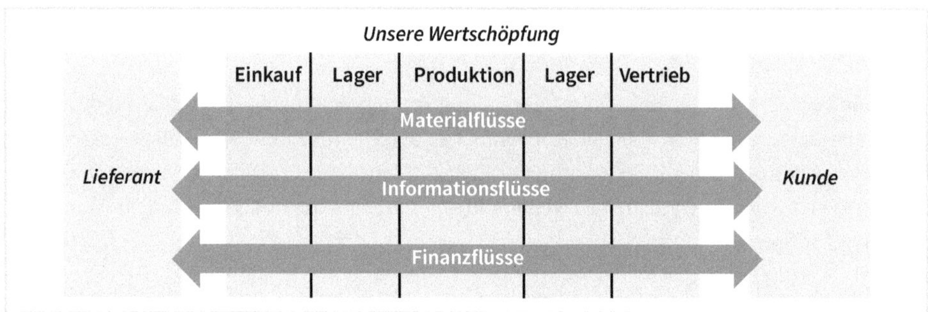

Abb. 8.10: Ganzheitliches Prozessmanagement geschieht unternehmensübergreifend und berücksichtigt nicht nur den physischen Materialfluss

8.4.1 Forderungsmanagement (Order-to-Cash-Prozess)

Das Forderungsmanagement nimmt innerhalb des WCM eine Sonderstellung ein, da es wohl der Faktor ist, der am wenigsten von der Branche abhängig ist. Das Ziel des Forderungsmanagements ist standardmäßig, die Zahlungseingänge der Kunden hinsichtlich Höhe und Zeitpunkt zu optimieren. Die folgende Abbildung zeigt den Gesamtprozess Order-to-Cash beispielhaft dargestellt in sieben einzelnen Schritten.

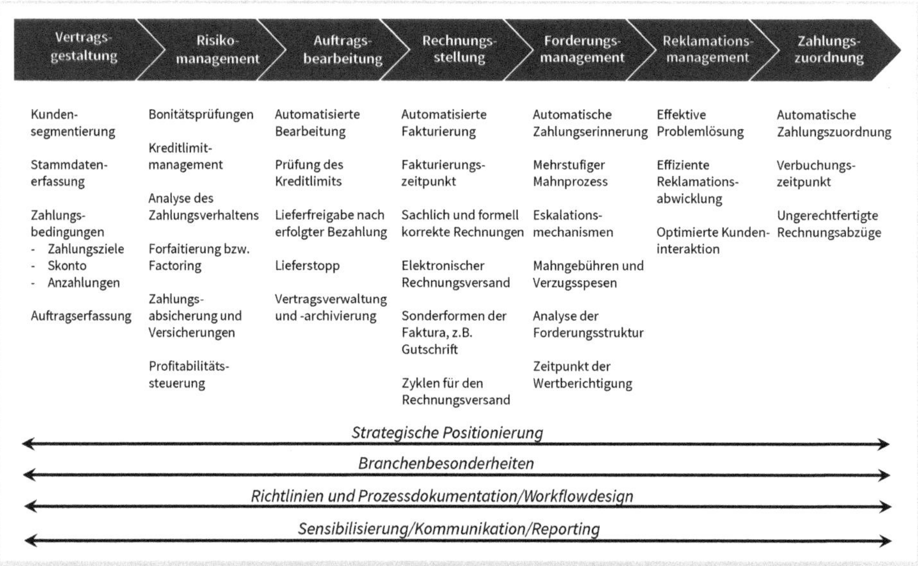

Abb. 8.11: Für jeden einzelnen Order-to-Cash-Prozessschritt existieren diverse Verbesserungsmöglichkeiten (Schoberegger und Tschandl, 2016, S. 6)

Forderungsmanagement beginnt im Vertrieb. Die folgende Abbildung zeigt eine beispielhafte Berechnung, die bei den Vertriebskollegen das Bewusstsein für die Bedeutung des Themas schärft, für den Fall, dass eine Forderung nicht beglichen wird.

Forderungsverlust (Euro)	Welcher Umsatz bei einer angenommenen Umsatzrendite von ... zur Kompensation nötig ist ...		
	4%	6%	8%
5.000	125.000	83.333	62.500
10.000	250.000	166.667	125.000
25.000	625.000	416.667	312.500
50.000	1.250.000	833.333	625.000

Abb. 8.12: Warum Forderungsverluste unbedingt zu vermeiden sind

Je geringer die Umsatzrendite, desto wichtiger ist es, Zahlungsausfälle sowie ungerechtfertigte Skontoabzüge seitens des Kunden zu vermeiden.

Verbesserungsmöglichkeiten für den Order-to-Cash-Prozess (Beispiele)

Die Kunden direkt betreffend

- Standardisierung der Zahlungskonditionen je nach Kundensegment, am besten nach Erstellung eines Kundenportfolios, das z. B. die Kundenrentabilität und die strategische Bedeutung des Kunden miteinbezieht.
- Bonitätsprüfung – vor der Erbringung der eigenen Leistung (!) – und laufende Aktualisierung des Ratings
- Konsequentes Einhalten der Kreditlimits

Interne Abläufe

- Regelmäßige Meetings von Vertrieb und Credit Management/Debitorenbuchhaltung
- Verankerung des (auch rechtzeitigen) Zahlungseingangs in den Vertriebszielen (Provisionierung)
- Zahlungsverhalten des Kunden in der Kundendeckungsbeitragsrechnung sichtbar machen, z. B. durch Berechnung kalkulatorischer Zinsen auf in Anspruch genommene Zahlungsziele. (Hinweis: Skonto zu gewähren verbessert zwar die Liquidität, verschlechtert aber die Rentabilität des Unternehmens)
- Variantenvielfalt bei Kundenbetreuungsansätzen, administrativer Abwicklung und Anwendung von Zahlungszielen reduzieren, z. B. durch Bildung von Kundengruppen (Segmentierung der Kunden)
- Zeitnahe, automatisierte und korrekte Rechnungsstellung gewährleisten
- Einsatz von Sicherungsinstrumenten prüfen, wie z. B. Export-Akkreditive, Kreditversicherungen, Auskunfteien, Vorauskasse, Factoring ...

- Regelmäßiger Vergleich von vorgegebenen und vertraglich genutzten Zahlungsbedingungen, ggf. Konditionen neu verhandeln
- Im Vertrag auf Verzugszinsen, Mahngebühren und Gerichtsstand hinweisen (Abschreckung)
- Regelmäßiges Reporting über die offenen Forderungen, z. B. anhand der Fälligkeitsstrukturen
- Straffe Organisation des Mahnwesens (siehe nächste Abbildung) mit enger Verzahnung zum Reklamationsmanagement, um bestehende Zahlungsziele besser durchzusetzen. Ein hoher Automatisierungsgrad ist erstrebenswert!
- Festlegung, welche Zahlungsmittel in welchem Kundensegment akzeptiert werden (z. B. Schecks, Wechsel, Gutschrift, Lastschrift)
- Insbesondere im Massengeschäft darauf hinwirken, dass die Zahlungen dem jeweiligen Kundenkonto schnell und exakt zugeordnet werden
- Kundenreklamationen schnellstmöglich bearbeiten, Ursachen für Reklamationen analysieren und reduzieren (-> Qualitätsmanagement)
- Ungerechtfertigte Skontoabzüge von Kunden einfordern
- Zielkonflikt im Blick behalten: Liquiditätssteigerung vs. Kundenzufriedenheit!

Achtung: Zahlungskonditionen dürfen nicht verkaufsentscheidend wirken

Wenn die Zahlungskonditionen zum verkaufsentscheidenden Argument werden, hat das Unternehmen wahrscheinlich ein strategisches Problem!

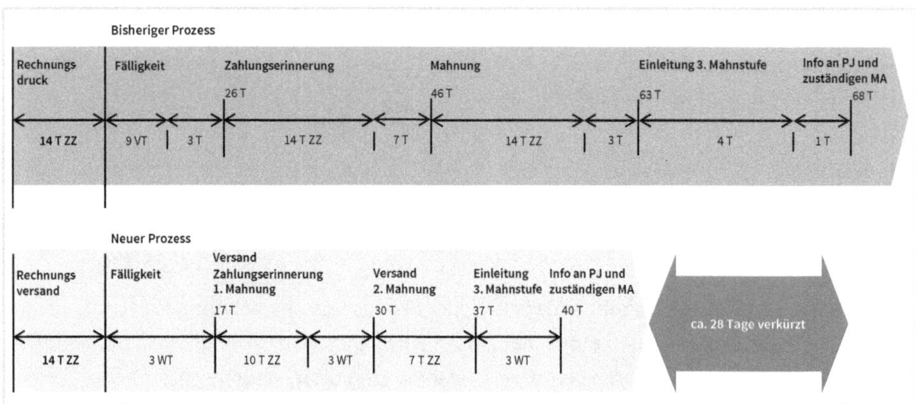

Abb. 8.13: Praxisbeispiel zur Implementierung eines neuen Mahnwesens in der Energiewirtschaft (Trohn, 2015, S. 29)

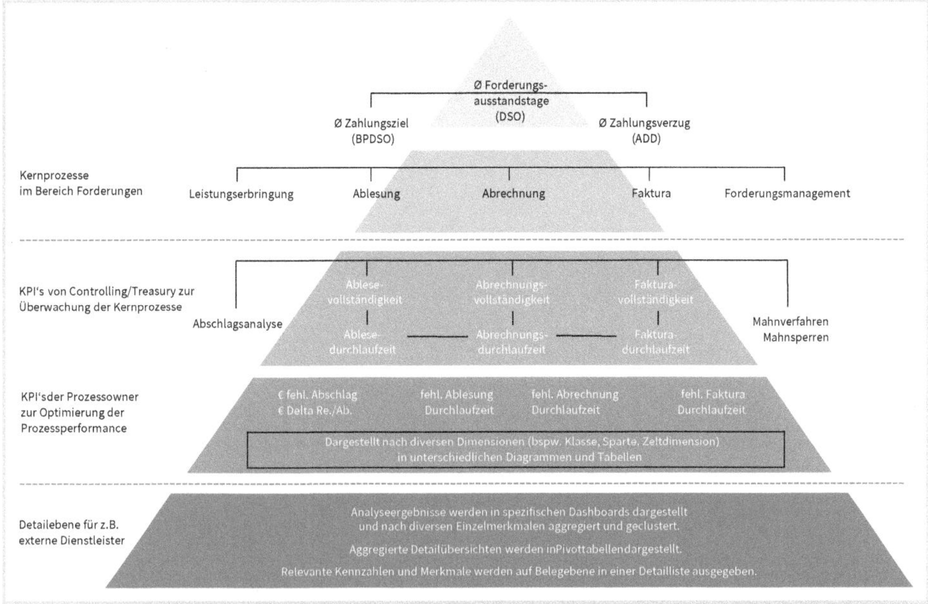

Abb. 8.14: Ein Unternehmensziel wird in arbeitsfähige Einzelziele heruntergebrochen (Originalbeispiel aus der Energiewirtschaft) (Trohn, 2015, S. 33)

8.4.2 Vorratsmanagement (Forecast-to-Fulfil-Prozess)

Wie die Kundenforderungen binden auch die Lagerbestände Liquidität und erhöhen damit das Working Capital. Daher ist grundsätzlich eine Minimierung der Vorräte im Rahmen eines WCMs anzustreben. Zunächst einmal gilt es allerdings, das nötige Problembewusstsein zu schaffen. Dazu mag folgendes Merkbild hilfreich sein:

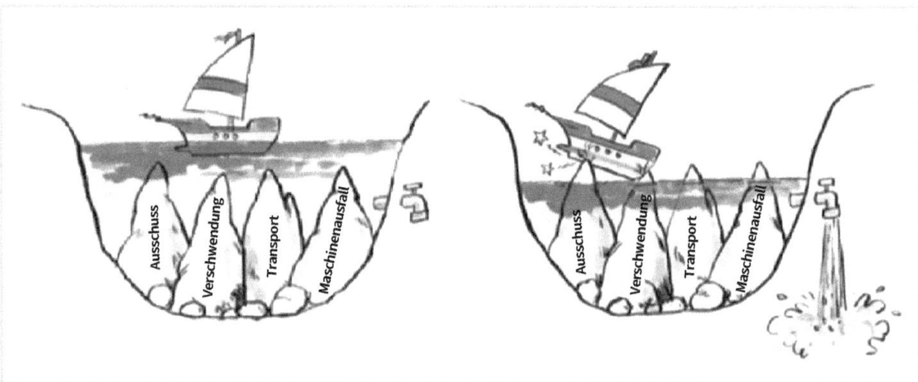

Abb. 8.15: Der See der Bestände.
Die Probleme unter der Wasseroberfläche sind nicht sichtbar, solange der See der Bestände gut gefüllt ist. Sie werden durch Liquidität quasi »zugeschüttet«. Das kontrollierte Ablassen der Liquidität gleicht einem Aufdecken der Probleme in kleinen Schritten. Gleichzeitig erfolgt die konsequente Eliminierung der Problemursachen. (Lemoine, Vortragsunterlagen zum CA-Fachseminar Produktions-Controlling)

Drei Wege und drei Prämissen zur Verminderung des Vorratsvermögens

Drei Wege zur Verminderung des Vorratsvermögens lassen sich unterscheiden:

- **Weg 1**: Senkung der Bestandsmengen
- **Weg 2**: Reduzierung der Herstellungskosten je Einheit: Diese Maßnahmen verbessern nicht nur die Rentabilität, sondern verkürzen auch über die niedrigere Bewertung der Lagerbestände die Bilanzsumme (»Stabilität«).
- **Weg 3**: Zeitliche Optimierung des Kostenanfalls (»so spät wie möglich«).

Ein systematisches Vorratsmanagement unterliegt drei wichtigen Prämissen:

- **Prämisse 1: Strategische Ausrichtung** des Unternehmens: Die Premiumpositionierung eines Unternehmens bzw. Produkts wird z. B. eine hohe Verfügbarkeit von Ersatzteilen oder auch eine hohe Anzahl von Produktvarianten notwendiger Weise zur Folge haben. Daraus entsteht ein Zielkonflikt des WCM mit Kundenservice und Variantenvielfalt. Daher ist es wichtig, vorab Ziele hinsichtlich Lieferfähigkeit, Liefertreue, Altersstruktur der Bestände etc. zu definieren und in die Anreizsysteme zu integrieren.
- **Prämisse 2: Branchenzugehörigkeit**: Im Automobilbereich sind z. B. JiT-/JiS-Belieferungen seit langem üblich, andere Branchen kennen solche Prozesse (noch) nicht. Ebenso beeinflusst die Art der Fertigung (Serienfertigung vs. rein auftragsbezogene Produktion) maßgeblich die Höhe der vorzuhaltenden Bestände.
- **Prämisse 3: Delegation von Verantwortung**: Wer ist im Unternehmen für die Höhe der Bestände zuständig? Supply-Chain-Management, Produktion, Einkauf? In vielen Unternehmen gibt es hier keine klare Regelung.

Um die Potenziale im Einzelnen aufzuzeigen, bietet sich wiederum eine detaillierte Betrachtung des gesamten Prozesses an, wie in der folgenden Übersicht dargestellt.

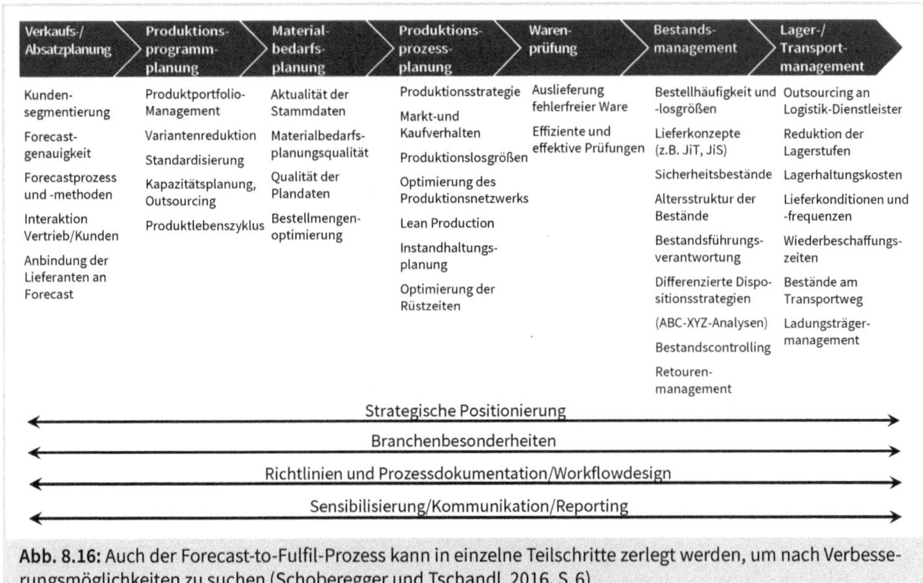

Abb. 8.16: Auch der Forecast-to-Fulfil-Prozess kann in einzelne Teilschritte zerlegt werden, um nach Verbesserungsmöglichkeiten zu suchen (Schoberegger und Tschandl, 2016, S. 6)

Möglichkeiten, das Vorratsmanagement zu optimieren

Folgende **Optimierungsmöglichkeiten** können Sie für Ihre Situation prüfen:

Maßnahmen mit strategischem Bezug

- Fokussierung der Produktion auf Kernkompetenzen, z. B. durch die Reduzierung von Fertigungsbreite bzw. -tiefe durch Outsourcing einzelner Vorprodukte bzw. Produktvarianten
- Standardisierung der Teile erhöhen, z. B. da, wo es der Kunde nicht merkt (Thema für die Schnittstelle zur Produktentwicklung)
- Differenzierte Bestell-, Anliefer- und Lagerkonzepte zur Verzahnung der Logistikprozesse, z. B. mittels Konsignationslager, JiT-/JiS-Belieferung, VMI – Vendor Managed Inventory (Lieferant übernimmt Steuerung und Bewirtschaftung des Lagers des beschaffenden Unternehmens), Nutzung von Modulen (Systemlieferanten)
- Reduzierung der Lieferantenanzahl (Zielkonflikt mit Abhängigkeit?)
- Interne Lager- bzw. Lieferstrategie überdenken (Regional- vs. Zentrallager)
- Konsequentes Umsetzen des Lean-Production-Gedankens: Neben Kaizen/TQM, synchronisierten Materialflüssen und teilautonomer Gruppenarbeit ist das Auffinden und Eliminieren von Verschwendung zentraler Bestandteil der Optimierungsbestrebungen. Verschwendung ist dabei alles, was nicht unmittelbar zur Wertschöpfung beiträgt, d. h. wofür der Kunde nicht bereit ist zu bezahlen. Insgesamt werden sieben Arten von Verschwendung unterschieden: Überproduktion, zu lange Wartezeit, zu weite Transportwege, zu viel Bewegung, zu hohe Lagerbestände (»Pull-Prinzip« in der Fertigung), fehlerhafte Produkte und unnötige Prozesse.

Eher operative Maßnahmen

- Bestände und Produkte nach Art und Bedeutung analysieren (z. B. auch Produktlebenszyklus)
- Verbesserung der Bedarfsplanung, z. B. durch Einführung von Prognosetools; bessere Abstimmung intern und mit dem Kunden; ggf. direkte Systemanbindung des Lieferanten, um eine schnelle Weitergabe der Informationen zu gewährleisten
- Lieferfrequenzen, -konditionen und Bestellmengen überprüfen (evtl. Zielkonflikt mit Zahlungskonditionen beim Lieferanten)
- Abnahmeverpflichtungen laufend überprüfen und ggf. anpassen
- Standardisierung Behälter/EAN-Codes etc.
- Optimierung der Prozessschritte in der Produktion (Durchlaufzeiten und -wege, Losgrößen, Sicherheitsbestände etc.), ggf. auch Überdenken der Produktionsstandorte bzw. -netzwerke (=> Strategiebezug!)
- Verfügbarkeit der Maschinen und Einrichtungen in der Produktion erhöhen, z. B. durch ein Instandhaltungskonzept
- Überprüfung der Versand- und Vertriebskette, z. B. hinsichtlich der Transportwege und -modi (Zielkonflikt mit Rentabilität wahrscheinlich)
- Retourenmanagement verbessern

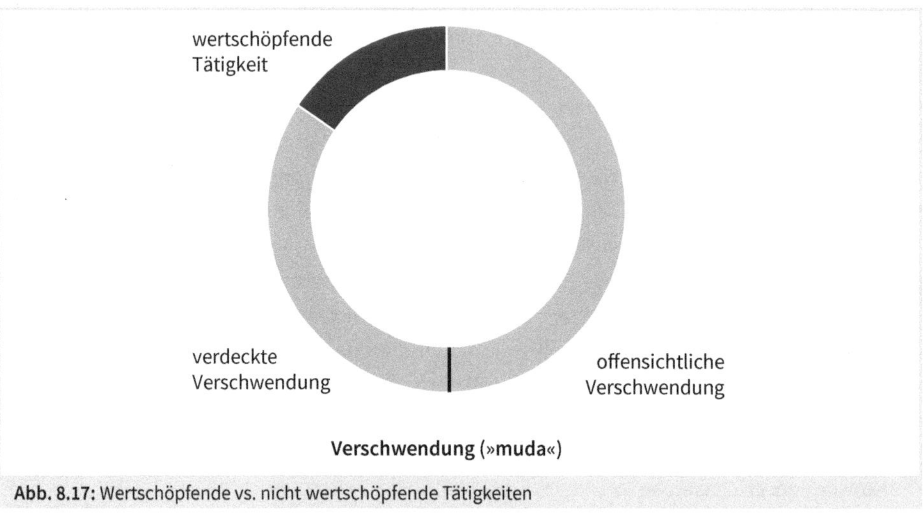

Abb. 8.17: Wertschöpfende vs. nicht wertschöpfende Tätigkeiten

Eine offensichtliche Art der Verschwendung im Sinne von Lean Production ist das Halten von Lagerbeständen. Hier mag eine Risikoanalyse wie die folgende hilfreich sein.

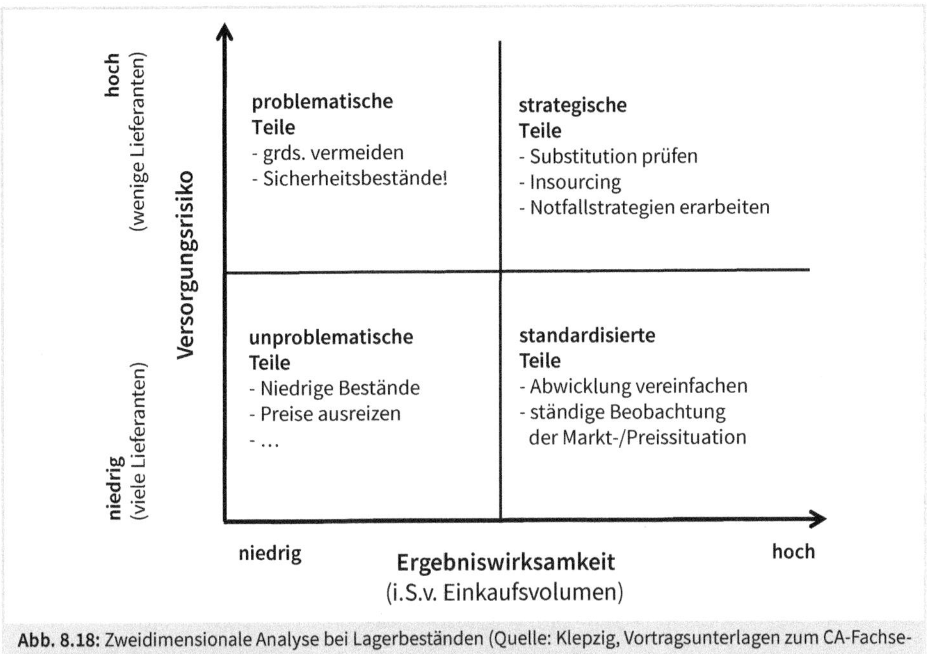

Abb. 8.18: Zweidimensionale Analyse bei Lagerbeständen (Quelle: Klepzig, Vortragsunterlagen zum CA-Fachseminar Working Capital Management)

8.4.3 Verbindlichkeitenmanagement (Purchase-to-Pay-Prozess)

Angestrebt wird ein möglichst später Zahlungszeitpunkt. Daher ist das Kreditorenmanagement das Gegenstück zum Forderungsmanagement und viele der dort genannten Punkte greifen hier in umgekehrter Weise. Auch betreffen einige der beim Vorratsmanagement genannten Verbesserungsvorschläge direkt das Verhältnis zum Lieferanten und sind – je nach Abhängigkeitsverhältnis – mit diesem zu verhandeln.

Kreditorenmanagement: Win-win-Lösungen
Optimalerweise liegt der Fokus auf sog. »Win-win-Lösungen«. Lieferanten sind auch Kreditgeber!

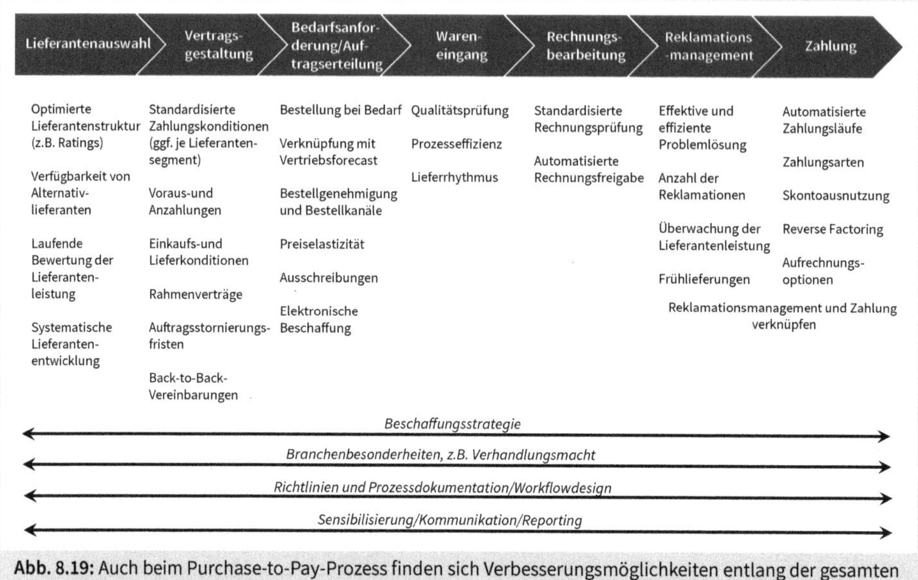

Abb. 8.19: Auch beim Purchase-to-Pay-Prozess finden sich Verbesserungsmöglichkeiten entlang der gesamten Prozesskette (Schoberegger und Tschandl, 2016, S. 7)

Eine in der Praxis übliche Maßnahme ist das **Ausnutzen von Skonto**. Da dies einen Zielkonflikt von Rentabilität und Liquidität darstellt, soll es etwas näher beleuchtet werden:

$$\text{Zinssatz p. a.} = \frac{\text{Skonto (in Prozent)}}{\text{Zahlungsziel (in Tagen)} - \text{Skontofrist (in Tagen)}} \times 360$$

Daraus ergeben sich beispielhaft folgende Jahreszinssätze (Originalbeispiele aus der Kfz-Zulieferindustrie):

Zahlungskonditionen des Lieferanten	**Jahreszinssatz (%)**
90 Tage netto, innerhalb von 30 Tagen 3 % Skonto	18
90 Tage netto, innerhalb von 45 Tagen 3 % Skonto	24
60 Tage netto, innerhalb von 30 Tagen 3 % Skonto	36
30 Tage netto, innerhalb von 10 Tagen 3 % Skonto	54

Fazit: Der Jahreszinssatz ist deutlich höher als der Fremdkapitalzinssatz bei Bank- oder Kapitalmarktfinanzierung. Der durch Skontoausnutzung entstehende Rentabilitätseffekt ist daher dem Liquiditätseffekt, der sich durch die vollständige Ausnutzung der Zahlungsziele ergibt, vorzuziehen.

Möglichkeiten, das Verbindlichkeitenmanagement zu optimieren
Prüfen Sie für Ihre Situation folgende Optimierungsvorschläge für den Purchase-to-Pay-Prozess (PTP):

Maßnahmen in Absprache mit dem Lieferanten
- Qualitätsgarantien des Lieferanten reduzieren eigene Kontrollen/Retouren
- Vereinbarung von Sammelrechnungen (z. B. Monatsintervalle) => verlängert die DPO über »versteckte« Kredittage
- Reduzierung der Lieferantenanzahl vermindert Komplexität und verbessert die eigene Verhandlungsposition, kann aber auch zu Abhängigkeiten führen. Daher gilt es auch, bedeutsame Kleinlieferanten zu identifizieren.
- Berechnung der Kreditdauer ab dem Zeitpunkt, an dem die Ware bzw. die dazugehörige Rechnung zur Verfügung steht (nicht ab Rechnungsdatum)

Intern durchzuführende Maßnahmen
- Transparenz über den gesamten PTP-Prozess hilft, die richtige Balance zu finden. Zu früh bezahlen ist unwirtschaftlich, permanent zu spät bezahlen hat eine schlechte Außenwirkung
- Segmentierung/Clusterung der Lieferanten zur Festlegung der eigenen Verhandlungsstrategie bzw. Verhandlungsposition (siehe z. B. auch Abbildung 8.18). Dies ermöglicht auch eine Standardisierung der Zahlungsbedingungen je Lieferantencluster.
- Regelmäßiger Abgleich zwischen vereinbarten und tatsächlichen Konditionen
- Zahlung von ausschließlich 100 % korrekten Rechnungen (keine Teilzahlungen oder auch Vorauszahlungen). Keine zu frühen Lieferungen! Sofortiger Abgleich der empfangenen Waren bzw. Dienstleistung
- Transparenz über die komplette Lieferkette herstellen hinsichtlich der verschiedenen Ebenen (engl. 2nd- und 3rd-Tier) sowie Bonität, Risiken etc.
- Anzahl bzw. Frequenz der Zahlungsläufe prüfen, ggf. an Lieferantengruppe anpassen

8.5 Zusammenfassung

WCM hat vielfältige Wirkungen auf Rentabilität und Stabilität eines Unternehmens, v. a. aber auf dessen Liquidität. Studien gehen hier von einem Potenzial von (mittelfristig) 5 bis 10 Prozent vom Umsatz aus. Um diese Vorzüge möglichst umfassend ausschöpfen zu können, ist es notwendig, Transparenz über die dahinter liegenden Prozesse zu gewinnen. Für ein Prozessmanagement ist zu beachten, dass diese **Prozesse in der Praxis eng miteinander verzahnt** sind. Beispiel: Ein Konsignationslager beim Kunden führt zu höherer Lagerhaltung beim Lieferanten und damit verspätetem Eigentumsübergang (späteres Entstehen der Verbindlichkeit gegenüber dem Kunden). Ggf. existieren hier auch weitere Zielkonflikte innerhalb der einzelnen Prozesse. So wird der Einkauf häufig an der Höhe seiner »Savings« gemessen, die er sich ggf. über DPO-Zugeständnisse erkauft.

Um das WCM dauerhaft im Unternehmen zu verankern, ist es hilfreich,

- eine eindeutige Verantwortung für die Umsetzung zu definieren
- WCM-Ziele in die Vergütungssysteme des Unternehmens zu integrieren
- die vorhandenen Konflikte mit anderen Unternehmenszielen sorgfältig auszubalancieren
- detaillierte und aktuelle Prozessbeschreibungen zu haben, die dauerhaft von den am jeweiligen Prozess beteiligten Mitarbeitern umgesetzt werden
- den involvierten Mitarbeitern durch Schulungen die notwendige Fachkompetenz und auch das Verständnis für den WCM-Gedanken zu vermitteln
- WCM-Kennzahlen in das Reportingsystem mitaufzunehmen (siehe z. B. folgende Abbildung)

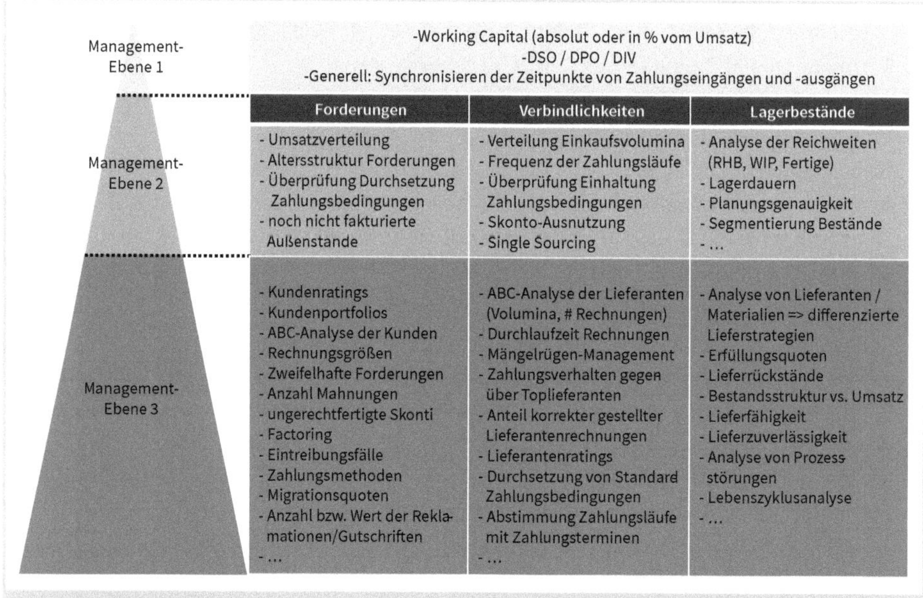

Abb. 8.20: Die Kennzahlen des WCM müssen in der Unternehmenshierarchie herunter gebrochen werden (Ernst & Young, *Auswahl*)

Fazit: WCM ist sowohl in Boomphasen als auch in wirtschaftlich schwierigen Zeiten ein wichtiges Mittel zur Generierung von Liquidität. Im Gegensatz zu klassischen Kostensenkungsprogrammen geht dies beim WCM nicht zu Lasten von Mitarbeitermotivation und zukünftigen Wachstumschancen!

9 Finanzkennzahlen

9.1 Einführung in die Finanzanalyse

Kennzahlen spielen in der Unternehmensführung eine bedeutende Rolle, weil sie Sachverhalte verdichten. Dem damit verbundenen Nachteil des Informationsverlusts stehen zahlreiche Vorteile gegenüber: Prägnante Darstellung und darum schnelle Informationsaufnahme, leichte Vergleichbarkeit über die Zeit (oder über verschiedene Betriebe bzw. Branchen), Verknüpfung zu kausalen (Ursache-Wirkungs-)Kennzahlensystemen – um nur die Wichtigsten zu nennen. Aufgrund dieser Vorteile werden Ziele in Unternehmen oft mit Kennzahlen unterlegt.

9.1.1 Finanzanalyse und Rating in Bezug auf die finanzielle Führung

Im Rahmen der finanziellen Unternehmensführung finden sich zahlreiche – auf den ersten Blick sehr unterschiedliche – Ziele. Im Kern dienen sie alle der **Erhaltung der Existenzfähigkeit durch Sicherstellung von Ertragskraft und Finanzkraft**. Dazu gehört auch die Identifizierung der optimalen Rendite-Risiko-Position, d. h.

- die Sicherstellung der jederzeitigen Zahlungsfähigkeit,
- die Minimierung der gewichteten Kapitalkosten (WACC)[90],
- den Ausgleich von Investitionsportfolio (Verzinsung) und korrespondierenden Finanzierungskosten (Rating)[91].

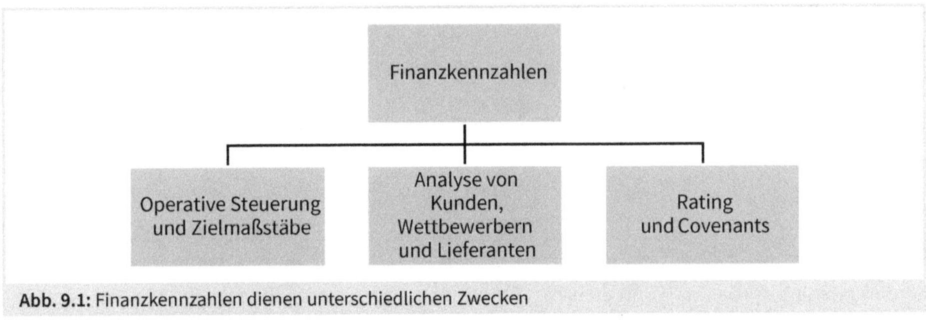

Abb. 9.1: Finanzkennzahlen dienen unterschiedlichen Zwecken

Die Aufzählung verdeutlicht, dass die Begriffe Rating und Finanzanalyse nicht deckungsgleich sind. Abbildung 9.1 zeigt das schematisch. Rating ist lediglich eine standardisierte Prüfung der Kreditwürdigkeit[92] (Bonität). Damit wird ausschließlich auf die Ziele der FK-Geber abgestellt. Ziele der Eigentümer wie z. B. Rentabilität, Ausschüttungen o. ä. spielen in dieser Prüfung keine

90 Vgl. Kapitel 5.2.7.
91 Vgl. Kapitel 5.4.1 bzw. Kapitel 10.
92 Vgl. die Ausführungen in Kapitel 10.

Rolle. Überhaupt fehlt die Anbindung an das gesamte übrige Zielsystem des Unternehmens wie z. B. Kunden- oder Lieferantenziele. Diese beeinflussen die Unternehmensfinanzen jedoch in vielen Branchen erheblich. Zudem sind die Rating-Kennzahlen zu stark aggregiert, um daraus Maßnahmen für einzelne Verantwortungsbereiche abzuleiten. Ein Working Capital-Management im Sinne des vorangegangenen Kapitels (Kapitel 8) ist damit nicht möglich. Finanzkennzahlen müssen darum in operativ arbeitsfähige (Einzel-)Ziele heruntergebrochen werden. Bekannte Methoden sind der ROI-Baum oder der EVA™-Baum.

Im Rahmen einer Finanzanalyse wird üblicherweise auf die **Zielkategorien Rentabilität, Stabilität und Liquidität** geschaut. In jeder Kategorie gibt es mehrere Kennzahlen, die das Ziel messbar machen. **Wichtig ist, dass sich eine Aussage fast immer erst aus dem Zusammenspiel verschiedener Kennzahlen ergibt.** Die Verwendung einzelner isolierter Kennzahlen ergibt schnell Fehlurteile, weil Wechselwirkungen zwischen den Kategorien – positiv wie negativ – nicht beachtet werden. Eine einseitige und extreme Optimierung einer Zielgröße wirkt sich meist negativ auf die anderen Zielbereiche aus. Zugleich gilt jedoch auch: Verbessert sich eine schlechte Kennzahl, dann profitieren auch die anderen Kennzahlen (und damit Ziele) davon. Darum gilt es, Kennzahlen aus allen drei Bereichen in einem ausgewogenen Verhältnis gut zu erfüllen.

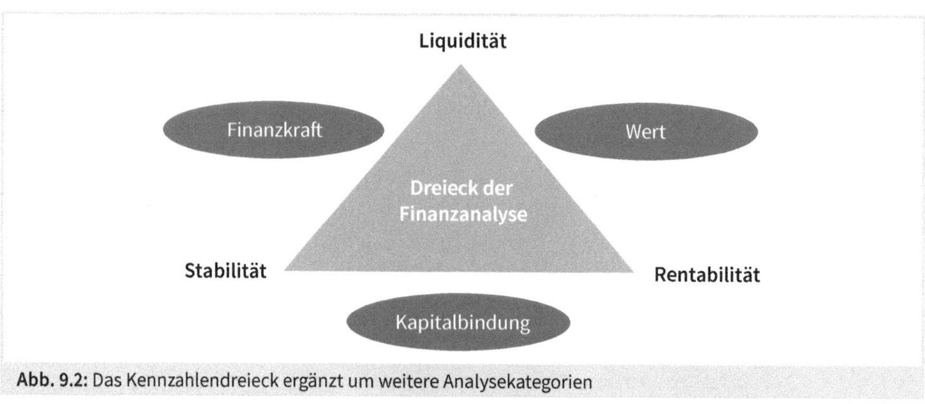

Abb. 9.2: Das Kennzahlendreieck ergänzt um weitere Analysekategorien

Unter dem Ziel der **Liquidität** versteht man im engeren Sinne die Sicherung der jederzeitigen Zahlungsfähigkeit (Cash). Wenn es um das Überleben des Unternehmens geht, dann hat Zahlungsfähigkeit oberste Priorität. Eine Firma kann rentabel sein und trotzdem insolvent werden. Nicht nur Zahlungsunfähigkeit, sondern bereits drohende Zahlungsunfähigkeit kann zur Insolvenz[93] führen. Fehlende Liquidität führt daher schneller in die Pleite als fehlende Rentabilität. Liquidität im weiteren Sinne bedeutet, nötige Auszahlungen, z. B. Wachstumsinvestitionen, tätigen zu können.

93 Die beiden Varianten sind in § 17 und § 18 InsO (Insolvenzordnung) geregelt – vgl. Kapitel 7.1.

Die **Stabilität** dient der Sicherung einer ausgewogenen Kapitalstruktur. Auch hier kann man ein Minimalziel, nämlich wiederum die Existenzsicherung, an den Anfang stellen. Bei Überschuldung, d. h. wenn das Vermögen nicht ausreicht, um die Schulden zu decken, tritt gemäß § 19 InsO bei juristischen Personen ebenfalls die Insolvenz ein. Darüber hinaus hilft eine gute Stabilität, sich zu attraktiven Konditionen, d. h. zu geringeren Zinsen, finanzieren zu können. Damit hat die Stabilität sowohl Einfluss auf die Liquidität als auch auf die Rentabilität.

Die **Rentabilität** - siehe die dritte Ecke des Dreiecks in Abb. 9.2 - kann also nur unter Beachtung der beiden anderen Größen optimiert werden. Sie soll einen hinreichend hohen Gewinn sicherstellen. Bezugsgröße ist dabei in letzter Konsequenz immer der Kapitaleinsatz. Das ist jedoch meist zu abstrakt, um daraus Maßnahmen abzuleiten. Daher errechnet man abgeleitete Rentabilitätsgrößen, wie z. B. die Umsatzrentabilität, oder gleich einen sog. Kennzahlenbaum.

Da Gewinneinbehaltung (Gewinnthesaurierung) die wichtigste Quelle der Innenfinanzierung ist, ist ein ausreichend hoher Ertrag auf mittlere Frist Voraussetzung für die Fähigkeit, den finanziellen Verpflichtungen nachkommen zu können[94]. Womit wir bei den **Wechselwirkungen** zwischen den drei Größen angekommen wären. Die positive Wirkung einer guten Stabilität auf Liquidität und Rentabilität ist schon angesprochen worden. Ebenso wurde umgekehrt die positive Wirkung einer hohen Rentabilität auf Liquidität und Stabilität erläutert. Meist treten Effekte aber zeitverzögert auf und das führt zu Zielkonflikten. So führt eine Investition heute zu Mittelabfluss, erhöht aber die Rentabilität in der Zukunft. Ein hoher Kassenbestand heute verringert das Risiko einer Insolvenz aufgrund von Zahlungsunfähigkeit, andererseits bedeutet das auch den Verzicht auf Investition in rentable Projekte. Liquidität (gleich Sicherheit) kostet somit Rentabilität in der Zukunft - und umgekehrt. Auch von den Interessengruppen (Stakeholdern) gehen **Zielkonflikte** aus. Die Aktionäre haben häufig das Interesse an hohen Ausschüttungen, also einer hohen Dividende. Dies ist konträr zu den Interessen anderer Gläubiger, die vor allem an der Zahlungsfähigkeit des Unternehmens interessiert sind. Manche Eigentümer, insbes. Hedgefonds, erhöhen die Eigenkapitalrendite zu Lasten der Stabilität. Diese besondere Form eines Zielkonflikts ist mit dem Namen Leverage-Effekt verbunden (Kapitel 7.5).

9.1.2 Vorbereitung und Durchführung der Analyse

Angesichts der (nicht vollständig) dargestellten Wechselwirkungen ergeben sich verschiedene Fragen:

- Zeit- oder Betriebsvergleich - welche Analyse ist besser geeignet?
- Womit sollte man die Analyse beginnen?
- Braucht es eine speziell aufbereitete Datenbasis?

94 Vgl. Deyhle/Eiselmayer/Kleinhietpaß (2016): Controller Praxis, Kapitel 1.2.

Sowohl der Zeit- als auch der Betriebsvergleich können nicht in den Kategorien »besser oder schlechter« beurteilt werden, weil sie einander ergänzen. Sie sollten beide durchgeführt werden.

- **Zeitvergleich:** Die Entwicklung des eigenen Unternehmens im Zeitablauf ist gut interpretierbar, weil der Zugriff auf alle Informationen[95] gegeben ist. Der Vergleich ist leicht durchzuführen und auch auf Planung anwendbar.
- **Betriebsvergleich:** Der Vergleich mit anderen Unternehmen setzt einheitliche und eindeutige Definitionen voraus. Eine komplett vergleichbare Datenbasis lässt sich bei konzernfremden Unternehmen jedoch fast nie erzeugen. Hinzu kommen operative Einflüsse wie z. B. unterschiedliche Sortimentsstrukturen, die Abweichungen vom Durchschnitt der Branche begründen können. Betriebsvergleiche sind damit schwieriger und weniger exakt.

Beiden Varianten ist gemeinsam, dass sie die finanzielle Situation vergleichend (relativ) beurteilen – also Referenzwerte benötigen. Banken, Unternehmensberatungen, Informationsdienstleister oder die Deutsche Bundesbank sind mögliche Quellen dafür. So entsteht ein Anhaltspunkt, ob weitergehende Analysen nach den (oft operativen) Gründen erforderlich sind.

Die Frage nach dem **inhaltlichen Startpunkt der Analyse** ist nicht entscheidend. Es ist aber unserer Meinung nach einfacher, vom Grundsätzlichen zum Speziellen vorzugehen. Wir analysieren zuerst die Strukturen bei Finanzierung und Kapitalbindung. Sie sind kurzfristig nicht änderbar und wirken damit als Rahmenbedingungen. Wir beginnen daher mit der Stabilität.

Die Frage nach der **Datenbasis** ist am wichtigsten. Bei externer Analyse stehen i. d. R. ausschließlich Informationen aus dem Geschäftsbericht zur Verfügung. Wir empfehlen unbedingt, die – insbesondere in IFRS-Abschlüssen umfangreichen – ergänzenden Informationen in Anhang und Lagebericht des jeweiligen Geschäftsberichts zu nutzen. Diese Detaillierung mit ihrer Masse an Informationen können wir in unserem Buch nicht abbilden und beschränken uns daher auf Bilanz, GuV und CF-Statement. Die beiden Letzteren sind zwar abgeleitete Größen der Bilanz, aber sie bringen aufgrund ihrer andersartigen Aufbereitung zusätzlich Informationen bzw. erleichtern die Analyse.

Die interne Bilanzanalyse hat Zugriff auf alle Daten. Dann kann die Datenaufbereitung der spezifischen Fragestellung Rechnung tragen:

- Aktiva: Wie schnell kann ein Vermögenswert liquidiert werden, d. h. zu Geld gemacht werden?
- Passiva: Wie dringlich sind die Rückzahlungsverpflichtungen?

Mittels der Antworten auf die beiden Fragen ergibt sich ein erster Eindruck des finanziellen Spielraums: Hat das Unternehmen einen Liquiditätsüberschuss oder gibt es eine Unterdeckung? Wie ist die Entwicklung im Analysezeitraum? Die Fragen sind eng mit der Investitionsrechnung und dem Businessplan verknüpft. Sie beeinflussen das Rating und den Unternehmenswert. Wir empfehlen daher eine Umgliederung der Bilanz nach dem Kriterium Zeit, d. h. eine Umgliederung in kurzfris-

95 Sondereffekte wie Reorganisation, geänderte Bilanzierungsregeln o. ä. können bereinigt werden.

tige und langfristige Positionen. In Anlehnung an das HGB wird kurzfristig meist als bis zu einem Jahr verstanden – bei allem, was darüber hinaus geht, spricht man vereinfachend von langfristig. Wenn eine genauere Unterteilung nötig sein sollte, dann wäre unsere Empfehlung – wiederum in Anlehnung an das HGB – den Zeitraum von 1 bis 5 Jahre als mittelfristig zu definieren.

Diese nachfolgenden beispielhaften Positionen geben eine Orientierung, wie noch fehlende Bilanzpositionen (z. B. latente Steuern) einzuordnen sind; entscheidend ist immer der rechtlich verbindliche oder zu erwartende **Zeithorizont** bzgl. Liquidierbarkeit bzw. Fälligkeit. Das kann bedeuten, dass Positionen aufgeteilt werden müssen. Beispielsweise wäre der Jahresüberschuss (weil noch kein Beschluss der Hauptversammlung über die Gewinnverwendung vorliegt) in die zu erwartende Dividende, die Zuführung zu den Rücklagen und den Gewinnvortrag aufzuteilen.

Schnelligkeitsgliederung der Aktiva bei der »Versilberung«	**Dringlichkeitsgliederung der Passiva bezüglich der »Fälligkeit«**
Liquide Mittel ersten Grades (innerhalb eines Jahres liquidierbar)	**Schulden ersten Grades** – innerhalb eines Jahres fällig (kurzfristig)
• Flüssige Mittel[96]: z. B. Kassenbestand, Bankguthaben, Schecks, (Besitz)Wechsel, börsengängige Wertpapiere (insbesondere Geldmarktfonds oder Gilts[97]), Festgelder, Post- und sonst. Wertzeichen	• (Schuld)Wechsel
• Forderungen und Rechnungsabgrenzungsposten	• Verbindlichkeiten aus Lieferungen und Leistungen
• eingeforderte Einlagen auf das gezeichnete Kapital	• Verbindlichkeiten gegenüber Kreditinstituten
	• Rückstellungen, sonstige Verbindlichkeiten, Rechnungsabgrenzung
Liquide Mittel zweiten Grades (innerhalb von 5 Jahren liquidierbar)	**Schulden zweiten Grades** – innerhalb von 5 Jahren fällig
• Roh-, Hilfs- und Betriebsstoffe, unfertige und fertige Erzeugnisse	• Verbindlichkeiten gegenüber Kreditinstituten
• Forderungen und Festgelder	• Rückstellungen, insbesondere Pensionsrückstellungen
• Geleistete Anzahlungen auf Positionen des Umlaufvermögens	• Sonstige Verbindlichkeiten

96 Ebenfalls geläufige Begriffe sind: Geld- und Geldäquivalente, Cash and Cash Equivalents oder erweiterte Kassenhaltung. In der Praxis hat sich eingebürgert, darunter inhaltlich alles zusammenzufassen, was innerhalb von *3 Monaten* [!] zu Bargeld gemacht werden kann. Im HGB bestehen Auslegungsfragen – vgl. beispielsweise Beck'scher Bilanzkommentar, 11. Aufl. (2018), Seite 903 f. Gemäß IAS 7 (vgl. 7.7 bis 7.9 sowie 7.45 bis 7.47) ist ebenfalls nicht abschließend geregelt, was zu den Zahlungsmitteläquivalenten gehört, aber es gilt ergänzend, dass nur Posten mit geringen Wertschwankungen aufzunehmen sind.

97 Gilt-Edged Securities: umgangssprachlich Anleihen mit geringem Ausfallrisiko (und daher meist geringer Rendite); ursprünglich waren es Staatsanleihen von Großbritannien und den Commonwealth-Staaten.

Schnelligkeitsgliederung der Aktiva bei der »Versilberung«	Dringlichkeitsgliederung der Passiva bezüglich der »Fälligkeit«
Liquide Mittel dritten Grades (länger als 5 Jahre)	**Schulden dritten Grades** – frühestens nach 5 Jahren fällig (langfristig)
• Bewegliche Sachen und Rechte: Maschinen und Betriebs- und Geschäftsausstattung, Anlagen im Bau (inkl. Anzahlungen), Rechte	• Anleihen, Bankschulden
• Forderungen	• Pensionsrückstellungen, sonstige Rückstellungen
• Wertpapiere des Anlagevermögens, Beteiligungen	• Eigenkapital
• Unbewegliche Sachen: Bauten auf fremden Grundstücken, Grundstücke und grundstücksgleiche Rechte, zugehörige Anlagen im Bau (inkl. Anzahlungen)	

Abb. 9.3: Schnelligkeitsgliederung der Bilanzseiten

Falls besondere Sorgfalt erforderlich ist, können die einzelnen Positionen noch in eine genauere zeitliche Reihenfolge gebracht werden – immer vorausgesetzt, die Daten sind auch verfügbar. Das ist bei der Analyse fremder Unternehmen im Regelfall nicht gegeben. Ein Gegenbeispiel ist eine Unternehmensbewertung im Rahmen einer freundlichen Übernahme. In diesem Fall würden in der Due Diligence verschiedene weitere Analysen möglich und nötig. Dazu zählen z. B. eine separate Bewertung des Sondervermögens wie auch alle steuerlichen Themen wie z. B. Verlustvorträge.

9.2 Finanzielle Stabilität

9.2.1 Was wird unter finanzieller Stabilität verstanden?

Die Analyse der Stabilität untersucht die Finanzierungsstruktur. Im Fokus stehen nicht die Kosten der Finanzierung, im Fokus steht die Frage, ob das Unternehmen jederzeit und tatsächlich in der Lage ist, seine Zahlungsverpflichtungen zu erfüllen. Daraus folgt, dass die Relationen zwischen den beiden Bilanzseiten besonders wichtig sind, weil den Zahlungsverpflichtungen auf der Passivseite entsprechend liquidierbare Vermögenswerte auf der Aktivseite gegenüberstehen müssen.

Mit der Umgliederung der Bilanz nach dem Kriterium »Zeit« hätten wir die Analyse der Stabilität also gut vorbereitet. Wir könnten das kurzfristig liquidierbare Umlaufvermögen dem kurzfristigen Fremdkapital gegenüberstellen.

In Bilanzanalysen finden sich häufig auch ergänzende Kennzahlen über den Aufbau des Vermögens und den Aufbau des Kapitals eines Unternehmens, d. h. Kennzahlen, die die Struktur einer Seite der Bilanz untersuchen. Mit ihnen wird untersucht, ob die Vermögenswerte und die Finanzierung dem Geschäftsmodell angemessen sind.

9.2.2 Relationen zwischen Vermögen (Aktiva) und Kapital (Passiva)

Eine der ältesten Regeln zur Finanzierung ist die sogenannte »**Goldene Bilanzregel**«[98]. Sie besagt, dass langfristig gebundenes Vermögen auch langfristig finanziert sein soll. Die folgende Grafik zeigt zunächst einmal eine der Grundlagen: Die verschiedenen Vermögenswerte lassen sich unterschiedlich gut (Geschwindigkeit, Wertverlust) in liquide Mittel umwandeln.

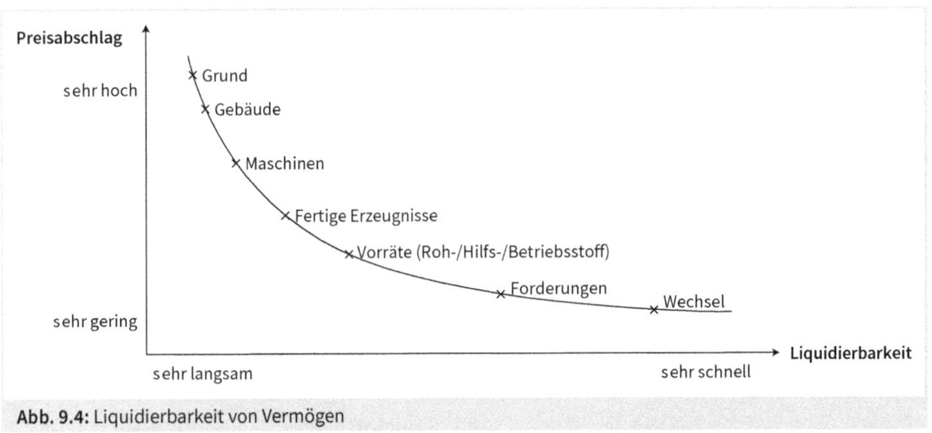

Abb. 9.4: Liquidierbarkeit von Vermögen

Die Grafik soll an zwei Beispielen erläutert werden:

a) **Wechsel**[99]**:** Aus Sicht des Unternehmens stellt die Diskontierung eines Wechsels bei einer Bank einen extrem günstigen Verkauf von Vermögensgegenständen dar. Bei erstklassigen Wechseln werden lediglich Wechselspesen sowie Zinsen[100] fällig. In Zeiten niedriger Zinsen wird der nominelle Wert sehr schnell und fast vollständig in Liquidität umgewandelt.
b) **Gebäude:** Der Verkauf von Grund und Bauten braucht erhebliche Zeit[101]. Je schneller der Verkauf stattfinden soll, desto höher wird der Abschlag auf den potenziell erzielbaren Verkaufspreis sein.

Vor dem Hintergrund dieser Überlegung wäre es also ein großer Nachteil, wenn man eine kurzfristige fällige Verbindlichkeit durch den Verkauf langfristig gebundenen Vermögens begleichen müsste. Zum einen wäre der Abschlag auf den Wert meist viel zu hoch. Zum anderen drohen Beeinträchtigungen bei der Leistungserstellung und damit beim Umsatz. Somit ist der

98 Auch »Goldene Finanzierungsregel« oder »Working Capital der finanziellen Stabilität« genannt.

99 Der Wechsel hat in Europa stark an Bedeutung verloren (u. a. wegen Wegfall der Rediskontfähigkeit bei der Zentralbank sowie des nicht automatisierbaren Arbeitsaufwands, den ein Wechsel aufgrund seiner Eigenschaft als Urkunde mit sich bringt).

100 Sie berechnen sich aus der Restlaufzeit des Wechsels in Tagen und dem Diskontsatz.

101 Z. B. für Sachverständigengutachten, Prüfung von Grunddienstbarkeiten, Bebauungs- und Flächennutzungsplan, Verhandlungen über den Vertragstext usw.

Grundgedanke der »Goldenen Bilanzregel« plausibel. Die Einhaltung der Goldenen Bilanzregel lässt sich wie folgt darstellen:

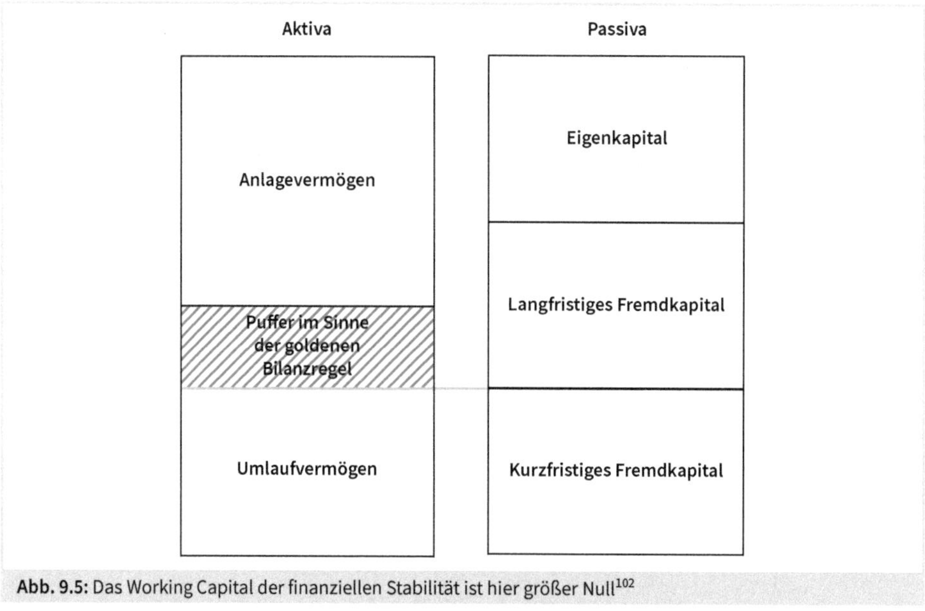

Abb. 9.5: Das Working Capital der finanziellen Stabilität ist hier größer Null[102]

Im Sinne des sogenannten Working Capital-Managements (Net Working Capital) würde man beispielsweise fragen, ob es wirklich einen Sicherheitsbestand an Vorräten braucht (und ggfs. in welcher Höhe) oder ob dies nicht z. B. durch bessere Prozesse erreicht werden kann. Die Einschätzung über nötige Sicherheitsbestände, einen möglicherweise bestehenden »Bodensatz« an schlecht verkaufsfähigen[103] Produkten oder nur verzögert einzutreibenden Forderungen[104] muss daher ebenso erfolgt sein, wie eine Entscheidung über den gewünschten Risikoabsicherung durch »Überfinanzierung« des Anlagevermögens durch langfristiges Kapital – ansonsten lässt sich die Goldene Bilanzregel nicht in einen konkret benötigten Bedarf an langfristigem Kapital umrechnen.

In Zeiten extrem niedriger Zinssätze für kurzfristiges Fremdkapital und der Erwartung steigender Zinssätze jenseits des 5-Jahres-Horizonts (also in einer Situation, die exakt der aktuellen im Jahr 2020 entspricht), kostet eine langfristige Finanzierung aber mehr, als der ›revolvierende‹ (sich drehende) Einsatz kurzfristiger Kredite. Daher steht immer die Frage im Raum, ob die Finanzierung mit langfristigem Kapital wirklich sinnvoll ist. Durch die Umschichtung der Finanzierung ließe sich durch die geringeren Zinskosten die Rentabilität steigern. Die zugrunde

102 Wie in Kapitel 8.1 beschrieben.

103 Schlecht verkaufsfähige, aber noch in den Büchern befindliche Produkte (z. B. aufgrund nicht unterjährig durchgeführter Abwertungen).

104 Z. B. aufgrund von Streitigkeiten über die Frage der Leistungserbringung oder die Abrechnung von Sonderwünschen bei Kunden.

liegende Annahme muss lauten: Das Unternehmen kann sich jederzeit am Kapitalmarkt finanzieren. Das wäre zu prüfen hinsichtlich der Bonität des Unternehmens als auch hinsichtlich der Möglichkeiten des Kapitalmarkts. Zumindest in einer normalen Zinssituation besteht ein Trade-off zwischen Stabilität der Finanzierung und Rentabilität.

EXKURS: AUSNAHMEN VON DER »GOLDENEN BILANZREGEL«

Selbstverständlich gibt es auch sinnvolle Gründe, von der empfohlenen Finanzierungsstruktur abzuweichen. Das kann z. B. an Besonderheiten der Branche liegen. Als Beispiel lässt sich der Handel nennen, der aufgrund seiner hohen Konzentration oft erhebliche wirtschaftliche Macht besitzt. So finanzieren oft die Lieferanten zu großen Teilen das Geschäft des Handelsunternehmens über lange Zahlungsziele bei Forderungen aus LuL[105]. Der Händler hat darum in der Regel ein negatives Net Working Capital. Das kann bedeuten, dass auch das Working Capital negativ wird.[106]
Um die Wirkungsweise in Bezug auf die goldene Bilanzregel leichter nachvollziehbar zu machen, ist sie – nach Aktiv- und Passivseite der Bilanz getrennt – in den folgenden vier Abbildungen beschrieben. Selbstverständlich handelt sich nicht um einen nacheinander ablaufenden Prozess. Vielmehr treten die Effekte zusammen – teils zeitgleich – auf.

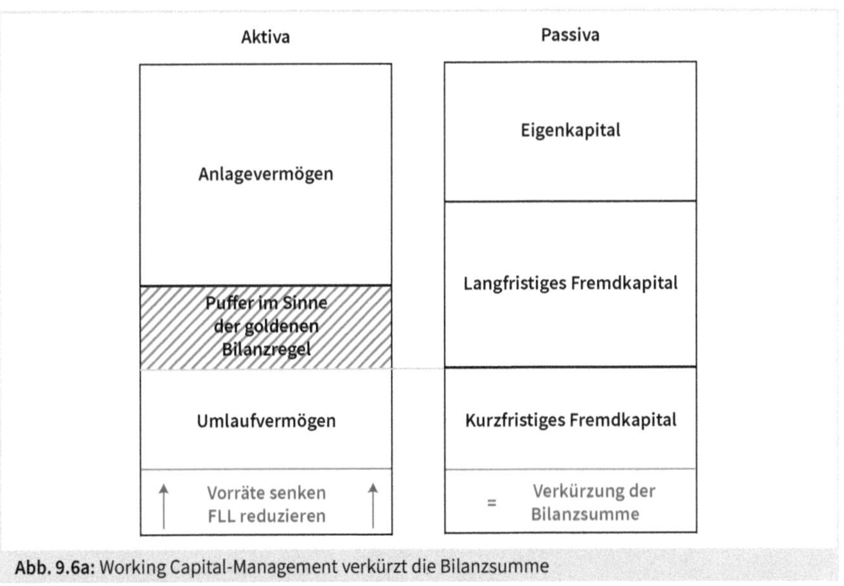

Abb. 9.6a: Working Capital-Management verkürzt die Bilanzsumme

Durch die Senkung der Vorräte und der Forderungen werden liquide Mittel freigesetzt. Diese können dazu genutzt werden, kurzfristiges Fremdkapital (z. B. einen Dispositionskredit) zu tilgen oder die liquiden Mittel verhindern eine ansonsten erforderliche

105 In der Praxis werden, wie auch hier im Buch, die Schreibweisen »LuL« und »L+L« gleichbedeutend verwendet.
106 Zur genauen Unterscheidung dieser beiden Größen, die umgangssprachlich oft beide »working capital« genannt werden, vgl. Kapitel 8.

höhere Inanspruchnahme der Kreditlinie. Die Folge ist eine Bilanzverkürzung. Die daraus folgenden positiven Effekte wurden in Kapitel 6 bereits beschrieben. Jedoch ist der Risikopuffer stark reduziert, wie die nächste Abbildung zeigt.

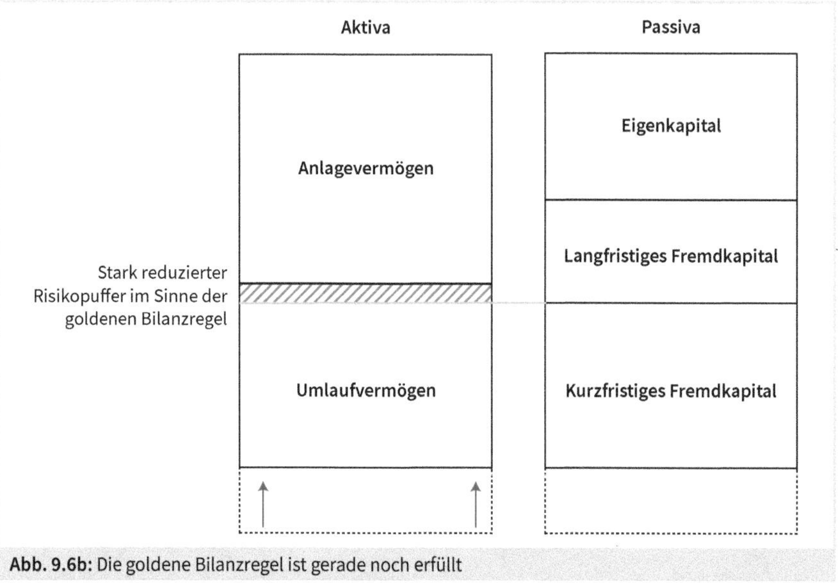

Abb. 9.6b: Die goldene Bilanzregel ist gerade noch erfüllt

Erhöht man in der dargestellten Finanzierungssituation nun die Verbindlichkeiten aus Lieferungen und Leistungen durch Verlängerung der Zahlungsziele bei den Lieferanten, so wird der Bedarf an langfristigem Fremdkapital reduziert.

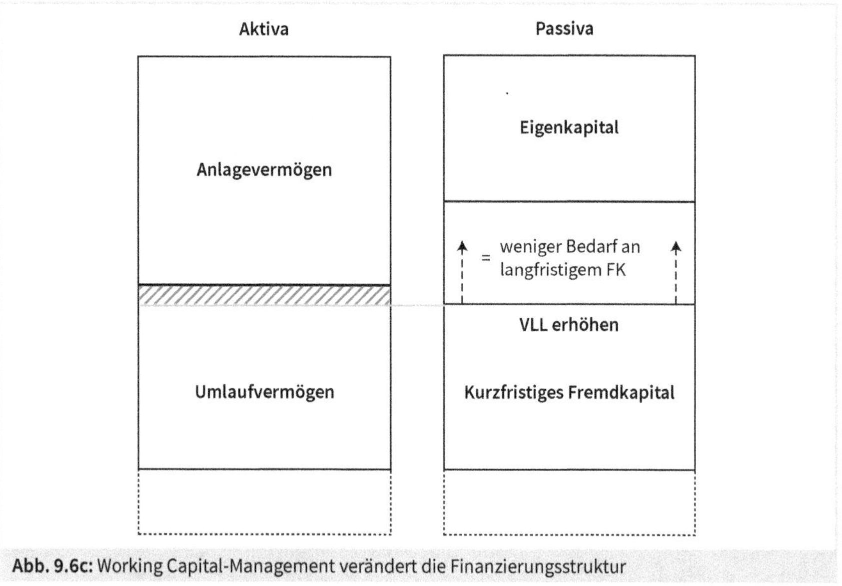

Abb. 9.6c: Working Capital-Management verändert die Finanzierungsstruktur

Man könnte auch sagen, kurzfristiges Fremdkapital kann nun langfristiges Fremdkapital ersetzen. Es kommt damit zu einer grundsätzlich veränderten Finanzierungsstruktur, in der der bisherige Risikopuffer nicht mehr vorhanden ist. Im Gegenteil: Nun ist ein Teil des Anlagevermögens kurzfristig finanziert.

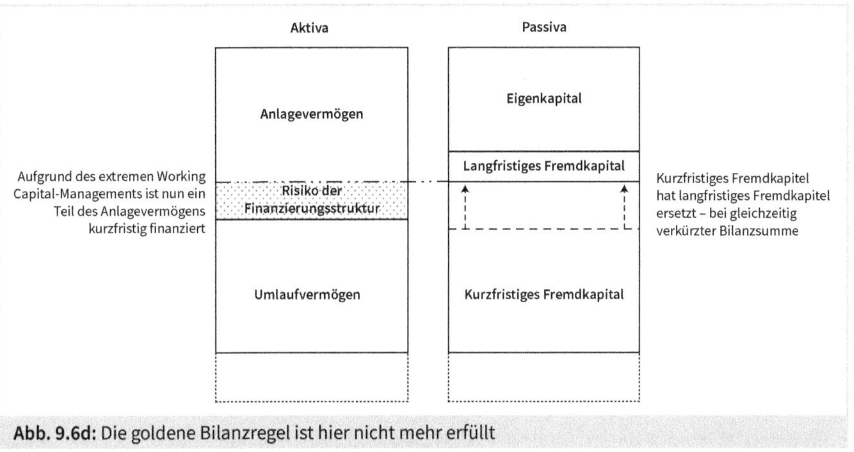

Abb. 9.6d: Die goldene Bilanzregel ist hier nicht mehr erfüllt

Die resultierende, grundsätzliche instabile Finanzierung im Sinne der Goldenen Bilanzregel wirkt sich aber aufgrund der Marktmacht nicht negativ für das Handelsunternehmen aus. Im Gegenteil, das Handelsunternehmen profitiert von der günstigen Finanzierung durch die Lieferanten.

Jedoch haben nicht alle Unternehmen eine derartige Marktmacht. Für viele Unternehmen schwächt extremes Working Capital Management die finanzielle Stabilität. Es will also gut überlegt sein, ob das Unternehmen beim Working Capital Management gegen die goldene Bilanzregel verstoßen sollte.

Eine andere Ausnahme erleben wir seit über 10 Jahren im Rahmen der immer noch nicht beseitigten Folgen der Finanzkrise von 2008/2009. Die Geldschwemme der Zentralbanken hat nicht nur Auswirkungen auf die Aktienmärkte oder den Goldpreis gehabt. Auch die Nachfrage nach Grund und Bauten ist massiv gestiegen. So hat sich der oben beschriebene »Abschlag auf den Verkaufspreis« in guten Lagen eher in ein »Bieterverfahren« verwandelt. Damit einhergehend lassen sich Immobilien wesentlich schneller verkaufen als zu früheren Zeiten. Trotz des »Zug-um-Zug-Geschäfts« vergehen vom Angebot des Objekts bis zum Geldzufluss manchmal nur unwesentlich mehr als 3 Monate. Womit Immobilien tatsächlich schnell liquidierbar geworden sind – anders als in Abb. 9.4 dargestellt.

Der in der Goldenen Bilanzregel dargestellte Finanzierungsanspruch hat zu drei bekannten Kennzahlen geführt:

1. Anlagendeckungsgrad II
2. Liquiditätsgrad III
3. Working Capital der finanziellen Stabilität[107]

Die Namen lassen nicht erkennen, dass es sich jeweils um eine weitere Ausprägung der goldenen Bilanzregel handelt, die eine Beziehung zwischen Vermögen und Kapital, d. h. zwischen den beiden Seiten der Bilanz ausdrücken.

Schauen wir uns die drei Kennzahlen daher an:

Ad 1.: Anlagendeckungsgrad II (AnlDG II)

$$\text{Anlagendeckungsgrad II} = \frac{\text{Eigenkapital} + \text{langfristiges Fremdkapital}}{\text{Anlagevermögen}}$$

Ein Blick in Abb. 9.5 zeigt sofort, dass es sich um die Prüfung der Goldenen Bilanzregel handelt. Diese ist erfüllt, wenn der AnlDG II größer als 1 (>100 %) ist.

Ad 2.: Liquiditätsgrad III (LG III)

$$\text{Liquiditätsgrad III (Current Ratio)} = \frac{\text{Umlaufvermögen}}{\text{kurzfristiges Fremdkapital}}$$

Ein Blick in Abb. 9.5 zeigt, dass der LG III komplementär zum AnlDG II aufgebaut ist. Auch hier ist ein Wert größer als 1 (>100 %) anzustreben. Dies wird oft missverstanden. Darum sei an die Ausführungen im Kapitel 8 erinnert. Es ist nicht angestrebt, die Kennzahl dadurch zu »verbessern«, indem Vorräte oder Forderungen LuL »aufgebläht« werden. Es handelt sich mit dem LG III um eine Kennzahl, die die Finanzierungsstruktur beurteilt. Sie ist eine Form der Goldenen Bilanzregel. Das bedeutet: Sofern das Net Working Capital nicht kurzfristig verbessert werden kann, dann sollte die Finanzierung angepasst werden! Wobei auch hier die zuvor im Exkurs genannten Ausnahmen gültig bleiben.

Ad 3. Working Capital der finanziellen Stabilität

Working Capital = Umlaufvermögen – Kurzfristiges Fremdkapital

Der Blick auf den Liquiditätsgrad III zeigt sofort, dass es sich um die gleiche Analyse in anderer Darstellungsform handelt. Ist das Working Capital der finanziellen Stabilität positiv, so wird die Goldene Bilanzregel erfüllt.

107 Nicht zu verwechseln mit dem Net Working Capital (NWC), welches oft vereinfachend nur Working Capital genannt wird. Vgl. dazu auch Kapitel 8.1.

Während der LG III eine Relation abbildet, stellt das WC einen absoluten Geldbetrag dar. Interessanter Weise wird dieser jedoch wieder in Relation gesetzt, nämlich zum einen als Zielkennzahl für den Treasurer[108] in Prozentsatz vom Umlaufvermögen, z. B. WC = 0,2 UV. Mit anderen Worten: Der Treasurer hätte die Zielvorgabe erreicht, wenn 20 % des Umlaufvermögens langfristig finanziert sind. Festzulegen ist dann noch, ob diese Finanzierung zu bestimmten Stichtagen oder jederzeit sichergestellt werden soll.

Zum anderen wird das WC in Relation zum Umlauf- bzw. Anlagevermögen gesetzt, wodurch sich die **Working Capital Ratio** ergibt:

- Ist das Working Capital positiv, ist die Kennzahl wie folgt definiert:
  WC / UV = Anteil des Umlaufvermögens, der langfristig finanziert ist. Ein Wert von z. B. 0,2 bedeutet, dass das Minimalziel der Goldenen Bilanzregel um 20 % übertroffen wird.
- Ist das Working Capital negativ, lautet die Definition:
  |WC| / AV = Anteil des Anlagevermögens, der kurzfristig finanziert ist. Es wird also gegen die Goldene Bilanzregel verstoßen. Der Wert sollte möglichst klein sein, denn Anlagevermögen wird zum Betreiben des Geschäftes dauerhaft eingesetzt und sollte deshalb nicht mit kurzfristigem Geld finanziert sein.

Um zu verstehen, woher Verstöße gegen die Goldene Bilanzregel stammen, bzw. um detailliertere Zielvorgaben machen zu können, gibt es eine Reihe ergänzender Kennzahlen. Dazu gehört z. B. der Anlagendeckungsgrad I. Er ermittelt, welcher Teil des Anlagevermögens durch Eigenkapital finanziert ist. Es ist ein engeres Begriffsverständnis einer stabilen Finanzierung, weil nur das »ewig« im Unternehmen verbleibende Kapital berücksichtigt wird:

$$\text{Anlagendeckungsgrad I} = \frac{\text{Eigenkapital}}{\text{Anlagevermögen}}$$

Die Schuldendeckungsgrade sind lediglich eine andere Darstellungsform der Anlagendeckungsgrade. Dabei werden die nach ihrer Realisierbarkeit gegliederten Vermögenswerte den nach ihrer Fristigkeit gegliederten Schulden gegenübergestellt.

$$\text{Schuldendeckungsgrad I} = \frac{\text{sofort verfügbares Vermögen}}{\text{sofort fällige Schulden}}$$

$$\text{Schuldendeckungsgrad II} = \frac{\text{kurzfristig verwertbares Vermögen}}{\text{kurzfristig fällige Schulden}}$$

In diesen Kennzahlen für den Grad der Schuldendeckung sind die Vermögens- und Schuldenpositionen stufenweise kumuliert. Die stufenweise Kumulierung der Vermögensgegenstände hat natürlich wiederum den Sinn, auf die Liquidierbarkeit zu achten. Je schneller ein Gegen-

108 Typischerweise gehören zu den Aufgaben das Management der Liquidität, der Finanzierung und des Finanzvermögens sowie aller finanziellen Risiken – je nach Unternehmensgröße auch Versicherungen, Rohstoffpreissicherungen, die Debitoren und das Working Capital.

stand liquidierbar ist, umso eher kann er dazu beitragen, bei Fälligkeit der Forderung diese zu bedienen. Im Kern wird die **Tilgungsfähigkeit** beurteilt. Wir haben diesen Gedanken in Abb. 9.4 kennengelernt. Eine Besonderheit stellt die dritte Ausprägung dar: Sind die Vermögenswerte kleiner als die Schulden, so liegt eine Überschuldung vor. Das ist ein möglicher Insolvenzgrund.

$$\text{Schuldendeckungsgrad III} = \frac{\text{kurz- und langfristig verwertbares Vermögen}}{\text{kurz- und langfristig fällige Schulden}}$$

Damit wäre die Kennzahl zu Steuerungszwecken obsolet. Es gibt daher bei der Verwendung der Schuldendeckungsgrade noch die Unterscheidung, ob die Kennzahlen auf die gesamten Unternehmensschulden oder nur auf Finanzschulden gerechnet werden. Letzteres ist natürlich vor allem für Banken und andere Finanzintermediäre wichtig, die klassische Kredite oder Mezzanines Kapital[109] zur Verfügung gestellt haben und im Falle einer Insolvenz aufgrund spezieller Vertragsklauseln, sog. Covenants[110], oft besser als andere Gläubiger geschützt sind. Sie erfahren, welcher prozentuale Anteil des ausgeliehenen Kapitals durch Vermögenswerte (nominell, d. h. ohne eventuelle Wertminderungen bei der Veräußerung) gedeckt ist.

9.2.3 Relationen der Vermögens- und der Kapitalstruktur

Nachdem wir die Beziehung zwischen Vermögen und Kapital betrachtet haben, schauen wir uns nun die jeweilige Struktur der beiden Bilanzseiten an. Die Aktivseite wird in diesem Zusammenhang auch als Vermögensseite, die Passivseite als Kapital- oder Finanzierungsseite bezeichnet.

Kennzahlen zur Vermögensstruktur

Eine häufig ermittelte Kennzahl auf der Aktivseite ist die Anlagenintensität:[111]

$$\text{Anlagenintensität} = \frac{\text{Anlagevermögen}}{\text{Bilanzsumme}}$$

Sie gibt an, welcher Teil des Vermögens langfristig dem Unternehmen zur Verfügung stehen soll. Sie misst zugleich den Grad der Technisierung. Die Kennzahl wird damit wesentlich bestimmt durch die Zugehörigkeit des Unternehmens zu einer bestimmten Branche. Eine Interpretation ist daher nur relativ, d. h. zu den Mitgliedern der Peergroup, sinnvoll.

$$\text{Maschinenintensität} = \frac{\text{Maschinen und maschinelle Anlagen}}{\text{Anlagevermögen}}$$

$$\text{Maschinendominante} = \frac{\text{Maschinen und maschinelle Anlagen}}{\text{Gesamtvermögen}}$$

109 Vgl. Kapitel 7.3.

110 Vgl. Kapitel 7.4.

111 Auch Anlagenintensitätsgrad genannt. Bei der Ermittlung der Bilanzsumme darf im Falle einer Überschuldung (also im Rahmen einer Fortführungsinsolvenz) nicht die Bilanzposition »F. Nicht durch Eigenkapital gedeckter Fehlbetrag« einbezogen werden.

Maschinenintensität und Maschinendominante können nicht nur für ein Produktionsunternehmen aufschlussreich sein. Schließlich haben auch viele Dienstleister – wie z. B. IT-Rechenzentren oder Fluggesellschaften – erhebliche Investitionen in ihren Maschinenpark zu tätigen. Die beiden Kennzahlen sind dann wichtig, wenn Chancen und Gefahren der Fertigungstiefe betrachtet werden. Vordergründig geht es nur um den Investitionsbedarf (und davon abgeleitet um die Finanzkraft), um dauerhaft einen modernen Anlagenpark zu besitzen. Aber weiterführend sind auch die Kosten zu untersuchen, z. B. bzgl. der Flexibilität der Nutzung der Anlagen oder die Kostenflexibilität bei Auslastungsschwankungen zu betrachten. In einem erweiterten Sinne, d. h. über das Finanzcontrolling hinaus, sollte untersucht werden, welche Anforderungen sich an Personalführung bzw. Personalcontrolling stellen. Auch hier ergibt sich sofort ein Bezug zu den Kosten:

- Sind wir als Arbeitgeber (bei unserem Standort, bei unserer Branche) attraktiv, um Mitarbeiter mit besonderem Know-how anzuziehen? Müssen wir außertarifliche Leistungen anbieten?
- Was ist zu tun, um spezifisches Know-how im Unternehmen zu (er-)halten und zu welchen Kosten?
- Welches Know-how müssen wir bei Mitarbeitern aufbauen?

Um den angesprochenen Investitionsbedarf im Rahmen technischer Neuerungen zu prüfen, lässt sich die Abschreibungsquote nutzen:

$$\text{Abschreibungsquote} = \frac{\text{Abschreibungen auf SAV} + \text{Desinvestitionen}}{\text{Anlagevermögen}}$$

Das Sachanlagevermögen (SAV) wird in der Regel um die Finanzierung[112] und die nicht abnutzbaren Teile des Anlagevermögens[113] gekürzt. Die Abschreibungsquote ermittelt, welcher Anteil des Anlagevermögens pro Jahr wertmäßig verloren geht[114]. Dies ist nur dann betriebswirtschaftlich korrekt, wenn für das Anlagevermögen die (»historischen«) Anschaffungs- und Herstellungskosten angesetzt werden und nicht die aktuellen (also bereits abgeschriebenen) Buchwerte.[115] Damit ist zugleich die durchschnittliche Nutzungsdauer des Anlagevermögens ermittelt. Somit ergibt sich der durchschnittliche jährliche Re-Investitionsbedarf – also der Liquiditätsbedarf für Investitionen.

Während es sich beim Anlagevermögen um die Frage der Finanzierungsstruktur handelt, geht es beim Umlaufvermögen um die Frage, wie operative Effizienz erreicht wird.

112 Finanzierungen sind Anzahlungen und »... im Bau« (z. B. Gebäude im Bau).

113 Grundstücke sind nicht abnutzbar. Unter den IFRS unterliegt auch der derivative Goodwill keiner regelmäßigen Abnutzung. Vgl. hierzu auch die Ausführungen in Kapitel 3.2.

114 Unter der vereinfachenden Annahme, dass die handelsrechtlichen Abschreibungen den Wertverzehr, d. h. die Verringerung in der Nutzungsmöglichkeit, korrekt widerspiegeln.

115 Die Informationen finden sich im Anlagespiegel (Anlagengitter), d. h. bei Verwendung des UKV auch die Abschreibungshöhe.

Im Gegensatz zur Anlagenintensität wird keine Intensität des Umlaufvermögens ermittelt. Denn anders als das Anlagevermögen, lässt sich das Umlaufvermögen auch kurzfristig beeinflussen. Es geht bei den Kennzahlen damit um die effiziente Nutzung der knappen Ressource Kapital.

Zur Messung dieser operativen Effizienz sind die Umschlagshäufigkeit von Beständen und die Durchlaufzeit der Produkte wichtige Kennzahlen. Die Umschlagshäufigkeit gibt an, wie oft ein Bestand in einer Rechnungsperiode umgeschlagen wird; die Durchlaufzeit, wie lange eine Bestandsgröße zum Umschlag (daher auch Umschlagsdauer genannt) in einer Periode braucht. Zwischen Umschlagshäufigkeit und Durchlaufzeit besteht ein Zusammenhang: Eine Verkürzung der Durchlaufzeit z. B. durch eine verbesserte und schnellere Fertigungssteuerung führt auch zu einer Erhöhung der Umschlagshäufigkeit der in der Fertigung befindlichen Bestände und Rohstofflager.[116]

In der Praxis sind die **Lagerreichweite** (DIV), die **Forderungsreichweite** (DSO) und **Verbindlichkeitenreichweite** (DPO) häufig verwendete Kennzahlen, woraus sich der Cash-to-Cash-Cycle (in Tagen) ergibt[117]. In absoluten Beträgen ergibt sich daraus das **(Net) Working Capital (NWC)**. Das NWC – auch als **Managerial Working Capital** bezeichnet – ist eine Kennzahl des Wertmanagements und damit nicht zu verwechseln mit dem eingangs vorgestellten Working Capital der finanziellen Stabilität (WC = UV – kFK). Umgangssprachlich werden beide meist nur »Working Capital« genannt.[118] Das NWC ist eine zentrale Größe bei der Berechnung des Shareholder-Value gemäß dem Modell von A. Rappaport.

Fasst man alle Umschlagshäufigkeiten zusammen, so ergibt sich der gesamte Kapitalumschlag – zugleich eine Komponente der ROI-Formel – der sich am einfachsten wie folgt ermitteln lässt:

$$\text{Kapitalumschlag} = \frac{\text{Umsatz}}{\text{investiertes Kapital}}$$

Da das investierte Kapital zwingend der Finanzierung (Bilanzsumme) entspricht, führt uns das zur Analyse der Kapitalstruktur.

Kennzahlen zur Kapitalstruktur

Für die Passivseite sind die Eigenkapitalausstattung und der Verschuldungsgrad wichtige Kennzahlen. Zunächst einmal ist das Eigenkapital als Differenz aus Vermögen und Schulden definiert. Es lässt sich als Summe aus gezeichnetem Kapital, Kapital- und Gewinnrücklagen, Bilanzgewinn abzüglich ausstehender Einlagen auf das gezeichnete Kapital und Bilanzverlust berechnen. Sofern in Bilanzpositionen stille Reserven enthalten sind, ist das effektive Eigenkapital höher als der aus Buchwerten ermittelte Betrag. Dies spielt bei einem Zeitvergleich dann

116 Je nach Frage können einfache oder gleitende Durchschnitte für die Bestandsgrößen angesetzt werden.
117 Vgl. Abb. 8.6.
118 Vgl. Kapitel 8 bzw. 11.

keine Rolle, wenn eine Kontinuität in den Bewertungsprinzipien vorhanden ist.[119] Ein Betriebsvergleich wird an dieser Stelle in der Regel hinken.[120]

$$\left.\begin{array}{l} \text{Eigenkapitalquote} = \dfrac{\text{Eigenkapital}}{\text{Gesamtkapital}} \\[2ex] \text{Verschuldungsgrad (statisch)} = \dfrac{\text{Fremdkapital}}{\text{Gesamtkapital}} \end{array}\right\} \quad \text{Gearing} = \dfrac{\text{Fremdkapital}}{\text{Eigenkapital}}$$

Aufgrund der Veränderung des Eigenkapitals (als absolute Zahl) lässt sich also erkennen, ob das Unternehmen rentabel arbeitet bzw. ob die Eigentümer dem Unternehmen Geld zuführen[121] bzw. daraus abziehen.

Zugleich ist Eigenkapital jener Teil der Finanzierung, der vom Eigentümer kommt und damit (idealtypisch) zeitlich unbegrenzt zur Verfügung steht, d. h. auch nicht zurückgezahlt wird. Ein höherer Anteil steht damit für höhere finanzielle Stabilität. Die Eigenkapitalquote zeigt an, wie sich der vom Eigentümer finanzierte Anteil z. B. in einer Wachstumsphase verhält. Ob der Eigentümer seinen Anteil stabil hält, ist ein wichtiges Signal. Es spiegelt sein Vertrauen in künftige Gewinne wider sowie seine Möglichkeit und seinen Willen, das Unternehmen mit Finanzmitteln auszustatten. Das hat strategische Bedeutung in Hinblick auf große Forschungs- und Investitionsvorhaben. Würde das Signal ausbleiben, so müssten sich andere Geldgeber fragen, warum sie ein Unternehmen finanzieren, das von seinen Eigentümern keine Finanzmittel bekommt. **Die Eigenkapitalquote ist daher eine der wichtigsten Finanzkennzahlen.**

Auch wenn der Aussagegehalt der obigen drei Kennzahlen gleich ist, so wird die im deutschsprachigen Raum vorherrschende EK-Quote in international tätigen Unternehmen häufig durch das Gearing ersetzt. Insbesondere bei Kreditverträgen ist an diese Kennzahl oft ein Sonderkündigungsrecht des Kreditgebers geknüpft.

Nur selten werden auf der Passivseite weitere Kennzahlen zur Analyse der Stabilität ermittelt. Die unterschiedliche Fristigkeit der Schulden ist nichts anderes als die Frage nach der Liquidität für die Tilgung. Üblicherweise werden hierzu die Liquiditätsgrade I bis III berechnet.

119 Im Rahmen von BilMoG und BilRUG wurden Wahlrechte im HGB weitgehend abgeschafft. Stille Reserven sind damit seltener geworden. Ein typisches Beispiel sind aber Grundstückswerte. Die IFRS weisen kaum Wahlrechte auf. Es gilt jedoch, die de facto-Wahlrechte (vgl. Kapitel 3) zu beachten. Das effektive Eigenkapital wird praktisch nur bei Verkauf und Liquidation aufgedeckt.

120 In Kapitel 11 stellen wir mit dem Marktwert des Eigenkapitals die wertorientierte Ermittlung vor. Buchwerte spielen dabei keine Rolle.

121 Z. B. in Form von Barmitteln, Sacheinlagen oder durch die Zuführung zu den Rücklagen (= das Nichtausschütten von Gewinnansprüchen), die sogenannte Gewinnthesaurierung.

Es gibt aber eine Bilanzposition, die im Einzelfall noch beachtet wird: Der Gewinn- bzw. Verlustvortrag. Ein Gewinnvortrag[122] erlaubt handelsrechtlich eine Gewinnausschüttung in Jahren mit einem Verlust, ohne dass dazu vorher Gewinnrücklagen aufgelöst werden müssten – natürlich immer unter der Nebenbedingung, dass keine satzungsrechtlichen oder gesetzlichen (z. B. Unterschreitung des Stammkapitals aufgrund von Verlusten) Vorgaben verletzt werden. Dieser erste Aspekt betrifft also die Schnittmenge von Eigenkapital und Liquidität.

Ein anderer Aspekt des Gewinnvortrags betrifft die Schnittmenge von Eigenkapital und Rentabilität. Wird der Ergebnisausweis unter teilweiser Gewinnverwendung (Stichwort: Bilanzgewinn) vorgenommen, so ist nicht sofort ersichtlich, wie hoch der Jahresüberschuss war bzw. ob es sich vielleicht sogar um einen Jahresfehlbetrag handelte. Verluste lassen sich also leichter »verstecken«.

9.2.4 Analyse der finanziellen Stabilität der MITAG

Führen wir nun eine Analyse der finanziellen Stabilität unserer Fallstudienfirma MITAG aus Kapitel 6 durch. Grundlage für die Erarbeitung der Kennzahlen und die Analyse sind die Planbilanzen der MITAG in Kapitel 6.3.1. Da diese in der aktuellen Planung auf eine Insolvenz zusteuert, ist die Aussagekraft einzelner Kennzahlen eingeschränkt.

Eigenkapitalquote

Dies gilt nicht für die EK-Quote, da es sich ja nicht um eine Überschuldungsinsolvenz handelt. Die wohl bekannteste Finanzkennzahl soll auch zuerst berechnet werden. Die Werte für die Schlussbilanzen[123] lauten:

Jahr	0	1	2	3
EK-Quote	57,0/182,0 = 31,3 %	64,5/206,0 = 31,3 %	74,0/226,5 = 32,7 %	77,0/212,5 = 36,2 %

Abb. 9.7: Die EK-Quote der MITAG entwickelt sich leicht positiv

Die EK-Quote liegt damit auf Höhe des Durchschnitts mittelständischer deutscher Unternehmen (2018: 31,2 %).[124] Auch der Anstieg der EK-Quote der MITAG fügt sich gut in den allgemeinen Trend ein. Lag die EK-Quote 2006 (abhängig von der Beschäftigtenzahl) in Deutschland noch zwischen 18 % und 28 %, so lag sie 2018 zwischen 22 % und 35 %.

122 In der angelsächsischen Rechnungslegungstradition gibt es dafür in Ergänzung zum Income Statement einen eigenen Teil der Ergebnisrechnung, das sogenannte Statement of Retained Earnings – auch Statement of Earned Surplus genannt. Beide Teile zusammen bilden das Profit and Loss Statement. Im deutschsprachigen Raum finden sich die Informationen im Eigenkapitalspiegel.

123 Die Schlussbilanz von Jahr 0 liegt naturgemäß noch nicht vor, weil es der Forecast auf das Ende des aktuellen Jahres ist. Damit entspricht sie automatisch der Anfangsbilanz des ersten Planjahres.

124 https://de.statista.com/statistik/daten/studie/150148/umfrage/durchschnittliche-eigenkapitalquote-im-deutschen-mittelstand/#:~:text=Im%20Jahr%202018%20betrug%20die,Quotient%20aus%20Eigenkapital%20und%20Bilanzsumme.; veröffentlicht von J. Rudnicka am 29.01.2020, Abruf am 30.07.2020.

Die Zahlen passen auch zur üblichen **Faustformel, nach der ein solide finanziertes Unternehmen rund zu einem Drittel über Eigenkapital finanziert sein sollte.** Offensichtlich hat die Finanzkrise 2008/2009 mit ihren nun mehrere Jahre andauernden Nachwehen dieser alten Faustformel zu neuer Bedeutung verholfen. So zeigen Erkenntnisse der KfW, dass neben dem Streben nach Unabhängigkeit auch die strengeren Regeln bei der Kreditvergabe (Basel II) die Unternehmen zur Erhöhung der EK-Quote motiviert haben.[125]

Auch wenn die MITAG nicht mehr die klassische Mittelstandsdefinition erfüllt, bleibt doch festzuhalten, dass das Unternehmen kein Problem beim Eigenkapital hat und sich das EK positiv entwickelt.

Goldene Bilanzregel

Analysieren wir zunächst, ob die goldene Bilanzregel eingehalten wurde. Die Formel »Umlaufvermögen abzüglich kurzfristiges Fremdkapital« ist anhand allein der Bilanz schlecht zu beurteilen, weil dort die Fälligkeit der Schulden nicht erkennbar ist. Beispielsweise sind Pensionsrückstellungen von Ihrer Natur her langfristig. Allerdings hat die MITAG hohe Verpflichtungen gegenüber älteren Arbeitnehmern kurz vor Pensionsbeginn, aber offensichtlich nur geringe Zuführungen für junge Mitarbeiter. Das zeigt sich im Buchungssatz 18. Dort ist erkennbar, welcher Teil der Pensionsrückstellungen kurzfristig, d. h. im nächsten Jahr fällig wird. Dem Umlaufvermögen der AB des Planjahres von 25,0 stehen damit die Verbindlichkeiten aus L+L (von 20), kurzfristige Bankverbindlichkeiten (von 1,0) und die Pensionszahlungen des ersten Jahres (von 1,0) gegenüber.

Für die **Folgejahre** ist zu prüfen, ob auch die Verbindlichkeiten aus Investitionen (als eine Teilmenge der VLL) ebenfalls kurzfristig fällig werden oder ob die operativen Verbindlichkeiten aus LuL als kurzfristiges Fremdkapital in der Formel angesetzt werden dürfen. Im Rahmen der Fallstudie wurde angenommen, dass alle Verbindlichkeiten aus Investitionen innerhalb des Folgejahres fällig werden. Sie stellen also als kurzfristiges FK dar[126].

Zum Zeitpunkt der Schlussbilanzen (SB) ergibt sich für die MITAG:

Jahr	0	1	2	3
Working Capital (finanz. Stabilität)	25,0 - (20,0 + 1,0 + 1,0) = 3,0	32,5 - (25,5 + 5,0 + 1,5) = 0,5	21,0 - (40,5 + 1,0 + 1,5) = -22,0	18,0 - (25,0 + 1,0 + 1,5) = -9,5

Abb. 9.8: Das Working Capital zeigt bereits die falsche Finanzierungsstruktur

125 KfW Research - Fokus Volkswirtschaft, Nr. 206, 15. Mai 2018, Dr. Juliane Gerstenberger: »Hohe Eigenkapitalquoten im Mittelstand: KMU schätzen ihre Unabhängigkeit«.

126 Vgl. Buchungssätze 3/6 bzw. 10/11 in Kapitel 6.2.2.

Für die **Schlussbilanz des dritten Planjahres** ergibt sich daraus automatisch ein Folgeproblem. Es ist nicht erkennbar, welche Pensionszahlungen im Jahr 4 zu leisten sind. Damit ist auch das kurzfristige FK nicht exakt bestimmbar. Das ist auch bei Analysen von Geschäftsberichten fremder Unternehmen ein typisches Praxisproblem. In diesem Fall ist es besser, eine Schätzung vorzunehmen als den Effekt zu ignorieren - der resultierende Fehler ist bei diesem Vorgehen geringer. Die bestmögliche Schätzung ist hier, davon auszugehen, dass die Zahlungshöhe der Jahre 2 und 3 im Jahr 4 unverändert bleibt. Das Working Capital von -9,5 entbehrt aber jeder Aussagekraft, weil wir - wie in Kapitel 6.4.1 erwähnt - ohne weitere Maßnahmen zu diesem Zeitpunkt bereits insolvent wären. Würde man nun für das dritte Jahr (notwendigerweise) die Aufnahme eines langfristigen Kredits von 16,0 unterstellen, sodass die FlüMi in der Schlussbilanz des dritten Jahres den Wert 0 als minimal zulässigen Wert annehmen, dann ergibt sich das Working Capital als UV 34,0[127] - kurzfristigem FK 27,5 = 6,5. Dieser lässt sich sinnvoll interpretieren, weil er nicht mehr durch die »negative Kasse« verzerrt ist. Der Wert zeigt zum Ersten, dass ein langfristiger Kredit helfen würde, die goldene Bilanzregel zu erfüllen. Er zeigt zum Zweiten, wie leicht es ist, die MITAG vor der Insolvenz zu bewahren. Zum Dritten zeigt der Wert, dass es sinnvoll ist, auch innerhalb einer jeden Zielkategorie der Finanzanalyse (im Sinne von Abb. 9.2) mehrere Kennzahlen zu verwenden.

Als Zwischenfazit halten wir fest: Die goldene Bilanzregel ist also nur zum Ende des aktuellen Jahres erfüllt. Durch den Businessplan würde sich die Finanzierungssituation dramatisch verschlechtern - insbesondere in Jahr 2.

Im Sinne der Verfeinerung der Analyse ergänzen wir die bisherigen Informationen um eine ähnliche Kennzahl. Die Working Capital-Ratio übersetzt die absoluten Beträge in eine Relation. Sie gibt an, welcher Teil des Umlaufvermögens langfristig finanziert ist bzw. welcher Teil des Anlagevermögens kurzfristig finanziert ist:

- Für ein positives WC gilt: $\text{WC-Ratio} = \frac{\text{WC}}{\text{UV}}$
- Für negatives WC gilt: $\text{WC-Ratio} = \frac{|\text{WC}|}{\text{AV}}$

Jahr	**0**	**1**	**2**	**3**
Working Capital	4,0	0,5	-22,0	- 9,5
Positives WC → WC-Ratio	4,0/25,0 = 16,0 %	0,5/32,0 = 1,5 %		
negatives WC → WC-Ratio			22,0/205,5 = 10,7 %	9,5/194,5 = 4,9 %

Abb. 9.9: Die Investitionen ins AV werden kurzfristig finanziert

127 Handelsware 7,0 + Forderungen aus LuL 27,0 + FlüMi 0,0 = 34,0.

Vor Beginn der Investitionen sind 16 % des Umlaufvermögens langfristig finanziert. Ende Jahr 2 sind gut 10 % des Anlagevermögens kurzfristig finanziert. Diese sehr deutliche Verschiebung der Finanzierungsstruktur zeigt indirekt, dass bei dieser Planung der Finanzierungsmix aufgegeben wird. Das neu zu erwerbende Anlagevermögen wird augenscheinlich in erheblichem Maße kurzfristig finanziert. Das dritte Jahr würde (wenn die schon erwähnte drohende Insolvenz nicht wäre) eine Verbesserung darstellen. Aber die negative Kasse lässt wiederum keine sinnvolle Interpretation zu.

Die goldene Bilanzregel basiert auf Abb. 9.5 – und wie bei den meisten Regeln gibt es natürlich auch hier Ausnahmen, die ihre unbedingte Einhaltung relativieren. Teile des Anlagevermögens können – je nach Situation – auch kurzfristig liquidierbar sein. Bei der MITAG könnte das vor allem für einige Grundstücke zutreffen. Seit der Finanzkrise 2008/2009 gibt es – ausgelöst bzw. gestützt durch die Geldschwemme der Zentralbanken – eine extreme Nachfrage nach »dauerhaften« Werten, d. h. Anlageklassen, die Inflationsschutz bieten sollen. Diese mittlerweile über 10 Jahre dauernde Phase beflügelt auch die Nachfrage nach Grundstücken und Gebäuden. In der Beschreibung des Falles im Kapitel 6 heißt es beispielsweise, dass das Unternehmen noch über ein Areal von Grundstücken verfügt. Auch die geplante Aufnahme eines Darlehens von 6 Mio. EUR dürfte nichts an der schnellen Liquidierbarkeit ändern, vorausgesetzt die Lage der Grundstücke ist gut.

Damit ist die finanzielle Stabilität hinreichend untersucht. Für den Leser, der als »Fingerübung« gerne noch weitere Kennzahlen rechnen möchte, sei hier noch der Anlagendeckungsgrad dargestellt.

	SB 0	**SB 1**	**SB 2**	**SB 3**
Anlagendeckungsgrad I	36,3 %	37,2 %	36,0 %	39,6 %
Anlagendeckungsgrad II (grob)	102,5 %	101,2 %	89,3 %	95,1 %
Anlagendeckungsgrad II (exakt)	101,9 %	100,3 %	88,6 %	94,3 %

Abb. 9.10: Auch die Anlagendeckungsgrad zeigen die Veränderung der Finanzierungsstruktur

In der »groben« Variante sind die Pensionsrückstellungen komplett als langfristig gerechnet. Ohne weitere Informationen zur Fälligkeit ist dies oft die einzige Möglichkeit, den Anlagendeckungsgrad II zu berechnen. Wir aber wissen aus Buchungssatz 18, dass ein Teil der Zahlungen im jeweils kommenden Jahr ansteht, also kurzfristig ist.[128] Das ergibt die exaktere Rechnung. Die Zahlen lauten für die SB 0 beispielsweise:

$$\frac{\text{EK } 57{,}0 + \text{langfr. Teil der PensRSt } 39{,}0 + \text{langfr. Bankverb. } 64{,}0}{\text{AV } 157{,}0} = 101{,}9\ \%$$

128 Bei IFRS-Geschäftsberichten findet sich diese Information im Anhang.

Die exakte Rechnung erzeugt in diesem Beispiel nur eine geringe Differenz.

Der Aufwand der genaueren Rechnung scheint auf den ersten Blick nicht zu lohnen. Ob es sich nun um 102,5 % oder um 101,9 % handelt, ist tatsächlich nebensächlich. Allerdings dürfen die Beispielzahlen der MITAG nicht darüber hinwegtäuschen, dass es sich bei vielen Unternehmen um einen relevanten Unterschied – sowohl absolut als auch relativ – handelt. Bleibt das niedrige Zinsniveau erhalten, dürften die Barwerte der Pensionsverpflichtungen weiter steigen. Die Marktwerte der oft fondsgebundenen Finanzierung aber werden nur in deutlich geringerem Maße mitwachsen. So kommt es in einer ersten Phase zunächst zu einem Anstieg der Pensionsrückstellungen, sodass sich der Anlagendeckungsgrad II optisch verbessert. Allerdings droht in Phase 2 exakt der Mittelabfluss, den Buchungssatz 18 zeigt. Ein solcher Abfluss steht in Widerspruch zur angestrebten Finanzierungsstruktur.

Die genaue Rechnung kann auch notwendig sein, wenn im Rahmen der Financial Covenants die sogenannte »Negativklausel« eingesetzt wird. Diese beinhaltet typischerweise die Verpflichtung:

1. Das Anlagevermögen nicht zu belasten
2. Keinem Gläubiger bessere Rechte und Sicherheiten einzuräumen
3. bestimmte Bilanzrelationen einzuhalten:
   a) Die in der Bilanz ausgewiesene Gesamtverschuldung darf das 3,5-fache des Durchschnitts des Cashflows der letzten drei Geschäftsjahre nicht überschreiten (Verschuldungsfaktor)
   b) Das Eigenkapital (gezeichnetes Kapital und Gewinnrücklagen) muss mindestens zu 70 % das Anlagevermögen decken. An zwei aufeinander folgenden Bilanzstichtagen darf die Deckung auf 60 % absinken.
   c) Das Anlagevermögen und die länger als vier Jahre laufenden Forderungen müssen durch Eigenkapital und die länger als vier Jahre laufenden Rückstellungen und Verbindlichkeiten gedeckt sein. Jeweils an einem Bilanzstichtag darf die Deckung unterschritten werden.

Wenn im Rahmen der Finanzierung eine Negativklausel vereinbart ist, müssen die Bilanzrelationen geplant und laufend überwacht werden. Ansonsten stehen dem Kreditgeber unterschiedlich starke Sanktionsmöglichkeiten bis hin zum Sonderkündigungsrecht zur Verfügung. Auch wenn Letzteres die absolute Ausnahme in extremen Fällen darstellt und wofür es keinen erkennbaren Grund bei der MITAG gibt: Ein solcher Entscheid würde die Liquidität natürlich schlagartig und dramatisch bedrohen.

In der Fallstudie der MITAG geht es vordergründig um eine Illiquiditätsinsolvenz, wie sich schon in Kapitel 6 zeigte. Jedes Unternehmen muss dafür sorgen, dass es *jederzeit* seinen Zahlungsverpflichtungen nachkommen kann. Die drohende Insolvenz beruht aber auf der grundsätzlich falschen Finanzierungsstruktur des geplanten Investitionsprogramms. Die nun ergänzend in Kapitel 9 gerechneten Kennzahlen bestätigen das. Mancher Leser mag vermuten, dass dies aus mangelnder Rentabilität resultieren könnte. Im Vorgriff auf Kapitel 9.4.3 sei gesagt, dass die Vermutung nicht zutreffend ist. Die schlechte finanzielle Stabilität überwiegt die sogar gute Rentabilität der MITAG.

9.3 Liquidität

9.3.1 Klassische Kennzahlen zur Liquidität

Die einfachste Cashflow-Definition – der deutsche Begriff Kapitalfluss ist durch den englischen Begriff, den seit längerem auch der Duden führt, verdrängt worden – heißt Gewinn plus Abschreibungen. Der Gedanke lautet, die Abschreibungen über den Umsatz zurückzuverdienen, d. h. die in der Investition gebundene Liquidität wieder freizusetzen. Im deutschsprachigen Raum gab es über Jahrzehnte die Besonderheit, dass den Mitarbeitern Pensionszusagen gemacht wurden. Der Aufwand war nicht zahlungswirksam. Die Liquidität war noch viele Jahre vorhanden, womit sich folgende Definition ergab:

	Jahresüberschuss
+	Abschreibungen auf Anlagevermögen
+	Zuführung zu den langfristigen Rückstellungen *bzw.*
-	Inanspruchnahme langfristiger Rückstellungen
=	Cashflow I (CF I)

Abb. 9.11: Der CF I ist eine althergebrachte Größe zur Kennzahlenberechnung

Ebenfalls weit verbreitete Kennzahlen zur Liquidität sind die Liquiditätsgrade. Diese stellen die Vermögenswerte, gegliedert nach ihrer Liquidierbarkeit, dem kurzfristigen Fremdkapital gegenüber – ganz im Sinne der goldenen Bilanzregel. Häufig wird das Working Capital der finanziellen Stabilität daher auch als Liquiditätskennzahl verstanden.

Flüssige Mittel i. e. S. umfasst alles, was als Zahlungsmitteläquivalent akzeptiert wird und kurzfristig verfügbar ist, das bedeutet in diesem Zusammenhang 3 Monate[129]. Das sind Kassenbestand, Schecks, Guthaben bei Kreditinstituten und bundesbankfähige Wechsel. In einem weiter gefassten Verständnis des Begriffs gehören dazu auch kurzfristig verfügbare Mittel wie Forderungen aus Lieferungen und Leistungen, Wertpapiere des Umlaufvermögens, sonstige Wechsel und sonstige kurzfristig liquidierbare Teile des Umlaufvermögens. Diese Summe ist um die Pauschalwertberichtigung bei den Forderungen und um Wertberichtigungen bei den Wertpapieren zu kürzen, weil viele Unternehmen dies erst zu offiziellen Bilanzstichtagen buchen.

129 Abweichend von der sonst üblichen Bedeutung im Rahmen der Bilanzierung »bis zu einem Jahr«.

Die Liquiditätsgrade geben in konzentrierter Form Auskunft über die zu einem bestimmten Zeitpunkt vorhandene Liquidität eines Unternehmens. Sie sagen aber nichts über die Ursachen für die Veränderungen zwischen zwei verschiedenen Zeitpunkten.

$$\text{Liquiditätsgrad I (Cash Ratio, bare Liquidität)} = \frac{\text{Flüssige Mittel}}{\text{Kurzfristiges Fremdkapital}}$$

$$\text{Liquiditätgrad II (Quick Ratio)}^{130} = \frac{\text{Flüssige Mittel + kurzfristige verfügbare Mittel}}{\text{Kurzfristiges Fremdkapital}}$$

$$\text{Liquiditätsgrad III (Current Ratio)} = \frac{\text{Umlaufvermögen}}{\text{Kurzfristiges Fremdkapital}}$$

Für den Liquiditätsgrad III hatten wir im Rahmen der finanziellen Stabilität schon eine Empfehlung kennengelernt. Die Liquiditätsgrade I und II stellen aber im Sinne der Abbildung 9.12 den Zustand zu einem Stichtag dar. Abhängig davon, wie gut die Zahlungen in der jeweiligen Branche prognostizierbar sind, muss nicht nur die Zielhöhe, sondern auch die Häufigkeit der Ermittlung der Kennzahl angepasst werden. Sonst verlieren diese Kennzahlen ihre Frühwarnfunktion, d. h. eine detaillierte Liquiditätsvorschau auszulösen.

Vorausschauende Liquiditätsplanung

Neben der statischen Betrachtung einer Liquiditätskennzahl ist auch von Interesse, in wie weit die erwirtschaftete Liquidität ausreicht, die künftigen Zahlungsverpflichtungen zu decken. Die Kumulierung aller künftigen Zahlungsströme deckt Finanzierungsprobleme (graue Flächen) frühzeitig auf:

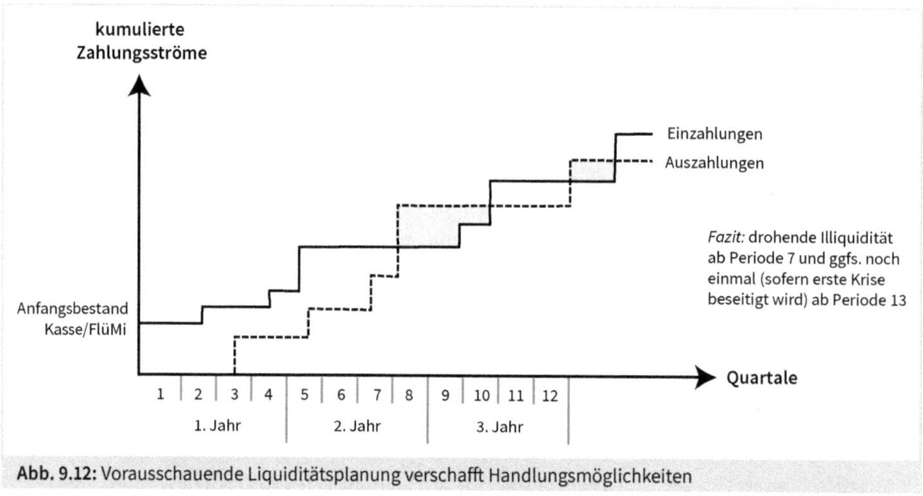

Abb. 9.12: Vorausschauende Liquiditätsplanung verschafft Handlungsmöglichkeiten

130 Ein weiterer Name für Liquiditätsgrad II ist »Liquidität auf kurzer Sicht«

Ein weiterer wesentlicher Aspekt ist die Fähigkeit, Schulden zu tilgen. Die Kapitalgeber haben vor allem die Finanzschulden im Fokus, weniger die Gesamtschulden. Die Finanzschulden werden um die flüssigen Mittel gekürzt (Netto-Finanzschulden), so lassen sich verschiedene Branchen besser vergleichen. Eine wichtige Kennzahl dazu ist die Entschuldungsdauer (deleveraging period; dynamischer Verschuldungsgrad):

$$\text{Dynamischer Verschuldungsgrad} = \frac{\text{Netto-Finanzschulden}}{\varnothing\ \text{Cashflow I (3 Jahre)}}$$

oder

$$\text{Dynamischer Verschuldungsgrad} = \frac{\text{Netto-Finanzschulden}}{\varnothing\ \text{EBITDA (3 Jahre)}}$$

Als Näherung des »operativen Cashflow« verdrängt der EBITDA zunehmend den Cashflow I.[131] Der Cashflow I bzw. der EBITDA beziehen sich auf den Durchschnitt der letzten 3 Jahre, um den üblichen Schwankungen Rechnung zu tragen. Sie sollten bereinigt von Sondereffekten (z. B. Grundstücksverkäufen) sein, damit nur die nachhaltig erzielbare Liquidität in die Kennzahlenberechnung einfließt. Diese Kennzahl gibt in Summe an, wie viele Jahre es dauern würde, um mit dem durchschnittlich dauerhaft erwarteten Cashflow I die zurzeit bestehenden Schulden abzuzahlen. Häufig wird ein Wert kleiner 3,5 Jahre als sehr gut bewertet. 5 bis 8 Jahre sind noch akzeptabel. Das hängt damit zusammen, dass der Cashflow I nicht nur für die Schuldentilgung zur Verfügung stehen muss, sondern auch für Investitionen in das Anlagevermögen oder das Umlaufvermögen. Wobei die hier wiedergegebene Faustregel angesichts höchst unterschiedlicher Besonderheiten einzelner Branchen mit Bedacht übernommen werden sollte. Indirekt bedeutet die Zahl nämlich, dass in dieser Zeitspanne ein Re-Investitionsbedarf entsteht, sodass Kredite für alte Investitionen getilgt sein müssen.

Ist es um die Liquidität schlecht bestellt, sind die Fremdkapitalgeber daran interessiert, ob (bzw. wie gut) im Falle einer zeitweisen Stundung der Tilgungszahlungen wenigstens noch die Zinsen bezahlt werden können. Diese Zinsdeckungsquote (interest coverage) genannte Größe wird klassisch mit dem EBIT, zum Teil aber auch schon mit dem EBITDA errechnet:

$$\text{Zinsdeckungsquote} = \frac{\text{EBIT}}{\text{Zinsaufwand}}$$

bzw.

$$\text{Zinsdeckungsquote} = \frac{\text{EBITDA}}{\text{Zinsaufwand}}$$

131 Das EBITDA wird als leicht ermittelbare Näherungsgröße für die operativ erzeugte Liquidität verwendet. Ein kritischer Vergleich von CF I und EBITDA findet sich in Kapitel 9.3.2.

Die beiden Kennzahlen geben an, wie oft die Zinszahlungen aus dem EBIT bzw. dem EBITDA geleistet werden können. Dabei wird vereinfachend unterstellt, dass sich Zinsaufwand und -zahlungen entsprechen. Die Zinsdeckungsquote wird auch bei Ratings eingesetzt, also bei der Beurteilung der Kreditwürdigkeit. Entsprechend größer (wiederum branchenspezifisch) muss der Wert ausfallen.

9.3.2 Neuere Ansätze bei der Beurteilung der Liquidität

In den letzten 20 Jahren war eine zunehmende Verbreitung »neuer« Kennzahlen zu beobachten. Ausgangspunkt war das Shareholder-Value-Konzept, das erstmals die Liquidität als entscheidende Größe für die Ermittlung des Unternehmenswertes benannte. Entsprechend war das Net Working Capital, also jener Teil des Kapitals, der zur Aufrechterhaltung des Betriebsprozesses erforderlich ist, eine der ersten neuen Kennzahlen. Der Trend hat nach unseren Beobachtungen im Seminar und in Firmenprojekten mittlerweile auch die KMU stark durchdrungen. Da die Bedeutung des Working Capital heute weit über den Unternehmenswert hinausgeht, haben wir diese Größe umfangreich in Kapitel 8 besprochen.

Bei jungen Wachstumsunternehmen steht eher das Problem im Vordergrund, dass Insolvenz befürchtet wird. Zur Insolvenzprognose wird bei diesen Unternehmen die so genannte Cash-Burn-Rate verwendet. Sie ist definiert als:

$$\text{Cash-Burn-Rate} = \frac{\text{flüssige Mittel}}{\text{negativer Gesamt-Cashflow}}$$

Daraus ergibt sich die Anzahl der Jahre, die das Unternehmen bei gegebener Situation überleben würde. Wobei gerade bei jungen Unternehmen die Vergangenheitsdaten wenig repräsentativ für die Zukunft sind. Natürlich besteht die Möglichkeit, weitere finanzielle Mittel aufzunehmen und damit die Liquiditätssituation zu verbessern.

EBITA und EBITDA sind in den letzten Jahren die bekanntesten Kennzahlen zur operativen Liquidität geworden. Sie sind aber beileibe nicht die einzigen neuen Kennzahlen zur operativen Liquidität. Vielmehr gibt es eine große Anzahl solcher Kennzahlen mit unterschiedlichen Nuancen. Allen ist gemeinsam, dass sie beim EBIT als dem operativen Gewinn beginnen, um dann verschiedene Größen herauszurechnen; man könnte auch sagen »zu neutralisieren«. In den letzten rund 20 Jahren hat es zahlreiche Spielarten dieses »Earnings Before ...« gegeben. Hier eine kurze Übersicht der vermutlich bekanntesten Varianten:

Name	Earnings Before ...	Ergebnis vor ...
EBA	Amortization	Abschreibungen auf immaterielle Vermögenswerte
EBDA	Depreciation and Amortization	Abschreibungen auf Sachanlagen und Abschreibungen auf immaterielle Vermögenswerte
EBT	Taxes	Steuern
EBDDT	Depreciation and Deferred Taxes	Abschreibungen auf Sachanlagen und latente Steuern
EBTSO	Taxes and Stock Options	Steuern und Aktienoptionen
EBTA	Taxes and Amortization	Steuern und Abschreibungen auf Sachanlagen
EBTDA	Taxes, Depreciation and Amortization	Steuern, Abschreibungen auf Sachanlagen und Abschreibungen auf immaterielle Vermögensgegenstände
EBIT	Interest and Taxes	Zinsen und Steuern
EBIAT	Interest, Amortization and Taxes	Zinsen, Abschreibungen auf immaterielle Vermögensgegenstände und Steuern
EBITSO	Interest, Taxes and Stock Options	Zinsen, Steuern und Aktienoptionen
EBITA	Interest, Taxes and Amortization	Zinsen, Steuern und Abschreibungen auf immaterielle Vermögensgegenstände
EBDIT	Depreciation, Interest and Taxes	Abschreibungen auf Sachanlagen, Zinsen und Steuern
EBITDA	Interest, Taxes, Depreciation and Amortization	Zinsen, Steuern, Abschreibungen auf Sachanlagen und Abschreibungen auf immaterielle Vermögensgegenstände
EBITDAR	Interest, Taxes, Depreciation, Amortization and Rents	Zinsen, Steuern, Abschreibungen auf Sachanlagen, Abschreibungen auf immaterielle Vermögenswerte und Mieten
EBITDASO	Interest, Taxes, Depreciation, Amortization and Stock Options	Zinsen, Steuern, Abschreibungen auf Sachanlagen, Abschreibungen auf immaterielle Vermögenswerte und Aktienoptionen
EBET	Earnings-linked Taxes	ergebnisbezogene Steuern

Abb. 9.13: Es gibt zahlreiche Abwandlungen zum EBITDA[132]

Wir, die Autoren dieses Buches, sehen diese Entwicklung sehr kritisch. Auf der einen Seite ist es legitim, wenn sich Unternehmen dem Kapitalmarkt möglichst gut präsentieren möchten. Andererseits sind manche der obigen Kennzahlen hart an der Grenze zur vorsätzlichen Täuschung ahnungsloser Kleinanleger – je nach Branche und Unternehmenssituation. Nehmen wir

132 Zitiert nach Süddeutsche Zeitung, 21.3.2006, »Irritation statt Information«.

beispielsweise das **EBITDAR**. Eine Fluggesellschaft, die seit Jahren eigene Flugzeuge verkaufen musste, um die schlechte Liquidität zu verbessern, wählte die Kennzahl, um die operative Liquiditätssituation zu beschreiben. Da die verkauften Flugzeuge nun geleast werden mussten, verschlechtert sich das EBIT und damit die operative Liquidität um die Leasingzahlungen. Das ist im EBITDAR aber genau nicht mehr erkennbar. Die Leasingraten für Flugzeuge bei einer Fluggesellschaft als »nicht operativ« zu klassifizieren, ist nicht mehr vertretbar.

Das Problem verschärft sich dadurch, dass nicht selten unternehmensinterne Anpassungen von weithin anerkannten Definitionen vorgenommen werden. So wird beispielsweise das R in EBITDAR auch für »Restructuring« verwendet.[133]

Neben der Verwendung zur Außendarstellung werden diese und ähnliche Kennzahlen auch zur Unternehmenssteuerung und als Zielgröße in Bonusvereinbarungen genutzt. Man darf sich fragen, warum Manager solche Zielmaßstäbe auswählen. Eine mögliche Antwort lautet: Diese Kennzahlen werden verwendet, weil negative Effekte – wie die beispielhaft erläuterten Leasingzahlungen für Flugzeuge – so keine Wirkung auf den eigenen Bonus ausüben. In manchen Firmen spotten die Mitarbeiter schon, dass die nächste Kennzahl für den Bonus der Vorstände der EBAC sein wird: Earnings Before All Costs.

Trotz der Kritik darf nicht übersehen werden, dass es für viele der neuen Kennzahlen durchaus auch sinnvolle Anwendungsgebiete gibt.

Dies soll am Beispiel des EBITDA gezeigt werden, weil diese Kennzahl besonders weit verbreitet ist. Das **EBITDA** wird ebenfalls als Annäherung an die operativ erzeugte Liquidität interpretiert. Kritisch könnte man zunächst einwenden, dass das EBITDA eine extreme Vereinfachung gegenüber dem »CF aus laufender Geschäftstätigkeit« im Sinne eines CF-Statements darstellt. Fairerweise gilt das jedoch auch für den CF I, wie ein Blick in Abb. 9.16 leicht zeigt. Beide sind sehr vereinfachend aufgebaut und ignorieren viele operative Effekte, welche im CF aus laufender Geschäftstätigkeit enthalten sind und die für die Beurteilung des einzelnen Jahres wichtig sind. Diesem Nachteil steht aber für die Berechnung langfristiger Kennzahlen (z. B. der Schuldentilgungsdauer) positiv gegenüber, dass sogenannte »nicht wiederkehrende Effekte«[134] ausgeklammert bleiben. Sinnvoller für unsere Frage ist es daher, sich auf die Unterschiede zwischen CF I und EBITDA zu konzentrieren:

133 Was offensichtlich ebenfalls irreführend wirkt: Wäre das operative Geschäft optimal organisiert, dann bräuchte es keine Restrukturierung. Die Restrukturierungskosten sollten daher Teil der operativen Liquiditätsdarstellung sein.

134 Dieser Begriff meint »nicht beliebig oft hintereinander erzielbar«. Ein Beispiel ist der der Abbau von Vorräten, weil Vorräte nicht unter den Bestand von 0 sinken können. Entsprechend stößt der Aufbau von Forderungen an handelsrechtliche Grenzen bzw. der Aufbau der Verbindlichkeiten an ökonomische Grenzen.

CF I		EBITDA	
	Jahresüberschuss		Jahresüberschuss
		+	Steuern
		+	FK-Zinsen
+	Abschreibungen (AV)	+	Abschreibungen (AV)
+	Zuführung zu langfr. Rückstellungen		

Abb. 9.14: CF I und EBITDA im direkten Vergleich

Vergleichen wir die abweichenden Positionen von CF I und EBITDA:

- Das EBITDA neutralisiert durch die Hinzurechnungen den Mittelabfluss aus Steuern und Zinsen. Beide werden faktisch ignoriert. Der CF I ist hier betriebswirtschaftlich exakter.
- Da Zusagen zur betrieblichen Altersvorsorge wesentlich seltener geworden sind und auch geringer ausfallen als früher, ist die Zuführung von meist geringer Bedeutung. In einigen Unternehmen gibt es jedoch erhebliche Auszahlungen für Alt-Zusagen. Damit liegt insgesamt ein Netto-Mittelabfluss aus Altersvorsorge vor[135]. Da andere langfristige Rückstellungen oft nicht existieren, handelt es sich um einen Mittelabfluss, der im CF I - nicht aber im EBITDA - berücksichtigt wird.

Wir halten also fest, dass der CF I in den allermeisten Fällen eine bessere Näherung an die operative Liquidität erzeugt als das EBITDA.

Als Beleg für diese Aussage mag ein Blick in Kapitel 4 mit der Fallstudie der Strategie AG dienen. Die Kasse der Beispielfirma verringerte sich um 220. Es wurde weder die Finanzierung verändert noch wurde investiert. Der Cashflow aus Investitionstätigkeit war ebenso 0 wie der Cashflow aus Finanzierungstätigkeit. Der CF aus laufender Geschäftstätigkeit betrug -220. Berechnet man aber das EBITDA dann erkennt man dies nicht mehr:

	EBIT	1.610
+	Depreciation	1.000
+	Amortization	0
=	EBITDA	2.610

Abb. 9.15: Das EBITDA der Strategie AG führt in die Irre

135 Also keine Netto-Zuführung, sondern eine Netto-Inanspruchnahme bei Pensionsrückstellungen.

Das EBITDA versagt als Liquiditätskennzahl im Rahmen der Strategie AG komplett. Es zeigt nicht einmal die Veränderung (Zu- oder Abnahme) der operativen Liquidität richtig an. Die Höhe ist sogar um mehr als das 10fache falsch dargestellt.

	Jahresüberschuss	840
+	Abschreibungen	1.000
+	Zuführung zu langfr. Rückstellungen	0
=	CF I	1.840

Abb. 9.16: Der CF I der Strategie AG ist nur unwesentlich besser

Fairerweise muss man sich auch anschauen, ob der CF I besser abschneidet. Das tut er erkennbar nur sehr eingeschränkt. Den (ausschließlich) operativ bedingten Rückgang der Liquidität zeigt auch der CF I nicht.

Es gibt aber noch einen zweiten Aspekt bei der Diskussion der Kennzahl EBITDA zu beachten: Welche Größe soll als Vergleichsmaßstab für die operativ erzeugte Liquidität verschiedener Landesgesellschaften dienen?

- Das EBITDA neutralisiert (anders als der CF I) durch die Hinzurechnungen des Steueraufwands[136] landesspezifische Unterschiede bei der Unternehmensbesteuerung wie beispielsweise die Höhe des Steuersatzes, Hinzurechnungspflichten oder Abzugsmöglichkeiten.
- Das EBITDA ist auch neutral bzgl. der Unternehmensfinanzierung:
  - Es ist unabhängig von der Finanzierungsstruktur, die der Konzern für die Landesgesellschaft festlegt,
  - Es ist unabhängig Zinseffekten der konzerninternen Finanzierung[137].
- Pensionsrückstellungen waren als Hauptinstrument der betrieblichen Altersvorsorge eine deutsche Besonderheit im internationalen Vergleich. Im EBITDA findet keine Sonderbehandlung hierfür statt.

Das EBITDA eignet sich besser zum Vergleich verschiedener Länder. Damit ist das EBITDA auch eher als Zielmaßstab für Landesgesellschaften geeignet als der CF I.

9.3.3 Das Cashflow-Statement

Für die Firma und die Kapitalgeber ist es wichtig, nicht nur die Höhe der Veränderung der flüssigen Mittel zu erfahren, sondern auch, wie sich die Veränderung zusammensetzt. Deshalb wird das Cashflow-Statement typischerweise in Hauptbereiche, so genannte Finanzmittelfonds,

136 Nicht: Steuerzahlung, weil im JÜ der Aufwand enthalten ist – siehe auch CF-Statement nach DRS 21.

137 Z. B. Cash-Pooling, Bürgschaften, Avale etc.; im Zins enthaltene indirekte Effekte der Finanzierung aus Transferpreismargen sind ebenfalls neutralisiert.

unterteilt. Das Grundmuster der Darstellung ist unabhängig von unterschiedlichen Rechnungslegungsnormen immer gleich aufgebaut:

	Cashflow aus laufender Geschäftstätigkeit
+	Cashflow aus Investitionstätigkeit
+	Cashflow aus Finanzierungstätigkeit
=	zahlungswirksame Veränderung des Finanzmittelbestandes
+	Änderung des Finanzmittelbestandes auf Grund von Wechselkurs, Konzernkreis und Bewertung
+	Finanzmittelbestand am Anfang der Periode
=	Finanzmittelbestand am Ende der Periode

Abb. 9.17: Der Grundaufbau des CF-Statements ist immer gleich

Startpunkt ist in der Regel der Jahresüberschuss oder das EBIT – gelegentlich auch das EBIT aus fortgeführter Geschäftstätigkeit[138]. Da JÜ bzw. EBIT aber Gewinngrößen sind, müssen Korrekturen vorgenommen werden, um zur Veränderung der Liquidität im Betrachtungszeitraum (Plan bzw. Ist) zu gelangen. So werden beispielsweise aus den Aufwendungen die Abschreibungen herausgerechnet, weil mit den Abschreibungen kein Zahlungsmittelabfluss[139] verbunden ist. Hingegen wird beispielsweise die Kredittilgung, welche erfolgsneutral ist (also nicht in der GuV enthalten ist), mit in das CF-Statement aufgenommen, weil Zahlungsmittel abfließen.

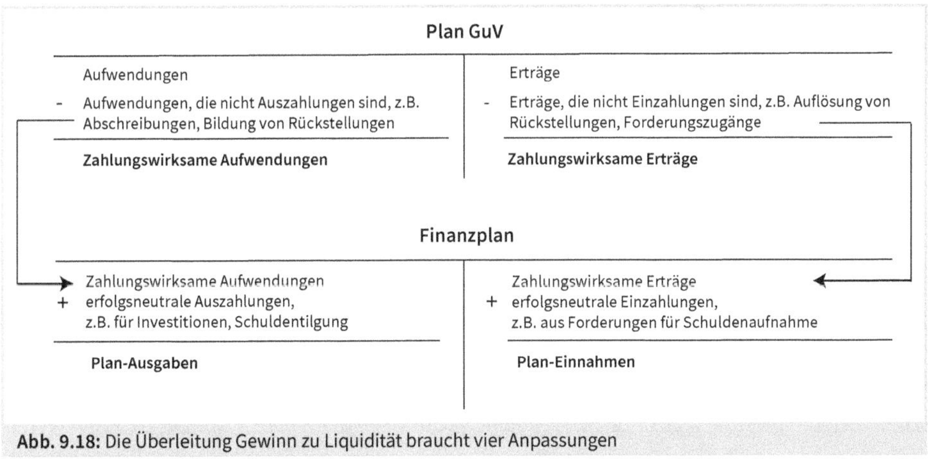

Abb. 9.18: Die Überleitung Gewinn zu Liquidität braucht vier Anpassungen

138 Das hängt damit zusammen, dass der Geschäftsbericht ein zutreffendes Bild der Finanz-, Vermögens- und Ertragslage des (abgelaufenen) Geschäftsjahrs zeigen soll und zugleich dem Leser eine Einschätzung der künftigen Situation ermöglichen soll. Darum empfiehlt sich bei der Analyse von den Zahlen des Geschäftsberichts immer ein Blick in den Anhang. Dort finden sich – insbesondere in IFRS-Abschlüssen – eine Vielzahl ergänzender Informationen.

139 Gemeint ist die betrachtete Periode – der Zahlungsmittelabfluss geschah in einer früheren Periode, d. h. beim Kauf des Investitionsgutes.

Diese Korrekturen zeigen sich im CF-Statement in den Vorzeichen; allerdings anders als in Abb. 9.16. So sind die Abschreibungen als Aufwand im Gewinn enthalten. Wenn sie nicht fälschlich als Mittelabfluss berücksichtigt werden sollen, dann muss das Vorzeichen in der Überleitung vom Gewinn zur Liquiditätsveränderung der Periode ein »Plus« sein. **Die Vorzeichen im CF-Statement lassen sich grundsätzlich wie folgt lesen:**

+ bedeutet:

- Geld ist (in dieser Periode) nicht abgeflossen, war aber als Aufwand in der GuV berücksichtigt. Beispiele sind Abschreibungen und die Bildung von Rückstellungen.
- Geld ist zugeflossen, war aber nicht als Ertrag in der GuV berücksichtigt. Beispiele sind die Aufnahme von Krediten und der Verkauf von Vermögensteilen zu Buchwerten.

– bedeutet:

- Geld ist (in dieser Periode) nicht zugeflossen, war aber als Ertrag in der GuV berücksichtigt. Beispiele sind Zuschreibungen und die Auflösung von Rückstellungen.
- Geld ist abgeflossen, war aber nicht als Aufwand in der GuV berücksichtigt. Beispiele sind die Rückzahlung von Krediten und getätigte Investitionen.

Die Vorzeichen dienen aber auch der Umsortierung von Zahlungsmittelveränderungen in einen anderen Finanzmittelfonds. Da mit dem Gewinn gestartet sind, gibt es noch keine Sortierung nach Geschäfts-, Investitions- bzw. Finanzierungstätigkeit. Es müssen daher Sachverhalte, die nicht zur operativen Geschäftstätigkeit gehören, zunächst dort neutralisiert und später in die Investitions- bzw. Finanzierungstätigkeit integriert werden. Dazu folgen in diesem Unterkapitel noch Beispiele.

Die drei Fonds Geschäfts-, Investitions- und Finanzierungstätigkeit werden selbstverständlich noch weiter detailliert. So lässt sich die Nachhaltigkeit verschiedener Finanzierungseffekte prüfen. Da die weitergehenden Vorschriften je nach Rechnungslegungsnorm nicht mehr einheitlich sind, wird **im Folgenden die deutsche Sicht** dargestellt.[140]

Bei Geschäftsabschlüssen gilt seit 2015 der DRS 21 für Mutterunternehmen, die gemäß § 297 Abs. 1 HGB eine Kapitalflussrechnung für den Konzernabschluss aufzustellen haben. Die DRS-Standards sind prinzipiell nicht verpflichtend. Ihre Anwendung gilt aber gemäß § 342 Abs. 2 HGB als korrekte Ausübung der GoB. Ein DRS-Standard ist quasi eine von mehreren möglichen Auslegungen der GoB – und zwar diejenige, die empfohlen wird. Damit verbunden ist der Begriff der Ausstrahlungswirkung. Das bedeutet, dass die Standards nicht nur für den definierten Bereich Anwendung finden sollten, sondern auch darüber hinaus zu beachten sind. Im Fall des DRS 21 heißt das, dass die Empfehlungen zur Kapitalflussrechnung nicht nur für den Kon-

140 Die entsprechenden Regeln des IFRS finden sich in IAS 7 Kapitalflussrechnung. Viele Regelungen sind dort identisch oder sehr ähnlich zum nationalen deutschen Recht.

zernabschluss (gem. § 299 Abs. 1, § 290 Abs. 1 HGB, § 11 PublG), sondern auch für den Einzelabschluss Anwendung finden sollten.

DRS 21 unterscheidet die Fonds besonders strikt

Wichtig für das Verständnis der Zeilen innerhalb des CF-Statements gemäß DRS 21 ist die strikte Trennung der drei Finanzmittelfonds (operativ, investiv, finanzierend). Im Jahresüberschuss sind alle Aufwendungen und Erträge enthalten. Also auch solche, die nicht operativ sind. Da die Rechnung mit dem Jahresüberschuss beginnt, wären auch die nicht-operativen Positionen in der ersten verpflichtenden Zwischensumme »CF aus laufender Geschäftstätigkeit« enthalten. Sie sind entsprechend umzugliedern.

Dazu folgende Beispiele:

- Im HGB-Abschluss sollen Zinsertrag und Zinsaufwand nicht miteinander saldiert werden. Sie stellen damit ein Beispiel für das Brutto-Prinzip des CF-Statements dar. Darüber hinaus zeigt das Beispiel der **Zinsen**, wie sehr die strukturelle Dreiteilung des CF-Statements in Fonds auf einzelne Positionen wirkt. Zum einen sind erhaltene Zinsen als Ergebnis einer Investitionstätigkeit klassifiziert. Die gezahlten Zinsen hingegen gelten als Ergebnis der Finanzierungstätigkeit. Damit müssen sie beide aus dem operativen CF herausgerechnet werden[141]. Zudem will das CF-Statement keine Aufwände oder Erträge darstellen, sondern Zahlungen. Es genügt also nicht, beide Größen in der ersten Zwischensumme zu neutralisieren. Es muss die tatsächliche Zahlung ermittelt werden, die möglicherweise von Aufwand oder Ertrag abweicht. Beispiele im Rahmen der Finanzierung wären z. B. Zerobonds oder ein Agio bzw. Disagio bei Kreditverträgen.
- Geleistete Zinszahlungen gehören also wie dargestellt zur Finanzierungstätigkeit. Daher muss der im Jahresüberschuss enthaltene Zinsaufwand durch einen fiktiven baren Ertrag von 8,5 (Jahr 1) im operativen CF neutralisiert werden. Zugleich wird er erneut als barer Zinsaufwand bei der Finanzierungstätigkeit eingebracht. So bleibt es beim ursprünglichen Abfluss flüssiger Mittel in Höhe von 8,5 – nur jetzt nicht mehr im operativen CF, sondern in der Finanzierungstätigkeit gezeigt.

Die **Investitionen** stellen einen der wenigen Brüche innerhalb der Darstellungslogik dar, denn es wird hier ausnahmsweise saldiert: Es werden im CF grundsätzlich nur die tatsächlichen Zahlungen bei den Investitionen erfasst. Es werden keine Verbindlichkeiten gegenüber den Lieferanten der Investitionsgüter ausgewiesen. Es handelt sich um eine Netto-Darstellung. Daher sollten die Verbindlichkeiten aus Investitionstätigkeit auf ein anderes Konto gebucht werden, als die Verbindlichkeiten aus operativen Lieferungen und Leistungen. Hinzu kommt ein zweiter Grund: Weil es sich bei Verbindlichkeiten aus Investitionstätigkeit eben nicht um »operatives Tun« handelt, dürfen die zugehörigen Beträge keinen Einfluss auf die Zwischensumme »CF aus laufender Geschäftstätigkeit« haben.

141 Als Teil des JÜ sind beide zunächst einmal automatisch in der Zwischensumme »CF aus laufender Geschäftstätigkeit« enthalten.

Nach dem gleichen Prinzip werden (bare) **Beteiligungserträge** in den CF aus Investitionstätigkeit umgegliedert. Die Beteiligung wird als Investition gewertet, welche sich verzinst. Das ist der Grund für die Umgliederung von Dividenden und ähnlichen Erträgen (Zahlungen!).

	Jahresüberschuss
+	Abschreibungen (- Zuschreibung) auf das Anlagevermögen*
+	Zunahme (- Abnahme) der langfristigen Rückstellungen*
=	**Cashflow I**
+	Sonstige zahlungsunwirksame betriebliche Aufwendungen (- Erträge)*
-	Zunahme (+ Abnahme) der Vorräte, der Forderungen aus L+L und anderer entsprechender Aktiva*
+	Zunahme (- Abnahme) der Verbindlichkeiten aus L+L und anderer entsprechender Passiva*
-	Gewinn (+ Verlust) aus dem Abgang von Gegenständen des Anlagevermögens*
+	Zinsaufwand (- erträge)*
-	sonstige Beteiligungserträge
+	Ertragsteueraufwand (- erträge)*
-	Ertragsteuerauszahlungen (+ einzahlungen) aus lfd. Geschäftstätigkeit (Saldierung erlaubt)
=	**(1) Cashflow aus laufender Geschäftstätigkeit**
+	Einzahlungen aus Desinvestitionen des AV (Immat., Sachanlagen, Finanzanlagen, Konsolidierungskreis)*
-	Auszahlungen für Investitionen ins AV (Immat., Sachanlagen, Finanzanlagen, Konsolidierungskreis)*
+	erhaltene Zinsen
+	erhaltene Dividenden
-	Ertragsteuerauszahlungen (+ Einzahlungen) aus Investitionstätigkeit*
=	**(2) Cashflow aus Investitionstätigkeit**
+	Einzahlungen aus Eigenkapitalzuführung
-	gezahlte Zinsen
-	Auszahlungen an Gesellschafter (z.B. Dividende, Kapitalrückzahlungen)
+	Einzahlungen (- Auszahlungen) aus Anleihen und Krediten*
-	Ertragsteuerauszahlungen (+ Einzahlungen) aus Finanzierungstätigkeit*
=	**(3) Cashflow aus Finanzierungstätigkeit**
=	**[Summe (1) - (3)] Zahlungswirksame Veränderung des Finanzmittelbestandes**
+/-	Veränderungen aus Wechselkurs, Konzernkreis oder Bewertung auf den Finanzmittelbestand
+	Finanzmittelbestand am Anfang der Periode
=	**Finanzmittelbestand am Ende der Periode**

* *Es handelt sich um eine gekürzte Darstellung des DRS 21. Einige Positionen sind zudem in der Darstellung aus Platzgründen zusammengefasst. Es ist aber zu beachten, dass für das CF-Statement prinzipiell ein Saldierungsverbot gilt.*

Abb. 9.19: CF-Statement gem. DRS 21 (komprimierte Darstellung)

Anwendung des DRS 21

Wie bereits erwähnt, handelt es sich beim DRS 21 um eine Empfehlung für nicht kapitalmarktorientierte Konzernmuttergesellschaften. Die Umsetzung ist nicht verbindlich, stellt aber die Lösung eines ordentlichen Kaufmanns im Sinne des HGB dar. Dies gilt selbstverständlich auch für rechtliche Einheiten, die geringere Anforderungen im Rahmen des Jahresabschlusses und Geschäftsberichts erfüllen müssen. Dem höheren Aufwand dieser Darstellungsweise steht damit der Nachweis, den Pflichten gewissenhaft nachgekommen zu sein, gegenüber. Da das Insolvenzrecht und seine juristischen Folgen bei den meisten Unternehmen wohl nicht im

Fokus stehen dürften, ist eher die Frage von Aufwand und Nutzen zu stellen. Die Arbeit liegt in der Anpassung des Kontenrahmens und der Verknüpfung des CF-Statements mit den Konten. Danach kann das CF-Statement wirklich auf Knopfdruck erstellt werden. Es handelt sich also um einmaligen und nicht um laufenden Aufwand. Der Nutzen besteht in deutlich höherer Transparenz. Hierin besteht aber zugleich eine große Sorge vieler Unternehmen: Diesen Detaillierungsgrad will man den Lesern des Geschäftsberichts, insbesondere Kunden und Wettbewerbern, nicht zur Verfügung stellen. Es ist daher nicht verwunderlich, dass man die freiwillige Darstellung des Cashflows gemäß DRS 21 in der Außendarstellung des Geschäftsberichts in der Praxis bislang kaum findet. Für das eigene interne Reporting empfehlen wir die Darstellungsform aber genau wegen der höheren Transparenz.

9.3.4 Analyse der Liquidität der MITAG mit Kennzahlen

Da wir aus Kapitel 6 bereits wissen, dass die MITAG ohne Maßnahmen auf eine Illiquiditätsinsolvenz zusteuern würde, schauen wir uns zunächst die Liquiditätsgrade I bis III an.

	SB 0	SB 1	SB 2	SB 3
Liquiditätsgrad I	33,3 %	41,0 %	0,0 %	-61,5 %
Liquiditätsgrad II	119,0 %	106,6 %	50,6 %	42,3 %
Liquiditätsgrad III	119,0 %	106,6 %	50,6 %	69,2 %

Abb. 9.20: Der Liquiditätsgrad I zeigt die drohende Insolvenz

Man ist versucht zu sagen, allein LG I zeigt die drohende Insolvenz. Nur er zeigt die Kasse (im Zähler) allein an, während der LG II zusätzlich die Forderungen aus LuL einrechnet und der LG III wie gezeigt eine Darstellungsform der goldenen Bilanzregel ist. Der Nutzen liegt aber nicht in der Warnung vor der Insolvenz. Das leistet auch eine vorausschauende Finanzplanung im Sinne der Abb. 9.12. Vielmehr wird die jederzeitige prozentuale Zahlungsfähigkeit im LG I angezeigt. Deshalb ist diese Kennzahl auch im Rahmen der unterjährigen Steuerung wesentlich sinnvoller als für die von uns gerade durchgeführte Analyse von (Plan-)Bilanzwerten.

Außerdem hatten wir intensiv über die Vor- und Nachteile von CF I im Vergleich zum EBITDA gesprochen. Das Beispiel der MITAG bestätigt die bereits getätigten Aussagen:

- Positiver CF I bzw. EBITDA sagt nichts über den Kassen*bestand* aus,
- positiver CF I bzw. EBITDA sagt nichts über die *Veränderung* der Kasse und verhindert nicht die Insolvenz

	SB 0	SB 1	SB 2	SB 3
Cashflow I		19,0	24,0	26,0
EBITDA		32,5	41,0	41,5
Veränderung FlüMi		5,5	-12,5	-16,0
Kasse zum Bilanzstichtag	7,0	12,5	0,0	-16,0

Abb. 9.21: Weder CF I noch EBITDA zeigen die drohende Insolvenz

Sowohl im CF I als auch im EBITDA zeigt sich, dass die MITAG eine hohe operative Liquidität erwirtschaften dürfte. Das wird erst das CF-Statement noch genauer zeigen können. Allerdings reicht dies nicht aus, um insgesamt einen positiven CF zu erzeugen.

Der **dynamische Verschuldungsgrad** zeigt die Schuldentilgungsdauer an. Wir hatten ihn bezogen auf die Netto-Finanzschulden vorgestellt – als 3-Jahres-Durchschnitt entweder auf Basis des CF I bzw. alternativ des EBITDA:

$$\text{Dynamischer Verschuldungsgrad} = \frac{\text{Netto-Finanzschulden}}{\varnothing\ \text{Cashflow I (3 Jahre)}}$$

oder

$$\text{Dynamischer Verschuldungsgrad} = \frac{\text{Netto-Finanzschulden}}{\varnothing\ \text{EBITDA (3 Jahre)}}$$

Angesichts von nur 3 Planjahren der Fallstudie verzichten wir auf die Berechnung von 3-Jahres-Durchschnitten für Cashflow und EBITDA. Wir berechnen lediglich im nächsten Arbeitsschritt die Netto-Finanzschulden. Unterstellt man für das Jahr 3 auch für diese Kennzahl wieder beispielsweise die Aufnahme eines langfristigen Kredits von mind. 16,0, dann steigen die Finanzschulden von 73,0 (langfr. Bankkredit 72,0 + kurzfr. Bankkredit 1,0) auf 89,0. Dann würden die FlüMi den Wert 0 annehmen.[142] Damit lässt sich auch das 3 Jahr sinnvoll berechnen:

	SB 0	SB 1	SB 2	SB 3
Finanzschulden	65,0	77,0	73,0	89,0
FlüMi	7,0	12,5	0,0	*0,0*
Netto-Finanzschulden	**58,0**	**64,5**	**73,0**	**89,0**
Schuldentilgung auf Basis CF I (Jahre)		3,39	3,04	3,42
Schuldentilgung auf Basis EBITDA (Jahre)		1,98	1,78	2,14

Abb. 9.22: Schulden und Tilgungsdauer in Jahr 2 sind zu hinterfragen

142 Mathematisch wäre dies nicht nötig gewesen. Es ist aber hoffentlich intuitiver verständlich. Möglich wäre auch: Finanzschulden 73,0 – FlüMi (-16,0) = 89,0.

Der Anstieg der Netto-Finanzschulden ist angesichts des Investitionsvolumens nicht nur vertretbar, sondern gut – genauer gesagt »zu gut«. Der Anstieg bleibt weit hinter dem Investitionsvolumen zurück. Mehr Kredite und eine geringere Finanzierung aus dem operativen Geschäft täten dem Businessplan gut, wie wir im Rahmen der Stabilität bzw. auch in Abb. 6.10 in Kapitel 6.4.2 gesehen hatten. Die Schuldentilgungsdauer würde das vertragen. Die Werte sind angesichts des Investitionsvolumens unglaublich gut. Als kritischer Controller sollte man das wörtlich nehmen: Es gilt zu bedenken, dass in Jahr 2 ein Grundstück verkauft wurde. Der Mittelzufluss bleibt ein Einmaleffekt und sollte nicht als »wiederkehrend für die Schuldentilgung verfügbar« in die Rechnung eingehen. Vom Jahresüberschuss bzw. vom EBIT sind also 5,0 aus der Realisierung der stillen Reserven auf das Grundstück herauszurechnen. Wenn man wissen will, wie sich der Businessplan selber darstellt, dann sollte man den Grundstücksverkauf auch aus der Finanzierung herausrechnen und fiktiv in Jahr 2 eine Kreditaufnahme in Höhe der 5,0 unterstellen[143]:

	SB 0	SB 1	SB 2	SB 3
Finanzschulden	65,0	77,0	79,0	89,0
FlüMi	7,0	12,5	0,0	*0,0*
Netto-Finanzschulden	**58,0**	**64,5**	**79,0**	***89,0***
Cashflow I (ohne Grundstücksverkauf)		19,0	19,0	26,0
EBITDA (ohne Grundstücksverkauf)		32,5	36,0	41,5
Schuldentilgung auf Basis CF I (Jahre)		3,39	4,16	3,42
Schuldentilgung auf Basis EBITDA (Jahre)		1,98	2,19	2,14

Abb. 9.23: Beurteilung der Netto-Finanzschulden der MITAG

Die Zahlen wirken gar nicht so hoch. Allerdings täuscht die Art der Kennzahl über die nicht unerhebliche Belastung der MITAG, weil wir einerseits nur die Finanzschulden betrachten und diese andererseits als Netto-Größe, d. h. saldiert mit der Kasse berechnet haben. Diese auf den Geldgeber und damit den Ratingprozess zugeschnittene Kennzahl dient dem Vergleich. Operativ aber ist zu beachten, dass es einer operativen Kasse bedarf. Die hier unterstellte Höhe von 0 ist zu gering! Außerdem sind nicht nur Finanzschulden zu bedienen. Die MITAG hat Pensionsverpflichtungen, die – vergleichbar einigen DAX-Konzernen – prozentual zum Eigenkapital gerechnet, erheblich sind. Die Nettoauszahlungen für Pensionen, die ja de facto bereits begonnen haben und auch ansteigen, fehlen in der obigen Rechnung ebenso, wie die Verbindlichkeiten aus der Investitionstätigkeit. Betrachtet man also die Nettoschulden[144], dann erhöht sich der dynamische Verschuldungsgrad, also die Anzahl der benötigten Jahre für die Tilgung prozentual erheblich.

143 Diese Überlegungen gelten auch für einen 3-Jahres-Durchschnitt.

144 Auch hier gibt es unterschiedliche Definitionen. Wir empfehlen: Fremdkapital abzüglich der FlüMi und der Forderungen aus LuL, um der Tatsache Rechnung zu tragen, dass Forderungen aus Lieferungen und Leistungen in den meisten

	SB 0	SB 1	SB 2	SB 3
Fremdkapital	125,0	141,5	152,5	135,5
FlüMi (im engeren Sinne)	7,0	12,5	0,0	0,0
Forderungen aus L+L[145]	18,0	20,0	21,0	27,0
Nettoschulden	**100,0**	**109,0**	**131,5**	**124,5**
Cashflow I		19,0	19,0	26,0
EBITDA		32,5	36,0	41,5
Schuldentilgung auf Basis CF I (Jahre)		5,74	6,92	4,79
Schuldentilgung auf Basis EBITDA (Jahre)		3,35	3,65	3,00

Abb. 9.24: Beurteilung der Nettoschulden im Businessplan der MITAG

Der dynamische Verschuldungsgrad berechnet vereinfacht, wie viele Jahre es dauert, bis die Nettoschulden komplett aus dem operativen Cashflow getilgt sind. Wären die Zahlen aus dem Fallbeispiel der MITAG tatsächlich repräsentativ für ein Rechenzentrum, dann müsste man sich fragen, nach welcher Zeit neue Investitionen anstehen würden. Das betrifft natürlich vor allem die technischen Anlagen. Buchungssatz 12 versteckt in Verbindung mit Buchungssatz 10 eine zusätzliche Information, die uns weiterhilft: Im Jahr 1 planen wir Investitionen von 3,0 und in der Folgeperiode steigt die Abschreibung für technische Anlagen um 0,5. Die analoge Betrachtung für die Investition in Jahr 2 (27,0) und die zusätzliche Abschreibung in Jahr 3 (4,5) zeigt eine Abschreibungsdauer von 6 Jahren – sofern man unterstellt, dass in der Zwischenzeit keine der vorhandenen Altanlagen aus der Abschreibung fällt.[146] Optisch fällt sofort Jahr 2 ins Auge, wo die Zeit für die Tilgung länger dauert als die Nutzungsdauer gemäß gesetzlicher Abschreibung. Die tatsächliche Nutzung dauert natürlich häufig etwas länger. Zudem stammt ein Teil der Schulden (und damit die Notwendigkeit der Tilgung) auch aus der Investition in Grund und Gebäude, die ja länger genutzt werden. Aber es wird angesichts der Überlegungen offensichtlich, wie die Kennzahlenanalyse auch bei der internen Planung helfen kann, einen Businessplan zu hinterfragen und zu plausibilisieren: Nutzungsdauer und Innenfinanzierung bzw. Tilgung müssen zueinander passen.

Schauen wir uns nun die Kennzahl an, die seit einigen Jahren im absoluten Fokus vieler Firmen steht: Das Net Working Capital aus dem Unternehmensbewertungsmodell von Alfred Rappaport.

Branchen als kurzfristig fällig betrachtet werden dürfen.

145 Es ist nicht zwingend, die Forderungen aus Lieferungen und Leistungen abzuziehen. Vgl. Kapitel 9.3.1.

146 Ansonsten wäre der auf die neuen Anlagen entfallende Abschreibungsbetrag noch höher – mit anderen Worten: die Abschreibungsdauer wäre kürzer und der Ersatzbedarf früher fällig.

		SB 0	SB 1	SB 2	SB 3
	Vorräte (Handelsware)				7,0
+	Forderungen aus LuL	18,0	20,0	21,0	27,0
-	Verbindlichkeiten aus LuL[147]	20,0	20,0	20,0	21,0
=	NWC		-2,0	0,0	7,0

Abb. 9.25: Der operative Liquiditätsbedarf steigt in Jahr 3 stark an

Wir hatten bereits in der 3-Jahres-Bewegungsbilanz in Kapitel 6.4.2 gesehen, dass die Handelsware erheblich Liquidität bindet. Diese für ein Handelsgeschäft ziemlich atypische Eigenschaft ist entweder ein Planungsfehler oder ein Zeichen einer extrem schwachen Marktposition, die aus dem Einstieg in das Handelswarengeschäft resultiert.

Darüber hinaus muss man auch fragen, ob der Anstieg der Forderungen aus LuL angemessen zum Umsatz ist. Vom Ende des aktuellen Jahres auf das Ende des ersten Planjahres beträgt der Anstieg immerhin über 11 %. Ohne die Kenntnis des Umsatzanstiegs bleibt die Frage für das erste Planjahr unbeantwortet. Im zweiten Planjahr beträgt der Anstieg 5 % und der Umsatzanstieg 5,0, das entspricht 7,7 %. Relativ gesehen verbessern wir uns, um uns dann im dritten Jahr deutlich zu verschlechtern. Das zeigt sich auch in den **DSO** (gerechnet auf 360 kaufm. Tage im Jahr):

SB 1	Forderungen aus LuL 20,0/Umsatz 85,0 * 360 Tage = 84,7 Tage Forderungslaufzeit
SB 2	Forderungen aus LuL 21,0/Umsatz 90,0 * 360 Tage = 84,0 Tage Forderungslaufzeit
SB 3	Forderungen aus LuL 27,0/Umsatz 104,5 * 360 Tage = 93,0 Tage Forderungslaufzeit

Abb. 9.26: Die Kundenzahlungsziele (DSO) sind zu lang

Die Umsatzaufteilung auf Sparte 1 »Rechenzentrum« und Sparte 2 »Handel« ist in der Fallstudie in Kapitel 6 nicht angegeben. Nehmen wir vereinfachend an, das Rechenzentrum habe ein stetes Wachstum, also weitere 5,0 in Jahr 3, dann können wir den Gesamtumsatz von 104,5 in Jahr 3 leicht den beiden Sparten zuordnen:

- Umsatz Sparte Rechenzentrum: 95,0
- Umsatz Sparte Handel 9,5

147 Dem aufmerksamen Leser in Kapitel 6 mag aufgefallen sein, dass die Verbindlichkeiten aus LuL aus der SB des aktuellen Jahres (SB 0) nie beglichen werden. Es gibt schlichtweg keinen Buchungssatz dazu. Dies kann man sich leicht als Vereinfachung vorstellen, nachdem immer ein gleichbleibender Betrag für z. B. Betriebsstrom des Rechenzentrums am Ende des Jahres schuldig geblieben und Anfang des Folgejahres beglichen wird. Die Veränderungen der Verbindlichkeiten aus LuL stammen also ausschließlich aus BS 20 Handelsware. Vgl. analog das Beispiel kurzfristiger Steuerrückstellungen in Abb. 9.27.

Unterstellt man branchenbedingt eine stabile Forderungslaufzeit des Rechenzentrums zwischen 84,0 und 84,7 Tagen für das Jahr 3, dann können wir die anteiligen Forderungen aus LuL für das Rechenzentrum bestimmen:

FLL (?)/Umsatz 95,0 *360 Tage = 84,0 bzw. 84,7 Tage

Die Forderungen betragen nach Auflösung der Formel demnach zwischen 22,17 (für 84,0 Tage) und 22,35 (für 84,7 Tage). Da die Forderungen LuL des 3. Jahres 27,0 betragen, kennen wir nun auch die **Forderungen LuL des Handelswarengeschäfts:** Sie betragen zwischen 4,83 und 4,65. Das ist mit rund 50 % vom Umsatz extrem hoch. Entsprechend schlecht stellen sich die **DSO der Sparte Handel** dar:

- 4,65 FLL/9,5 Jahresumsatz * 360 Tage = 176,2 Tage
- 4,83 FLL/9,5 Jahresumsatz * 360 Tage = 183,0 Tage

Die Spannbreite von 7 Tagen stört nicht, weil die Aussage trotz der Unsicherheit eindeutig ist: in unserem künftigen Handelswarengeschäft warten wir ein halbes Jahr auf die Bezahlung. Hier muss im Businessplan eindeutig nachgebessert werden. Außerdem dürfen wir eine hohe Rentabilität fordern – angesichts dieser **Kapitalbindung im Handelswarengeschäft** von knapp 11 (Δ Forderungen aus L+L ~ 5 + Δ Vorräte 7,0 – Δ Verbindlichkeiten aus L+L 1,0).

In Zeiten hoher Zinsen bzw. hoher Verschuldung sollte auch die **Zinsdeckungsquote,** die ebenfalls ein häufig zu findender Financial Covenant ist, berechnet werden. Da die Kennzahl auf langfristig erzielbare operative Größen ausgerichtet ist, verwenden wir – wie schon zuvor – das EBIT bzw. EBITDA ohne den Grundstücksverkauf.

	SB 1	**SB 2**	**SB 3**
EBIT	22,0	24,0	22,5
Zinsaufwand	8,5	9,5	10,5
Zinsdeckungsquote	**2,6**	**2,5**	**2,1**
bzw.			
EBITDA	32,5	36,0	41,5
Zinsaufwand	8,5	9,5	10,5
Zinsdeckungsquote	**3,8**	**3,8**	**4,0**

Abb. 9.27: Die Fähigkeit, die Zinsen operativ zu decken, steigt an (Basis EBITDA)

Auffallend ist, dass die Zinslast trotz steigender **Zinsdeckungsquote** steigt. Ist das ein Effekt aus der steigenden Verschuldung oder einer Veränderung im **FK-Zinssatz**? Berechnet man die durchschnittliche jährliche Kapitalbindung als Mittelwert von Eröffnungs- und Schlussbilanz des Jahres, so zeigt sich der Zinssatz von Jahr 1[148] und Jahr 2 mit 12,0 % bzw. 12,7 % bezüglich der aktuellen Kapitalmarktsituation extrem hoch. Aber in Jahr 3 ist ein weiterer Anstieg auf 14,4 % zu sehen. Im Vergleich zur aktuellen Niedrigzinsphase lassen sich solche Werte nicht einmal mehr durch **ein besonders schlechtes Rating** erklären. Der Spread zum Kapitalmarktzins für Unternehmen guter Bonität ist (unglaubwürdig) hoch. Das sollte noch einmal im Gespräch mit dem Treasury hinterfragt werden.

9.3.5 Aufgabe: CF-Statement der MITAG erstellen -mit Erläuterungen zur Lösung

Erstellen Sie einen Finanzplan für die drei Planjahre. Arbeiten Sie nach den Empfehlungen des DRS 21, wie in Kapitel 2.2.4 gezeigt. Die Daten können Sie sowohl den Buchungssätzen als auch der Bilanz entnehmen.

Im Folgenden geben wir Ihnen Erläuterung zur Lösung:

Erläuterung 1: Buchungssätze oder Bilanzzahlen verwenden?
Wenn man sich die benötigten Werte sucht, so kann prinzipiell auf die Bilanz oder die Buchungssätze zurückgegriffen werden. Allerdings muss man bei der Nutzung der Bilanzzahlen Vorsicht walten lassen. Der Jahresüberschuss ist ein Beispiel dafür. In der Bilanz weist die entsprechende Zeile zum Jahresanfang und -ende jeweils den Wert 0 aus. Die Wertschöpfung des Jahres – ermittelt als Differenz der beiden Werte – scheint vordergründig 0 zu betragen. Der Blick in den Buchungssatz 22 zeigt den Denkfehler. Die Bilanz des jeweiligen Jahres beinhaltet bereits einen geplanten Gewinnverwendungsbeschluss. Es ist für das erste Jahr also ein Jahresüberschuss von 9,5 anzusetzen. So hatten wir es im Rahmen der GuV auch schon erläutert.

Erläuterung 2: Steuern
Der Steueraufwand (BS 8 und BS 17) ist im Regelfall abweichend von der Steuerzahlung. Auch wenn Deutschland zu den Ländern gehört, die besonders wenige Sachverhalte kennen, die einen Aufschub der Steuerzahlung begründen können, so sind doch zwei Sachverhalte zu erwähnen. Der eine Sachverhalt ist in Jahr 2 dargestellt. Der Steueraufwand ist hier nicht komplett zahlungswirksam, weil **passive latente Steuern** in Höhe von 1,5 aus dem Grundstücksverkauf enthalten sind. In kleinem Maße findet sich das Prinzip schon bei den Abschreibungen – nämlich wenn handels- und steuerrechtliche Abschreibungen über andere Zeiträume und damit über andere Beträge erfolgen. Für viele Firmen dürfte die Höhe nicht bedeutend genug sein, um diesen Sachverhalt separat zu planen. Im Rahmen von Großinvestitionen ist ein Gespräch mit der Steuerabteilung aber zwingend geboten.

148 Z. B. Jahr 1: Zinsen 8,5/Ø Kreditsumme 71,0 = 11,97 %; mit Ø Kredit 71,0 = (Eröffnungsbilanz (64,0+1,0) + Schlussbilanz (72,0+5,0)) / 2.

Der zweite wichtige Sachverhalt resultiert aus den **Steuerrückstellungen am Jahresende**. Die tatsächliche Steuerhöhe (Aufwand) wird erst mit dem Jahresabschluss festgestellt. Die unterjährig geleisteten Zahlungen sind inhaltlich also Abschlagszahlungen. Im Regelfall haben die Unternehmen im abgelaufenen Geschäftsjahr zu wenig Steuern gezahlt. Im Rahmen der Abschlusserstellung wird also eine Steuerrückstellung gebucht. Die Zahlung, also die Begleichung der Schuld gegenüber dem Finanzamt, erfolgt erst im nächsten Geschäftsjahr. Da es sich um einen regelmäßig wiederkehrenden Vorgang handelt, ignorieren viele Controller den Sachverhalt im Rahmen der Planung. Schließlich findet in Q1 des jeweiligen Jahres eine Steuernachzahlung für das vorangegangene Geschäftsjahr statt und es erfolgt in Q4 eine zu geringe Steuerzahlung für das laufende Geschäftsjahr. Diese wird dann im darauffolgenden Geschäftsjahr ausgeglichen. In Summe heben sich beide Effekte auf, wenn das Geschäft – und damit der Gewinn – im Zeitablauf ohne große Schwankungen ist (z. B. durch die Corona-Pandemie) und keine Sondereffekte (z. B. anrechenbare Verluste oder Verlustvorträge) zu beachten sind.

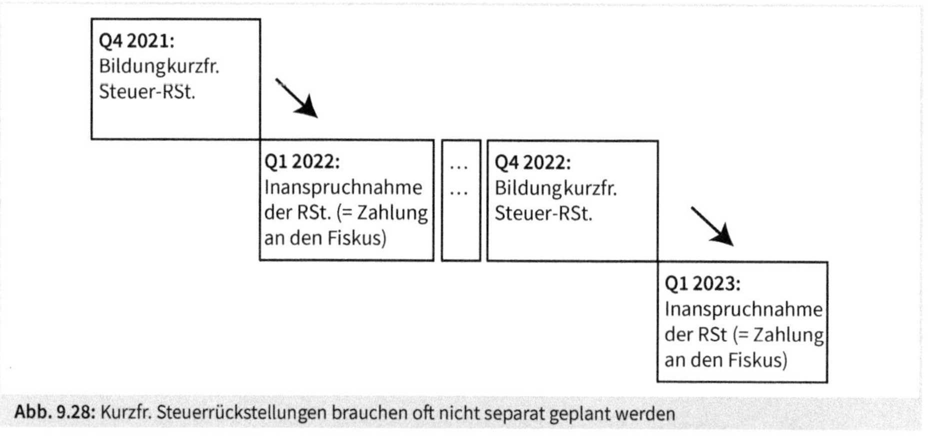

Abb. 9.28: Kurzfr. Steuerrückstellungen brauchen oft nicht separat geplant werden

Erläuterung 3: Saldierungsverbot (Brutto-Prinzip)

Anhand der Beschaffung von operativen Waren (RHB, unfertige Erzeugnisse, Handelsware) lässt sich das Saldierungsverbot, das im CF-Statement grundsätzlich gilt, schön erläutern. Im Jahr 3 werden Handelswaren für 7,0 beschafft. Im CF-Statement werden diese 7,0 in der Zeile »+Abgang – Zugang von Handelswaren« komplett als *cash out* ausgewiesen, obwohl Buchungssatz 20 nur einen Mittelabfluss von 6,0 zeigt. Die Korrektur erfolgt zwei Zeilen tiefer durch den Anstieg der Verbindlichkeiten aus L+L. Beim Kauf der Waren handelt sich also um eine »Brutto-Darstellung«: Gegenläufige Effekte werden separat gezeigt und nicht miteinander saldiert. Diese »Brutto-Darstellung« dominiert in der Kapitalflussrechnung.

Kapitalflussrechnung
(Cashflow-Statement)

		Jahr 1	Jahr 2	Jahr 3
	Jahresüberschuss	9,5	13,5	8,5
	Abschreibungen auf das Anlagevermögen (AV)	+10,5	+12,0	+19,0
	Zu-/Abnahme der langfristigen Rückstellungen	- 1,0	- 1,5	- 1,5
=	Cashflow I (freiwillige Zw-Summe zu Controllingzwecken)	= +19,0	= +24,0	= +26,0
+/-	Ab-/Zunahme der Vorräte aus Handelsware			- 7,0
+/-	Ab-/Zunahme der Forderungen aus L+L	- 2,0	- 1,0	- 6,0
+/-	Zu-/Abnahme der Verbindlichkeiten aus L+L	+ 0,0	+0,0	+ 1,0
+/-	Zu-/Abnahme der Kundenanzahlungen			
+/-	Verlust/Gewinn aus Abgang Anlagevermögen		- 5,0	
+/-	Zinsaufwand bzw. -erträge	+ 8,5	+9,5	+10,5
-	sonstige Beteiligungserträge	- 3,0	- 3,0	- 0,5
+/-	Steueraufwand/-ertrag	+ 4,0	+7,5	+ 3,5
+/-	Ein-/Auszahlungen aus außergewöhnlichen Beträgen			
+/-	Ertragsteuereinzahlungen/-auszahlungen	- 4,0	- 6,0	- 3,5
=	**(1) CF aus operativer Tätigkeit**	**= +22,5**	**= +26,0**	**= +24,0**
+	Einzahlungen aus Desinvestitionen des AV		+6,0	
-	Auszahlungen für Investitionen ins AV	-21,5	-30,0	-24,5
+/-	Ein-/Auszahlungen aus außergewöhnlichen Beträgen			
+	erhaltene Zinsen			
+	erhaltene Dividenden	+ 3,0	+3,0	+ 0,5
=	**(2) CF aus Investitionstätigkeit**	**= -18,5**	**= -21,0**	**= -24,0**
+	Einzahlungen aus Eigenkapitalzuführung			
+/-	Ein-/Auszahlungen aus außergewöhnlichen Beträgen			
-	gezahlte Zinsen	- 8,5	- 9,5	-10,5
-	Auszahlungen anGesellschafter (z.B. Dividende)	- 2,0	- 4,0	- 5,5
+/-	Einzahlungen/Auszahlungen aus Anleihen, Krediten	+12,0	- 4,0	0,0
=	**(3) CF aus Finanzierungstätigkeit**	**= +1,5**	**= -17,5**	**= -16,0**
Σ	**Cashflow [Summe aus (1), (2) und (3)]**	**= +5,5**	**= -12,5**	**= -16,0**
	Probe (Veränderung der FlüMi)	**+5,5**	**-12,5**	**-16,0**

Abb. 9.29: Das CF-Statement der MITAG zeigt detailliert die Zahlungsströme auf

Wichtig ist es, einen Blick auf die Effekte aus dem **Grundstücksverkauf** zu werfen. Im Jahresüberschuss ist ein Gewinn (Verkauf über Buchwert) von 5,0 (Jahr 2) enthalten. Der Mittelzufluss aufgrund des Verkaufspreises beträgt aber 6,0. Zugleich ist der Grundstücksverkauf – zumindest für ein IT-Unternehmen – keine operative Tätigkeit. Vielmehr handelt es sich um eine Desinvestition. Es braucht also aus zwei voneinander unabhängigen Gründen eine **Korrektur**. Indem der Gewinn von 5,0 aus dem operativen CF herausgenommen wird (- Gewinn aus Abgang Anlagevermögen) kann im Investitionsbereich der korrekte Mittelzufluss von 6,0 als »+ Einzahlungen aus Desinvestitionen des AV« einfließen. Mit dieser einen Korrektur sind beide Fehlstellungen (Ertrag statt Cash, falscher Fonds) zugleich korrigiert.

Aus dem Grundstücksverkauf resultiert wegen der besonderen steuerlichen Gegebenheiten aber noch eine zweite wichtige Korrekturposition: die passiven latenten Steuern. Wie der Name schon zeigt, handelt es sich um eine latente Gefahr, dass noch Steuern zu zahlen sind. Mit anderen Worten: Im Jahresüberschuss wurde ein Aufwand berücksichtigt, der nicht zu einer Zahlung geführt hat. Es gibt eine Differenz zwischen Steueraufwand von 7,5 (Jahr 2) und Steuerauszahlung 6,0. Durch die positive Hinzurechnung des Steueraufwands (+ Steueraufwand) wird der im Jahresüberschuss enthaltene Aufwand neutralisiert und ist nicht mehr im CF aus laufender Geschäftstätigkeit enthalten. Durch den Ansatz der tatsächlichen Steuerzahlung von 6,0 ist nicht nur der richtige Abfluss von Zahlungsmitteln dargestellt worden. Zugleich ist die latent drohende (spätere) Steuerzahlung von 1,5 nicht mehr enthalten. Sie ist weder im operativen noch im (des-)investiven Cashflow enthalten. Somit verfälscht die latente Steuer auch nicht mehr den Ausweis des operativen Cashflows.

Erläuterung 4: Investitionstätigkeit
Die über den Grundstücksverkauf hinausgehenden Aspekte von Investitions- und Desinvestitionstätigkeit sollen im Rahmen der nun anstehenden Analyse (Abb. 9.31) erläutert werden.

9.3.6 Analyse des CF-Statements der MITAG

Im Vergleich zum CF-Statement wird deutlich, wie ungenau verschiedene sogenannte Liquiditätskennzahlen tatsächlich sind. Über das in der Praxis besonders beliebte EBITDA hatten wir (insbesondere in Kapitel 9.3.1 und 9.3.2) bereits gesprochen. Es zeigt, ebenso wie die früher häufiger verwendete Größe CF I, systematisch mehr Liquidität, als tatsächlich erwirtschaftet wird.

Die Gründe dafür hatten wir im Zusammenhang mit Abb. 9.11 bereits besprochen. Aber die Übersicht der drei Finanzmittelfonds ist im Vergleich zu den beiden Kennzahlen sehr prägnant:

		Jahr 1	**Jahr 2**	**Jahr 3**
=	(1) CF aus lfd. Geschäftstätigkeit	+ 22,5	+ 26,0	+ 24,0
=	(2) CF aus Investitionstätigkeit	- 18,5	- 21,0	- 24,0
=	**(3) CF aus Finanzierungstätigkeit**	**+ 1,5**	**- 17,5**	**- 16,0**
Σ	Cashflow [Summe aus (1), (2) und (3)]	= +5,5	= 12,5	= 16,0
	Cashflow I	19,0	24,0	26,0
	EBITDA	32,5	41,0	41,5

Abb. 9.30: Die MITAG finanziert die Investition nicht solide

Die im Zusammenhang mit Abb. 9.14 gemachten Tendenzaussagen lassen sich für das Fallbeispiel der MITAG zeigen:

- Im Regelfall macht der CF I eine deutlich bessere Abschätzung des tatsächlichen operativen Cashflows.
- Das EBITDA ist systematisch zu hoch und ist fast immer höher[149] als der CF I.

Investitionstätigkeit - ein Blick hinter die Zahlen des CF-Statements

Der Blick auf die Zusammenfassung in Abb. 9.30 zeigt, wie hoch die operative Liquidität ist. Allerdings muss man bei der Interpretation aufpassen. Entgegen dem Anschein lässt sich nicht erkennen, ob der CF aus laufender Geschäftstätigkeit die gesamten Investition trägt. Der direkte Vergleich ist nicht korrekt. Der CF aus Investitionstätigkeit zeigt nämlich lediglich die in der Periode getätigten Auszahlungen. Verbindlichkeiten aus Investitionstätigkeit werden nicht gezeigt. Ebenso wenig ist anhand der Zwischensummen erkennbar, welche (möglicherweise gegenläufigen) Einflussgrößen zu dem Ergebnis geführt haben. **Es ist prinzipiell nicht richtig, eine Analyse nur anhand der Zwischensummen durchzuführen. Aber auch beim Blick in die Einzelwerte ist Vorsicht bei der Interpretation geboten.** Wir zeigen dies für das zweite Jahr mit den Details der Abb. 9.29:

- der Cashflow aus laufender Geschäftstätigkeit beläuft sich auf 26,0
- die Investitions*auszahlung* beträgt 30,0 und nicht 21,0, wie man irrtümlich aus dem Saldo des Investitionsfonds annehmen könnte.

Hinzu kommt, dass nicht vergessen werden darf, dass das CF-Statement nicht die Investitionssumme zeigt, sondern die Investitionsauszahlung. Der Blick in Bilanz (Kapitel 6.3.1) bzw. Buchungssätze (Kapitel 6.2.2) zeigt:

- Die in der Periode *getätigten Investitionen* betragen 45,0[150].
- Von den Investitionen in Jahr 2 werden 20,5 erst in Jahr 3 bezahlt (Buchungssätze 4 und 10).
- Die Buchungssätze 6 und 11 führen zu Zahlungen von 5,5 in Jahr 2 aufgrund von Investitionstätigkeiten der Vorperiode.

Fassen wir die Ergebnisse für Jahr 2 zusammen:

	Investition getätigt	45,0
-	Zahlung in Folgeperiode	20,5
+	Zahlung für Vorperiode	5,5
=	**Investitionsauszahlung Jahr 2**	**30,0**

149 Erst wenn die Zuführung zu den langfristigen Rückstellungen höher ausfällt als FK-Zinsaufwand und Steueraufwand, wird der CF I größer als das EBITDA.

150 Netto-Anstieg des AV (205,5 - 173,5 =) 32,0. Hinzuzurechnen sind Abschreibungen 12,0 und Desinvestition des Grundstücks 1,0. Alternativ ergibt sich 45,0 als Summe von Buchung 4 und Buchung 10.

-	Einzahlung aus Desinvestition	6,0
-	Einzahlung Beteiligungserträge	3,0
=	**CF aus Investitionstätigkeit**	**21,0**

Abb. 9.31: Die ausgewiesene Höhe der Investitionszahlung kann täuschen

Die Aufstellung zeigt, dass bereits der Vergleich von Abschreibungen der Periode mit der Investitionsauszahlung nicht ganz exakt ist. Bei der Analyse interner Planungen kann man dies noch berücksichtigen – im Rahmen der Analyse externer Geschäftsabschlüsse jedoch nicht.

Was man sich bei einer Wettbewerbs-, Kunden- oder Lieferantenanalyse anschauen würde, soll im Folgenden betrachtet werden. Diese findet mangels detaillierterer Daten selbstverständlich ungenau und vereinfachend statt. Trotzdem sind ungenaue Tendenzaussagen für das Management als Empfänger wertvoller als die zutreffende Aussage, dass mangels detaillierter Daten keine (exakte) Aussage möglich sei. Wichtig ist lediglich, die getroffenen Annahmen offenzulegen, damit der Empfänger die Qualität der Aussage und die mögliche Varianz einschätzen kann.

- **Net Working Capital**: Die absoluten Veränderungen hatten wir uns in Abb. 9.25 angesehen. Auch prozentual steigen in den 3 Jahren die Forderungen aus LuL mit 50 % deutlich schneller als die Verbindlichkeiten aus LuL mit 5 %. Die MITAG scheint den Druck längerer Zahlungsziele, denen sie von ihren Kunden ausgesetzt ist, nicht an ihre Lieferanten weitergeben zu können.
  Der Umsatzanstieg führt nicht zu einem Anstieg bei den Vorräten, was bei einem Rechenzentrum logisch ist. Bei einem Dienstleistungs- oder Produktionsunternehmen wären die Jahre 1 und 2 zu hinterfragen.
  Der Anstieg in Jahr 3 durch das Handelsgeschäft ist, wie bereits im Nachgang zu Abb. 9.25 diskutiert, eindeutig zu hoch.
- **Investitionsverhalten**: Die Abschreibungen erfolgen immer zu Buchwerten – ein Blick in den (im Fallbeispiel nicht vorhandenen) Anlagespiegel und die Kenntnis der branchenüblichen Lebensdauer der Anlagen erlaubt die Ermittlung von Neuwerten, die nötig sind, um den Wertverlust aus Abschreibungen auszugleichen.
  Rechnen wir bzgl. des Investitionsverhaltens mit beispielhaften Annahmen, um das Vorgehen zu erläutern: Nehmen wir an, die technischen Anlagen repräsentieren durchschnittlich alle Abschreibungen der MITAG. Für sie hatten wir 6 Jahre Abschreibungsdauer unterstellt. Nehmen wir zudem an, die Inflation beträgt 2,5 %[151]. Diese Inflation entspräche einer Steigerung im Neupreis von etwa 16 %, d. h. eine vor 6 Jahren gekaufte Anlage wäre damit etwa 16 % teurer – aber natürlich betreffen die Abschreibungen auch Anlagen, die jünger sind. Vereinfachend kann man darum unter den gemachten Annahmen Ø 8 % auf die beobachte-

151 Der gewählte Wert kann als Obergrenze aufgefasst werden, da dieser Wert in Deutschland nach 1993 fast nie erreicht wurde (Quelle: https://de.statista.com/statistik/daten/studie/4917/umfrage/inflationsrate-in-deutschland-seit-1948/; Abruf am 03.08.2020) und angesichts der Strategie der Zentralbanken wohl auch in den nächsten Jahren nicht überschritten werden dürfte.

ten Abschreibungen der MITAG hinzurechnen, um Substanzerhaltung sicherzustellen. Das bedeutet konkret[152]: Aus 41,5 Abschreibungen werden etwa 45 notwendige Re-Investition zur Substanzerhaltung. Fazit: Die MITAG investiert mit 79,0 wesentlich mehr, d.h. sie ist stark expansiv ausgerichtet.

- **Investition und CF-Entwicklung**: Bei Durchführung eines umfassenden Investitionsprogramms ist die Gewinnentwicklung natürlich normalerweise positiv, während der Cashflow zunächst negativ ist. Diese Grundlogik, die sich in bekannten strategischen Instrumenten wie dem BCG-Portfolio oder der Lebenszykluskurve zeigt, ist in der Form bei der MITAG nicht ohne weiteres erkennbar, da der CF zunächst sogar ansteigt statt zu sinken. Beim Jahresüberschuss verhält es sich ebenfalls umgekehrt zur Erwartung: Wenn man den Effekt aus dem Grundstücksverkauf herausrechnet, so stagniert der Jahresüberschuss in Jahr 1 und 2, um dann in Jahr 3 sogar zu sinken.[153] Entsprechend gibt es auch keinen Anstieg im operativen CF, der synchron zum Umsatzanstieg verläuft. Das aber sollte bei steigendem Geschäft zumindest zu beobachten sein. Schließlich sind die Abschreibungen, die den Gewinn zu Beginn einer Investitionsphase typischerweise stark belasten, im Cashflow bereits neutralisiert. Für Jahr 3 hatten wir die Handelsware als Hauptgrund für die zusätzliche operative Kapitalbindung im ersten Jahr bereits identifiziert. Rechnet man auch hier die Handelsware wieder heraus (Anstieg Vorräte 7,0 wie auch Anstieg der Verbindlichkeiten aus LuL 1,0), so ergäbe sich ein CF aus laufender Geschäftstätigkeit von 30,0 statt von 24,0.[154]
- **Dividendenpolitik**: Die Insolvenz wird nicht durch einen gierigen Investor verursacht, 40% Ausschüttungsquote[155] lassen sich auch bei börsennotierten Unternehmen regelmäßig finden. Der Verzicht auf die Dividende über alle 3 Jahre allein genügt nicht, um die drohende Insolvenz zu verhindern.
- **Beteiligung**: Der Verkauf der Beteiligung kann helfen, sofern der Mittelzufluss (nach Steuern) mindestens über den Beteiligungserträgen (erhaltene Dividende) während des Betrachtungszeitraums von in Summe 6,5 liegt. Diese Aussage im Rahmen der Planung würde bei der Analyse zurückliegender Jahre auch folgende Aussage nach sich ziehen: Die Beteiligung fährt zunehmend schlechtere Ergebnisse ein. Wie geht diese Entwicklung weiter? Drohen Verluste, die den Verkaufspreis massiv senken könnten?

152 Vgl. 3-Jahres-Bewegungsbilanz in Kapitel 6.4.2.

153 Das werden wir uns im Rahmen der Rentabilitätsanalyse (Kapitel 9.4.3) noch anschauen. Die Frage dazu lautet: Verschlechtert sich die Marge aufgrund des schon bis hierher als schwierig identifizierten Geschäfts mit Handelsware oder sind es steigende Fixkosten, denen kein Umsatzanstieg gegenübersteht?

154 Wobei vereinfachend ignoriert wurde, dass aus dem Handelswarengeschäft eine (hoffentlich) positive Marge resultiert. Der Wegfall des Handelsgeschäfts müsste korrekterweise auch eine Korrektur des JÜ erzeugen. Die Berechnung dieses Effekts holen wir bei der Analyse der Rentabilität nach (Kapitel 9.4.3).

155 Z. B. für Jahr 1: Auszahlungen an Gesellschafter 4,0/JÜ 9,5 = 42,1%.

9.4 Rentabilität

9.4.1 Was wird unter Rentabilität verstanden?

Bei der Einführung in die Finanzanalyse sprachen wir davon, dass ein hinreichend hoher Gewinn anzustreben sei. Wie aber ist »hinreichend« zu interpretieren? Die Antworten im Seminar variieren stark:

- **Kein Verlust** – sonst wird Eigenkapital aufgezehrt und die Stabilität geschwächt – absolutes Minimalziel, nicht dauerhaft tragbar.
- **Genügend Gewinn**, dass
  - die Eigentümer die gewünschte Ausschüttung erhalten – unter Berücksichtigung vertraglicher oder gesetzlicher Ausschüttungssperren[156] und
  - zusätzlich die Gewinne einbehalten werden können, die aus Gründen der Stabilität benötigt werden (z. B. für die Unterlegung von Investitionen mit Eigenkapital).
- **Vergleichbar viel Gewinn**, d. h. mindestens so viel wie bei vergleichbaren Investitionen (Risikoklasse[157], Branche, Region, Technologie, Typ[158]) beschrieben werden. Ansonsten wird der Eigentümer mittelfristig sein Engagement reduzieren oder gar aufgeben. Werden alle Risikofaktoren bis hin zur Finanzierungsstruktur einbezogen, dann entsteht nach moderner Sichtweise **werterhaltender Gewinn.**

Diese kurze Auflistung verschiedener Interpretationen der Gewinn*höhe* zeigt bereits, wie wichtig es ist, den richtigen Vergleichsmaßstab zu wählen, um qualifizierte Aussagen zur Steuerung treffen zu können. Gleiche *Höhe* setzt natürlich auch die gleiche Definition des Gewinn*begriffs* voraus. Das heißt auch, dass Gewinn meist relativ gemessen wird, d. h. in Form einer Rendite, weil bei einem höheren absoluten Kapitaleinsatz auch ein höherer absoluter Gewinn erwartet wird.

9.4.2 Kennzahlen zur Rentabilität

Die älteste und allgemeinste Form zur Berechnung der Rentabilität ist der **ROI**. Er geht davon aus, dass sich das eingesetzte Kapital in Gänze auch verzinsen soll. Das eingesetzte Kapital entspricht daher der Bilanzsumme. Man spricht daher auch von Gesamtkapital-Rentabilität[159]. Mit der Festlegung auf die Bilanzsumme, also sowohl Eigenkapital als auch Fremdkapital zu betrachten, ist eine Vorentscheidung über die Gewinngröße getroffen worden: Der Jahresüberschuss wäre nicht konsistent zum Kapitaleinsatz. Er steht nur dem Eigentümer zur Verfügung, d. h. der JÜ ist die Verzinsung des Eigenkapitals und nicht des insgesamt investierten Kapitals.

156 Z. B. aktive latente Steuern, beizulegender Zeitwert bei Altersvorsorge-Rückstellungen, Aktivierung selbsterstellter immaterieller Vermögensgegenstände (§ 268 Abs. 8 HGB, § 274 Abs. 1, § 246 Abs. 2 bzw. § 248 Abs. 2).
157 Z. B. nach Form – wie z. B. Aktien, Staatsanleihen, Immobilien etc. – oder nach Laufzeit.
158 Z. B. Forschung/Entwicklung, Produktionsanlagen, Marketing etc.
159 ROI = Return on Investment; auch Return on Total Assets (ROTA).

Die Verzinsung des Fremdkapitals erfolgt bekanntermaßen durch die Fremdkapitalzinsen. Es wäre demnach sinnvoll, als Gewinngröße für alle Kapitalgeber in der Rechnung die Summe von »JÜ + FK-Zinsen« zu verwenden. In der Praxis hat sich das aber nicht durchgesetzt. Vielmehr wird das EBIT[160] verwendet. Das ist zur operativen Steuerung deutlich praktikabler. Zum einen wird die Größe meist ohnehin für den Geschäftsbericht ermittelt. Zum anderen erlaubt das EBIT einen fairen Vergleich verschiedener Landesgesellschaften.[161]

Mit dem Gewinnbedarfsbudget[162] kann auch begründet werden, welche Gewinnhöhe angemessen und notwendig ist. Die Spitzenkennzahl wird im ersten Schritt in Umsatzrendite und Kapitalumschlag aufgespalten. Damit eignet sich der ROI-Baum besonders gut für die operative Steuerung.

$$\text{ROI} = \frac{\text{EBIT}}{\text{Bilanzsumme}} = \frac{\text{EBIT}}{\text{Umsatz}} \times \frac{\text{Umsatz}}{\text{Bilanzsumme}}$$

$$\text{Umsatzrendite} \times \text{Kapitalumschlag}$$

Gewinn und Verlust sind Bewegungsgrößen über die Dauer eines Geschäftsjahrs, während das investierte Kapital eine Bestandsgröße ist. Bildet man den Durchschnitt aus investiertem Kapital zu Beginn und am Ende der Periode, nähert sich die Bestandsgröße einer Bewegungsgröße an. Ändert sich das investierte Kapital im Laufe der zu analysierenden Periode häufig oder sprunghaft zu bestimmten Zeitpunkten, kann der einfache Durchschnitt durch einen gleitenden Durchschnitt ersetzt werden. Sofern börsennotierte Unternehmen Quartalszahlen veröffentlichen müssen, werden diese Werte zur Berechnung verwendet.

Mit Hilfe der **Umsatzrendite**, dem ersten Teil der ROI-Formel, lässt sich die Entwicklung des Gewinns bzw. Betriebsergebnisses verfolgen. Die Umsatzrendite ist – anders als der ROI insgesamt – das Verhältnis zweier Bewegungsgrößen. Sie zeigt an, ob mit einer Umsatzsteigerung eine lineare, progressive oder degressive Änderung des Ergebnisses verbunden ist. Durch die Änderung der Umsatzdefinition im HGB durch das BilRUG stellt sich die Frage, ob sich Ergebnis und Umsatz allein auf den Absatz der betrieblichen Leistung des Unternehmens beziehen sollen. Legt man den Schwerpunkt auf die operative Steuerung, so lautet die Antwort simpel: Ja. Dann allerdings muss auch die verwendete Kapitalgröße dazu passen! Wenn es tatsächlich nur um die interne Steuerung geht, so würde man die Zahl nicht zur Kapitalmarktkommunikation einsetzen.[163]

---

160 In Unternehmen, die kalkulatorische Kosten verwenden, ist auch das (Brutto-)Betriebsergebnis üblich.

161 Vgl. Ausführungen zum EBITDA im Kapitel 9.3.2.

162 Vgl. Deyhle/Eiselmayer/Kleinhietpaß (2016): Controller Praxis, Kapitel 1.2.

163 Wie sich unterschiedliche Definitionen auf die Berechnung auswirken, zeigen wir exemplarisch für ROI und ROCE in Kapitel 9.4.3.

Versteht man den ROI hingegen im eigentlichen Sinne als **Gesamtkapitalrendite** und rechnet mit der gesamten Bilanzsumme, dann muss auch der gesamte Umsatz und das gesamte Ergebnis angesetzt werden. In diesem Sinne raten wir zuallererst auf die Konsistenz der Zähler- und Nenner-Größen zu achten. Ergänzend sollte man auf das Zustandekommen des EBIT achten: Handelsrechtliche Bewertungsvorschriften können den »Erfolg« des Unternehmens stark beeinflussen. Das kann gewollt sein, z. B. durch Ausnutzung von Bewertungsspielräumen im HGB (wie z. B. mittels Bildung und Auflösung stiller Reserven) oder Ausnutzung von sogenannten De facto-Wahlrechten im IFRS (z. B. Aktivierung von Entwicklungsleistungen). Es findet sich aber auch der umgekehrte Fall. Manche Bilanzierungsvorschrift erzwingt sehr detailliert die Ermittlungsweise des Ergebnisses (z. B. Umsatzrealisierung gem. IFRS 15 oder Leasing gem. IFRS 16).

Sowohl für EBIT als auch für Kapitaleinsatz gilt: Aus Sicht eines externen Analysten lässt sich die irrtümliche Anwendung komplexer Bewertungsvorschriften genauso wenig identifizieren wie die bewusste Manipulation des Ergebnisses.

Beispiel

Der Skandal im Jahr 2020 um die Wirecard AG – einem im DAX gelisteten Unternehmen – zeigt, dass weder die BaFin noch die DPR oder Wirtschaftsprüfungsgesellschaften sicherstellen können, dass jahrelang existierende Fehler in der Bilanzierung aufgedeckt werden, selbst wenn es in der einschlägigen Fachpresse lange entsprechende kritische Berichte mit Hinweisen auf Verfehlungen gibt. Bei drohenden Kreditausfällen von bis zu 3,2 Mrd. EUR könnte es sich immerhin um den größten Betrugsfall der deutschen Nachkriegsgeschichte handeln.[164] Die Stichproben-Prüfungen der DPR im regulierten Markt für die Jahre 2005 bis 2015 zeigen, dass Fehler in der Rechnungslegung eine relevante – wenn auch rückläufige – Anzahl Fälle betreffen: Die Prüfungen führten zu durchschnittlich 16 % Fehlerfeststellungen.[165]

In Kapitel 9.3.4 im Zusammenhang mit der Liquiditätsanalyse sind wir bereits auf die Tendenz eingegangen, sich an den Kapitalmärkten in ein gutes Licht zu setzen. Erkennbar ist das auch an Abb. 9.11. Die für die »Earnings Before …«-Varianten kritischen Überlegungen gelten auch hier. Hinzu kommt, dass gerade zu Jahresbeginn häufig »vorläufige Zahlen« oder »Pro-Forma-Zahlen« genannt werden, wobei das »vorläufige« und damit inoffizielle Ergebnis meist besser ist als das später offiziell vom Wirtschaftsprüfer testierte.

---

164 https://www.arcor.de/article/Wohl-groesster-Betrug-seit-1945--Der-Fall-Wirecard---eine-Betruegerbande-im-Dax-/hub01-home-news-wirtschaft/9550609.

165 Deutsche Prüfstelle Für Rechnungslegung (DPR): »10 Jahre Bilanzkontrolle«, Seite 18.

Die Darstellung bereinigter Ergebnisgrößen ist grundsätzlich legitim und mag im Einzelfall ein besseres Bild liefern als eine Standardkennzahl. Da jedoch viele Firmen eigene Definitionen verwenden, bleibt die Vergleichbarkeit der Ergebnisse eingeschränkt. Weiterhin sollte bedacht werden, dass operative Steuerung ein unterjähriger Vorgang ist. Der Vergleich verschiedener Jahreszahlen kann aufgrund von Inflation, veränderter Abschreibungspolitik oder fehlender Re-Investitionen verfälscht sein.

Sofern es um die die Rendite des operativen Geschäftes geht, empfehlen wir die Kennzahl **Return On Capital Employed** (ROCE):

$$ROCE = \frac{EBIT}{CE}$$

Das Capital Employed (CE) kann auf zwei Wegen definiert werden, über die Aktiv- bzw. über die Passivseite der Bilanz:

Aktivische Definition	Passivische Definition
(Netto-)Anlagevermögen	Eigenkapital
+ Net Working Capital	+ Pensionsrückstellungen
	+ Nettofinanzverbindlichkeiten
= Capital Employed	

Abb. 9.32: Das Capital Employed wird in der Praxis unterschiedlich definiert

Der Vorteil des ROCE besteht darin, dass er deutlicher ausdrückt, wie es um den operativen Erfolg steht, weil im Zähler nur der operative Gewinn und im Nenner nur das betriebsnotwendige Vermögen vorhanden ist. Allerdings ist der ROCE ebenfalls anfällig gegenüber der so genannten »Cash-Out-Strategie«, d. h. mangelnder Re-Investition. In der Definition des CE zeigt sich dies im Begriff des (Netto-)Anlagevermögens, d. h. es handelt sich um die abgeschriebenen Buchwerte. Hilfreich für ein besseres Kommunizieren im Unternehmen ist auch hier ein Baumschema zum ROCE analog zum ROI-Baum[166].

166 Vgl. Deyhle/Eiselmayer/Kleinhietpaß (2016): Controller Praxis, S. 256 ff.

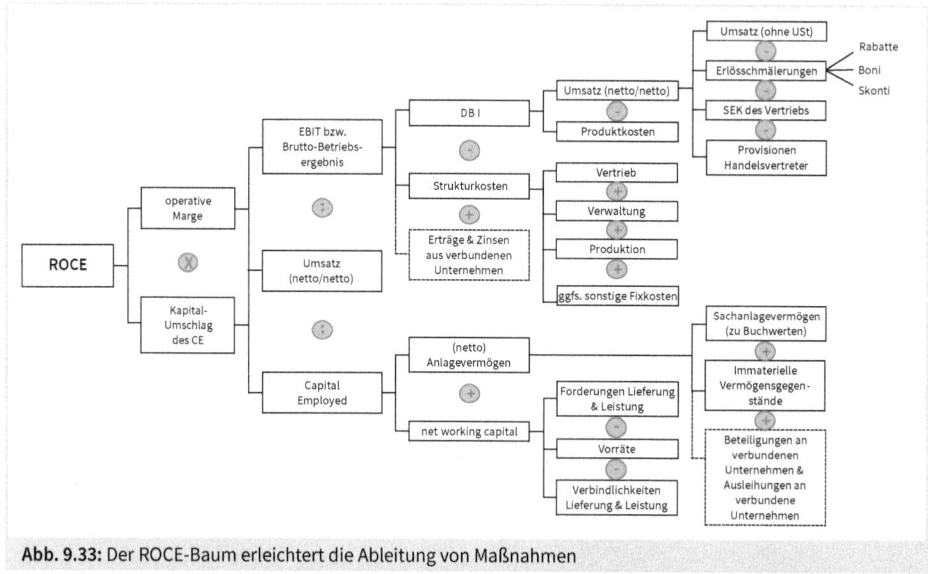

Abb. 9.33: Der ROCE-Baum erleichtert die Ableitung von Maßnahmen

Natürlich stellt sich auch hier die Frage, was das »operative Ergebnis« bzw. der »operative Kapitaleinsatz« (= Capital Employed) ist. Konkret: Sind Tochterunternehmen Teil des operativen Geschäfts? Auf Ebene eines Konzerns bzw. einer Zwischenholding ist diese Frage im Regelfall zu bejahen. Dann sollte entsprechend der Ertrag, d.h. Beteiligungserträge und erhaltene Zinsen abzüglich entsprechender Aufwendungen, im operativen Ergebnis enthalten sein. Konsequenterweise muss entsprechend der Kapitaleinsatz um die Beteiligungen und Ausleihungen erhöht werden. Da der ROCE aber meist auch bei Tochterunternehmen zur Performancemessung eingesetzt wird, sind die Beteiligungen im Regelfall nicht enthalten. Dafür aber ist es aber andererseits sehr sinnvoll, den dargestellten Baum noch weiter zu differenzieren, um einzelne Positionen besser beurteilen zu können. Beispielhaft ist das bei den Erlösschmälerungen dargestellt. Auch kann es sinnvoll sein, den ROCE-Baum für verschiedene Sparten/Länder oder Vertriebswege separat zu erstellen. Die entsprechenden Bäume kann man vergleichend analysieren und so strategische Überlegungen mit operativen Zahlen unterlegen.

Kennzahlen, die zugleich in den Bereich Wertmanagement hineingehen, sind der CFROI und der RONA. Der CFROI (Cashflow Return On Investment) berücksichtigt das Problem mangelnder Investitionen. Er ist nicht mehr anfällig gegen eine Cash-Out-Strategie. Der CFROI berechnet sich wie folgt:

$$\text{CFROI} = \frac{\text{Brutto-Cashflow}}{\text{Brutto-Invesitionsbasis}}$$

$$= \frac{\text{JÜ} + \text{Zinsaufwand} + \text{AfA}}{\text{SAV} + \text{kum. AfA} \left(\text{ggfs. inkl. Inflationsausgleich}\right) + \text{sonst. AV} + \text{UV}}$$

Der CFROI berücksichtigt das eingesetzte Kapital und er basiert auf einem nicht manipulierten Cashflow. Außerdem ist er weniger manipulierbar als eine Gewinngröße. Der CFROI kann außerdem projektbezogen für Investitionen berechnet werden.

Eine weitere gebräuchliche Kennzahl für die Rendite im Rahmen des Wertmanagements ist der **Return On Net Assets** (RONA) oder auf Deutsch die Nettokapitalrendite. Sie ist eine zentrale Größe im Konzept des EVA-Modells™ von Stern/Stewart (vgl. Kapitel 11) und berechnet sich als

$$\text{RONA} = \frac{\text{NOPAT}_{\text{BI}}}{\text{Net Assets}}$$

Der NOPAT_{BI} ist eine künstliche Größe. Er wird auch als Betriebsergebnis vor Zinsen, aber nach Steuern definiert. Das netto-investierte Vermögen (Net Assets) entspricht der Bilanzsumme abzüglich des Teils des Fremdkapitals, für den keine Zinsen zu zahlen sind. Das sind in der einfachsten Variante Lieferantenverbindlichkeiten, Steuerrückstellungen und Anzahlungen von Kunden.

9.4.3 Analyse der Rentabilität der MITAG

Bei der Ermittlung der operativen Rentabilitätskennzahlen muss man klären, ob eine **Beteiligung** ein Teil des operativen Geschäfts ist. Falls ja, dann ist sie im EBIT als auch im investierten Kapital zu berücksichtigen. Hilft die Beteiligung bei der Erfüllung des Betriebszwecks der MITAG oder stellt sie eine reine Finanzanlage dar? Im Regelfall zählen Beteiligungserträge zum Finanzergebnis. Das CF-Statement gem. DRS 21 zeigt diese Grundannahme explizit durch die Umgliederung der Beteiligungserträge aus dem operativen CF in den CF aus Investitionstätigkeit (Abb. 9.19).[167] Das ist aber nicht zwingend. Es gibt Fälle, bei denen die operative Rendite die Beteiligungen beinhalten sollte. Das gilt insbesondere dann, wenn aufgrund strategischer Überlegungen die Übernahme weiterer Anteile geplant ist, die womöglich zu einem verbundenen Tochterunternehmen im Sinne des Konzernabschlusses führt.[168] Andere Fragen wären beispielsweise, ob diese Beteiligung für die MITAG eine verlängerte Werkbank, zusätzliche Entwicklungskapazität (etwa ein freies Programmiererbüro) oder Vertriebskapazität bedeutet. Die Fragen sollen zeigen, dass die unterschiedlichen handels- oder steuerrechtlichen Ansichten unterschiedlicher Länder keinen Einfluss auf unsere interne Beurteilung und damit auf die Steuerungskennzahlen haben sollten.

Bereits bei der Analyse des CF-Statements zeigte sich die sinkende Rentabilität der Beteiligung im Jahr 3. Die Geschäftsleitung der MITAG muss einen guten Einblick in das Beteiligungsunternehmen haben (z. B. als Großaktionär), sonst könnte sie eine derart differenzierte Angabe über die Ertragsentwicklung nicht machen. Daher stellt sich die Frage, ob die Beteiligung nicht

167 In der GuV ist das EBIT als Zwischensumme daher nach den sonstigen betrieblichen Aufwendungen (GKV) bzw. den sonstigen betrieblichen Aufwendungen und Erträgen (UKV) angesiedelt. Vgl. Abb. 2.17.

168 Für das HGB siehe § 271, §§ 300ff, DRS 23 und 27. Für die IFRS siehe IFRS 10, 11 und 12.

abgewertet werden müsste.[169] Als Konsequenz würden aber weder Gewinn noch Bilanzsumme so bleiben können, wie sie in Kapitel 6 geplant wurden. Wir möchten an dieser Stelle nicht noch mehr neue Zahlen einführen und unterstellen daher, dass es sich in Jahr 3 um einen einmaligen Effekt handelt, der im Rahmen der Planung bereits berücksichtigt ist. Dadurch können alle bisherigen Werte weiterverwendet werden.

Zwei in der Praxis weit verbreitete Kennzahlen sind der ROI und der ROCE. Wir berechnen zu Vergleichszwecken beide Größen und zwar einmal unter Einbeziehung und einmal unter Auslassung der Beteiligung. Wenn wir aber bereits die Beteiligung als »nicht operativ« interpretieren, dann müssen wir erst recht eine Korrektur der Gewinne aus dem Grundstücksverkauf vornehmen. Schließlich ist die MITAG nicht in der Immobilienbranche tätig, sondern ein IT-Unternehmen. Das EBIT gemäß GuV hatten wir am Ende von Kapitel 6.3.2 in der Abbildung 6.9 ausgewiesen. Es ergeben sich für den Zähler der Rentabilitätsberechnung zwei EBIT-Varianten:

		Jahr 1	Jahr 2	Jahr 3
	EBIT	22,0	29,0	22,5
❶	EBIT mit Beteiligung ohne Grundstücksverkauf	22,0	24,0	22,5
❷	EBIT ohne Beteiligung ohne Grundstücksverkauf	19,0	21,0	22,0

Abb. 9.34: Aufbereitung der Ergebnisgrößen für die Rentabilität

Um den ROCE und den ROI berechnen zu können, muss vorher der Kapitaleinsatz bestimmt werden. Die Praxis vereinfacht häufig, indem sie die jeweiligen Jahresendwerte verwendet. Besser sind die Durchschnittswerte des Jahres. Dazu ermitteln wir im ersten Schritt die Anfangs- und Schlusswerte des Jahres[170]:

	SB 0	SB 1	SB 2	SB 3
Net Working Capital (NWC)	-2,0	0,0	1,0	13,0
AV (inkl. Beteiligung)	157,0	173,5	205,5	194,5
AV (ohne Beteiligung)	128,0	144,5	176,5	165,5

Abb. 9.35: Aufbereitung der Kapitalgrößen für die Rentabilität – Schritt 1

Damit lässt sich im zweiten Schritt leicht der Nenner der verschiedenen Rentabilitätskennzahlen ermitteln[171]. Allerdings ist beim Kapitaleinsatz wiederum daran zu denken, dass die dro-

169 In den IFRS ein Impairment-Test, vgl. Kapitel 3.

170 Das Capital Employed ist aktivisch gemäß Abb. 9.30 definiert. Die Werte entstammen der Bilanz in Kapitel 6.3.1. Das NWC kann alternativ auch Abb. 9.24 entnommen werden.

171 Der Durchschnitt ist als (Anfangsbestand + Endbestand) / 2 berechnet.- Bilanzwerte stammen aus der Bilanz in Kapitel 6.3.1. Das Capital Employed ergibt sich als CE = AV + NWC.

hende Insolvenz nicht zu unsinnigen Ergebnissen führt. Es sieht nämlich auf den ersten Blick so aus, als ob die Bilanzsumme der MITAG abnehmen würde (von 226,5 auf 212,5). Ein negativer Bestand der FlüMi ist aber weiterhin unmöglich. Es muss also eine Kapitalerhöhung, z. B. als langfristiger Kredit oder als Kapitalerhöhung, von mindestens 16,0 erfolgen. **Unterlässt man diese Anpassung**, dann erhöht sich aufgrund des scheinbar rückläufigen Kapitaleinsatzes künstlich der ROI im Jahr 3.[172] Der ROCE, dessen Kapitaleinsatz nicht die gesamte Bilanzsumme, sondern (aktivisch definiert) nur AV und NWC umfasst, ist von solchen – rein mathematisch bedingten – Effekten natürlich nicht betroffen.

		Jahr 1	**Jahr 2**	**Jahr 3**
	Ø AV (inkl. Beteiligung)	165,3	189,5	200,0
	Ø AV (ohne Beteiligung)	136,3	160,5	171,0
	Ø Net Working Capital (NWC)	-1,0	0,5	7,0
①	Ø Capital Employed (inkl. Beteiligung)	164,3	190,0	207,0
②	Ø Capital Employed (ohne Beteiligung)	135,3	161,0	178,0
③	Ø Bilanzsumme (inkl. Beteiligung)	194,0	216,3	227,5
④	Ø Bilanzsumme (ohne Beteiligung)	165,0	187,3	198,5

Abb. 9.36: Aufbereitung der Kapitalgrößen für die Rentabilität – Schritt 2

Allerdings ist es nicht egal, ob man die Liquiditätslücke über einen Kredit oder eine Kapitalerhöhung schließt. Die erste Variante führt zu einer höheren Zinsbelastung, so dass das EBIT anzupassen wäre. Die zweite Variante erhöht das Eigenkapital, wodurch sich die EK-Rendite verringern würde. Um die Komplexität durch weitere neue Zahlen nicht weiter zu erhöhen, legen wir uns nicht fest, wie die Liquiditätslücke tatsächlich geschlossen wird und ignorieren die möglichen Folgeeffekte. Mit dieser **Vereinfachung** ergeben sich im letzten Schritt ROI und ROCE:

		Jahr 1	**Jahr 2**	**Jahr 3**
❶/①	ROCE (inkl. Beteiligung)	13,4 %	12,6 %	10,9 %
❷/②	ROCE (ohne Beteiligung)	14,0 %	13,0 %	12,4 %
❶/③	ROI (inkl. Beteiligung)	11,3 %	11,1 %	9,9 %
❷/④	ROI (ohne Beteiligung)	11,5 %	11,2 %	11,1 %

Abb. 9.37: Beide Kennzahlen zeigen die Verschlechterung der Rendite

172 Wer das nachrechnen möchte, kann seine Zahlen hier abgleichen: Ohne Anpassung folgt für Ø Bilanzsumme (inkl. Beteiligung) 219,5 mit einem ROI von 10,3 % bzw. Ø Bilanzsumme (ohne Beteiligung) von 190,5 mit einem ROI von 11,5 %.

Es ist gut erkennbar, dass der Trend stetig sinkender Renditen bei allen vier Kennzahlen gleich ist. Die absolute Höhe und die relative Stärke aber unterscheiden sich. Der ROCE schneidet immer besser ab als der ROI, weil bei gleicher Gewinngröße immer mit kleinerem Kapitaleinsatz gerechnet wird. Außerdem beeinflusst auch die Beteiligung die Rendite möglicherweise stark. Der Effekt zeigt sich beim ROCE immer stärker als beim ROI, da der ROCE eine geringere Kapitalbasis für den Nenner verwendet. Somit wirkt der relative Einfluss der Beteiligung (Einbeziehung/Herauslassen) stärker.

Werden bei der MITAG die Kennzahlen ROI bzw. ROCE inkl. der Beteiligung definiert, dann sinkt die jeweilige Rendite im dritten Jahr besonders ab. Das war angesichts der sinkenden Beteiligungserträge[173] zu erwarten gewesen. Im Rahmen einer externen Analyse steht diese Information natürlich nicht zur Verfügung. Dann ist die Entwicklung der Beteiligungsrendite im Vergleich zum »ROI ohne Beteiligung« zu betrachten:

	Jahr 1	Jahr 2	Jahr 3
Beteiligungsrendite (=Ertrag/Beteiligungswert)	10,3 %	10,3 %	1,7 %
ROCE (ohne Beteiligung)	14,0 %	13,0 %	12,4 %
ROI (ohne Beteiligung)	11,5 %	11,2 %	11,1 %

Abb. 9.38: Die Beteiligung »verschlechtert« die Gesamtrendite der MITAG

Diese Darstellung zeigt zugleich, dass die Beteiligung auch in Jahr 1 und 2 nicht die Rendite der MITAG erreichte. Sie »verschlechtert« also die Gesamtrendite – unabhängig von der gewählten Definition. Das ist allerdings »Jammern auf hohem Niveau«. Die Beteiligung erbringt eine sehr anständige Rendite. So gilt nämlich für die meisten Branchen eine Gesamtkapitalrendite von 10 % bis 15 % als gut[174] – übrigens auch im Sinne des Ratings.

Zu Analyse- und Steuerungszwecken werden häufig auch ergänzend die Umsatzrendite und der Kapitalumschlag ausgewiesen. Wir hatten diese Größen in Kapitel 9.4.2 vorgestellt und wollen sie beispielhaft für die ROI ohne Beteiligung berechnen – weiterhin ohne Grundstücksverkauf:

Die Verschlechterung des ROI von Jahr 1 auf Jahr 2 ist nun erklärbar: Die Verbesserung der Umsatzrendite kann die Verschlechterung des Kapitalumschlags nicht kompensieren. Von Jahr 2 auf Jahr 3 verhält es sich interessanterweise umgekehrt. Hier liegt die Großinvestition als Erklärung auf der Hand. Allerdings sollte man sich die Entwicklung in Jahr 3 genauer anschauen. Der Kapitaleinsatz steigt – bezogen auf den Jahresdurchschnitt – immer noch an. Auch der Umsatz steigt – sogar überproportional, sodass sich der Kapitalumschlag verbessert. Aber der

173 Vgl. Buchungssatz 16) in Kapitel 6.2.2: Diese gehen im dritten Jahr um 5/6 zurück.

174 Bei solchen Empfehlungen und Vergleichen ist – wie erwähnt – darauf zu achten, dass auch die Berechnungsmethode identisch ist. Die Zahl der zu findenden Definitionsvarianten ist leider sehr hoch.

positive Trend der Umsatzrendite verkehrt sich in sein Gegenteil. Hieran dürfte die Handelsware beteiligt sein, die im 3. Jahr dazukommt. Zudem hatten wir bereits in Kapitel 9.3.4 in Folge von Abb. 9.25 gesehen, dass das Handelswarengeschäft in hohem Maße Liquidität bindet.

	Jahr 1	Jahr 2	Jahr 3
ROI (ohne Beteiligung)	11,5 %	11,2 %	11,1 %
EBIT	19,0	21,0	22,0
Umsatz	85,0	90,0	104,5
Umsatzrendite (=EBIT/Umsatz)	22,4 %	23,3 %	21,1 %
Ø Bilanzsumme (ohne Beteiligung)[175]	194,0	216,3	227,5
Kapitalumschlag (= Umsatz/Bilanzsumme ohne Beteiligung)	0,438	0,416	0,459

Abb. 9.39: Kapitalumschlag und Umsatzrendite erklären die Veränderung des ROI

Daher wollen wir vertiefend die Rendite des Rechenzentrums im Vergleich zur Rendite des Handelswarengeschäfts betrachten, um die operative Steuerung zu unterstützen. Die Fallstudie bietet keine Informationen, das Anlagevermögen sinnvoll auf die beiden Sparten zuzuordnen. Aber wir hatten verschiedentlich plausible Annahmen getroffen und hatten Näherungswerte ermittelt:

- Umsatz im Handel: 9,5
- Net Working Capital im Handel: 11,0
- Forderungen aus Lieferungen und Leistungen: 5,0
- Vorräte: 7,0
- Verbindlichkeiten aus Lieferungen und Leistungen: 1,0

Die Formel für den Kapitalumschlag lautet allgemein:

$$\frac{\text{Umsatz}}{\text{UV} + \text{AV}} = \text{Kapitalumschlag}$$

Trägt man nun die obigen Werte für das Handelsgeschäft in die Formel ein, auch wenn das Anlagevermögen noch unbekannt ist, so ergibt sich:

$$\frac{\text{Umsatz } 9{,}5}{\text{UV } (5{,}0 + 7{,}0) + \text{AV } (?)} = \text{Kapitalumschlag im Handel}$$

175 gemäß Abb. 9.35.

Der Kapitalumschlag kann damit unabhängig von der Höhe des Anlagevermögens, das wir nicht kennen, keinesfalls einen Wert größer als 0,8 annehmen. Das ist für ein Handelsunternehmen ein extrem niedriger Wert. Handelsunternehmen haben in der Regel geringe Umsatzrenditen aber hohe Kapitalumschlagswerte.

Versuchen wir auch das EBIT der Handelssparte näherungsweise zu ermitteln. Dazu treffen wir wieder eine Plausibilitätsannahme. Die Umsatzrendite der Jahre 1 und 2 mit durchschnittlich 23 % erreicht die Sparte Rechenzentrum auch im Jahr 3. Bei einem bereits auf 95,0 geschätzten (angenommenen) Umsatz des Rechenzentrums im Jahr 3 bedeutet das, dass das Rechenzentrum ein EBIT von 21,85 erzielen würde. Wir haben in Jahr 3 über beide Sparten ein EBIT von 22,0. Das bedeutet, dass das Handelsgeschäft bei den getroffenen Annahmen nur 0,15 zum EBIT beiträgt.

$$\frac{\text{EBIT } 0{,}15}{\text{Umsatz } 9{,}5} = \text{ROI im Handel}$$

$$\frac{\text{EBIT } 0{,}15}{\text{Umsatz } 9{,}5} = 1{,}6\ \%\ \text{Umsatzrendite im Handel}$$

Das ist auch für Handelsunternehmen eher wenig.[176] Spitzenunternehmen im Handel können – abhängig von Marktsegment, Land und Vertriebsweg – auch deutlich über 10 % Umsatzrendite erreichen.[177]

Der ROI aus dem Handel lässt sich wiederum nicht exakt ermitteln, aber wir können errechnen, welchen Wert keinesfalls überschritten wird – es sind maximal 1,25 % ROI.

Vergleicht man diese Werte mit der Sparte Rechenzentrum, dann erst wird deutlich, wie schlecht das Handelsgeschäft ist und wie sehr es den Businessplan im 3. Jahr beeinflusst. Außerdem haben wir damit die Ankündigung aus Fußnote 153 nachgeholt. Wir wollten den Rentabilitätseffekt bestimmen, der bei Verzicht auf das Handelsgeschäft drohen würde. Wir wissen nun, dass der Effekt vernachlässigbar ist.

Welche Rendite erhält nun der Eigentümer im Rahmen dieses Businessplans? Für die Ermittlung der Eigenkapitalrentabilität[178] beziehen wir uns auf das zu Jahresbeginn investierte Eigenkapital.[179] Hier ist der Gewinn aus dem Grundstücksverkauf nicht herausgerechnet, da die

176 https://www.handelsblatt.com/unternehmen/handel-konsumgueter/discounter-deutschland-rendite-von-aldi-sued-hat-sich-halbiert/21106968.html?ticket=ST-3875979-0ozPzhCElqrEJ5CEiMXL-ap1vom 23.03.2018, abgerufen am 12.08.2020.

177 Beispielsweise: https://www.brandeins.de/magazine/brand-eins-wirtschaftsmagazin/2017/umsonst/zwei-haendler-zwei-welten, 2017, abgerufen am 12.08.2020 oder https://de.statista.com/statistik/daten/studie/510433/umfrage/netto-umsatzrenditen-globaler-fast-fashion-filialisten/ vom 04.02.2016, abgerufen am 12.08.2020.

178 engl. Return on Equity (ROE); gelegentlich auch Unternehmer-Rentabilität genannt.

179 Jahr 1: Jahresüberschuss 9,5/Eigenkapital 57,0 = 16,67 %.

EK-Rendite nicht als operative Rendite (Leitfrage: Wodurch erlangt?), sondern Rendite für einen der Kapitalgeber (Leitfrage: Wem zugehörig?) definiert ist. Trotzdem wird es jeden Eigentümer interessieren, welche Rendite nachhaltig, d.h. aus operativem Geschäft ohne Einmaleffekte erwirtschaftet wird.

	Jahr 1	Jahr 2	Jahr 3
Jahresüberschuss	9,5	13,5	8,5
EK zu Beginn der Periode	57,0	64,5	74,0
EK-Rendite	16,7 %	20,9 %	11,1 %
Nachhaltiger Jahresüberschuss		10,0	
EK-Rendite (nachhaltig)		15,5 %	

Abb. 9.40: Kapitalumschlag und Umsatzrendite erklären die Veränderung des ROI

Dazu ist lediglich das Jahr 2 zu korrigieren, indem der Gewinn aus dem Grundstücksverkauf von 5,0 sowie die passive latente Steuer von 1,5 aus dem Jahresüberschuss herausgerechnet werden. Die EK-Rendite lässt sich ohne Kenntnis des firmenindividuellen Betafaktors nicht einschätzen. Sie liegt aber oberhalb des langjährigen Durchschnitts einer Aktienrendite[180]. Auf den ersten Blick ist die Höhe also nicht zu bemängeln, wohl aber die Verschlechterung im dritten Jahr. Die Gründe haben wir mit dem Beteiligungsergebnis und dem Handelswarengeschäft bereits identifiziert. Es gibt aber noch einen weiteren bislang unerkannten Effekt: einen **negativen Leverage-Effekt in Jahr 3**.

Die Gesamtkapitalrendite in Form des ROI ist in den ersten beiden Jahren wesentlich kleiner als die Eigenkapitalrentabilität. Der ROI liegt aber zugleich über den effektiven FK-Kosten. Im Zusammenhang mit der Zinsdeckungsquote (Abb. 9.27) hatten wir den Zinssatz in Fußnote 148 bereits berechnet. Den Zinssatz korrigieren wir um den sogenannten Steuervorteil des Fremdkapitals, d.h. die steuerliche Anrechenbarkeit von Zinsaufwand in der GuV.[181] Wir rechnen hier mit beispielhaft 30 % Steuersatz, die durchschnittlich auch in der Fallstudie angenommen wurden.

Das mittels der Aufnahme von Fremdkapital investierte Geld erzeugt also in den ersten beiden Jahren einen zusätzlichen Gewinn für das Eigenkapital. Das niedriger verzinsliche Fremdkapital wirkt dabei wie ein Hebel (= lever) zugunsten der Rentabilität des Eigenkapitals. Das Fremdkapital ist wegen der besseren rechtlichen Absicherung bei Insolvenz günstiger als Eigenkapital. Falls also die Rendite des Kapitaleinsatzes höher liegt, als das, was der Fremdkapitalgeber fordert, dann bleibt das restliche Ergebnis als zusätzliches Ergebnis beim Eigentümer. Für die

180 Zu Beta-Faktoren und Aktienrendite vgl. Kapitel 5.2.6.
181 Vergleiche die Ausführungen beim Thema WACC in Kapitel 5.2.6.

ersten beiden Jahre tritt das zu. Bei der MITAG aber verhält es sich aber in Jahr 3 genau entgegengesetzt. Weil das FK so teuer ist, bleibt weniger für die Eigentümer übrig.

	Jahr 1	Jahr 2	Jahr 3
ROI (inkl. Beteiligung)	11,3 %	11,1 %	9,9 %
FK-Zinssatz	12,0 %	12,7 %	14,4 %
FK-Kosten (nach Steuervorteil des FK)	8,4 %	8,9 %	10,1 %
EK-Rendite (nachhaltig)	16,7 %	15,5 %	11,1 %

Abb. 9.41: Der günstigere FK-Zinssatz erhöht die Rendite des Eigentümers

Es bleibt die Hoffnung, dass der MITAG ein Planungsfehler bei den FK-Zinsen unterlaufen ist. In einer anderen Zinssituation als der aktuellen Niedrigzinsphase sind auch unterjährig hohe Überziehungszinsen denkbar. Allerdings sollte das im Rahmen einer unterjährigen, detaillierten Finanzplanung ausgeschlossen werden. Schließlich sollte man sich eine unnötig hohe Zinsbelastung nicht bereits »im Plan vornehmen«.

Auf diese Weise haben wir auch im Rahmen der Rentabilitätsanalyse Verknüpfungen zur Finanzierungsstruktur gefunden. Andere Vernetzungen betreffen beispielsweise das Rating und die Kapitalkosten WACC, die wir an anderer Stelle behandelt haben.

9.5 »Schmankerl zur MITAG« und Fazit

Für den Controller in der Analyse und Steuerung ergeben sich zwei Hauptproblemfelder. Für den Benchmark mit Konkurrenzunternehmen ist er auf externe Informationen angewiesen. Diese unterliegen jedoch teilweise erheblichen (de-facto-)Wahlrechten bei der Bilanzierung, die man kennen muss, um zu tieferen Erkenntnissen zu gelangen. Dazu ein letztes Beispiel zur MITAG:

Die Amortisation des derivativen Goodwills der **MITAG** in Höhe von 1,0 p. a. wird im Rahmen der Analyse meist nicht besonders beachtet. Dabei lässt sich eine weitere Erkenntnis gewinnen. In Kapitel 6 Abschnitt B der Fallstudie hieß es, die Nutzungsdauer des Firmenwerts sei verlässlich auf 5 Jahre geschätzt worden. Bei einer Amortisation von 1,0 auf den Firmenwert ergibt sich der ursprüngliche Betrag von 5,0 Mio. Firmenwert. Die Eröffnungsbilanz des ersten Planjahres weist 4,0 für den Firmenwert aus. Das bedeutet, das aktuelle Jahr ist das erste Jahr, in dem der Firmenwert abgeschrieben wird. Der Kauf fand also zum 31.12. des letzten Geschäftsjahrs statt. Die MITAG nimmt sich (zu) viel vor: Integration eines neu gekauften Unternehmens, Bau des Rechenzentrums, Einstieg in das Geschäft mit Handelswaren – alles in nur 4 Jahren. Gerade in Zeiten starker Expansion sollte auf die Liquidität und eine stabile Finanzierung besonderer Wert gelegt werden.

Ohne solide Grundkenntnisse in HGB bzw. IFRS fällt nicht nur die Analyse fremder Unternehmen schwer. Auch die Daten des eigenen Unternehmens beruhen ja zu erheblichen Teilen auf Regeln des (externen) Rechnungswesens. Die Analyse fremder Unternehmen wird dadurch erschwert, dass die benötigten Informationen nicht beschafft werden können. Dann rückt die Beobachtung, wie sich die Konkurrenten im Zeitablauf entwickeln, in den Vordergrund. Dann kommt es darauf an, den Messfehler konstant zu halten, d.h. immer dieselbe Definition der Messgrößen zu verwenden. Besondere Vorsicht ist bei der Verwendung von Daten aus Pressemitteilungen oder Zeitungsmeldungen geboten. Diese unterliegen nicht den strengen Regeln der Bilanzierung. Hier nutzen manche Firmen bestehende Freiheitsgrade und benennen Kenngrößen um, so dass die Vergleichbarkeit leidet.

Für Zwecke der internen Steuerung sollte der Controller darauf achten, die Kennzahlen ebenfalls nicht zu verändern. Für die Konstanz spricht zum einen die **Vergleichbarkeit der Zahlen** und zum anderen das erworbene **Verständnis der Manager.** Eine verstandene Definition, bei der jeder Manager weiß, was er zu tun hat, wenn er die Zahlen analysiert, ist wichtiger als eine perfekte Definition, die von den Managern nicht verstanden wird und die Motivation hemmt.

Im Sinne der Transparenz empfehlen wir, dass die Definition der Kennzahlen nicht nur im Controlling verfügbar ist, sondern auch den Managern z.B. im Intranet bekannt gemacht wird. Das hilft zugleich, bei der Konzeption und Neugestaltung eines Kennzahlensystems darauf zu achten, keine redundanten Informationen zu erzeugen. Vielfach werden Kennzahlen in erheblicher Zahl zusammengestellt nach dem Motto »Viel hilft viel«. Dabei gilt jedoch, dass eine Vielzahl der angebotenen Kennzahlen schlichtweg überflüssig ist. Wie gezeigt, haben viele Finanzkennzahlen sehr ähnliche, teils sogar identische Bedeutungen, obwohl der Name oder der Aufbau der Formel dies zunächst nicht erkennen lässt. Eine solche Zusammenstellung von Kennzahlen dient nicht der Transparenz, sondern der Verwirrung. Da wir Controller so häufig von den so genannten **Key Performance Indicators (KPI)** reden, sollte es auch unser Ziel sein, uns wirklich nur auf die wichtigsten Größen zu konzentrieren. **Das bedeutet, dass die drei Felder Liquidität, Stabilität und Rentabilität mit Kennzahlen abgedeckt sein müssen.** Darüber hinaus sollte spezifisch ausgewählt werden, welche Einflussgrößen vom jeweiligen Manager beeinflusst werden können, und nur diese sollten ihm auch berichtet werden. Das ist nicht nur Zeichen eines empfängerorientierten Berichtswesens, sondern auch Zeichen dafür, dass man das Geschäft verstanden hat. Denn es gilt: **Wer nicht weiß, was wichtig ist, muss *alles* berichten!**

10 Unternehmensrating

10.1 Rechtliche Rahmenbedingungen

Unter Rating versteht man im Finanzwesen die **Einschätzung der zukünftigen Zahlungsfähigkeit eines Schuldners.** Für Banken besteht bereits seit 1988 ein international einheitlicher Rahmen, um die Risiken, die ein Kreditinstitut im Rahmen der Kreditvergabe eingeht, im Verhältnis zur Höhe ihres haftenden Eigenkapitals zu messen (»Baseler Eigenkapitalvereinbarung«, im Nachhinein »Basel I« genannt). Durch die Verordnung wurden Banken verpflichtet, je nach Risikogehalt ihrer Bilanzaktiva ein Eigenkapital von mindestens 8 % vorzuhalten[182]. Damit bestimmte die Höhe des haftenden Eigenkapitals den Umfang des maximal zu gewährenden Kreditvolumens. Die Einteilung der Kreditrisiken erfolgte pauschal in drei Klassen: Staaten, Banken und Sonstige (das sind z. B. Unternehmen).

Beispiel

- Unbesicherter Kreditbetrag 1 Mio. EUR
- Eigenkapital-Unterlegungsfaktor 8 %
- Gewichtungsfaktor für inländische Unternehmen 100 %

→ vorzuhaltendes Eigenkapital seitens der Bank 80.000 EUR

Die größte **Schwachstelle** dieser Verordnung war, dass das individuelle Risiko des Kreditnehmers nur unzureichend berücksichtigt wurde. Bonitätsmäßig gute Kunden wurden durch diesen pauschalen Ansatz zu schlecht dargestellt, »schlechte« Kunden erhielten z. T. – gemessen am individuellen Ausfallrisiko – zu gute Konditionen **(Quersubventionierung)**.

Der Baseler Ausschuss für Bankenaufsicht erarbeitete daraufhin neue Eigenkapitalvorschriften, die gemäß EU-Richtlinie seit dem 1.1.2007 in den Mitgliedsstaaten umgesetzt werden mussten[183]. Die generelle Zielsetzung von **Basel II** war die Förderung und Solidität des Finanzsystems. Erreicht werden sollte dies über eine den tatsächlichen Risiken besser entsprechende Eigenkapitalunterlegung von Krediten. Zur Bestimmung der Höhe des aufsichtsrechtlich vorzuhaltenden Eigenkapitals stehen den Banken drei Ansätze zur Verfügung:

- der eher pauschale **Standardansatz**,
- der **IRB-Basisansatz** und
- der sehr fein detaillierte **fortgeschrittene IRB-Ansatz**.

Die beiden IRB-Ansätze (Internal Rating-Based) erlauben es den Banken, Risikogewichte und damit indirekt den Eigenkapitalbedarf selbst zu quantifizieren. Insbesondere der fortgeschrit-

182 Damals in Deutschland umgesetzt durch den Grundsatz I KWG (Kreditwesengesetz).

183 Seit dem 1.1.2014 sind diese Mindesteigenkapitalanforderungen für Kreditrisiken Teil der EU-weit geltenden Kapitaladäquanzverordnung EU 575/2013.

tene IRB-Ansatz kommt damit nur für große Banken in Frage, da diese über detaillierte Risikomessmethoden und umfassende Datenhistorien verfügen.

	Standardsatz	IRB-Basisansatz	fortgeschrittener IRB-Ansatz
Ermittlung der Ausfallwahrscheinlichkeit[1)]	aus externen Ratings	aus internen Ratings	aus internen Ratings
Erwartete Inanspruchnahme bei Ausfall[2)] Tatsächliche Verlustquote bei Ausfall[3)]	fest vorgegeben	fest vorgegeben	selbst ermittelt
Anerkennung von Sicherheiten	eng begrenzt	begrenzt	keine Beschränkung
Laufzeit des Kredits	IdR nicht berücksichtigt	berücksichtigt	berücksichtigt
Eigenkapitalunterlegung bei der Bank	tendenziell abnehmend		
Aufwand für die Bank	zunehmend		

[1)] Probability of default (PD) [2)] Exposure at Default (EAD) [3)] Loss-Given-Default (LGD)

Abb. 10.1: Den Banken stehen zur Bestimmung der Eigenkapitalunterlegung drei Ansätze zur Verfügung

Generell gilt: Wie bisher waren Kredite an Unternehmen zu (mindestens) 8 % mit Eigenkapital zu unterlegen. Jedoch erfolgt jetzt eine **Differenzierung der Gewichtungsfaktoren (bisher immer 100 %) nach der Bonität der Kreditnehmer.** An dieser Stelle setzte der hochstandardisierte Ratingprozess ein. Ziel des Ratings ist es, alle bonitätsrelevanten Faktoren in möglichst objektiver und nachvollziehbarer Form zu erfassen. Dazu werden die Kreditnehmer in verschiedene Risikoklassen eingeteilt. Jeder Risikoklasse kann eine mathematisch-statistische Ausfallwahrscheinlichkeit zugeordnet werden.

Beispiel[184]

- unbesicherter Kreditbetrag 1 Mio. EUR an einen Firmenkunden
- Eigenkapitalunterlegungsfaktor 8 %

Risikoklasse (»Bonität«)	AAA, AA	A	BBB	BB	B	Unter B-
Ausfallwahrscheinlichkeit, z.B.	0,03%	0,10%	0,40%	1,60%	6,40%	25,60%
Gewichtungsfaktor Basel I	100%	100%	100%	100%	100%	100%
Gewichtungsfaktor Basel II (Standardansatz)	20%	50%	100%	100%	150%	150%
Gewichtungsfaktor Basel II (IRB-Basisansatz)	19%	36%	76%	160%	317%	528%

Abb. 10.2: Hinter jeder Bonitätsklasse steht eine konkrete Ausfallwahrscheinlichkeit

184 Quelle: HypoVereinsbank.

Risikoklasse (Bonität)	AAA, AA	A	BBB	BB	B	Unter B-
Ausfallwahrscheinlichkeit, z.B.	0,03%	0,10%	0,40%	1,60%	6,40%	25,60%
Basel I	100%	100%	100%	100%	100%	100%
Basel II - Standardansatz	20%	50%	100%	100%	150%	150%
Basel II - IRB-Basisansatz	19%	36%	76%	160%	317%	528%

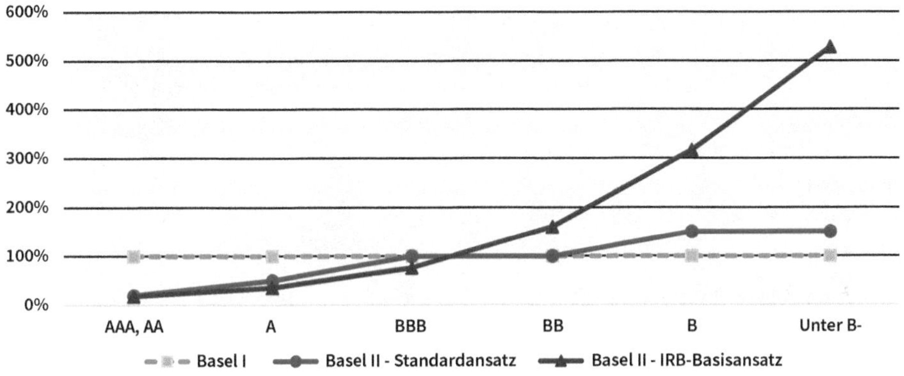

Abb. 10.3: Die Höhe des Gewichtungsfaktors (und damit des von der Bank vorzuhaltenden Eigenkapitals) hängt vom Ergebnis des Ratingprozesses ab

Kernaussage: Für sehr gute Bonitäten müssen die Banken nur noch etwa ein Fünftel des bisherigen Eigenkapitals vorhalten, für mittlere Bonitäten bleibt die Eigenkapitalunterlegung in etwa gleich, für schlechte Bonitäten müssen Banken – je nach gewähltem Ansatz – zukünftig teilweise etwa das Vier- bis Sechsfache an Eigenkapital unterlegen, um die mit einem risikoreicheren Engagement verbundenen Adressenausfallrisiken zu kompensieren. Die Stellung von durch die Bankenaufsicht anerkannten Sicherheiten wirkt zusätzlich risikovermindernd (im Beispiel nicht berücksichtigt).

Folglich kann ein Schuldner mit sehr gutem Rating sich zu besseren Konditionen Fremdkapital verschaffen. Dagegen müssen Schuldner mit schlechterem Rating aufgrund der höheren Ausfallwahrscheinlichkeit einen höheren Zinssatz zahlen. Die Zinsdifferenz, die ein Schuldner im Vergleich zu einem Unternehmen oder Staat mit bester Bonität bezahlen muss, nennt man **Credit Spread**. Das Rating beeinflusst damit maßgeblich die Kapitalkosten (WACC; vgl. Kapitel 5).

10.2 Beispiel: Kalkulation eines Kredits durch eine Bank

Grundsätzlich gilt: Je schlechter das Rating, desto höher die Ausfallwahrscheinlichkeit für die Bank, desto höher ihr Risikozuschlag bei den Konditionen.

Beispiel: Unbesicherter Kredit in Höhe von 1 Mio. EUR

Refinanzierungskosten der Bank: 5 %
Bearbeitungskosten des Kredits (Standardstückkosten): 3.000 EUR
Rating des Kreditnehmers: BB (entspricht einer Ausfallwahrscheinlichkeit [PD – Probability of Default] von 1,6 %)
Erwartete Inanspruchnahme (EAD): 100 %
Verlustquote bei Ausfall (LGD): 50 %
Angestrebte Rentabilität des Eigenkapitals: 15 % vor Steuern

Kalkulation gemäß Basel I (vereinfacht)

Refinanzierungskosten:	50.000 EUR
Bearbeitungskosten:	3.000 EUR
Standardrisikokosten: 1,6 % x 50 % x 1 Mio. EUR	8.000 EUR
Vorzuhaltendes EK (8 % x 100 %): 80.000 EUR, darauf 15 % Rendite	12.000 EUR
Summe:	73.000 EUR (7,3 %)

Kalkulation gemäß Basel II (IRB-Basisansatz, vereinfacht)

Refinanzierungskosten:	50.000 EUR
Bearbeitungskosten:	3.000 EUR
Standardrisikokosten: 1,6 % x 50 % x 1 Mio. EUR	8.000 EUR
Vorzuhaltendes EK (8 % x 160 %): 128.000 EUR, darauf 15 % Rendite	19.200 EUR
Summe:	80.200 EUR (8,0 %)

In diesem Beispiel erhöht sich der Zinssatz um 0,7 %-Punkte. Andererseits: Durch eine Verbesserung des Ratings sind auch günstigere Kreditkonditionen möglich.

Beispiel: Verbesserung des Ratings auf BBB

Die Verbesserung des Ratings auf BBB entspricht einer neuen Ausfallwahrscheinlichkeit von 0,4 %

Refinanzierungskosten:	50.000 EUR
Bearbeitungskosten	3.000 EUR
Standardrisikokosten: 0,4 % x 50 % x 1 Mio. EUR	2.000 EUR
Vorzuhaltendes EK (8 % x 76 %): 60.800 EUR, darauf 15 % Rendite	9.120 EUR
Summe:	64.120 EUR (6,4 %)

Der Zinssatz vermindert sich im Vergleich zu Basel I um 0,9 %-Punkte.

10.3 Externes und internes Rating

Die Zuordnung zu einer Bonitätsklasse wird wie erwähnt mit Hilfe eines Ratings vorgenommen. Die Baseler Regelungen lassen **sowohl bankinterne als auch veröffentlichte externe Ratings durch anerkannte Ratingagenturen** zu. Solche Agenturen sind z. B.:

- Standard & Poor's
- Moody's
- Fitch

Analysekriterien des Marktführers Standard & Poor's sind das **Geschäfts- und das Finanzrisiko.** Zur Erstellung dieser beiden Profile werden neben der Unternehmensplanung auch Gespräche mit dem Management herangezogen.

Komponenten des Geschäftsrisikos sind

- Branchencharakteristika (Marktpotenzial, Entwicklungszyklen, Wettbewerbsintensität ...),
- relative Wettbewerbsposition des Unternehmens in der Branche (relativer Marktanteil, Diversifizierung nach Regionen und Geschäftsfeldern, Synergiemöglichkeiten, Kosteneffizienzen, Innovationsgrad ...),
- Management (Performance, Qualität, Strategie).

Das Finanzrisiko besteht aus

- Rentabilitätskennzahlen wie z. B. ROI, EBITDA-Marge ...
- Cashflowkennzahlen bzw. Kapitaldienstfähigkeit
- Finanzpolitik (Rückstellungsbildung, Konsistenz der Rechnungslegung ...)
- Kapitalstruktur (Entwicklung von Eigen- und Fremdkapital, Verschuldungsgrad, Qualität der Vermögenswerte ...)
- Finanzielle Flexibilität (Struktur der Fälligkeiten, Finanzierungsmix ...).

Beispiel

Adolf Würth GmbH & Co. KG[185]

Business and Financial Risk Matrix						
	Financial Risk Profile					
Business Risk Profile	Minimal	Modest	Intermediate	Significant	Aggressive	Highly leveraged
Excellent	aaa/aa+	aa	a+/a	a-	bbb	bbb-/bb+
Strong	aa/aa-	a+/a	a-/bbb+	bbb	bb+	bb
Satisfactory	a/a-	bbb+	bbb/bbb-	bbb-/bb+	bb	b+
Fair	bbb/bbb-	bbb-	bb+	bb	bb-	b
Weak	bb+	bb+	bb-	bb-	b+	b/b-
Vulnerable	bb-	bb-	bb-/b+	b+	b	b-

Abb. 10.4: Gutes Rating für Würth – Geschäfts- und Finanzrisikomatrix von Standard & Poor's

Begründung der Einschätzung durch Standard & Poor's

Business Risk: Strong	Financial Risk: Modest
Leading provider of low ticket items for the global repair and construction industry, benefiting from a strong brand	Cautious financial policy, with a solid track record in preserving balance sheet strength and maintaining stable credit metrics
Wide product diversity and efficient distribution network, with limited dependence on individual customers and suppliers	Strong cashflow generation
Strong bargaining power and low price transparency for customers, which support stable margins	Strong liquidity position
Some exposure to the cyclical and seasonal construction industry	
High concentration in mature and fragmented Western European markets	

Abb. 10.5a: Begründung der Einschätzung durch Standard & Poor's

185 Quelle: www.standardandpoors.com/ratingsdirect.

Assumptions
• Revenue growth of about 4.0 % in 2017 and 3.0 % – 3.5 % in 2018 – 2019, reflecting continued organic growth in the group's key markets and the integration of bolt-on acquisitions. • An adjusted EBITDA margin of about 10 %, reflecting some pressure from increasing raw material costs that will be offset by continued cost optimization and efficiency improvements. • Capital expenditure (capex) of about 4 % annual sales, or € 500 million • Bolt-on acquisitions in the range of € 100 million – € 200 million per year.

Key Metrics	2016A	2017F	2018F
EBITDA margin* (%)	10.1	9.6-10.1	9.6-10.1
Debt/EBITDA* (x[186])	1.7	1.7-1.9	1.7-1.9
FFO/debt* (%)	46.5	45-47	47-49

A--Actual. F--S&P Global Ratings' base-case forecast.
*Fully S&P Global Ratings-adjusted. FFO--Funds from operations.

Abb. 10.5b: Our Base-Case Scenario

Fazit von Standard & Poor's

The **stable outlook** on Germany-based Adolf Wuerth GmbH & Co. KG (Wuerth or the group) reflects our view that Wuerth's profitability will remain at current levels, with an S&P Global Ratings-adjusted EBITDA-margin of about 10 %, underpinned by a continued focus on efficiency, and despite increasing raw material costs.

The stable outlook also reflects our view that management's cautious financial policy will see the group maintain modest leverage. We forecast that the group's adjusted ratio of debt to EBITDA will remain in the range of 1.5x – 2.0x and funds from operations (FFO) to debt will stay around 45 %. The outlook also assumes that the group's liquidity will remain strong over the next 24 months.

Downside scenario

We could lower the ratings if the group implemented a more aggressive financial policy that we currently expect, including materially higher shareholder returns or larger-than-expected debt-funded acquisitions, leading to a material and prolonged weakening of credit metrics such that adjusted debt to EBITDA exceeded 2x and FFO to debt was unlikely to recover above 40 %. A lasting deterioration in margins could also weigh on the ratings.

Upside scenario

The potential for an upgrade is limited, in our view. However, we could consider raising the ratings if we believed that the group could sustain stronger leverage metrics, with adjusted

186 Dieser Quotient ist eine dimensionslose Größe (»Multiplikator«): Im Jahr 2016 betrug die Finanzverschuldung das 1,7fache des EBITDA.

debt to EBITDA of about 1.5x and adjusted FFO to debt approaching 60 %, supported by a financial policy that targets such credit measures over the long term.

Nutzen eines externen Ratings

Ein externes Rating soll Transparenz und damit Vertrauen bei externen Investoren schaffen. Zunächst analysebedürftige Unternehmensdaten werden in eine handelbare Commodity transformiert. Damit wird auch für größere mittelständische Unternehmen der Zugang zu den internationalen Kapitalmärkten möglich. Dies kann zu einer Veränderung des Finanzierungsmix hin zu Anleihen, Mezzanine Kapital oder Private Equity führen[187].

Nachteile des externen Ratings

- Da die Bewertungskriterien zum großen Teil qualitativer Natur sind, ist das Ergebnis des Ratings subjektiv und daher ex ante ungewiss.
- Die Details zur Ermittlung eines externen Ratings sowie deren Gewichtung sind für Außenstehende nicht vollständig transparent und nachvollziehbar.
- Hohe Kosten für das Erst- bzw. Folgerating (ca. 20 bis über 100 TEUR; je nach Ratingagentur); dazu kommen weitere Kosten für das einzurichtende Projektteam sowie ggf. für den Rating Advisor; der zusätzliche Nutzen (s. o.) sollte daher v. a. bei mittelständischen Unternehmen – sorgfältig erwogen und soweit möglich quantifiziert werden.
- Ein externes Rating verbunden mit höherer Transparenz und Publizität ist nicht reversibel und muss ständig fortgeschrieben werden (z. B. Offenlegung von stillen Reserven, Segmentberichterstattung, cashflowbasierte Kennzahlen).

Kategorisierung der Ratingnoten der drei großen Agenturen

Die nachfolgende Übersicht zeigt die Kategorisierung der Ratingnoten der drei großen Agenturen. Neben der reinen Note ist auch die Abstufung »Investment Grade« bzw. »Speculative Grade« wichtig. Denn viele institutionelle Anleger wie Pensionskassen oder Investmentfonds sind durch Gesetz oder durch ihre eigenen Anlagerichtlinien verpflichtet, nur Wertpapiere von Schuldnern zu erwerben, die ein bestimmtes Mindestrating aufweisen (Investment Grade). Schlechtere Bonitäten werden als »Speculative Grade« bezeichnet, auch Hochzinsanleihen oder Schrottanleihen genannt. Fällt das Rating eines Schuldners aus dem anlagewürdigen in den spekulativen Bereich, so sind die Kursabschläge auf Anleihen (und auch Aktien) meist heftig – viele institutionelle Investoren sind bei einem solchen Ereignis verpflichtet, die im Bestand gehaltenen Titel zu veräußern. Damit führen Ratingmigrationen (vgl. Abb. 10.9) oft zu größeren Bewegungen am Kapitalmarkt.

187 Siehe hierzu auch die Ausführungen in Kapitel 7.

Die Bedeutung der Rating-Symbole:

Standard & Poor's	Moody's	Fitch IBCA	Bonitätseinstufung	
AAA	Aaa	AAA	**Sehr gut:** exzellent, höchste Bonität, geringstes Ausfallrisiko	Investment Grade
AA+ AA AA-	Aa1 Aa2 Aa3	AA+ AA AA-	**Sehr gut bis gut:** hohe Zahlungswahrscheinlichkeit	
A+ A A-	A1 A2 A3	A+ A A-	**Gut bis befriedigend:** angemessene Deckung v. Zins und Tilgung, viele gute Investmentattribute; aber auch Elemente, die sich bei veränderter Wirtschaftsentwicklung negativ auswirken können	
BBB+ BBB BBB-	Baa1 Baa2 Baa3	BBB+ BBB BBB-	**Befriedigend:** angemessene Deckung von Zins und Tilgung, aber auch spekulative Elemente oder mangelnder Schutz gegen wirtschaftliche Veränderungen	
BB+ BB BB-	Ba1 Ba2 Ba3	BB+ BB BB-	**Ausreichend:** sehr mäßige Deckung von Zins und Tilgung, auch in gutem wirtschaftlichem Umfeld; anfällig für Zahlungsverzug	Speculative Grade
B+ B B-	B1 B2 B3	B+ B B-	**Mangelhaft:** geringe Sicherung von Zins und Tilgung; stark anfällig für Zahlungsverzug	
CCC CC	Caa1 Caa2 Caa3 Ca	CCC CC C	**Ungenügend:** niedrigste Qualität, geringster Anlegerschutz, in akuter Gefahr eines Zahlungsverzuges, Insolvenz absehbar	
SD/D	C	DDD DD D	**Zahlungsunfähig:** in Zahlungsverzug	

Abb. 10.6: Der »Speculative Grade« wird auch als »Junk-Bond-Niveau« bezeichnet

Name	Dez 07	Feb 10	Jan 12	Dez 14	Dez 15	Dez 17	Dez 19
BASF SE	AA-	A+	A+	A+	A+	A	A
Bayer AG	BBB+	A-	A-	A-	A-	A-	BBB
Bertelsmann SE & Co. KGaA	BBB+	BBB	BBB+	BBB+	BBB+	BBB+	BBB+
Bosch GmbH	AA-	AA-	AA-	AA-	AA-	AA-	AA-
Continental AG	BBB	B+	B+	BBB	BBB	BBB+	BBB+
Daimler AG	BBB+	BBB+	BBB+	A-	A-	A	A-
Deutsche Bahn AG	AA	AA	AA	AA	AA	AA-	AA
Deutsche Lufthansa AG	BBB	BBB-	BBB-	BBB-	BBB-	BBB-	BBB
Deutsche Post DHL AG	A-	BBB+	BBB+	A3 (Moody's)	A3 (Moody's)	A3 (Moody's)	A3 (Moody's)
Deutsche Telekom AG	A-	BBB+	BBB+	BBB+	BBB+	BBB+	BBB+
DFS Deutsche Flugsicherung GmbH	AAA	AAA	AAA	AAA	AAA	AAA	AAA
E.ON SE	A	A	A	A-	BBB+	BBB	BBB
Energie Baden-Württemberg AG	A-	A-	A-	A-	A-	A-	A-
Fresenius Medical Care AG & Co. KGaA	BB	BB	BB	BB+	BBB-	BBB-	BBB
Henkel AG & Co. KGaA	A	A-	A	A	A	A	A
Knorr-Bremse AG	BBB+	BBB+	A-	A-	A-	A	A
Merck KGaA	BBB+	A-	BBB+	A	A	A	A
Metro AG	BBB	BBB	BBB+	BBB-	BBB-	BBB-	BBB-
RWE AG	A+	A	A	BBB+	BBB	BBB-	Baa3 (Moody's)
Siemens AG	AA-	A+	A+	A+	A+	A+	A+
ThyssenKrupp AG	BBB	BB+	BB+	BB	BB	BB	BB-
Volkswagen AG	A-	A-	A-	A	BBB+	BBB+	BBB+
Würth GmbH & Co. KG	A	A	A	A	A	A	A

Abb. 10.7: Unternehmen mit einem Rating von Standard & Poor's (ausgewählt; Quelle: Unternehmenshomepage)

Standard & Poor's bemisst das Finanzrisiko eines zu ratenden Unternehmens nach folgenden Kennzahlen:

1. $\frac{\text{Operating income before D\&A}}{\text{Revenues}}$

2. $\frac{\text{EBIT}}{\text{Interest}}$

3. $\frac{\text{EBITDA}}{\text{Interest}}$

4. $\frac{\text{FFO* plus interest paid minus operating lease adjustment to depreciation}}{\text{Interest}}$

5. $\frac{\text{FFO*}}{\text{Debt}}$

6. $\frac{\text{FOCF**}}{\text{Debt}}$

7. $\frac{\text{EBIT}}{\text{Average beginning of year and end of year capital}}$

8. $\frac{\text{Discretionary Cashflow***}}{\text{Debt}}$

9. $\frac{\text{Net Cashflow****}}{\text{Capital expenditures}}$

10. $\frac{\text{Debt}}{\text{EBITDA}}$

11. $\frac{\text{Debt}}{\text{Debt plus equity}}$

* Funds from operations: Operating profit from continuing operations, after tax, plus depreciation and amortization, plus deferred income tax, plus other major recurring non cash items
** free operating cashflow: cashflow from operations minus capital expenditures
*** cashflow from operations minus capital expenditures minus dividends paid
**** FFO minus dividends

Abb. 10.8: Berechnungsformeln für die »key ratios« nach Standard & Poor's

Zu erkennen sind auch hier die drei Dimensionen von Finanzkennzahlen aus Kapitel 9: Rentabilität, Stabilität und Liquidität, wobei der Fokus mit gleich vier verschiedenen Cashflowgrößen klar auf der Liquidität liegt.

Ratings sind nicht statisch, sie werden in der Regel jährlich (oder nach Bedarf) angepasst. Diese Dynamik veranschaulicht die folgende Grafik (Migrationsmatrix).

1 Jahr	AAA	AA	A	BBB	BB	B	CCC bis C	D	Summe
AAA	92%	8%	0%	0%	0%	0%	0%	0%	100%
AA	0%	89%	11%	0%	0%	0%	0%	0%	100%
A	0%	1%	93%	6%	0%	0%	0%	0%	100%
BBB	0%	0%	1%	96%	3%	0%	0%	0%	100%
BB	0%	0%	0%	6%	90%	3%	1%	0%	100%
B	0%	0%	0%	0%	4%	91%	4%	1%	100%
CCC bis C	0%	0%	0%	0%	31%	26%	26%	17%	100%

Abb. 10.9: Eine Migrationsmatrix zeigt die Wahrscheinlichkeit zur Veränderung des Ratings innerhalb eines vorgegebenen Zeitraums (hier: 1 Jahr) an

Direkt ablesbar ist die Ausfallwahrscheinlichkeit. Die Ausfallwahrscheinlichkeit kann demnach mithilfe von **Ratingmigrationen** für diverse Perioden bestimmt werden. Hier sei erläutert die Ausfallwahrscheinlichkeit (PD – Probability of Default) für eine Laufzeit von 2 Jahren eines Kredits mit einem B-Rating:

- Verbesserung auf BB (4 %) und anschließend von BB auf D (0 %) => 0 %
- Verbleib in B (91 %) und anschließend auf D (1 %) => 0,91 %
- Migration in CCC bis C (4 %) und anschließend Ausfall (17 %) => 0,68 %
- Sofortiger Ausfall: 1 %

Das **interne Ratingverfahren der Banken** ist für den Kreditantragsteller kostenlos. Wird es für aufsichtsrechtliche Zwecke genutzt, muss es in Deutschland von der Bundesanstalt für Finanzdienstleistungsaufsicht (BaFin) gebilligt werden. Die Bank muss darlegen, dass ihre Kriterien alle für die Analyse des Kreditnehmerrisikos relevanten Informationen berücksichtigen. In der folgenden Abbildung wird beispielhaft ein Verdichtungs- und Gewichtungsprozess dargestellt.

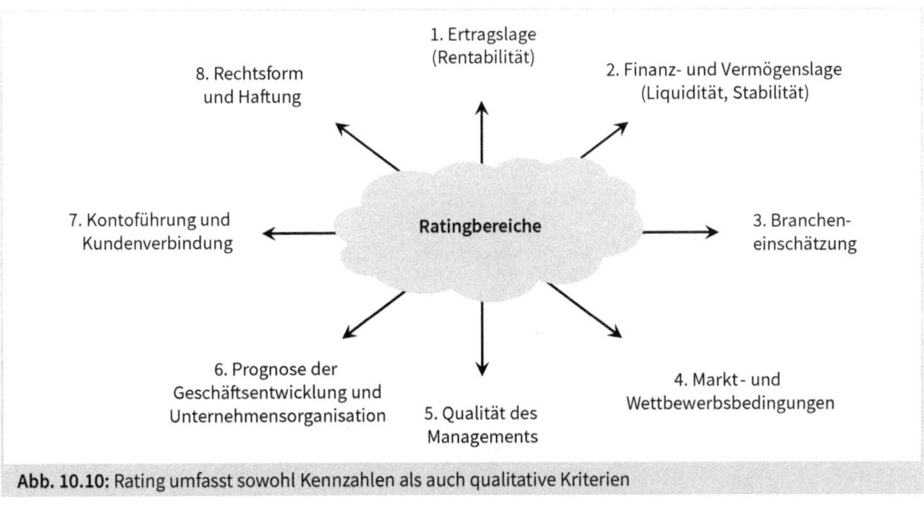

Abb. 10.10: Rating umfasst sowohl Kennzahlen als auch qualitative Kriterien

Die insgesamt acht Ratingbereiche bestehen ihrerseits wieder aus unterschiedlich gewichteten Subkriterien. Im Folgenden zeigen wir beispielhaft das Schema einer deutschen Geschäftsbank. Die Kriterien und deren Gewichtung unterscheiden sich von Fall zu Fall.

	Gewichtung	Note 1	Note 2	Note 3	Note 4	gew. Note
Ertragslage						
1. Gesamtkapitalrendite	30%		2			0,60
2. EBITDA-Marge	20%		2			0,40
3. Zinsdeckungsquote	30%			3		0,90
4. Umsatzrendite	20%			3		0,60
Sub-Note						**2,50**
Finanz- und Vermögenslage						
1. Eigenkapitalquote	20%	1				0,20
2. Anlagendeckungsgrad II	25%		2			0,50
3. Dynamischer Verschuldungsgrad	30%		2			0,60
4. Liquiditätsgrad II	25%		2			0,50
Sub-Note						**1,80**
Brancheneinschätzung						
1. Branchenwachstum	33,3%			3		1,00
2. Branchenrentabilität	33,3%			3		1,00
3. Zukunftsaussichten	33,3%		2			0,67
Sub-Note						**2,67**
Markt- und Wettbewerbsbedingungen						
1. Marktanteil	12,5%			3		0,38
2. Konkurrenz	12,5%			3		0,38
3. Marktvolumen	12,5%		2			0,25
4. Potenzial des Marktes	12,5%			3		0,38
5. Kundenabhängigkeit	12,5%		2			0,25
6. Lieferantenabhängigkeit	12,5%				4	0,50
7. Produktpalette	12,5%		2			0,25
8. Vertrieb/Marketing	12,5%			3		0,38
Sub-Note						**2,75**
Qualität des Managements						
1. Kompetenz und Qualifikation	20%		2			0,40
2. Informationsverhalten	20%	1				0,20
3. Nachfolgeregelung	20%			3		0,60
4. Anpassungsfähigkeit	20%			3		0,60
5. Reaktion auf Marktveränderungen	20%		2			0,40
Sub-Note						**2,20**
Prognose der Geschäftsentwicklung und Unternehmensorganisation						
1. Qualität / Umfang der Planungssysteme	25%		2			0,50
2. Nutzung von Controllingdaten	25%			3		0,75
3. Prognosequalität	25%		2			0,50
4. Unternehmensorganisation	25%		2			0,50
Sub-Note						**2,25**
Kontoführung und Kundenverbindung						
1. Dauer von Überziehungen	14,3%	1				0,14
2. Höhe der Überziehung	14,3%		2			0,29
3. Häufigkeit der Überziehung	14,3%	1				0,29
4. Kontoumsätze	14,3%		2			0,29
5. Höhe Limitinanspruchnahme	14,3%	1				0,14
6. Dauer Kundenverbindung	14,3%	1				0,14
7. Qualität der Kundenverbindung	14,3%		2			0,29
Sub-Note						**1,58**
Rechtsform und Haftung						
1. Gesellschafterhaftung	33,3%				4	1,33
2. Haftungsbeschränkungen	33,3%			3		1,00
3. Konzernhaftung/Vermögenshintergrund	33,3%			3		1,00
Sub-Note						**3,33**

Abb. 10.11: Auch die Zusammenfassung im qualitativen Bereich erfolgt nach Art eines Scoring-Verfahrens (»if you can't measure it, you can't manage it«); Quelle: Seidel, Uwe M.: Rating, Beispielheft des VCW

Für die quantitativ messbaren Ratingbereiche 1 und 2 (Ertrags- sowie Vermögens- und Finanzlage) verwendet die Bank eigene Kennzahlen. Hier im Beispiel werden folgende Definitionen angewendet:

Gesamtkapitalrendite: $\frac{\text{EBIT}}{\text{durchschnittlich gebundenes Kapital}}$

Sowohl beim EBIT als auch beim in der Bilanz gebundenen Kapital können Bereinigungen von »außerordentlichen Positionen« (die es offiziell weder nach IFRS noch nach HGB mehr geben darf) vorgenommen werden.

EBITDA-Marge: $\frac{\text{EBITDA}}{\text{Umsatz}}$

Zinsdeckungsquote (interest coverage): $\frac{\text{EBIT}}{\text{Zinsaufwand}}$

Umsatzrendite (EBIT-Marge): $\frac{\text{EBIT}}{\text{Umsatz}}$

Eigenkapitalquote: $\frac{\text{Eigenkapital}}{\text{Gesamtkapital}}$

Erläuterung zu Eigenkapitalquote: Bei der Eigenkapitalquote wird in der Regel auf das so genannte **wirtschaftliche Eigenkapital** abgestellt[188]. Dazu wird das bilanzielle Eigenkapital zunächst um »unsichere« Aktivpositionen (Geschäfts- oder Firmenwert, Forderungen an Gesellschafter) bereinigt. Im Gegenzug können diverse Passivpositionen hinzuaddiert werden, z. B. längerfristige Gesellschafterdarlehen, eigenkapitalähnliche Finanzierungen (Mezzanine-Kapital[189]) oder der Ergebnisvortrag, sofern eine Ausschüttung in naher Zukunft geplant ist. In einem dritten Schritt werden **quantifizierbare stille Reserven bzw. Lasten** korrigiert[190]. Stille Reserven findet man v. a. im Bereich der Immobilien, evtl. auch im Bereich der Beteiligungen. Stille Lasten können z. B. bei nicht oder nicht ausreichend abgewerteten Forderungen oder Lagerbeständen entstehen. Auch können Rückstellungen nicht oder zu konservativ gebildet worden sein. In einem letzten Schritt können außerbilanzielle Verpflichtungen (z. B. aus Leasingverträgen) der Bilanzsumme hinzugerechnet werden.

188 Vgl. Lindenmayr/Schäfer (2015): Kritische Bilanzposten aus Sicht des Finanzanalysten eines Kreditinstituts, Seite 75f.
189 Vgl. Kapitel 7.
190 Vgl. Lindenmayr/Schäfer (2015): Kritische Bilanzposten aus Sicht des Finanzanalysten eines Kreditinstituts, Seite 77.

Dynamischer Verschuldungsgrad: (Entschuldungsdauer) $\frac{\text{Finanzschulden} - \text{Flüssige Mittel}}{\text{EBITDA}}$

Liquiditätsgrad II (Quick Ratio): $\frac{\text{Flüssige Mittel} + \text{Forderungen}}{\text{kurzfristiges Fremdkapital}}$

Anlagendeckungsgrad II: $\frac{\text{Eigenkapital} + \text{langfristiges Fremdkapital}}{\text{Anlagevermögen}}$

Erläuterung zu Anlagendeckungsgrad II: Aus der Sicht des Controllers sind v. a. die beiden letzten Kennzahlen interessant. Zum einen liefern sie spiegelbildlich dieselbe Aussage, zum anderen verdeutlichen sie die Sichtweise der Bank auf ihren Kreditnehmer: Je mehr gebundenes Kapital in Forderungen bzw. je mehr langfristiges Fremdkapital, desto höher bzw. besser die Kennzahl, denn sie spiegeln dann eine fristenkongruente Finanzierung des Unternehmens wider. Unsere Working Capital-Überlegungen aus Kapitel 8 stehen dem diametral gegenüber. Hier wollten wir die Forderungen senken und Bankkredite durch Lieferantenkredite ersetzen.

Die eben ermittelten Kennzahlenwerte werden in ein Notenraster eingesetzt. Die Abbildung unten ist aus Gründen der Übersichtlichkeit verdichtet.

	Ratingnote 1	Ratingnote 2	Ratingnote 3	Ratingnote 4
1. Gesamtkapitalrendite	> 15%	10 - 15%	5 - 10%	< 5%
2. EBITDA-Marge	> 8%	6 - 8%	4 - 6%	< 4%
3. Zinsdeckungsquote	> 14	7,0 - 14	2,5 - 7	< 2,5
4. Umsatzrendite	> 6%	4 - 6%	2 - 4%	< 2%
5. Eigenkapitalquote	> 25%	20 - 25%	15 - 20%	< 15%
6. Anlagendeckungsgrad II	> 150%	130 - 150%	110 - 130%	< 110%
7. Dynamischer Verschuldungsgrad	< 3 Jahre	3 - 12 Jahre	12 - 20 Jahre	> 20 Jahre
8. Liquiditätsgrad II	> 110%	100 - 110%	90 - 100%	< 90%

Abb. 10.12: Für die Bemessung der Vermögens-, Finanz- und Ertragslage werden acht Kennzahlen herangezogen (beispielhaft; verkürzte Darstellung)

Im nächsten Schritt wird nach oben hin verdichtet, d. h. die übergeordneten Ratingbereiche werden zu einem Bonitätsrating I zusammengefasst:

	Gewichtung	Note	gewichtete Note
Ertragslage	35%	2,50	0,88
Finanz- und Vermögenslage	25%	1,80	0,45
Quantitatives Rating	**60%**	**2,20**	**1,33**
Brancheneinschätzung	7%	2,67	0,19
Markt- und Wettbewerbsbedingungen	10%	2,75	0,28
Qualität des Managements	10%	2,20	0,22
Prognose Geschäftsentwicklung und Unternehmensorgansation	6%	2,30	0,14
Kontoführung und Kundenverbindung	4%	1,40	0,06
Rechtsform und Haftung	3%	3,30	0,10
Qualitatives Rating	**40%**	**2,40**	**0,97**
Bonitätsrating I			**2,30**

Abb. 10.13: Auch die Ratingkriterien untereinander bekommen eine Gewichtung (beispielhaft)

Aufgrund der hohen Standardisierung des Ratingprozesses kann nicht immer gewährleistet werden, dass alle ratingrelevanten Einflussfaktoren adäquate Beachtung finden. Daher kann es eventuell notwendig werden, eine Anpassung des getroffenen Ratings aufgrund von Sonderfaktoren oder plötzlich auftretenden Warnindikatoren vorzunehmen. Solche Einflussfaktoren können beispielsweise sein:

- rückläufige bzw. ausbleibende Umsätze
- Rückgabe von Schecks bzw. Lastschriften wegen knapper Liquidität
- private Probleme des Unternehmers
- plötzlicher Wechsel der Geschäftsführung
- eingeschränkter bzw. fehlender Bestätigungsvermerk
- Fusion
- plötzlich auftretende Gewährleistungsrisiken bzw. Produkthaftung oder andere wesentliche Veränderungen seit Bilanzstichtag.

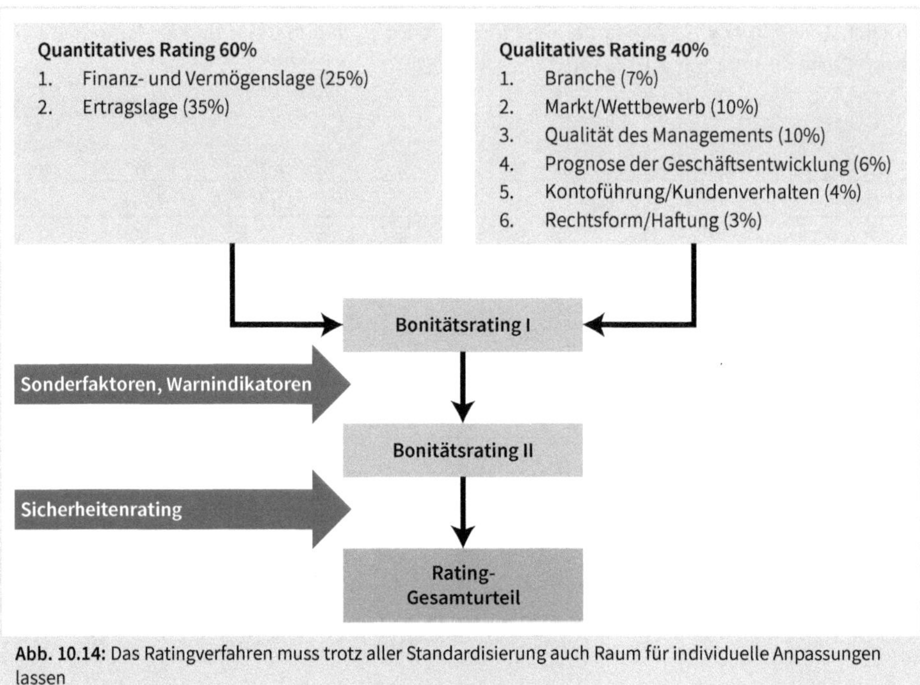

Abb. 10.14: Das Ratingverfahren muss trotz aller Standardisierung auch Raum für individuelle Anpassungen lassen

Fazit

Die Banken, die in Deutschland immer noch wesentliche Geldgeber sind, und auch der Kapitalmarkt fordern Transparenz. Doch Transparenz nach außen zu geben bedingt zuerst, sie nach innen überhaupt zu haben. Hier stärken externe Erfordernisse also die Rolle des Controllers im Unternehmen. Ein gutes Controllingsystem zu haben, wird durch das Rating belohnt!

11 Wertorientiertes Controlling

11.1 Einführung

Das moderne Verständnis des Wertbegriffs verbindet man heute mit dem Namen *Shareholder-Value* (SHV) und Alfred Rappaport. Der Begriff stammt schon aus den achtziger Jahren, wo mehrere amerikanische Unternehmensberatungen entsprechende Beratungsprodukte verkauften. Den damaligen Hype bei Firmenlenkern wie auch die extreme Ablehnung in weiten Teilen der Gesellschaft spürt man heutzutage nicht mehr. Lediglich im Jahr 2008, im Zuge der Weltfinanzkrise, wurden einige Gefechte der vergangenen Schlacht erneut geführt. Auch daran zeigt sich, wie die Auseinandersetzungen der 90er-Jahre des letzten Jahrhunderts nachwirken – und das bis heute. Daher sollen die wichtigsten Aspekte zum Einstieg noch einmal in Erinnerung gerufen werden.

Den SHV bekannt gemacht hat sicherlich Dr. Alfred Rappaport. An seinem Buch bzw. dem Konzept hat sich erhebliche Kritik entzündet. Die Frage, welchen Zweck Unternehmen im Rahmen der Gesellschaft haben, sprengt den Rahmen einer Einführung in Wertmanagement.[191] Wesentlich leichter lässt sich zeigen, wie fundamental diese Methode die Ermittlung des Kaufpreises von Unternehmen veränderte. Davon wurde das Verständnis der Unternehmensführung stark beeinflusst. In letzter Konsequenz ist das weitverbreitete Working Capital-Management (Kapitel 8) eine direkte Folge des Konzepts.

Eine der ältesten Methoden, um den Kaufpreis für ein Unternehmen zu ermitteln, ist der Substanzwert. Nach diesem Konzept kauft man die Vermögenswerte des Unternehmens, wie zum Beispiel Grundstücke, Maschinen, Vorräte, usw. bis hin zur Kasse. Von den Werten, die der neue Eigentümer erwirbt, sind die Schulden des übernommenen Unternehmens abzuziehen. Vereinfacht gesagt: Man kauft das Eigenkapital (Abb.11.1). Diese Idee bedeutet letztlich, dass man das bezahlt, was vorhanden ist. Dabei müssten eventuell vorhandene stille Reserven oder stille Lasten noch eingerechnet werden. Wobei diese Methode eine Schwäche hat: Der erworbene Nutzen wird erst mit der Liquidation des Unternehmens wieder verfügbar gemacht.

191 Auch fällt die Antwort je nach Kulturkreis, ökonomischer Denkschule, politischer Ausrichtung, usw. sehr verschieden aus. Sehr viele der Rappaport gemachten Vorwürfe (z. B. Maximierung des Ergebnisses der Anteilseigner zu Lasten der Arbeitnehmer) sind jedoch schlicht haltlos. Es hätte genügt, das erste Kapitel seines Buchs (in der zweiten Auflage) von 1998 zu lesen.

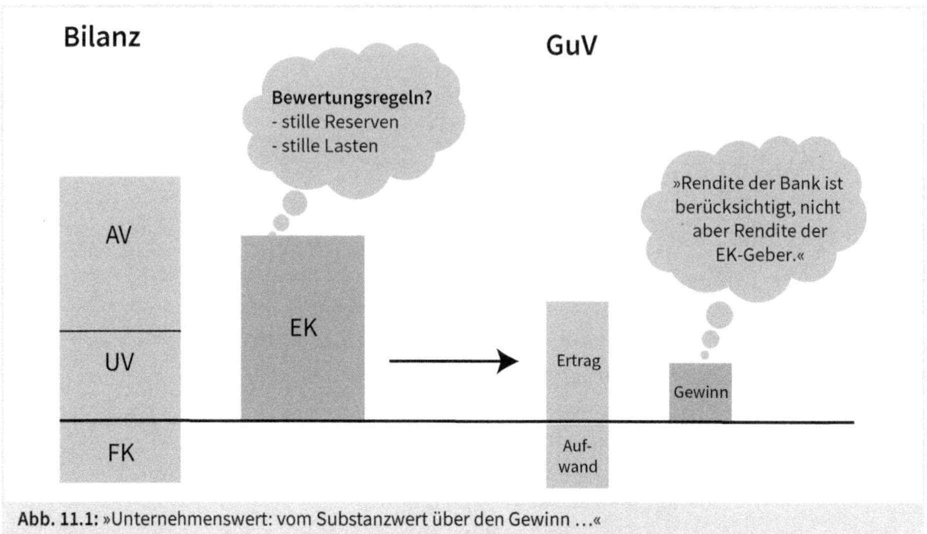

Abb. 11.1: »Unternehmenswert: vom Substanzwert über den Gewinn ...«

Abbildung 11.1 deutet bereits an, dass sich die Methoden weiterentwickelt haben. Denn was nutzen einem z. B. die besten Maschinen, wenn darauf etwas gefertigt wird, das morgen niemand mehr kaufen will? In den Fokus rückte daher die Frage künftig erzielbarer Erträge. Daraus entstand das Ertragswertverfahren und wir nutzen noch heute einen **Multiplikator** namens Kurs-Gewinn-Verhältnis (KGV). Methodisch seien zwei Dinge angemerkt:

- Im Aufwand sind die FK-Zinsen – und damit die Rendite der Bank aus dem Kredit – abgebildet. Die Verzinsungserwartung für das Eigenkapital darf hingegen nicht in der GuV berücksichtigt werden. Der Eigentümer bekommt das Residualergebnis (»was übrig bleibt«). Es ist also nicht sichergestellt, dass angemessen viel Rendite (EK-Verzinsung) für die Inhaber des Unternehmens bleibt.
- Aus dem Jahresgewinn kann man nicht immer seinen Zahlungsverpflichtungen nachkommen – z. B. weil der Umsatz zu Forderungen aus Lieferungen und Leistungen geführt hat oder weil im Übermaß die Bestände (un-)fertiger Erzeugnisse aufgebaut wurden.

Rappaport hat deshalb einen Ansatz auf Basis der Kapitalwertmethode (statt des Ertragswertes oder des noch älteren Substanzwertes) gewählt, der in einem seiner berühmt gewordenen Zitate komprimiert enthalten ist:

Remember, cash is a fact, profit is an opinion.[192]
Alfred Rappaport

192 Rappaport (1998): Shareholder Value, Seite 15. Schon die häufig falsche Wiederholung des Zitats zeigt, wie wenige Leute wirklich in sein Buch hineingeschaut haben.

Folgende Vorteile dieses Ansatzes fallen sofort auf:

- Anders als beim Substanzwert entscheidet künftiger Nutzen über den Wert – der Substanzwert zeigt quasi als »Liquidationswert« nur den Einmalerlös bei Beendigung der Unternehmenstätigkeit
- Anders als beim Ertragswert wird nicht die Betrachtungsgröße gewechselt: Der Investor gibt Geld und sein Nutzen wird im Zufluss künftiger Gelder, sogenannter »Free Cashflows« (FCF), bemessen
- die Größe »Geld« kann nicht durch Bewertungsvorschriften der Rechnungslegung (national/international) verzerrt werden
- Durch die Bezugnahme auf Cashflows kann die Kapitalwertmethode angewendet werden. Das erspart nicht nur den Umweg des Lücke-Theorems[193]. Durch den Zinseszins ist zugleich der Zeitwert des Geldes angemessen berücksichtigt.

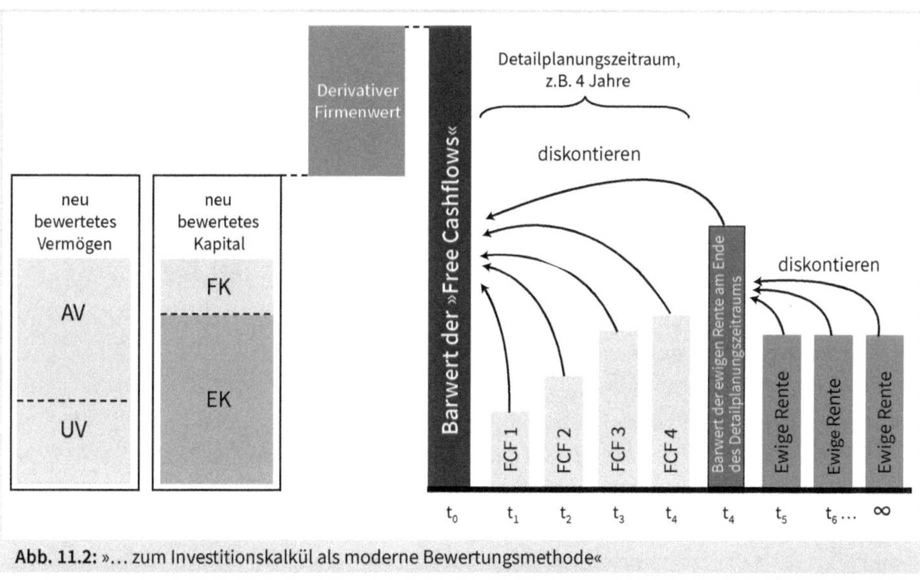

Abb. 11.2: »... zum Investitionskalkül als moderne Bewertungsmethode«

Mit dieser Veränderung ging nicht nur eine sprachliche Neuerung einher. Der Shareholder-Value war mehr als ein neuer Begriff. Er bedeutete auch, der Wertsteigerung für die Eigentümer Vorrang vor anderen Interessen einzuräumen. Diese Ausrichtung ist vielfach kritisiert worden. Von unmoralischem Turbokapitalismus war die Rede, von einseitiger Ausrichtung des Konzepts auf die Aktionäre, die nichts Anderes als kurzfristige Gewinnmaximierung anstreben. Manche dieser Aussagen zeigen deutlich, dass das Buch nicht von allen, die sich (mehr oder minder qualifiziert) geäußert haben, gelesen worden sein kann. Manche Kritik bezieht sich auf die Art, wie einige Manager das Konzept abgewandelt und zu ihrem persönlichen Vorteil genutzt haben.

193 Vgl. die Ausführungen in Kapitel 5.2.2.

Gerade die extremsten Beispiele, die es dann auch in die Presse schafften, stehen teils in direktem Widerspruch zum Shareholder-Value-Konzept. Ein Ziel dieses Kapitels muss es also sein, die Grundzüge des Konzepts herauszuarbeiten.

Wie bei vielen Methoden hängt der Umsetzungsstand stark von der Unternehmensgröße ab. Heute stellt es sich typischerweise wie folgt dar:

- **Großunternehmen:** Sie setzen ein Wertkonzept (verschiedene Ausprägungen beobachtbar) durchgängig über verschiedene Hierarchieebenen und Themenfelder um. Sie vermeiden aber tunlichst den Begriff des Shareholder-Value. Betont wird meist ein Aspekt der operativen Umsetzung, das **Working Capital-Management**.
- **Kleinere Unternehmen:** Oft gibt es kein derartiges Konzept und falls doch, wird es nicht durchgängig umgesetzt. Nicht selten werden sogar **systematische Fehler bei Investitionsentscheidungen**[194] gemacht. Working Capital-Management hingegen findet sich trotzdem häufig, weil so der Finanzierungsbedarf gesenkt wird.

Aus dem einfachen Grundgedanken einer veränderten Methode zur Unternehmensbewertung folgen im Detail die unterschiedlichsten Fragen, die zu klären sind. Über die Zeit haben sich zwei Methoden, zwei Kernfragen und dazugehörende Vorgehensweisen herausgebildet.

Die **erste Kernfrage** ist »**Was ist das Unternehmen wert?**«. Zum Beispiel für potenzielle Investoren. Die Unternehmensleitung kann auch strategische Geschäftsfelder oder strategische Ausrichtungen bewerten. Damit ist die Shareholder-Value-Rechnung ein Instrument, das in der Regel nicht permanent, sondern anlassbezogen angewandt wird. Hierzu stellen wir Ihnen den SHV als prominentesten Vertreter vor.

Die **zweite Kernfrage** der wertorientierten Unternehmensführung lautet: »**Hat das Management in der vergangenen Periode einen ökonomischen Wert geschaffen?**«. Für diese Performancemessung wird für das gesamte Unternehmen bzw. einzelne Bereiche daraus eine Hürde in Höhe der Kapitalkosten definiert, die es mit dem Ergebnis $NOPAT_{BI}$[195] zu überspringen gilt. Dies ist die Philosophie des Economic Value Added™[196]. Die Zielsetzung dieser Performancemessung ist zweigeteilt: Zum einen soll im Sinne von Führung durch Ziele eine Verantwortlichkeit für die Wertschaffung bzw. Wertvernichtung definiert werden (Responsibility Accounting). Damit sind in der Regel auch finanzielle Anreize für das zuständige Management verknüpft. Zum anderen ist hier aber auch eine Entscheidungslogik verankert: Verdient ein Unternehmensbereich seine Kapitalkosten nicht, wird er mittelfristig zur Disposition stehen (Decision Accounting).

194 Gewinn- oder Rentabilitätsanalysen an Stelle von finanzmathematischen Methoden. Vgl. Kapitel 5.

195 Net Operating Profit After Taxes Before Interest – einer aus dem SHV entlehnten, künstlich berechneten Gewinngröße. Vgl. Kapitel 11.3.1, Abb. 11.10.

196 EVA™ – Trademark durch www.SternStewart.com.

Beide Fragen werden unter Verwendung gewichteter Kapitalkosten in Form des WACC (Weighted Average Cost of Capital) gerechnet. Damit alle Zahlen zueinander konsistent sind, sollte auch in der Investitionsrechnung mit dieser Größe gearbeitet werden. Dort haben wir sie ja auch schon kennengelernt.

11.2 Der Shareholder-Value (SHV)

11.2.1 Der SHV im Überblick

Je nach Definition der bewertungsrelevanten Cashflows bzw. der angesetzten Diskontierungszinssätze findet man mehrere Varianten innerhalb des DCF-Verfahrens. Zwei Gruppen sind zu unterscheiden:

- Equity-Ansatz
- Entity-Ansatz

Beide Methoden müssen rechnerisch zum selben Ergebnis führen. Aufgrund zahlreicher, in der Praxis zu findender Vereinfachungen der Konzepte ist das jedoch nur näherungsweise gegeben.

Die **Equity-Methode** ermittelt diejenigen Cashflows, die nur den Eigenkapitalgebern zustehen (Cashflow to Equity). Die Zinszahlungen an die Fremdkapitalgeber (und damit verbundene steuerlichen Auswirkungen) sowie Tilgungsleistungen sind damit berücksichtigt. Somit müssen die Cashflows nur noch mit der Renditeanforderung der Eigenkapitalgeber diskontiert werden. Bei der Equity-Methode kommt also *nicht der WACC* zur Anwendung.

Entity-Ansätze sind besonders weit verbreitet. Sie ermitteln zunächst den Wert des Gesamtunternehmens, d. h. ohne Unterscheidung nach Eigen- oder Fremdkapital. Dazu werden – ähnlich einem CF-Statement – die Zahlungsüberschüsse ermittelt, die zur Befriedigung *aller* Kapitalgeber zur Verfügung stehen.

Externes Rechnungswesen		Shareholder Value
Jahresüberschuss - abhängig von Bilanzpolitik - enthält ao. Positionen* - berücksichtigt keine Investitionen	**Erfolgsgröße**	Free Cashflow - weniger manipulierbar - ao. Positionen separat bewertet* - enthält **alle** Zahlungsströme
nein	**Risikoberücksichtigung**	ja
Dividende als »Residualgröße«	**Renditeforderung der Eigentümer**	voll berücksichtigt
nein	**Zeitwert des Geldes**	ja
Buchwerte	**Bewertungsbasis**	Marktwerte
Gläubiger (HGB)	**Schutzfunktion primär für**	Eigentümer

*Außerordentliche Positionen (a.o.) werden seit dem BilRUG nicht mehr separat ausgewiesen. Sie sind Teil der sbE bzw. sbA (sonstige betriebliche Erträge bzw. Aufwendungen)

Abb. 11.3: Der SHV definiert einen eigenen Liquiditätsbegriff – den Free Cashflow

Als Basis für die weiteren Ausführungen dient der Shareholder-Value. Die Methode hat ein dreistufiges Vorgehen. Zuerst werden für die nahe Zukunft detailliert berechnete Free Cashflows diskontiert. Hinzu kommt ein unbegrenzter stetiger Zahlungsstrom (ewige Rente), der ebenfalls diskontiert wird. Zu guter Letzt muss noch das aufgenommene Fremdkapital getilgt werden.

Dieser letzte Schritt wäre bei einem Equity-Verfahren natürlich nicht erforderlich. Entsprechend müssen alle vorher als »free« bezeichneten Cashflows vor Abzug von Zins- und Tilgungszahlungen an die Fremdkapitalgeber berechnet werden. Damit wird auch die steuerliche Abzugsfähigkeit der Fremdkapitalzinsen nicht direkt eingerechnet. Stattdessen werden die Free Cashflows mit einem Mischzinssatz diskontiert, der die Renditeanforderungen sowohl der Eigen- als auch der Fremdkapitalgeber enthält – dem WACC aus Kapitel 5. Dieser beinhaltet den »Tax Shield«. So gibt es keine doppelte Erfassung dieses Steuervorteils.

Mathematisch ergibt sich somit der Shareholder-Value als:

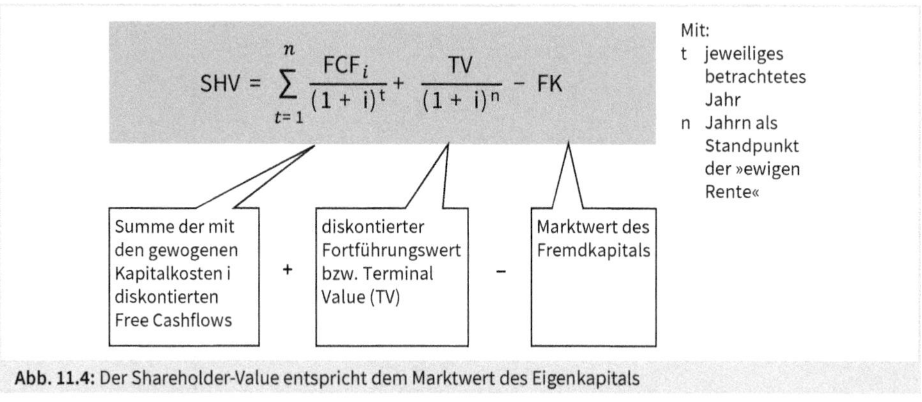

Abb. 11.4: Der Shareholder-Value entspricht dem Marktwert des Eigenkapitals

Der Shareholder-Value stellt einen Geldbetrag dar, der den **Marktwert des Eigenkapitals** des bewerteten Unternehmens symbolisiert. Dividiert man diesen Wert durch die Anzahl der ausgegebenen Aktien, so erhält man den potenziellen Aktienkurs der Gesellschaft (nicht zwingend den aktuellen!).

11.2.2 Wie man die zukünftigen Free Cashflows ermittelt

Ausgangspunkt ist die Ermittlung eines operativen Ergebnisses (Operating Profit, EBIT). Dies kann aus dem internen Rechnungswesen (stufenweise Deckungsbeitragsrechnung) oder aber aus dem externen Rechnungswesen (GuV nach Gesamt- bzw. Umsatzkostenverfahren) geschehen.

Bei der Anwendung der DB-Rechnung ist zu berücksichtigen, dass evtl. verwendete kalkulatorische Größen zu eliminieren sind. Leitet man das EBIT aus der GuV ab, dürfen keine Ergebnisse aus Beteiligungen oder nichtbetriebsnotwendiger Tätigkeit enthalten sein. Das gilt auch für die Positionen, die vor BilRUG (2016) als außerordentliche Posten (a. o. Posten) in der GuV ausgewiesen waren (jetzt i. d. R. sbE – sonstige betriebliche Erträge – bzw. sbA – sonstiger betrieblicher Aufwand). Zwar stehen außerordentliche Erträge z. B. aus der Veräußerung oder Vermietung nichtbetriebsnotwendiger Vermögensgegenstände den Investoren für Ausschüttungen zur Verfügung. Sie erhöhen auch den Unternehmenswert. Sie werden methodisch aber separat in der DCF-Rechnung dargestellt. Zunächst wird der Barwert der operativen FCF ermittelt.

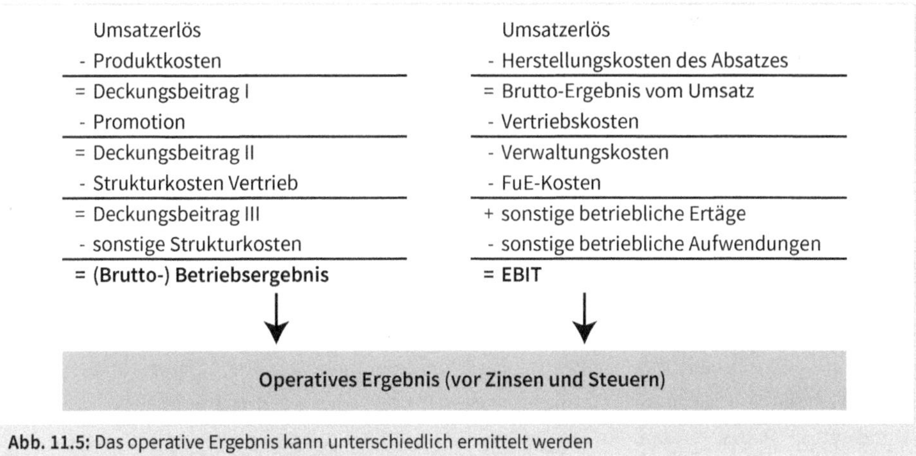

Abb. 11.5: Das operative Ergebnis kann unterschiedlich ermittelt werden

Im zweiten Schritt muss nun das operative Ergebnis zu einer Cashflow-Größe umgebaut werden, die – wie im letzten Kapitel beschrieben – auf den WACC abgestimmt ist. Vom operativen Ergebnis werden zunächst die Ertragsteuern abgezogen. Dabei handelt es sich um sogenannte adaptierte Steuern, d. h. der Unternehmenssteuersatz[197] wird auf das EBIT – nicht auf das EBT – angewandt. Mithin ist die **Steuerbelastung zu hoch gerechnet**, da die steuerliche Abzugsfähigkeit der FK-Zinsen nicht berücksichtigt wird. Dieser »Fehler« wird durch sogenannten »Tax Shield« im WACC korrigiert.[198]

Das operative Ergebnis nach Steuern und vor Zinsen zu berechnen führt zu einer neuen Größe. Sie wird oft als **$\textbf{NOPAT}_{BI}$** (Net Operating Profit After Tax Before Interest) bezeichnet. Der $NOPAT_{BI}$ stellt das operative Ergebnis dar, das ein Unternehmen mit 100 % Eigenkapitalfinanzierung erzielt hätte.

Zum $NOPAT_{BI}$ werden nicht auszahlungswirksame, aber in der Ergebnisrechnung berücksichtigte Aufwendungen[199] addiert. Nichteinzahlungswirksame Erträge[200] werden subtrahiert. Besonders hier wird das Auseinanderfallen von buchhalterischer Ergebnisorientierung und wertorientierter Cashflow-Betrachtung deutlich. Der daraus resultierende Brutto-Cashflow stellt den Geldzufluss aus dem laufenden operativen Geschäft dar, der für Investitionen und Ausschüttungen zur Verfügung steht:

	Operatives Ergebnis (vor Zinsen und Steuern)
-	Ertragsteuern (adaptiert)
=	Operatives Ergebnis (nach Steuern / vor Zinsen): $NOPAT_{BI}$
+	Abschreibungen auf das Anlagevermögen
+	Erhöhung (bzw. - Verminderung) der langfristigen Rückstellungen
=	Brutto Cashflow
-	Investitionen in das Anlagevermögen
-	Investitionen in das Net Working Capital (Vorräte + Debitoren + sonstiges operatives Umlaufvermögen - erhaltene Anzahlungen - Kreditoren - sonstiges operatives Fremdkapital)
=	**operativer Free Cashflow**

Abb. 11.6: Der operative FCF wird ohne den CF aus Finanzierungstätigkeit ermittelt

Um den Free Cashflow zu erhalten, muss der Brutto-CF um Investitionen in das Anlagevermögen und in das Net Working Capital verringert bzw. um entsprechende Desinvestitionen erhöht werden. Im Gegensatz zur Cashflow-Rechnung nach z. B. IAS 7 oder DRS 21 fehlen in der SHV-Betrachtung (Entity-Methode) sämtliche Cashflow-Positionen aus der Finanzierungstätigkeit. Zinsen werden im Diskontierungszinssatz gezeigt, Kredittilgungen später separat abgezogen (siehe Abb.11.4). Der verbleibende Rest (Dividende) steht dann den EK-Gebern zu.

197 Für Körperschaftsteuer, Solidaritätszuschlag, Gewerbesteuer.
198 Vgl. Kapitel 5.2.5 – der Faktor lautet (1 – Steuersatz »t«) – zu Varianten vgl. auch Kapitel 11.4.2.
199 z. B. Abschreibungen, Zuführungen zu langfristigen Rückstellungen.
200 z. B. Zuschreibungen, Auflösung nicht benötigter langfristiger Rückstellungen.

11.2.3 Jenseits des Detailplanungszeitraumes – der Terminal Value

Die wohl größte Schwierigkeit beim Shareholder-Value ergibt sich daraus, dass das zu bewertende Unternehmen im Gegensatz zu einem einzelnen Vermögensgegenstand in aller Regel keine vordefinierte Nutzungsdauer hat. Daher wird in der Praxis meist eine unbegrenzte Lebensdauer unterstellt. Aber was ist die Höhe der »ewigen Cashflows«? Da die Qualität der DCF-Rechnung wesentlich von der Prognostizierbarkeit der Unternehmensentwicklung abhängt, sollten die zukünftigen Free Cashflows über mindestens 5 Jahre geschätzt werden können. Einige Literaturquellen gehen von 7 bis 10 Jahren detaillierter Free Cashflow-Planung aus, was aber z. B. in den schnelllebigen Branchen der Hightechindustrie nur sehr schwer zu bewerkstelligen sein dürfte. Aus betriebswirtschaftlicher Sicht ist der Produktlebenszyklus mit der darin enthaltenen Veränderung der Cashflows abzubilden.

Man kann sich auch an Regeln der Rechnungslegung orientieren:

- IFRS: Für den Impairment Test (Werthaltigkeitstest) ist grundsätzlich (Ausnahmen sind zu begründen) für bestimmte Assets von maximal 5 Jahren Planungshorizont auszugehen (IAS 36).
- HGB: ein entgeltlich erworbener Geschäfts- oder Firmenwert wird über nunmehr 10 Jahre (BilRUG) abgeschrieben, sofern die voraussichtliche Nutzungsdauer **nicht** verlässlich (Kriterien: plausibel, nachvollziehbar, willkürfrei) geschätzt werden kann. Kann die Nutzungsdauer verlässlich geschätzt werden, ist diese anzusetzen (§ 253 Abs. 3 HGB). Es ist **in jedem Fall** eine Begründung für die gewählte Nutzungsdauer anzugeben.
- Steuerrecht: Hier werden entgeltlich erworbene Geschäfts- oder Firmenwerte über 15 Jahre abgeschrieben (§ 7 Abs. 1 EStG).

Unabhängig davon, wie man sich letztlich entscheidet: Grundsätzlich ist festzuhalten, dass selbst eine grobe Schätzung besser ist als gar keine Prognose. Doch wann endet der Detailplanungszeitraum? Sicher nicht zwingend mit dem internen Planungshorizont des zu bewertenden Unternehmens. Man sollte sich bewusst sein, dass ein kurzer Detailplanungszeitraum einen umso längeren Folgezeitraum auslöst. Man verzichtet auf eine (möglicherweise schlechte) Einschätzung weiterer detailliert geplanter Jahre und ersetzt dies durch eine pauschale Näherung der Ewigkeit. Man kann Abb. 11.4 auch wie folgt lesen: Der (Gesamt-)Unternehmenswert resultiert aus dem Detailplanungszeitraum und aus der Zeit danach. Also gilt:

Barwert der FCF während des Detailplanungszeitraumes
\+ Barwert der FCF nach dem Detailplanungszeitraum

Abb. 11.7: Zur Bestimmung des SHV ist ein Phasenmodell üblich

Am Ende des Detailplanungszeitraumes sollte eine Art »Gleichgewichtszustand« erreicht sein. Es gilt größere Investitionsschübe, anfallende Restrukturierungskosten, Markterschließungskosten sowie zu erwartende Synergieeffekte gänzlich abzubilden. In stark zyklischen Branchen – wie Chemieindustrie oder Stahlerzeugung – gilt es darauf zu achten, dass ein voller Konjunkturzyklus erfasst ist. Das ist wichtig, da die Berechnung des Terminal Value als ewige Rente auf der Annahme beruht, dass das Unternehmen nach dem Detailplanungszeitraum – ausgehend von einem »durchschnittlichen« Jahr – konstante oder konstant wachsende Free Cashflows generiert. Die Länge der Detailplanung hängt auch von der Unternehmensstrategie ab. Wird etwa eine Expansion angestrebt, ist in den ersten Planungsperioden mit niedrigen, später dann mit hohen Free Cashflows zu rechnen, von denen der größte Teil im Detailplanungszeitraum abgebildet werden sollte. Generell gilt: Eine längere Detailplanung zwingt dazu, die getroffenen Annahmen explizit darzulegen und zu durchdenken.

Der Barwert der Free Cashflows nach dem Detailplanungszeitraum, der **Terminal Value** (TV), wird vereinfacht berechnet. Dies geschieht in Form einer sogenannten »ewigen Rente«

$$TV = \frac{\text{Normalisierter FCF}}{(i-g)}$$

TV = Terminal Value oder Fortführungswert
i = Diskontierungszinssatz
g = Wachstumsrate des normalisierten FCF

Der normalisierte FCF stellt den dauerhaft erzielbaren FCF dar – meist als sogenannte »ewige Rente«. Typische Annahmen wären z. B., dass die Investitionen den Abschreibungen entsprechen oder dass die Veränderung des (Net) Working Capitals null beträgt. Sofern eine konstante **Wachstumsrate** unterstellt wird, sollte diese nicht zu hoch angesetzt sein. Es gibt nicht selten längere Konjunkturphasen, in denen es Unternehmen nicht gelingt, die volle Inflationsrate in Form von Preissteigerungen an ihre Kunden weiter zu geben. Die Gefahr ist groß, das Unternehmen mittels einer zu hohen pauschalen Wachstumsrate schönzurechnen. Als Näherungswert könnte die erwartete langfristige Wachstumsrate der Branche herangezogen werden. Es gelingt Unternehmen nur selten, dauerhaft schneller als der Markt zu wachsen.

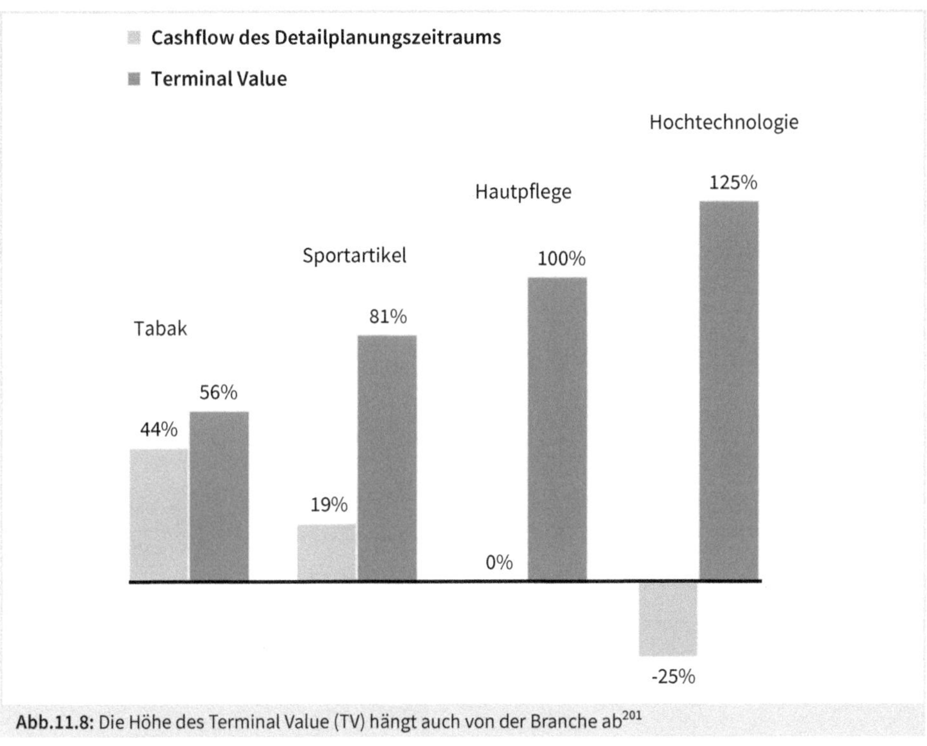

Abb.11.8: Die Höhe des Terminal Value (TV) hängt auch von der Branche ab[201]

Die Grafik verdeutlicht, wie wichtig es ist, den Terminal Value (Fortführungswert) exakt zu bestimmen. Es sollte immer eine Plausibilisierung der selbst ermittelten Werte mit Branchenwerten erfolgen.

11.3 Der Economic Value Added™

11.3.1 Aufbau des EVA™

Der Economic Value Added™ hat nicht das Ziel, einen Unternehmenswert zu ermitteln, wie es der SHV macht. Der EVA™ beantwortet die zweite Frage aus Kapitel 11.1, nämlich ob das Management einen (ökonomischen) Wert geschaffen hat. Diese Frage lässt sich nicht gut mit dem SHV beantworten, weil die Notwendigkeit, *künftige* FCF zu ermitteln, zur Manipulation einlädt. Ob die umgesetzten Maßnahmen künftig den SHV mehren, findet im EVA™-Konzept daher keine Berücksichtigung.

201 Quelle: Copeland/Koller/Murrin (1998): Unternehmenswert, Frankfurt am Main, Seite 293; Detailplanungszeitraum 8 Jahre.

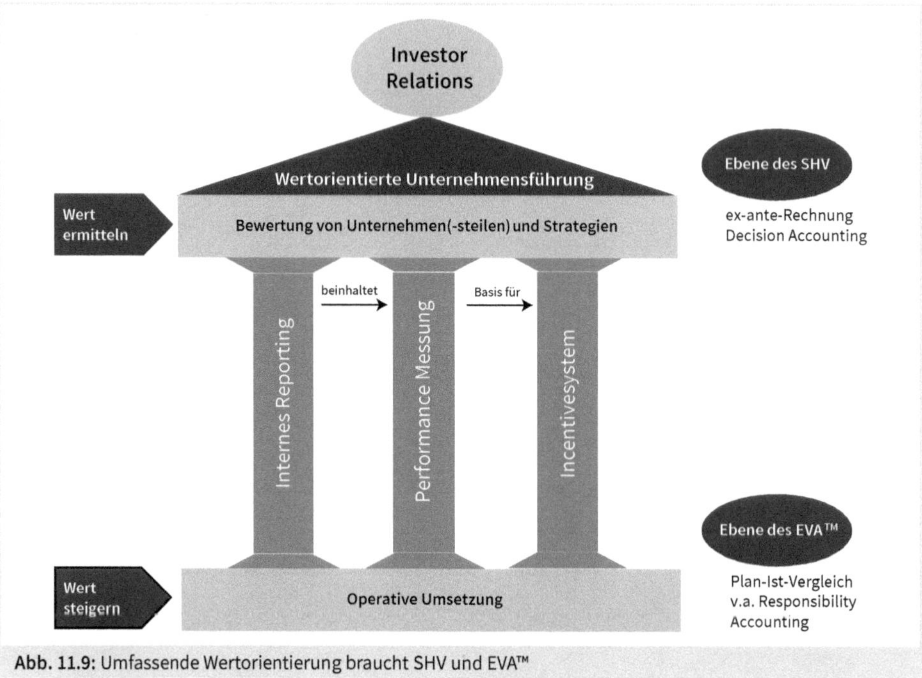

Abb. 11.9: Umfassende Wertorientierung braucht SHV und EVA™

Der EVA™ hat andere Aufgaben. Dazu gehört vor allem, die Auswirkungen geplanter Maßnahmen besser nachvollziehbar zu machen bzw. später das Erreichte transparenter darzustellen. Er wird darum nicht selten in Form eines Werttreiberbaums dargestellt. Zugleich lassen sich damit Unternehmensziele konsistent in Ziele unterer Hierarchieebenen überführen und Wechselwirkungen sichtbar machen. Es geht also nicht um Wertermittlung, sondern um Wertsteigerung. Der EVA™ behebt zugleich das Hauptproblem der Gesamtkapitalrenditen (wie ROI, ROCE): das Fehlen einer Benchmark. Denn erst der Vergleich mit den Kapitalkosten zeigt, ob eine Investition Wert schafft oder vernichtet. Als Renditegröße verwendet das Konzept den RONA.

$$\text{RONA} = \frac{\text{NOPAT}_{\text{BI}}}{\text{Net Assets}}$$

Das EVA™-Konzept hat – wie auch der Shareholder-Value – als Vergleichsgröße den WACC. Auch der schon bekannte NOPAT_{BI} findet sich hier wieder. **Man kann vereinfachend sagen, dass der EVA™ die Umsetzung dessen plant, operationalisiert oder misst, was mit dem Shareholder-Value langfristig erreicht werden soll.** Der EVA™ des einzelnen Jahres ist wie ein Zwischenergebnis zur Zielerreichung.

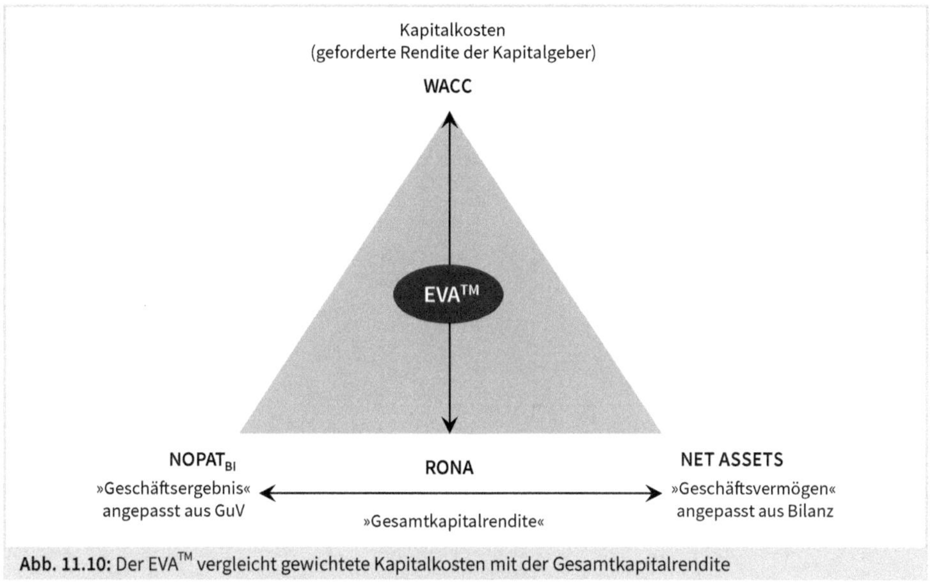

Abb. 11.10: Der EVA™ vergleicht gewichtete Kapitalkosten mit der Gesamtkapitalrendite

Sowohl beim Geschäftsergebnis als auch beim Geschäftsvermögen werden **Anpassungen** (Adjustments bzw. Conversions) vorgenommen, um die ökonomische Aussagefähigkeit einzelner buchhalterisch »verzerrter« Werte zu erhöhen und die Nachhaltigkeit des Ergebnisses sicherzustellen. Der wichtigste Grund ist aber im Lücke-Theorem (Kapitel 5.2.2) zu sehen. Ob das Management in der Periode einen Wert geschaffen hat, ist aus Sicht der Investitionsrechnung nicht mit buchhalterischen Größen aus Bilanz und GuV zu beantworten. Das Konzept benötigt darum die aufwändige Anpassung der Daten aus Bilanz und GuV. **Auch die Kapitalkosten WACC sind anzupassen.** Nur so ergibt sich das prinzipiell gleiche Ergebnis, wie es der Shareholder-Value richtigerweise direkt aus Zahlungen ermittelt. Anders ausgedrückt kann der EVA™ als Residualgewinn nur deshalb zur unterjährigen Steuerung verwendet werden, weil er zugleich über die Diskontierung der Zeitreihe aller EVAs zum **Market Value Added** führt und damit den Unternehmenswert abbildet.

Als **Geschäftsvermögen** im Sinne der EVA™-Methodik versteht man das im Jahresdurchschnitt netto investierte verzinsliche Kapital (Net Assets), d. h. die Bilanzsumme wird um alle nichtverzinslichen Passivpositionen korrigiert.

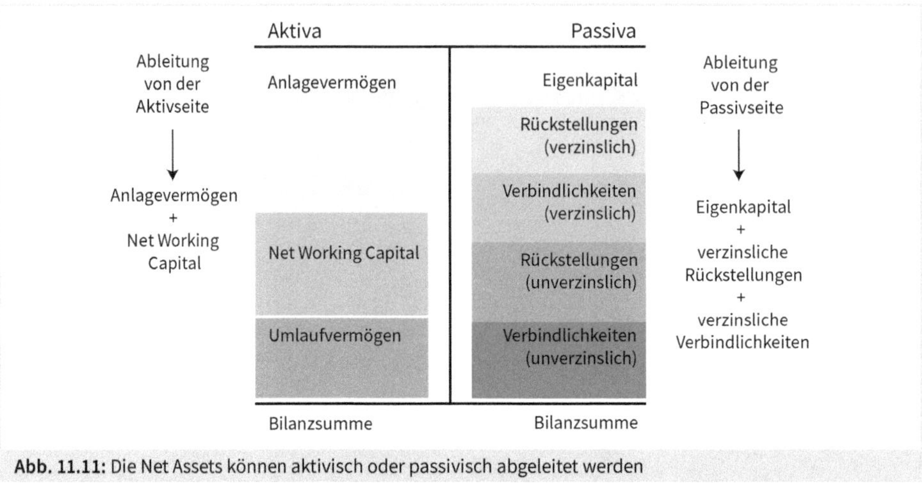

Abb. 11.11: Die Net Assets können aktivisch oder passivisch abgeleitet werden

Der EVA™ basiert damit hauptsächlich auf den Daten der externen Rechnungslegung. Das ist hilfreich, wenn diese Führungsgröße schnell in die Berichtslandschaft vor allem internationaler Konzerne integriert werden soll. Gleichzeitig unterliegen damit Größen des EVA™ der externen Abschlussprüfung. Dies trägt zur Glaubwürdigkeit und Akzeptanz des Konzeptes bei. Hinsichtlich der externen Kommunikation mit dem Kapitalmarkt ergibt sich dadurch ein weiterer Vorteil, nämlich die konsistente Darstellung der Geschäftsentwicklung aus Sicht der Unternehmensführung, ohne den Bezug zu den Financial Statements zu verlieren.

Der EVA™ zeigt den Wertbeitrag eines Unternehmens oder einer strategischen Geschäftseinheit nach Abzug der Kapitalkosten. Es ist ein absoluter **Euro-Betrag**. Natürlich lässt sich das Konzept auch auf eine einzelne Investition übertragen. Das Schema zeigt die Wirkungen auf Rendite und Vermögen beim EVA™:

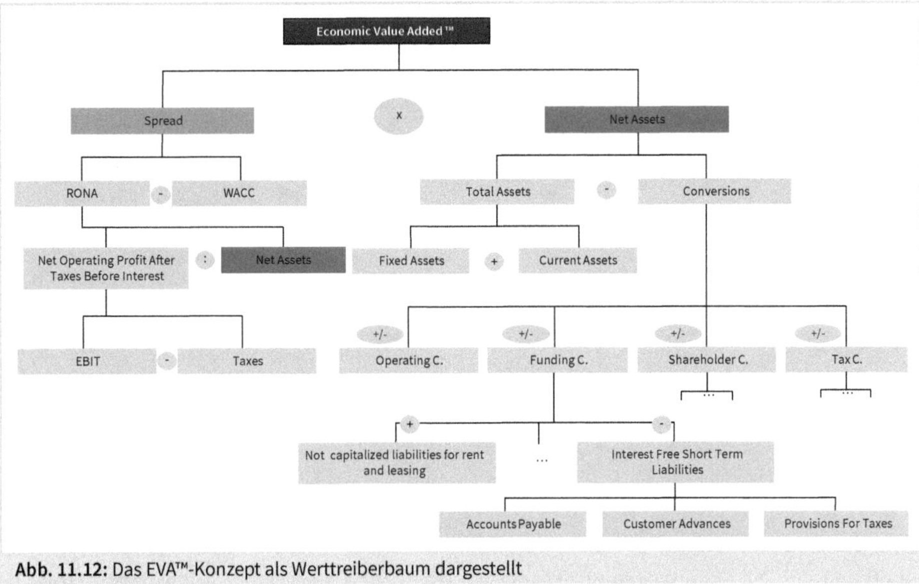

Abb. 11.12: Das EVA™-Konzept als Werttreiberbaum dargestellt

Das EVA™-Konzept von Stern/Stewart kennt sehr viele Adjustments. Im Folgenden ein sehr kleiner Auszug, um die einzelnen Kategorien mit Beispielen zu versehen:

Operating Conversions	
+	Zinsanteil der Pensionsrückstellungen (GuV)
-	aktiviertes nichtbetriebsnotwendiges Vermögen (Bilanz)
+	Abschreibungen auf aktiviertes nicht-betriebsnotwendiges Vermögen (GuV)
+	Korrektur der Finanzierungseffekte des nicht-betriebsnotwendigen Vermögens (Bilanz)
	...

Funding Conversions	
+	Zinsanteile in operativen Miet-/Leasingaufwendungen (GuV)
+	Aktivierung der Barwerte operativer Miet-/Leasingaufwendungen (Bilanz)
-	Abschreibung operativer Miet-/Leasingaufwendungen (GuV/Bilanz)
+	verdeckte Zinsen innerhalb der VLL

Tax Conversions

Tax Shield
Latente Steuern

Shareholder Conversions

+/-	Effekte aus Umbewertung Umlaufvermögen auf Marktwerte (inkl. Rückstellung für Forderungsausfälle)
+/-	Effekte aus Umbewertung SAV auf Marktwerte
	Korrektur von Abschreibungen auf den derivativen Goodwill (Unterstellung: hält ewig, keine Ersatzbeschaffung)
	Originären Goodwill (z. B. aus FuE) analog zum derivativen Goodwill im Kapitaleinsatz zeigen und aus der GuV herausnehmen

Aber in der Praxis verwendet kaum eine Firma mehr als »eine Hand voll« Conversions. Man könnte sagen, erst durch den Verzicht auf letzte Genauigkeit wird die Berechnung für den Leser »(be-)greifbar«. Hier gilt: Weniger ist manchmal eben doch mehr. Philosophisch betrachtet ist das fast schon ein Wert an sich. Trotzdem möchten wir am Beispiel ausgewählter Conversions einmal die Denkweise und Problematik verdeutlichen. Beispielhaft seien **FuE-Aufwand, Marketingaufwand** und **Abschreibungen auf den Goodwill** andiskutiert:

- **FuE- und Marketingaufwand:** Vorschlag, diese zu kapitalisieren und über die voraussichtliche Nutzungsdauer abzuschreiben, da diese Aufwendungen zwar heute das Ergebnis schmälern, aber in Zukunft einen Wert erzeugen und demnach wie Investitionen zu behandeln sind. Der *Vorteil* liegt darin, die Periodengerechtigkeit zu erhöhen. Hierdurch wird der Anreiz erhöht, heute Maßnahmen zu ergreifen, die sich erst in der Zukunft (hoffentlich) lohnen. Hier liegt auch der *Nachteil* begründet. Eine umfassende Aktivierung ist unangemessen. Nicht alle Aktivitäten werden in Zukunft zu Erfolgen führen.
- **Goodwill-Abschreibungen:** Die Überlegung lautet, ein (derivativer) Firmenwert nutze sich im Gegensatz zu Sachanlagevermögen nicht planmäßig ab. Also müssten diese Abschreibungen wieder zum EBIT hinzuaddiert werden und auch (kumuliert) das Geschäftsvermögen erhöhen. Diese Vorgehensweise hat zwei *Vorteile*: Erstens nähert sich der $NOPAT_{BI}$ dadurch dem Brutto-Cashflow an, zweitens wird vermieden, dass sich der EVA™ im Zeitablauf allein aufgrund der fallenden Goodwill-Abschreibungen erhöht. Dieser Anstieg stellt natürlich keine Wertschaffung dar, da er rein rechentechnisch bedingt ist. Die Vorgehensweise hat aber auch *Nachteile*: Das, was den Firmenwert ausmacht, z. B. gute Kundenkontakte, Mitarbeiter-Know-how oder eingeübte Unternehmensprozesse, hält nicht ewig vor. Der Goodwill muss mit Aufwand erhalten werden.

Die Praktikabilität des EVA™-Konzepts zeigt sich auch in der Analogie zum ROI-Baum. Die Stellgrößen wertorientierter Steuerung werden besonders gut sichtbar. Das folgende Beispiel aus der Praxis verdeutlicht, dass das Baum-Prinzip nicht nur ein Rechenschema ist. Die Darstellung fördert die Transparenz von Zielen und unterstützt so die **Führung**.

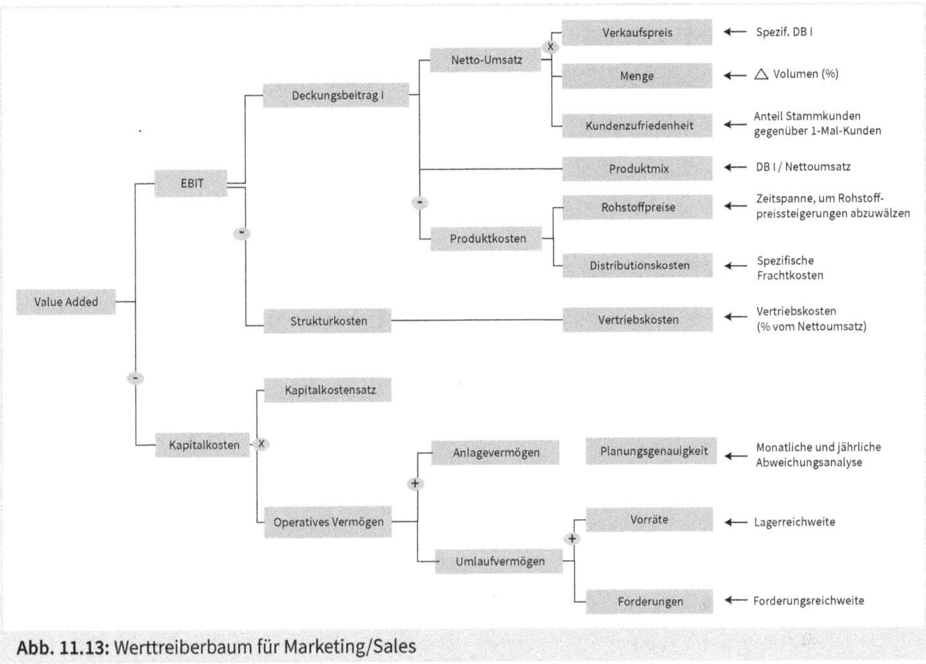

Abb. 11.13: Werttreiberbaum für Marketing/Sales

11.3.2 Wertschaffung durch EVA™-Steigerung

Der EVA™ als absolute Größe »Übergewinn« ist ein Indikator für die Rentabilität eines Geschäfts. Eine konstante Rendite erzeugt aber noch keine Wertschaffung. Sie begründet nur ein Wertniveau. **Für Wert*schaffung* ist es nötig, die Rendite zu erhöhen oder Wachstum mit Rendite über Kapitalkosten zu erzielen.** Beide führen zu einer Erhöhung des EVA™. Diese Erhöhung wird auch »Delta EVA™« genannt – in Abb. 11.14 die helle Fläche.

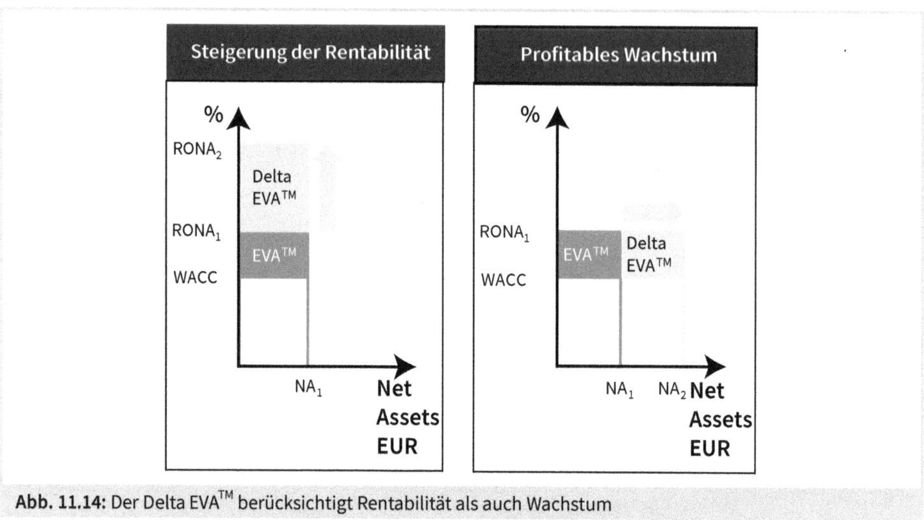

Abb. 11.14: Der Delta EVA™ berücksichtigt Rentabilität als auch Wachstum

Häufig wird auch mit der Kombination von ROCE und Capital Employed gearbeitet. So können Unternehmen ihre eingeführten Steuerungsgrößen beibehalten, ohne das Konzept einer Überrendite aufzugeben. Denn das Konzept hilft, die Schwächen der Renditesteuerung zu beheben:

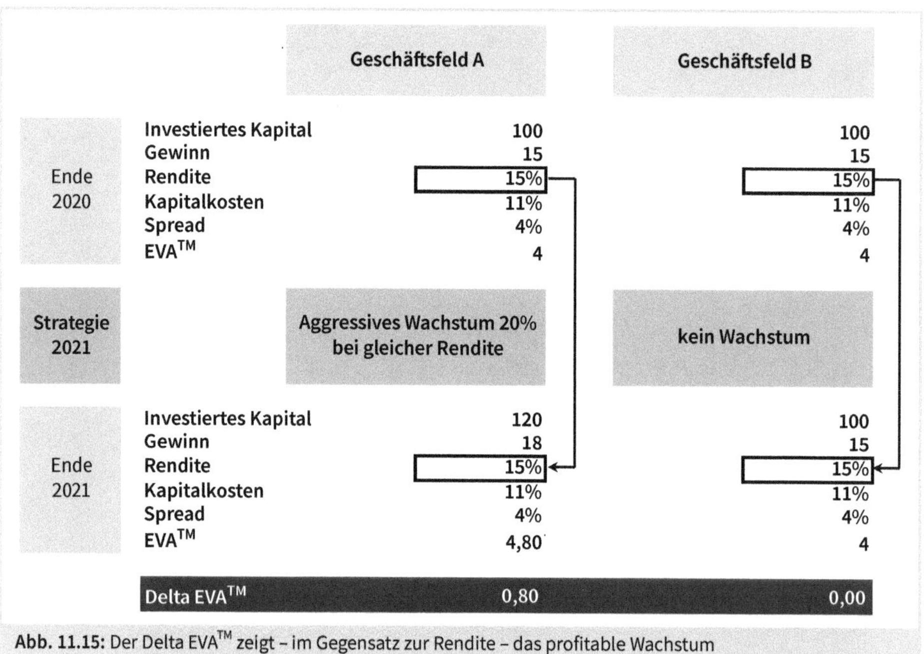

		Geschäftsfeld A	Geschäftsfeld B
Ende 2020	Investiertes Kapital	100	100
	Gewinn	15	15
	Rendite	15%	15%
	Kapitalkosten	11%	11%
	Spread	4%	4%
	EVA™	4	4
Strategie 2021		Aggressives Wachstum 20% bei gleicher Rendite	kein Wachstum
Ende 2021	Investiertes Kapital	120	100
	Gewinn	18	15
	Rendite	15%	15%
	Kapitalkosten	11%	11%
	Spread	4%	4%
	EVA™	4,80	4
	Delta EVA™	0,80	0,00

Abb. 11.15: Der Delta EVA™ zeigt – im Gegensatz zur Rendite – das profitable Wachstum

Beispielhaft sollen im Geschäftsfeld A von Abb. 11.15 die wichtigsten Zahlen erläutert werden. Der Rendite von 15% stehen angenommene Kapitalkosten von 11% gegenüber. Die Differenz ergibt den Spread von 4%. Bezieht man diese »Überrendite« auf das investierte Kapital von 100, so ergibt sich für 2020 der EVA™ von 4,0. Geht man jedoch von 20% Wachstum aus, dann steigt zunächst einmal der Kapitaleinsatz auf 120. In diesem Beispiel wird eine gleichbleibende Rendite von 15% auch für das hinzukommende Geschäft unterstellt. In der Folge ist das ein zusätzlicher Gewinn von 3, der zu dem bisherigen Gewinn von 15 dazukommt. Bei stabiler Rendite beträgt der Spread unverändert 15% - 11% = 4%. Multipliziert man den Spread mit dem Kapitaleinsatz von 120, so erhält man den EVA™ von 4,8. **Man kann dies auch wie folgt interpretieren:** Beim neu investierten Kapital stehen den Kapitalgebern 13,2 Gewinn zu (11% von 120). Der erzielte Gewinn von 18 liegt 4,8 höher. Die 4,8 gehen allein an den Eigentümer.

In Abb. 11.16 wächst das Unternehmen ebenfalls stark mit 50%, allerdings hat das Neugeschäft »nur noch« eine Rendite von 20%. Damit liegt sie aber immer noch über den Kapitalkosten. Folge: Die Rendite sinkt auf 26,67%, trotzdem wird Wert geschaffen (Delta EVA™ 4,5).

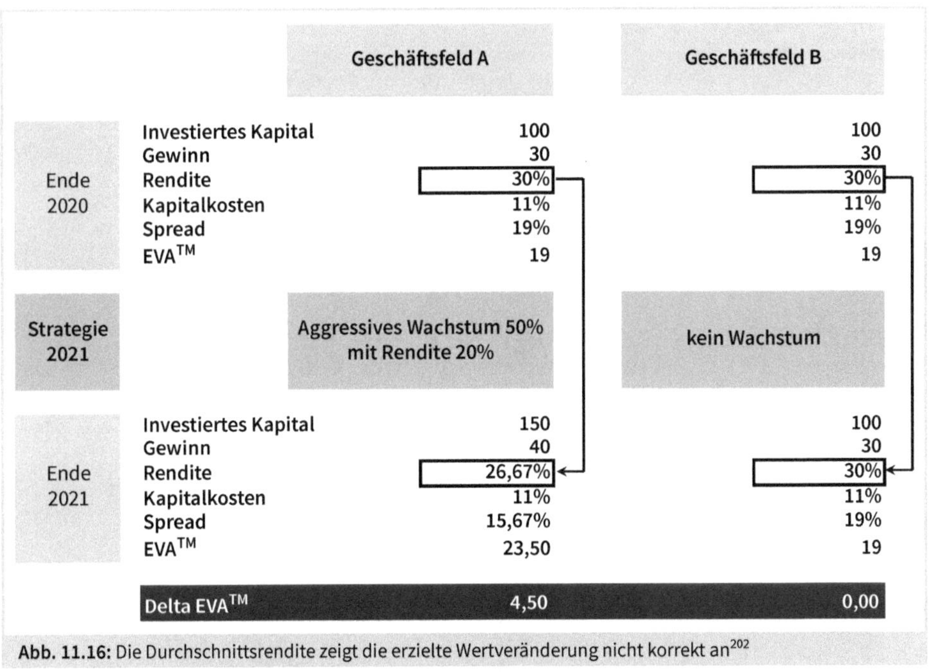

Abb. 11.16: Die Durchschnittsrendite zeigt die erzielte Wertveränderung nicht korrekt an[202]

202 In Anlehnung an Dr. A. Wagner, Unicredit.

Es lässt sich ebenso zeigen, dass die Rendite unprofitables Wachstum nicht »bestraft«. Daher sollte der Delta EVA™ auch in Portfoliodarstellungen verwendet werden – z. B. Wachstum und Renditesteigerung vergleichend.

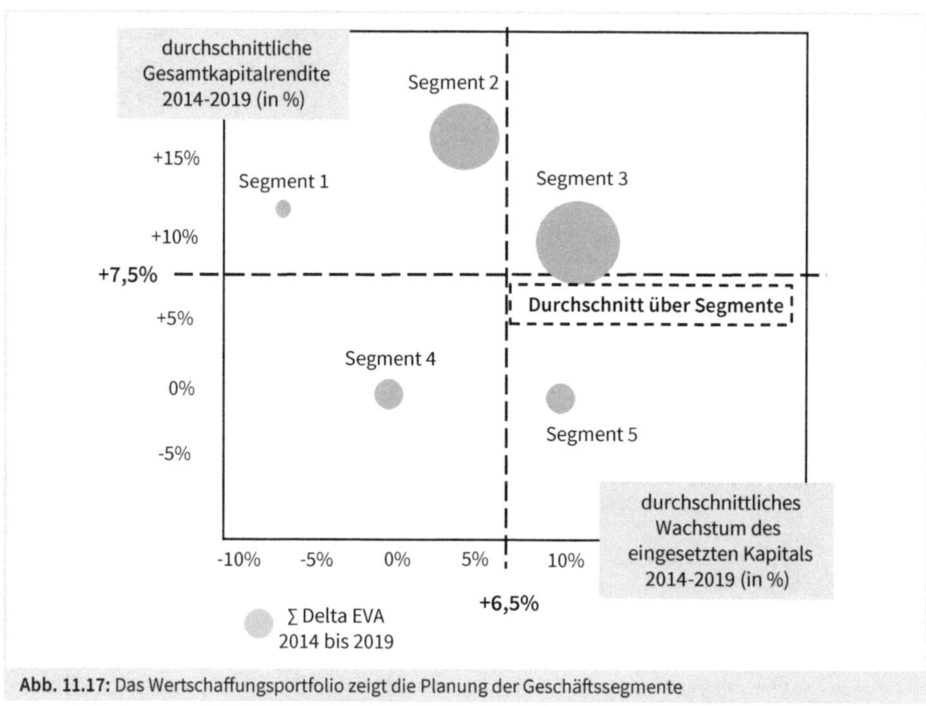

Abb. 11.17: Das Wertschaffungsportfolio zeigt die Planung der Geschäftssegmente

Wertmanagement sollte bereits im Budgetierungsprozess verankert werden, um Ressourcen sinnvoll zu steuern. Dazu müssen die operativen Bereiche wissen, mit welchen verschiedenen Kombinationen von Rendite und Kapitaleinsatz[203] das angestrebte EVA™-Niveau realisiert werden kann. Die folgende Abbildung zeigt hierzu die sog. ISO-EVA™-Kurve[204].

203 Alternativ in der Praxis auch ROCE und Capital Employed.

204 Iso (griech.) für »gleich«: Alle Punkte auf dieser Kurve haben dasselbe EVA™-Niveau.

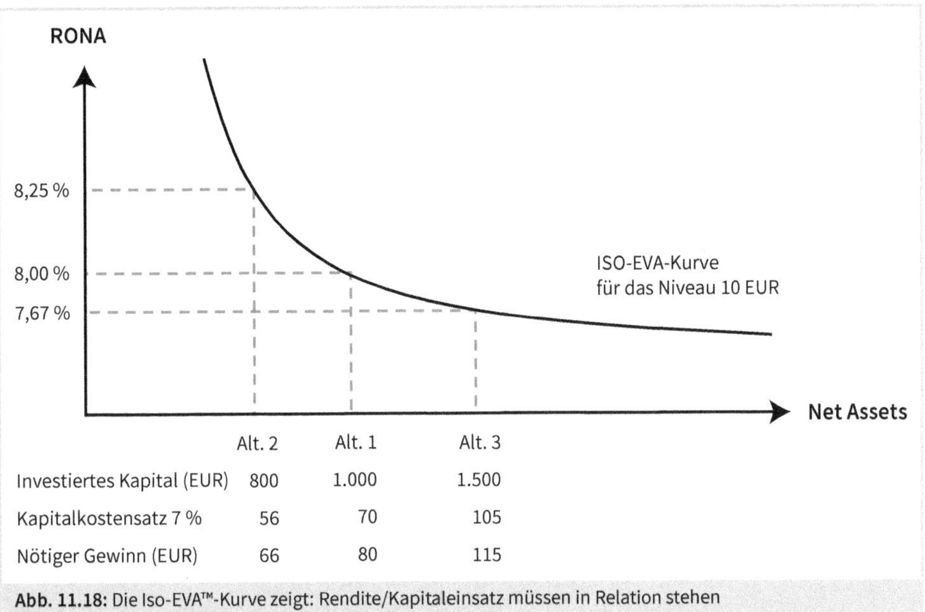

	Alt. 2	Alt. 1	Alt. 3
Investiertes Kapital (EUR)	800	1.000	1.500
Kapitalkostensatz 7 %	56	70	105
Nötiger Gewinn (EUR)	66	80	115

Abb. 11.18: Die Iso-EVA™-Kurve zeigt: Rendite/Kapitaleinsatz müssen in Relation stehen

Die Zahlen innerhalb der Abb. 11.18 zeigen einen deutlichen Strategiebezug: Der Kapitaleinsatz definiert den nötigen RONA, womit operative Konsequenzen bzgl. Margen, Preisen und Mengen abgeleitet werden können. Die Grafik zeigt aber auch, **dass es nicht zwingend um »Punktlandungen« beim Budget geht**, sondern Bandbreiten bzw. Kombinationen von Kapitaleinsatz und Rendite zu erreichen sind. Für den Periodenüberschuss folgen unterschiedliche Anspruchsniveaus, was bei unklarer Kommunikation zu Verwirrung in den operativen Bereichen führen könnte. Insofern wird meist doch ein klares Ziel kommuniziert – natürlich auch deshalb, weil viele Branchen den Kapitaleinsatz nicht flexibel anpassen können. Bei gegebenem Investment folgt zwingend nur noch »eine korrekte Rendite«. Zudem dürfte generell, d. h. sogar in Zeiten niedriger Zinsen die Kapitalknappheit die Anzahl der realisierbaren Varianten bei den meisten Unternehmen deutlich beschränken. Vor allem bei Banken gilt wegen regulatorischer Vorgaben der Engpass Eigenkapital. Daher ersetzt dort der ROE[205] den RONA.

Abbildung 11.18 zeigt die ISO-EVA™-Kurve für das Niveau 10 EUR. Natürlich gibt es für andere EVA™-Level auch weitere Kurven. Mathematiker sprechen von einer Kurvenschar.

205 Return On Equity (Eigenkapitalrendite) als Steuerungsgröße gemäß engpassorientierter Steuerung; vgl. Deyhle/Eiselmayer/Kleinhietpaß (2016): Controller Praxis, Kapitel 3.8 und 4.3.3.3.

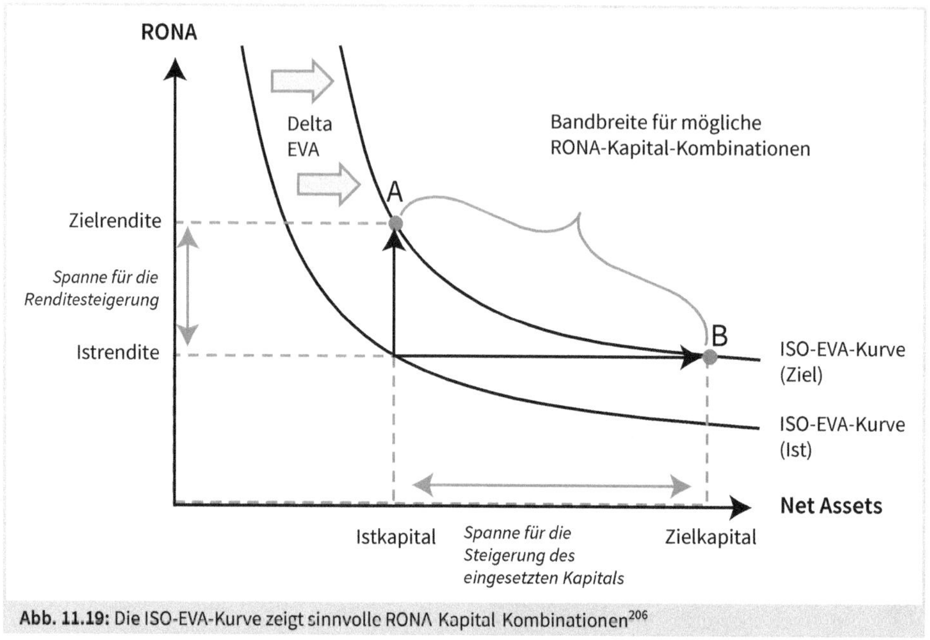

Abb. 11.19: Die ISO-EVA-Kurve zeigt sinnvolle RONA-Kapital-Kombinationen[206]

Kurven, die ein niedrigeres – bzw. höheres – Niveau bedeuten, liegen links – bzw. rechts – von der Ausgangskurve. Sofern ein einmal erreichtes EVA™-Niveau gesteigert werden soll, muss man auf eine höher gelegene Kurve gelangen. Punkt A bedeutet, das bestehende Geschäft ohne Nettoinvestition zu mehr Ergebnis zu bringen, indem die Rendite gesteigert wird. Punkt B entspricht einer deutlichen Investition, die mindestens unter Beibehaltung der momentanen Rendite erfolgen muss. Auch hier entsteht wieder eine Bandbreite für mögliche RONA-Kapital-Kombinationen.

Diese Bandbreite an Möglichkeiten lässt sich einschränken durch die sog. C-Kurve in der nachfolgenden Abbildung. Sie gibt den individuellen Wertschaffungspfad für ein Segment an. Verdient ein Bereich seine Kapitalkosten nicht, sollte im Regelfall kein zusätzliches Wachstum stattfinden. Der Fokus sollte dann auf Renditesteigerung liegen. Eine typische Ausnahme von der Regel wären z. B. Branchen, die stark durch **Economies of Scale** geprägt sind oder im Rahmen der Digitalisierung dem sogenannten »Lock-in«-Effekt unterliegen.

206 Quelle: in Anlehnung an Dr. A. Wagner, Unicredit.

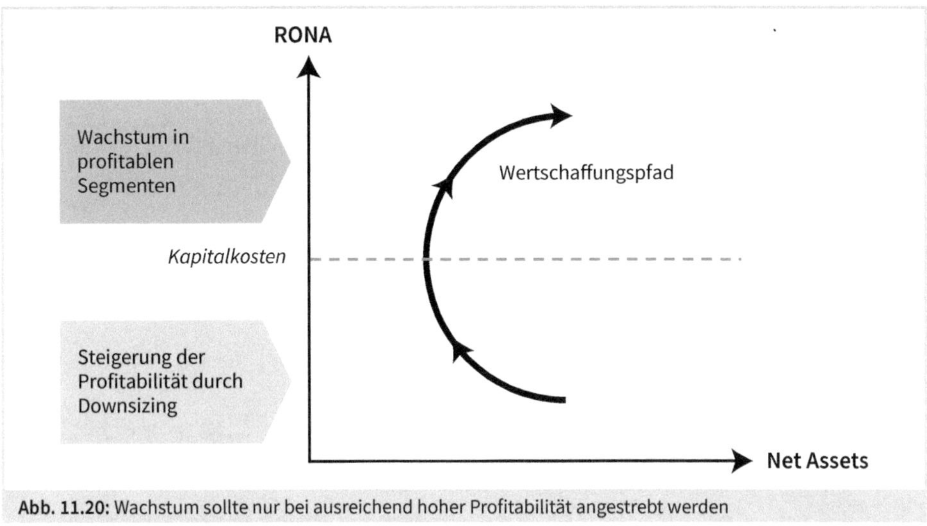

Abb. 11.20: Wachstum sollte nur bei ausreichend hoher Profitabilität angestrebt werden

11.3.3 Wertsteigerung und Incentivierung

Die Wirksamkeit eines Steuerungsinstrumentes hängt auch davon ab, inwieweit es gelingt, die Interessen des Unternehmens mit den Interessen der zuständigen Führungskräfte und Mitarbeiter in Einklang zu bringen. Verfolgt ein Unternehmen etwa ein Deckungsbeitragsziel, die Außendienstmitarbeiter werden aber auf Umsatzbasis provisioniert, so darf man sich nicht wundern, wenn der Vertrieb das teurere, nicht das rentablere Produkt beim Kunden favorisiert. Ebenso können Renditen als persönliche Zielsetzungen durch wertvernichtende Maßnahmen gesteigert oder durch wertschaffende Maßnahmen gesenkt werden.[207] **Ein klassischer Zielkonflikt.** Was also liegt näher, als das Unternehmensziel EVA™ auf den Einzelnen zu übertragen und einen Teil der variablen Vergütung an der Wertschaffung festzumachen? Durch die Kopplung der Vergütung an den »objektiven« Wert Kapitalkosten können politisch motivierte Budgetverhandlungen zumindest reduziert werden. Die folgenden Ausführungen gehen zurück auf ein Konzept der *Stern Stewart & Co. Management Consultants*. Wir erlauben uns, die Darstellung an der einen oder anderen Stelle zu kürzen.

207 Abb. 11.15 und 11.16 zum Delta-EVA™ haben uns Ansätze der Fehlsteuerung gezeigt.

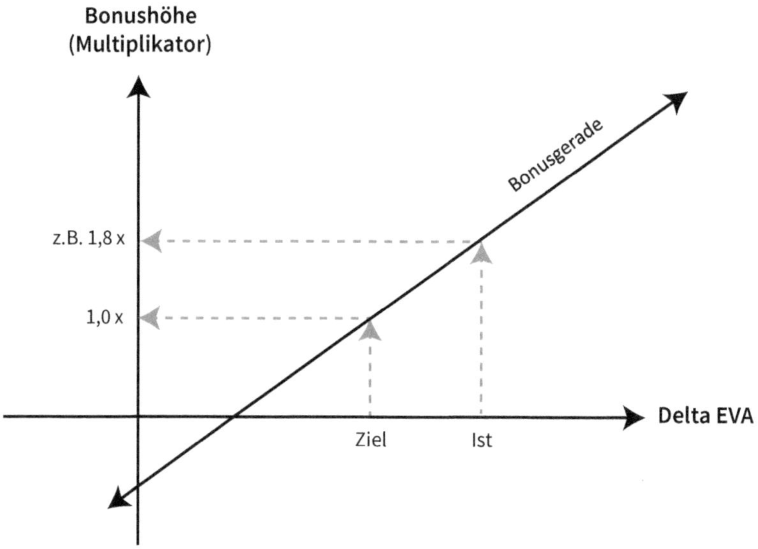

Abb. 11.21: Veränderungen des EVA™ sollen linear auf den Bonus wirken.

Wesentliche Merkmale des Systems sind:

- Es gibt keine Knickstellen im Sinne eines Minimal- bzw. Maximalwertes, um Fehlsteuerungen zu vermeiden
- Bei kapitalmarktorientierten Gesellschaften gibt es keine Verknüpfung zum Budget, um »basarähnliche« Verhandlungen zu verhindern. Die Zielgrößen werden aus externen Benchmarks (z. B. Analystenprognosen) abgeleitet.
- Das EVA™-Ziel kann in einem weiteren Schritt mit anderen nicht-monetären Zielen verknüpft werden
- Der errechnete Bonusmultiplikator wird auf einen vorab fixierten Zielbonus bezogen (i. S. v. multipliziert)
- Der errechnete Jahresbonus wird nicht sofort vollständig ausgezahlt; z. B. zwei Drittel werden in einer Bonusbank »geparkt«

Die Bonusgerade soll Ergebnisschwankungen in den Bonus übersetzen. Um sie zu konstruieren, wird zunächst ein Bonusintervall definiert. Es kann aus historischen EVA™-Schwankungen (Volatilitäten) des Unternehmens oder auch von Wettbewerbern (Peergroup) abgeleitet werden. Eine hohe Volatilität in der Vergangenheit vergrößert auch das Bonusintervall. Bei der Implementierung des Incentivesystems kann eine Feinabstimmung der gewünschten Bonusvariabilität (Chance ↔ Risiko) durchgeführt werden. Später sollte es dann nicht mehr verändert werden.

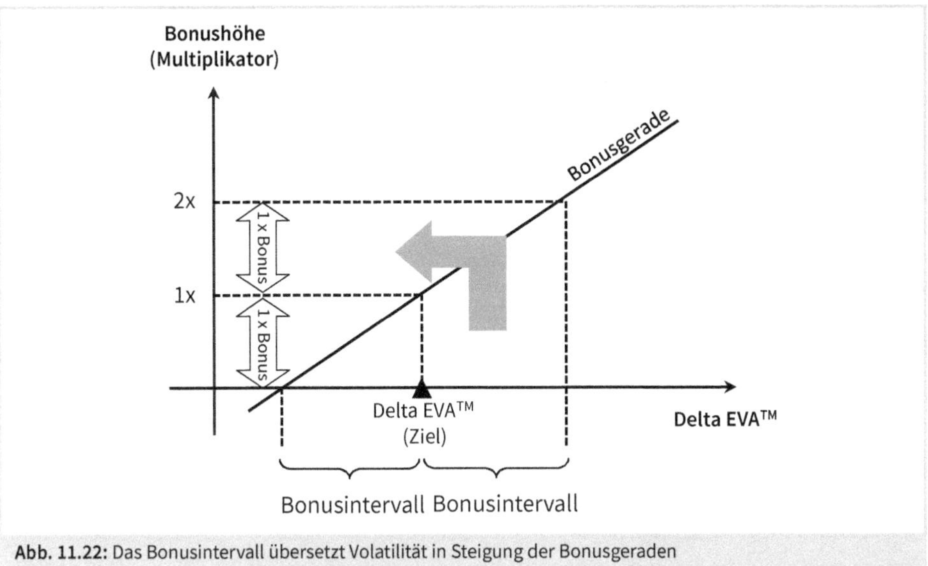

Abb. 11.22: Das Bonusintervall übersetzt Volatilität in Steigung der Bonusgeraden

Die Bonusgerade definiert so das Spektrum der möglichen späteren Ist-Werte. Der erreichte Ist-Wert des Delta EVA™ wird anschließend in einen Ist-Bonusmultiplikator umgerechnet. Die Formel zur Berechnung sei anschließend an einem Beispiel erläutert, welches zur Funktionsweise der Bonusbank nach Stern Stewart überleitet:

$$\text{EVA}^{\text{TM}}\text{-Bonusmultiplikator} = 1 + \frac{\text{Ist Delta EVA} - \text{Ziel Delta EVA}}{\text{Bonusintervall}}$$

Bonusintervall:	50 Mio. EUR	EVA™-Bonusmultiplikator
Ziel Delta EVA™	120 Mio. EUR	$1 + \frac{128 - 120}{50} = 1{,}16$
Ist Delta EVA™	128 Mio. EUR	

In diesem Beispiel betrage der errechnete Gesamtbonus 55.400 EUR als Ergebnis von EVA™-Ziel und weiteren persönlichen Zielen. Dieser eben errechnete Gesamtbonus wird nicht vollständig sofort, sondern in mehreren Tranchen ausbezahlt. Dies soll die Nachhaltigkeit der erwirtschafteten Gewinne sicherstellen. Das wird »Bonusbank« genannt und stellt eine weitere wichtige Komponente des Incentivesystems dar. Stern Stewart schlägt vor:

- Von einem positiven Saldo wird ein Drittel ausbezahlt.
- Negative errechnete Boni und Boni, die über dem Gesamtzielbonus liegen, werden in die Bonusbank eingestellt.
- Bei einem negativen Kontostand wird ein positiver errechneter Bonus bis max. 50 % zur Deckung des Negativsaldos verwendet. Der verbleibende Betrag wird bis zur Höhe des Gesamtzielbonus voll ausbezahlt. Verbleibt auch dann noch ein Rest des errechneten Bonus, wird dieser wiederum der Bonusbank zugeführt.

in EUR	2015	2016	2017	2018
Gesamtzielbonus	50.000	50.000	50.000	50.000
Errechneter Bonus	**55.400**	**70.000**	**-20.000**	**60.000**
Anfangsbestand Bonusbank	0	3.600	15.733	-4.267
Ausgleich negativer Bonusbank	0	0	0	4.267
Saldo nach Ausgleich	0	3.600	15.733	0
Verfügbarer errechneter Bonus	55.400	70.000	-20.000	55.733
Ausschüttung bis Gesamtzielbonus	**50.000**	**50.000**	**0**	**50.000**
Einstellung in Bonusbank	5.400	20.000	-20.000	5.733
Verfügbarer Bonusbankbestand	5.400	23.600	-4.267	5.733
Auszahlung aus Bonusbank	**1.800**	**7.867**	**0**	**1.911**
Endbestand Bonusbank	3.600	15.733	-4.267	3.822
Bonuszahlung	**51.800**	**57.867**	**0**	**51.911**

Abb. 11.23: Das Modell von Stern Stewart arbeitet ohne Verzinsung des Saldos

11.4 Shareholder-Value und EVA™ im Vergleich

11.4.1 Würdigung der beiden Verfahren

In diesem Kapitel stellen wir die beiden Methoden vergleichend gegenüber und unterziehen sie auch einer Bewertung. Der Vergleich wird im nächsten Kapitel um ein Zahlenbeispiel ergänzt, das zeigt, dass sich SHV und EVA™ ineinander überführen lassen. Beide kommen zum gleichen Ergebnis.

Die **Shareholder-Value**-Rechnung ist eine Einschätzung der Zukunft und dient der Bewertung eines Unternehmens (bzw. seiner Teilbereiche) auf Basis künftiger Zahlungsströme. Damit eignet es sich zur Strategiebeurteilung. Die Qualität der DCF-Rechnung ist von der Prognosequalität abhängig. Die daraus folgende Subjektivität wird der Methodik oft angelastet, ist aber zugleich eine ihrer größten Stärken. Denn dadurch können individuelle Strategien (Stärken – Schwächen bzw. Chancen – Risiken) in der Planung der Free Cashflows abgebildet werden. Einen objektiven Unternehmenswert kann es somit gar nicht geben. Trotzdem verringert diese **Subjektivität** die Akzeptanz des Verfahrens. Das gilt insbesondere bei einem hohen Anteil des Terminal Value am Gesamtunternehmenswert.

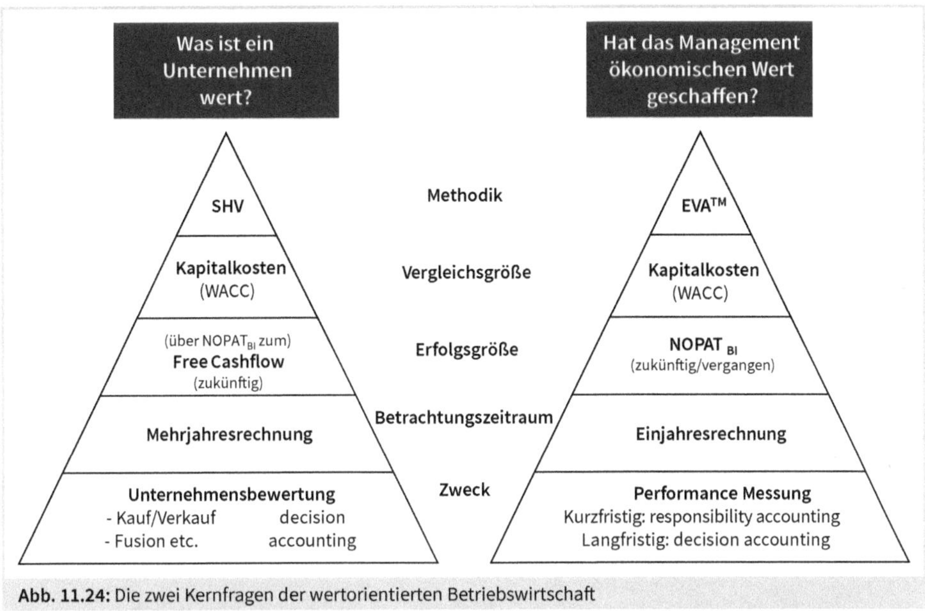

Abb. 11.24: Die zwei Kernfragen der wertorientierten Betriebswirtschaft

Die **interne Kommunizierbarkeit** des Verfahrens ist ein zweites Problem, weil die Rechnung gute Kenntnisse der Finanztheorie voraussetzt. Darunter leiden Verständnis und Akzeptanz genauso wie die Identifizierung/Beurteilung von Maßnahmen in der breiten Mitarbeiterschaft. Drittens ist der **Dialog mit den Investoren** schwierig, da konkrete Inhalte der strategischen Planung und sich daraus ergebenden FCFs nicht veröffentlicht werden sollten. Gerade aber die Kommunikation mit den Anteilseignern (Investor Relations) stellt für Publikumsgesellschaften ein wichtiges Element der Vertrauensbildung bei den Anlegern dar, um den Risikozuschlag in den Kapitalkosten zu senken und damit den Unternehmenswert zu steigern.

Zu guter Letzt ist festzuhalten, dass die Methode wesentlich besser den Unternehmenswert ermittelt als die Vorgängerverfahren. Die erlebte öffentliche Diskussion[208] hat aber eindeutig mit dazu beigetragen, dass der Begriff des SHV vermieden wird und eher operative Aspekte wie das Working Capital-Management kommuniziert werden.

Von derart massiver Ablehnung war der **Economic Value Added™** nie betroffen, obwohl er wesentliche Größen aus dem SHV übernommen hat, wie Abb. 11.24 zeigt. Auch sein Einsatz als Incentivesystem hat daran nichts geändert. Sicherlich hat der anders klingende Name dazu beigetragen. Aber auch die im Vergleich zu Rappaport deutlich zurückhaltendere Kommunikation ist zu nennen.

208 Hier muss auch klar gesagt werden, dass zahlreiche Bonusmodelle für das Topmanagement unter dem Deckmantel des SHV geführt wurden, die einen völlig falschen Eindruck der Methode hinterlassen haben. Insbesondere Boni auf den Aktienkurs waren in der Zeit sinkender Zinsen weit verbreitet.

Bei genauer Betrachtung beinhaltet der EVA™ wenig neue Vorschläge. Die Idee einer »Ergebnishürde« formulierte bereits Alfred Marshall[209]: »What remains of his profit after deducting interest on his capital at the current rate, may be called his *Earnings of Undertaking* or *Management*«. Diese Zinsen lassen sich – genauso wie der kalkulatorische Zins im Betriebsabrechnungsbogen (BAB) – als gewichtete Kapitalkosten interpretieren. Den Zusammenhang haben wir ausführlich dargestellt.[210] Und auch der Begriff »Management-Erfolg« – seit jeher Bestandteil des Ausbildungsprogramms der CA Controller Akademie – ist als Übergewinn, d. h. über das integrierte ROI-Ziel hinaus, definiert.[211]

Der Rückgriff auf buchhalterische Werte, die mühsam angepasst werden müssen, ist sicherlich ebenfalls kein Vorzug der Methode. Allein die Anzahl der nötigen Conversions, die – je nach Branche – nötig werden, ist eher abschreckend und sicherlich nicht praxistauglich. Dementsprechend wird in Firmen pragmatisch geprüft, welche Anpassungen nötig sind, um eine vernünftige Annäherung an das richtige Ergebnis zu erzeugen. Diese Korrekturen auf die Buchwerte der externen Rechnungslegung geht mit der Ablehnung kalkulatorischer Größen des internen Rechnungswesens einher. Angesichts der nötigen Adjustments (Conversions) und der Ausführungen in Kapitel 5.2.2 kann man nur noch von Ignoranz sprechen.

Das Hauptproblem ist jedoch, dass der **EVA™ ebenfalls manipulierbar** ist, weil er (rückwärtsgewandt) den Erfolg misst. Beispielsweise kann der Kapitaleinsatz gesenkt werden, indem man die Investitionen kürzt. In der nahen Zukunft resultiert daraus noch kein Ergebnisrückgang, wohl aber eine Steigerung des RONA. Erst mittelfristig zeigen sich die Folgen durch verstärkte Nachholeffekte bei Investitionen oder sinkenden $NOPAT_{BI}$.- Genauso lässt sich der $NOPAT_{BI}$ manipulieren. Eine starke Verringerung der Materialqualität senkt die Herstellungskosten, übertriebene Sparmaßnahmen bei den Vertriebs-, Marketing- oder F & E-Ausgaben zeigen erst langfristig negative Effekte, während sich das operative Ergebnis kurzfristig verbessert. Die Nähe zu Bilanz und GuV lässt alte Probleme wiederaufleben.

Zu guter Letzt sei angemerkt, dass der EVA auch steigt, wenn die Kapitalkosten gesenkt werden (vgl. Kapitel 5.) Daher muss die Bonifizierung des Managements auf Basis gegebener Kapitalkosten erfolgen.

Zu den großen Vorteilen des EVA™ gehört klar die Möglichkeit, ihn – analog zum ROI oder ROCE – in Form eines Baumdiagramms abzubilden. Das fördert Verständnis und Transparenz genauso wie das Ableiten von Maßnahmen. Noch wichtiger dürfte methodisch das Delta EVA™ sein, das schwere Fehler der Renditesteuerung behebt.

Sowohl SHV als auch EVA™ (bzw. Delta EVA™) haben sich außerhalb großer börsennotierter Unternehmen trotz aller methodischen Vorzüge bisher eher wenig verbreitet.

209 Marshall (1895): Principles of Economics, S. 156.
210 Vgl. Ausführungen in Kapitel 5.2.2.
211 Vgl. Deyhle/Eiselmayer/Kleinhietpaß (2016): Controller Praxis, Kap. 4.1.1.

11.4.2 Der MVA verbindet rechnerisch Bilanz, EVA™ und SHV

SHV und EVA™ stellen wir im Folgenden an einem Beispiel vor, dass aufgrund seiner Prägnanz bereits in der 9. Auflage dieses Buches« zum Einsatz kam. Unsere Darstellung ist gegenüber der Seminarvariante deutlich gekürzt, weil wir nur den Zusammenhang von Bilanz, EVA™ und SHV mittels des Market Value Added (MVA) zeigen wollen. Die Methoden selbst wurden ja bereits ausführlich erläutert.

Beim Fremdkapital (700) der nachfolgenden Bilanz sei ein Teil zinsfrei zur Verfügung gestellt (100), wie z. B. Lieferantenverbindlichkeiten. Auf die restlichen 600 seien 5 % Zinsen zu entrichten. Die FK-Zinsen betragen damit 30. Diese 5 % seien marktkonform. Marktwert und Buchwert des Fremdkapitals sind daher identisch.

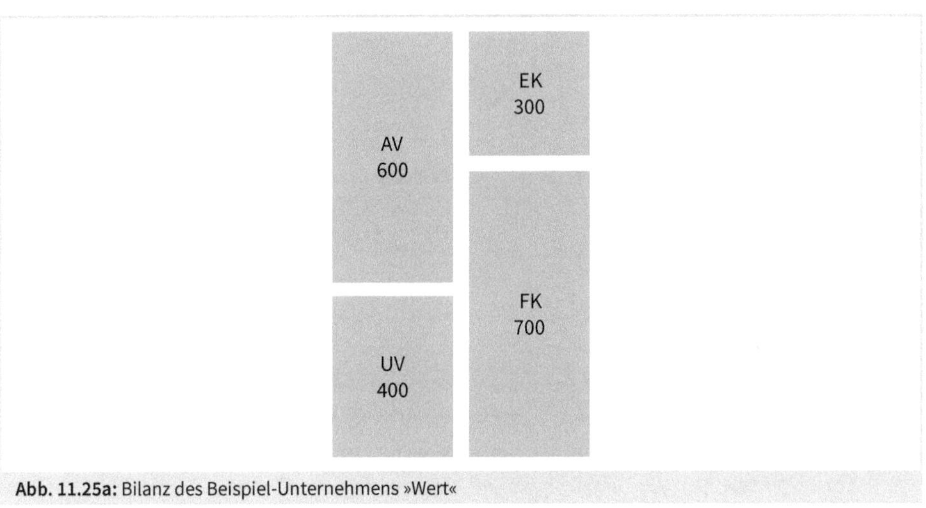

Abb. 11.25a: Bilanz des Beispiel-Unternehmens »Wert«

Die nachfolgende, rudimentäre GuV ist ohne Details zu Umsatz und Kosten dargestellt, da in der Folge das Rechnen mit Gewinngrößen und Cashflows im Vordergrund steht. Um das Beispiel einfach zu halten, ist ein **jährlich gleichbleibender Gewinn** gewählt.

	Umsatz	?
-	AfA	40
-	restliche Kosten	?
=	EBIT	180
-	FK-Zinsen	30
=	EBT	150
-	Steuern (40%)	60
=	**Gewinn**	**90**

ergebnisabhängige Steuern vereinfachend auf den EBT von 150 berechnet

Abb. 11.25b: GuV des Beispiel-Unternehmens »Wert« – rudimentäre GuV.

Ähnlich der Investitionsrechnung in Kapitel 5 werden wir die zukünftigen Cashflows abzinsen, um (heutige) Gegenwartswerte zu erhalten. Da wir die Veränderung der Liquidität suchen, wird die AfA korrigiert. Sie stellt Aufwand, aber keine Auszahlung dar. Deshalb wird die AfA wieder zum Gewinn dazu gezählt. Wir kennen das aus dem Cashflow-Statement.

Zinszahlungen dürfen wir ebenfalls nicht abziehen, sonst würden einerseits die Zinsen doppelt erfasst[212] und andererseits wäre es auch nicht mehr der Unternehmenswert für alle[213] Kapitalgeber. Es ergibt sich eine Größe, die sonst weder im internen noch im externen Rechnungswesen vorkommt: ein Cashflow vor Zinsen und nach Steuern. Wir kennen das aus der Darstellung von Rappaport, der die Kunstgröße $NOPAT_{BI}$ eingeführt hat.

Deutsche Variante		**Variante von Rappaport**	
EBIT	180	EBIT	180
- FK-Zinsen	30		
= EBT	150	adaptierte Steuern (40%)	72
- Steuern (40%)	60	**$NOPAT_{BI}$**	**108**
= Gewinn	90		
+ FK-Zinsen	30		
+ AfA	40		
= CF vor Zinsen nach Steuern	**160**		

Abb. 11.25c: Der CF für alle Kapitalgeber nach verschiedenen Varianten ermittelt

Es fällt jedoch auf, dass Rappaport bei seinem Vorgehen zur Ermittlung des SHV die Steuerlast zu hoch berechnet hat, weil er die Abzugsfähigkeit des FK in der GuV unberücksichtigt lässt. Die **Differenz der Steuerlast von 12** beträgt exakt 40% der 30 FK-Zinsen. Man spricht daher von adaptierten Steuern. Wir behalten die Differenz im Kopf und werden Rappaports Variante später noch einmal aufgreifen und erläutern.

Man kann den Cashflow als Erfolg der Investition in die Unternehmung interpretieren. Die Frage lautet: Wie lange – d. h. wie viele Jahre in Folge – wird der Cashflow entstehen und für die Kapitalgeber frei verfügbar sein? Wenn wir Kundentreue, Servicequalität etc. ausblenden, können wir davon ausgehen, dass die Unternehmung so lange besteht, bis alle Anlagen, Produktionsmaschinen, Computer etc. verbraucht, d. h. veraltet oder kaputt sind. Um dem vorzubeugen, muss investiert werden. Damit die Firma in gleicher Weise erhalten bleibt, muss nun genau die Abschreibung (jährlicher Verbrauch) wieder investiert werden.

212 FK-Zinsen sind Teil der gewichteten Kapitalkosten!

213 Der Cashflow soll für Eigen- und Fremdkapitalgeber zur Verfügung stehen.

CF vor Zins nach Steuern	160	$NOPAT_{BI}$	108
		+ AfA	40
- Re-Invest	40	- Re-Invest	40
= FCF nachhaltig	120	= FCF nachhaltig	108

Abb. 11.25d: Nachhaltiger FCF des Beispiel-Unternehmens »Wert«

Somit erhalten wir einen nachhaltigen, freien Cashflow (zum Vergleich: der FCF nach Rappaport beträgt 108). Der nachhaltige und freie Cashflow steht als Liquiditätsüberschuss nach Zahlungen für das operative Geschäft und nach Investitionen für die Anlagen jedes Jahr für die Kapitalgeber zur Verfügung. Verständlich, dass diese Größe in vielen Unternehmen eine bedeutende Kennzahl darstellt: Sobald dieser CF negativ würde, müsste Kapital (Fremd- oder Eigenkapital) nachgeschossen werden.

In dem vereinfachten Beispiel unterscheiden wir nicht zwischen Detailzeitraum und Terminal Value. Wir haben »nur« die ewige Rente von 120. Allerdings kennen wir die gewichteten Kapitalkosten zur Diskontierung noch nicht. Es sei **unterstellt, dass die Aktien des Unternehmens einen Marktwert[214] von 900 besitzen**. Auch hier wieder Rappaport rechts zum Vergleich[215]:

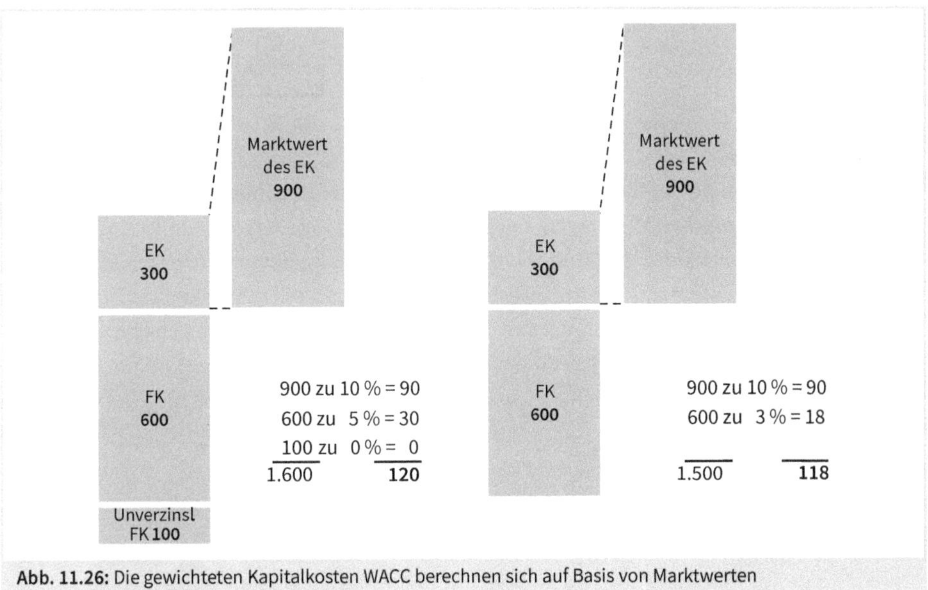

Abb. 11.26: Die gewichteten Kapitalkosten WACC berechnen sich auf Basis von Marktwerten

214 Wir könnten dies beispielsweise aus dem Aktienkurs ermittelt haben (Börsenkurs multipliziert mit der Anzahl der Aktien) oder mittels der Multiplikatorenmethode im Kapitel 11.5.

215 In der Variante von Rappaport ist zu beachten, dass die Kapitalkosten gemäß WACC ermittelt wurden, also mit Tax Shield gerechnet sind: FK-Kosten = FK-Zinsen x (1 – 40 % Steuersatz) = 5 % x 0,6 = 3 %. Dies ist auch inhaltlich logisch, da sich der Steuervorteil des FK bei Rappaport nicht im CF zeigt.

Die Verzinsungserwartung aller Kapitalgeber von 120 dividiert durch den Marktwert des Unternehmens (Gesamtkapital) von 1.600, ergibt Kapitalkosten von 7,5 %. Analog ergibt sich der WACC von 6,75 % (=108/1.600) in System des SHV. Der WACC ist damit methodisch analog zum Vorgehen in Kapitel 5.2.1 berechnet.[216]

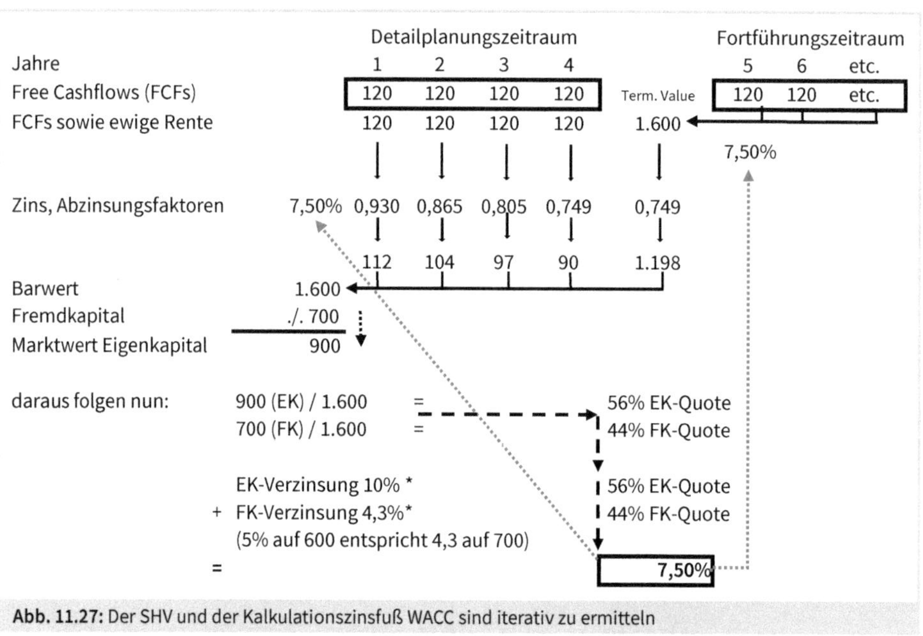

Abb. 11.27: Der SHV und der Kalkulationszinsfuß WACC sind iterativ zu ermitteln

Dem Leser kann nun aufgefallen sein, dass das Ergebnis der Rechnung (Shareholder-Value = 900) bereits in der Angabe nötig war, um die gewichteten Kapitalkosten zu ermitteln.[217] Man hat es in der Tat mit einer Iteration zu tun. Je höher die Cashflows, desto höher der Shareholder-Value (und somit die Aktienkurse). Entsprechend höher ist dann der Eigenkapitalanteil für den Zinssatz, den man zum Abzinsen braucht. In der Praxis durchbricht man die Schleife auch durch Ziel-Aktienkurse, d. h. einen angestrebten höheren Aktienkurs. Aus dieser Prämisse folgt dann der Zinssatz und daraus wiederum die rechnerische Forderung an die Höhe der zu erwirtschaftenden Cashflows.

Mit dem Shareholder-Value (SHV) ist nun der Teil des Unternehmenswerts errechnet, der den Anteilseignern (Shareholdern) zusteht. Damit Aktienkurse steigen, muss der Wert des Eigenka-

216 Auch der Bezug zu den Net Assets des EVA™ aus Kapitel 11.3.1 sei hergestellt. Sie errechnen sich als AV 600 + NWC 300. Letzteres ergibt sich aus dem UV 400 abzüglich des nicht-zinstragenden FK 100. Der Unternehmenswert ist 900 + 600 zinstragendes FK = 1500. Daraus folgt: 108/1500 = 7,2 % sind die angemessenen gewichteten Kapitalkosten zu den Net Assets.

217 Andernfalls lassen sich weder 90 Verzinsungsanspruch für das EK noch der Gesamtunternehmenswert von 1.600 ermitteln – ohne die der WACC nicht ermittelbar wäre.

pitals gesteigert werden. Der Aktienkurs von 900 basiert genau auf einer solchen Steigerung – nämlich hier im Beispiel gegenüber dem nominellen Wert des Eigenkapitals in der Bilanz. Veränderungen des Shareholder-Value lassen sich auch durch Veränderungen des EVA™ darstellen.

Ausgehend von der Bilanz zu Buchwerten (Bilanzsumme 1.000) zeigt die Grafik den Unternehmenswert von 1.600. Zu Beginn dieses Kapitels hatten wir beim Fremdkapital angenommen: Buchwert = Marktwert. Die Differenz aus Unternehmenswert und Marktwert des Fremdkapitals ergibt den SHV von 900 als die Summe der Veränderungen von EVA™.

Nun zur Berechnung: Aus Sicht des Anteilseigners rechnet man mit einem Gewinn nach Steuern (an den Staat abzuführen), aber vor Zinsen, da der Zinsanspruch über den WACC angegeben ist (im Beispiel 7,5 %).

	Gewinn vor Zins nach Steuern 120
-	Kapitalkosten 75 (WACC 7,5 % x Bilanzsumme 1.000)
=	**Economic Value Added™ +45**

Damit ergibt sich ein positiver EVA™. Es wird Wert geschaffen, da der Gewinn vor Zins nach Steuern höher ist als die Kapitalkosten (Capital Charge) auf nomineller Basis. Alternativ kann man den EVA™ als Prozentwert, d. h. als Spread auf die Bilanzsumme von 1.000 darstellen:

	Gewinn vor Zins nach Steuern 12,0 %
-	WACC 7,5 %
=	Spread 4,5 %

Die sich anschließende Frage ist nun, was es bedeutet, jährlich (für immer) einen EVA™ von + 45 zu generieren. Dazu brauchen wir erneut die ewige Rente. Wir dividieren also die 45 durch den WACC von 7,5 % und erhalten den Market Value Added (MVA) von 600. Der Wert entsteht aus heutiger Sicht durch das Versprechen, jedes Jahr einen EVA™ von 45 zu erbringen.

Ausgangspunkt war die Startbilanz von 1.000. Würden wir gerade so viel Ergebnis erwirtschaften, um die Bilanzsumme ausreichend zu verzinsen, würde der Unternehmenswert nicht über 1.000 hinaus ansteigen! Erst durch die Erwartung (Planung) aus jetziger Sicht, jedes Jahr einen Mehrwert von 45 zu generieren, ergibt sich der Unternehmenswert von Bilanzsumme 1.000 plus MVA 600 gleich 1.600.

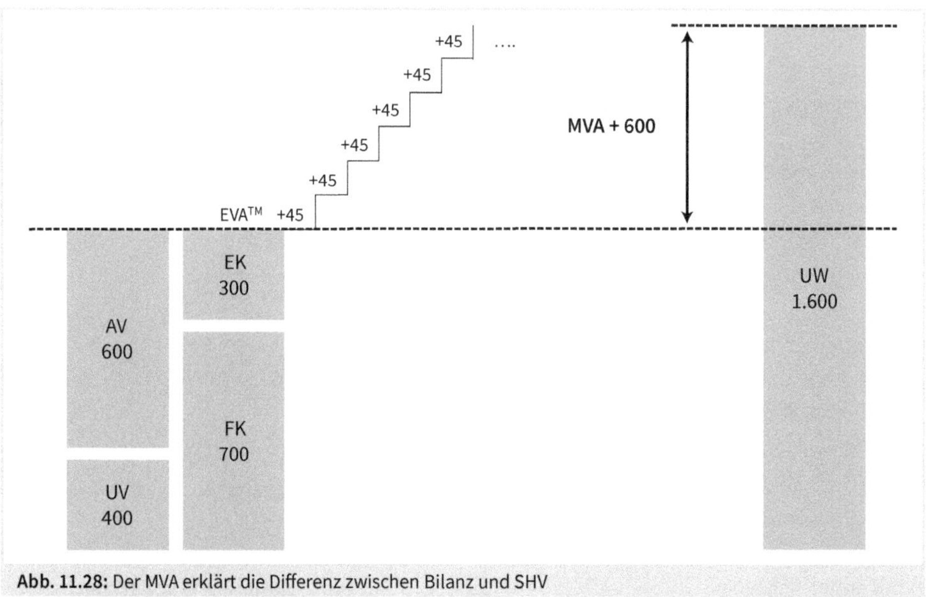

Abb. 11.28: Der MVA erklärt die Differenz zwischen Bilanz und SHV

Man könnte also auch sagen:

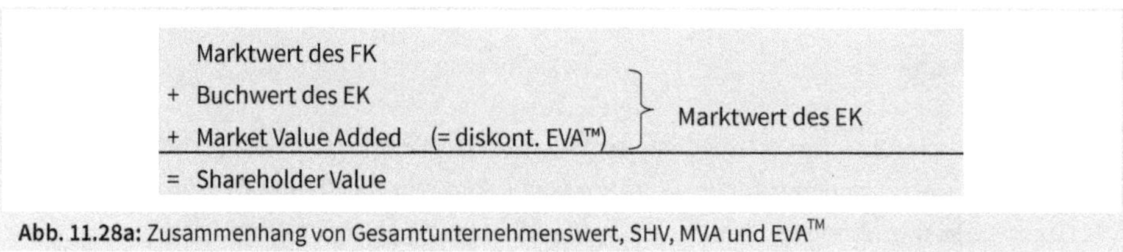

Marktwert des FK
\+ Buchwert des EK
\+ Market Value Added (= diskont. EVA™)
} Marktwert des EK
= Shareholder Value

Abb. 11.28a: Zusammenhang von Gesamtunternehmenswert, SHV, MVA und EVA™

Würde man eine Steigerung des Unternehmenswertes über 1.600 hinaus anstreben, dann müsste der MVA verbessert werden. Würde man von diesem verbesserten MVA den Barwert der ewigen Rente des heutigen EVA™ abziehen, dann erhielte man den Wertbeitrag aus der künftigen Verbesserung des Geschäfts, also den Barwert der Delta-EVA™. Eine solche Rechnung lässt sich aber mit dem SHV leichter aufbauen. Die Grafik stellt die wesentlichen Ausführungen des Kapitels noch einmal komprimiert dar:

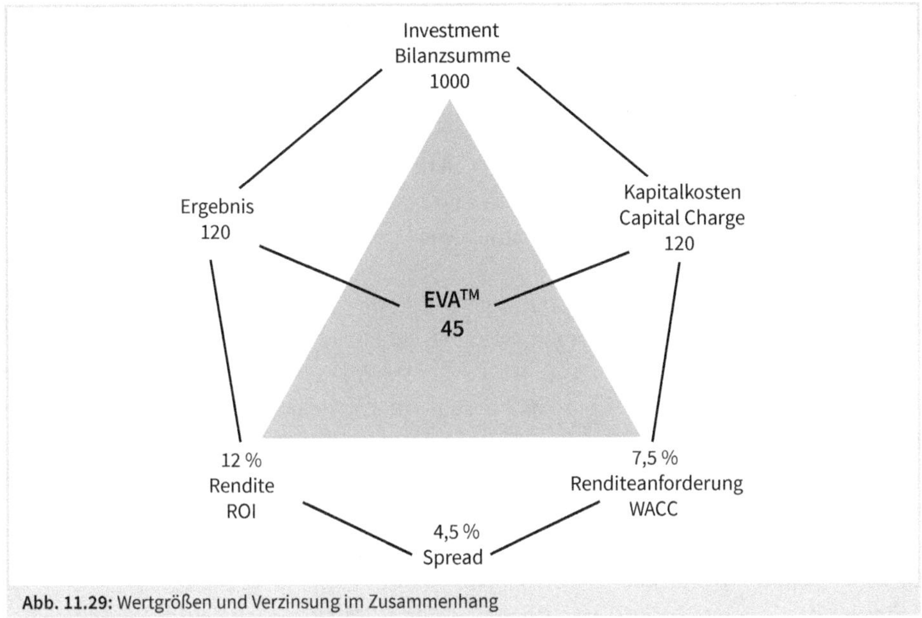

Abb. 11.29: Wertgrößen und Verzinsung im Zusammenhang

Nachtrag

Die Berechnungsweise der FCF nach Rappaport hatten wir parallel mit dem $NOPAT_{BI}$ dargestellt. Dieser betrug 108 und wir hatten Net Assets von 900 mit gewichteten Kapitalkosten von 7,2 % ermittelt. Die Capital Charge beträgt in dieser Berechnungsvariante 64,8 (= 900 x 7,2 %). Der EVA™ ist damit 43,2 (= 108 – 64,8). Berechnet man nun den Wert der ewigen Rente von 43,2 bei 7,2 %, so ergibt sich 600. **Man sieht, dass man mit unterschiedlichen Berechnungsvarianten zum gleichen Ergebnis kommt.** Voraussetzung ist, dass folgende Größen aufeinander abgestimmt sind: Kapitaleinsatz, Steuerlast, Kosten des FK, gewichtete Kapitalkosten.

11.5 Grundkonzeption der Multiplikatoren

11.5.1 Was sind Multiplikatoren und warum werden sie genutzt?

Das Methodenspektrum der Unternehmensbewertung stellt noch eine weitere Variante bereit: die Multiplikatorenmethode. Bei dieser Methode wird der Unternehmenswert durch einen Vergleich mit einem anderen Unternehmen ermittelt. Damit ersetzt die Multiplikatorenmethode das subjektive Ermessen des Bewertenden – größtenteils – durch die »**Objektivität des Marktes**«. Dieser simple, lineare Analogieschluss steht in Gegensatz zu den bisher vorgestellten Verfahren. Die vereinfachende Pauschalisierung, die dieser Methode zu eigen ist, reduziert den **Rechenaufwand** erheblich. Das macht die Multiplikatorenmethode beliebt. Der Analogieschluss basiert auf sehr einfachen und in der Praxis fast immer verfügbaren Größen. Anders als

z. B. beim SHV können Multiplikatoren auch dann angewendet werden, wenn nur sehr wenige Daten verfügbar sind.

Zum Einsatz kommt die Methode häufig zu Beginn einer Suche nach potenziellen Übernahmekandidaten (oder bei Zusammenstellung eines Aktienportfolios). Denn in der Situation gilt es viele Unternehmen mit wenig **Rechercheaufwand** zu beurteilen. Kurzum: Es gibt unterschiedliche Gründe und Einsatzzwecke für den Einsatz von Multiplikatoren.

Multiplikatoren – auch Multiples genannt – gibt es schon sehr lange. Das KGV[218] – oder auch Ertragsmultiplikator genannt – entstammt der Zeit, als die Unternehmensbewertung auf Basis des Gewinns durchgeführt wurde. Populär wurden Multiplikatoren in der Zeit des New Economy-Booms und ihre Bedeutung hat seither stetig zugenommen. Sie entstehen landes- und branchenspezifisch durch Beobachtung der Marktpreisentwicklung, d. h. der Unternehmenswert wird aus vergleichbaren Transaktionen (**Börsenkurse** oder **Unternehmensübernahmen**) abgeleitet.

Ein Multiplikator wird errechnet, indem man den Wert des Unternehmens durch eine noch zu definierende Bezugsgröße dividiert. Der Multiplikator wird auf ein vergleichbares Unternehmen übertragen. So genutzt lässt sich schnell der Unternehmenswert des Vergleichsunternehmens abschätzen.

$$\text{Ermittlung}: \text{Multiplikator} = \frac{\text{Unternehmenswert}}{\text{Bezugsgröße}}$$

$$\text{Nutzung}: \text{Unternehmenswert} = \text{Multiplikator} \times \text{Bezugsgröße}$$

Die Herausforderung beim Einsatz von Multiplikatoren besteht darin, das Ergebnis der simplen Rechenmechanik richtig zu interpretieren. Die erkennbare **lineare Bewertungslogik** bedeutet, ein Unternehmen gewissermaßen aus der Sicht eines Kleinaktionärs zu bewerten. Nicht nur, dass der Börsenkurs den Wert eines breit gestreuten Anteilsbesitzes widerspiegelt. Auch Kontrollrechte, die ab einem bestimmten Anteilsbesitz möglich sind, z. B. Sperrminoritäten, sind nicht eingepreist. Dies muss aber bei der Bewertung eines Mehrheitspaketes berücksichtigt werden.

Als **Bezugsgröße** werden vor allem Zahlen aus Bilanz, der GuV oder der Kapitalflussrechnung (Cashflowrechnung) verwendet. In Abhängigkeit von der betrachteten Branche können auch weitere Basisgrößen zum Einsatz kommen. Dabei handelt es sich um Kenngrößen, die für die jeweilige Branche wichtige Leistungskriterien des Unternehmens widerspiegeln, z. B.:

218 Kurs-Gewinn-Verhältnis; engl. Price-Earnings-Ratio (PE).

Branche	Multiplikator
Mobilfunk	Anzahl Kunden (Vertrag, Prepaid)
Hotel	Anzahl Betten, Miete pro Zimmer
Brauereien	Anzahl Hektoliter
Vermögensverwaltung	Assets under Management
Internet	Anzahl Webhits, Anzahl Benutzer

Abb. 11.30: Als Multiplikatoren können auch nicht-finanzielle Größen dienen.

Die hier benötigten Inputfaktoren lassen sich in der Praxis meistens leichter beschaffen als rein finanzorientierte Größen. Die Kunst ist es, eine geeignete Bezugsgröße zu finden. Schließlich unterstellt jeder Multiplikator eine lineare Relation zwischen Bezugsgröße und Unternehmenswert. Wie lassen sich die wesentlichen Werttreiber wie etwa Umsatzwachstum und Rentabilität abzubilden?

11.5.2 Equity- und Entity-Multiples

Bei der Ableitung aus Börsenkursen von Vergleichsunternehmen werden sogenannte »Trading Multiples« errechnet. Diese Multiplikatoren finden vor allem in der Aktienanalyse Anwendung, um eine Kapitalmarktbewertung einzelner Papiere zu überprüfen und abzugeben. Gebräuchlich sind hier vor allem das **Kurs-Gewinn-Verhältnis** und das **Kurs-Buchwert-Verhältnis**[219].

$$\text{KGV} = \frac{\text{Aktienkurs}}{\text{Gewinn je Aktie}} = \frac{\text{Marktkapitalisierung}}{\text{Gewinn}}$$

Das KGV ist der wahrscheinlich bekannteste Ertragsmultiplikator und kann gedeutet werden als die Anzahl der Jahre, die es dauert, bis ein Investor sein Kapital in Form von auf Unternehmensebene versteuerten Gewinnen zurückerhalten würde. Da als Bezugsgröße der Jahresüberschuss des Unternehmens dient, hängt das KGV nicht nur vom Zinsniveau, sondern auch von den unterschiedlichen nationalen Rahmenbedingungen wie z. B. der Steuergesetzgebung (z. B. nomineller vs. realer Steuersatz, Transferpreisregeln etc.) oder Ausschüttungsregeln ab, was eine Vergleichbarkeit der Unternehmen erschwert.

$$\text{KBV} = \frac{\text{Marktkapitalisierung}}{\text{bilanzielles Eigenkapital}}$$

Das bilanzielle Eigenkapital ist ein Gegenwartswert, in dem sich Ausschüttungspolitik und Geschäftsentwicklung der Vergangenheit widerspiegeln. Über die zukünftige Ertragskraft und stille Reserven sagt es jedoch nichts aus. Man darf aber unterstellen, dass bei der betrachte-

219 KBV: engl.: Price-Book-Ratio (PB).

ten Transaktion solche Überlegungen in die Zahlungsströme einbezogen wurden. Mit anderen Worten: Das dürfte i. d. R. in der Marktkapitalisierung eingepreist sein. Bei einem KBV von (dauerhaft) kleiner 1 sollte daher über die Zerschlagung des Unternehmens nachgedacht werden.

KGV und KBV sind sog. **Equity Value**-Multiplikatoren, d. h. mit ihrer Hilfe ermittelt man den Marktwert des Eigenkapitals (Marktkapitalisierung). Der Wert des gesamten operativen Geschäfts eines Unternehmens ist jedoch der **Enterprise Value**. Der Zusammenhang zwischen beiden ist einfach:

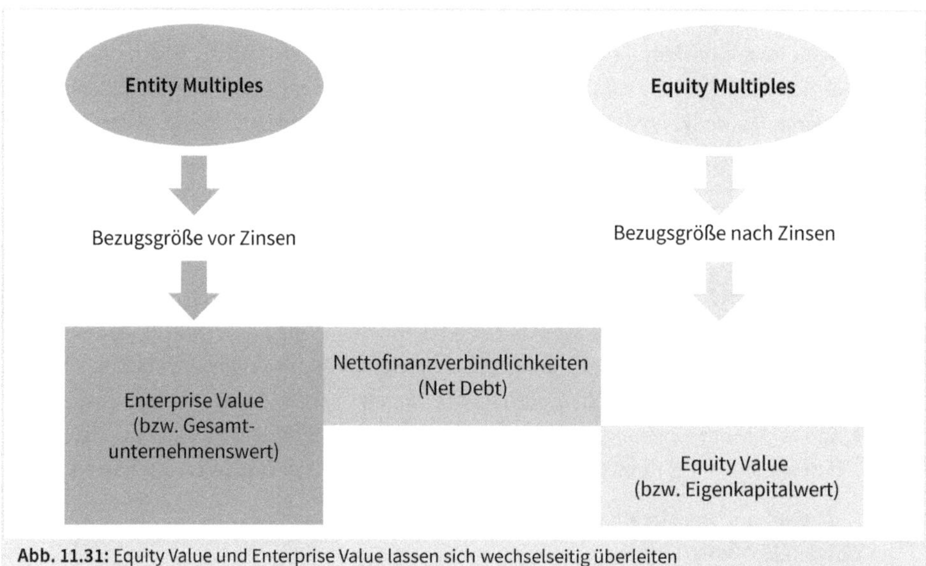

Abb. 11.31: Equity Value und Enterprise Value lassen sich wechselseitig überleiten

Enterprise Value- oder Entity Value-Multiplikatoren entspringen meist konkreten M & A-Aktivitäten. Sie beinhalten damit sog. Übernahmeprämien für unternehmerische Kontrollrechte sowie realisierbare Synergieeffekte, die sonst üblicherweise in Börsenkursen nicht enthalten sind. Ein solcher Multiplikator repräsentiert das Vielfache, was bei der Transaktion (bzw. den Transaktionen) für die betreffende Bezugsgröße bezahlt wurde.

Beispielhaft seien hier der Umsatzmultiplikator und der EBITDA-Multiplikator genannt. Diese beiden Kenngrößen werden auf Basis der GuV ermittelt, wobei normalerweise einige Umgliederungen bzw. Bereinigungen vorzunehmen sind (z. B. sind einmalige Erträge/Aufwendungen zu eliminieren). In der Regel werden die Daten mehrerer Vergleichsunternehmen zur Verfügung stehen, daher sollte auf eine einheitliche Vorgehensweise bei der Ermittlung der Multiplikatoren geachtet werden.

$$\text{Umsatzmultiplikator} = \frac{\text{Enterprise Value}}{\text{Umsatz}}$$

Der Umsatzmultiplikator hat den großen Vorteil, dass er auch bei negativen Erträgen anwendbar ist. Damit ist er auch bei Start-ups geeignet. Da die Kostenstruktur und die Rentabilität des zu bewertenden Unternehmens völlig vernachlässigt wird, ist die Sicht dieses Multiplikators zur Bewertung etablierter Unternehmen sehr einseitig. Ein bedeutsames Merkmal ist, dass er kaum durch bilanzpolitische Spielräume oder nationale Rahmenbedingungen beeinflussbar ist. Lediglich Unterschiede in der Umsatzrealisierung auf Grund differierender Rechnungslegungsnormen können ein Problem sein. Zur Berechnung ist der Umsatz ins Verhältnis zum Gesamtunternehmenswert (Enterprise Value) zu setzen, denn der Umsatz wird mit Hilfe des gesamten eingesetzten Kapitals (Eigen- und Fremdkapital) erzielt.[220] Dies gilt analog[221] auch für den EBITDA-Multiplikator.

$$\text{EBITDA}-\text{Multiplikator} = \frac{\text{Enterprise Value}}{\text{EBITDA}}$$

Im Vergleich zum Umsatzmultiplikator wirken sich beim EBITDA-Multiplikator die verschiedenen Ansatz- und Bewertungsmethoden der Rechnungslegungssysteme, aber auch die unterschiedliche Ausnutzung bilanzpolitischer Spielräume stärker aus. Das erschwert die Vergleichbarkeit der EBITDAs verschiedener Unternehmen. Die Unterschiede bei den Abschreibungen sowohl auf Sachanlagevermögen als auch auf Geschäfts- oder Firmenwerte (Goodwill) lassen das EBITDA im Gegensatz zum EBIT dagegen unbeeinflusst. Zudem wird beim EBITDA-Multiplikator die Ertragskraft des Unternehmens – wenn auch nicht in vollem Umfang – berücksichtigt.[222]

EBIT- und Umsatzmultiplikatoren für den Unternehmenswert, April 2017

Branche	Börsen-Multiples		Experten-Multiples Small-Cap*				Experten-Multiples Mid-Cap*			
	EBIT-Multiple	Umsatz-Multiple	EBIT-Multiple von	EBIT-Multiple bis	Umsatz-Multiple von	Umsatz-Multiple bis	EBIT-Multiple von	EBIT-Multiple bis	Umsatz-Multiple von	Umsatz-Multiple bis
Beratende Dienstleistungen	- -	- -	6,1	8,5 ↑	0,66 ↑	1,04 ↓	6,9	9,3 ↑	0,78 ↓	1,14 ↑
Software	15,1 ↓	2,17 ↑	7,6 ↑	9.7 ↑	1,31 ↓	1,75 ↓	8,2 ↓	10,5 ↓	1,45 ↓	1,98 ↓
Telekommunikation	15,0 ↓	1,70 ↓	7,4 ↓	9,3 ↑	0,91 ↑	1,28 ↑	8,0 ↓	10,1 ↑	1,02	1,44 ↑
Medien	13,1 ↓	2,52 ↓	6,7	8,9 ↑	0,91 ↓	1,53	7,5	9,7	1,05	1,63 ↓
Handel und E-Commerce	12,0 ↑	0,84 ↑	6,3	8,8 ↓	0,58 ↓	0,89 ↓	7,2	9,9 ↑	0,66 ↓	1,14 ↓
Transport, Logistik und Touristik	11,4 ↑	0,96 ↓	5,9	7,7	0,48 ↑	0,76	6,5 ↓	8,6 ↓	0,53 ↑	0,86 ↓
Elektrotechnik und Elektronik	13,1 ↓	0,93 ↓	6,6	8,7 ↓	0.70 ↓	1,01	7,3 ↓	9,7	0,78 ↑	1,12 ↑
Fahrzeugbau und -zubehör	11,3 ↑	1,01 ↑	6,1 ↑	8,1 ↓	0,60 ↓	0,87 ↓	6,8 ↓	8,8 ↓	0,65 ↓	0,92 ↓
Maschinen- und Anlagenbau	16,1 ↑	1,38 ↑	6,8 ↓	8,7 ↓	0,67 ↓	0,97 ↑	7,5 ↓	9,6 ↓	0,71 ↑	1,03 ↑
Chemie und Kosmetik	14,5 ↓	1,84 ↑	7,6 ↓	9,8 ↓	0,89 ↑	1,26 ↓	8,1 ↑	10,4	0,98	1,44 ↑
Pharma	12,7 ↓	1,87 ↓	7,8 ↓	9,9 ↓	1,36 ↑	1,89 ↑	8,4 ↓	10,8 ↓	1,44 ↑	2,04 ↑
Textil und Bekleidung	8,8 ↑	1,22 ↑	6,5 ↑	8,4 ↑	0,75 ↓	1,03 ↑	7,4 ↑	8,7 ↓	0,82 ↑	1,10 ↑
Nahrungs- und Genussmittel	13.5 ↑	0,74 ↑	7,5 ↑	9,6 ↑	0,96 ↑	1,36 ↑	8,6	10,6 ↑	1,05 ↑	1,53 ↑
Gas, Strom, Wasser	12,7 ↓	0,77 ↓	6,0	7,6	0,63 ↓	0,93 ↓	6,6 ↓	8,5 ↓	0,72 ↓	1,05 ↓
Umwelttechnologien und erneuerbare Energien	- -	- -	6,6 ↑	8,6 ↑	0,68 ↓	0,98	7,3 ↑	9,3 ↑	0,78	1,09 ↓
Bau und Handwerk	15,6 ↑	1,21 ↑	5,7 ↓	7,3 ↓	0,48 ↓	0,75 ↓	6,6 ↓	8,2 ↓	0,53 ↓	0,78 ↓

* Small-Cap: Unternehmensumsatz unter 50 Mio. Euro; Mid-Cap: 50-250 Mio. Euro; Pfeile zeigen niedrigeren/gestiegenen Wert gegenüber vorherigem Wert.

Abb. 11.32: Multiplikatoren von FINANCE, Quelle »Markt und Mittelstand«, Mai 2017

220 Nicht konsistent wäre somit die Relation Marktkapitalisierung zu Umsatz.

221 Analog wäre es in diesem Fall inkonsistent mit EBT oder JÜ anstatt des EBITDA zu arbeiten.

222 Vgl. die Diskussion zu EBITDA vs CF I in Kapitel 9.

Die Anwendung des EBITDA-Multiplikators ist beim Vergleich von Unternehmen mit verschiedenen Anlageintensitäten nicht sinnvoll. Das EBITDA eines anlageintensiven Unternehmens ist bei gleichem EBIT höher als das EBITDA eines personalintensiven Unternehmens, da die Abschreibungen nicht in das EBITDA einfließen. Auch die Entscheidung, ob ein Vermögensgegenstand gekauft oder gemietet wird, kann – je nach verwendeter Rechnungslegungsnorm – zu Verzerrungen des EBITDA führen.

Ebenso wie bei den Marktmultiples sind auch hier individuelle Bewertungsauf- oder -abschläge möglich z. B. bei

- Marktführerschaft
- Pure Play vs. Conglomerate
- Stamm- vs. Vorzugsaktien
- Mangelnder Fungibilität der Anteile (z. B. keine Börsennotierung)
- Erreichen bestimmter Mehrheiten (Kontrollzuschläge)
- Vorhandensein nicht-operativer Vermögensgegenstände
- Drohende künftige Lasten (z. B. aus Pensionsverpflichtungen, Leasing, etc.)
- Unterschiedlichen Rechnungslegungsstandards oder anderen makroökonomischen Größen
- Branchenunüblichen Rentabilitäts- oder Wachstumskennzahlen
- Wachstumsaussichten der Branche

Ergänzend tritt also beispielsweise zur Berücksichtigung des Wachstums die PEG-Ratio (Price-Earnings-to-Growth-Ratio) hinzu:

$$PEG = \frac{\text{KGV 2020e}}{\text{CAGR 2016} - \text{2020e}}$$

Dabei wird das KGV in Relation zum CAGR[223] gesetzt. Hierbei sollte jeweils der geschätzte zukünftige Wert angesetzt werden, da die Investition in ein Unternehmen bzw. Unternehmensanteil künftige Erfolge widerspiegeln soll.

Ähnlich verhält es sich mit der Berücksichtigung künftiger Lasten. Bei IFRS- oder US-GAAP-Abschlüssen mit erheblichen Informationspflichten lassen sich viele Informationen aus dem Geschäftsbericht entnehmen. Bei Abschlüssen nach nationalem Recht ist das nicht nur wesentlich schwieriger, sondern auch nicht mit internationalen Abschlüssen vergleichbar – wie in Kapitel 3 gezeigt.

223 Compound Annual Growth Rate, durchschnittliche Wachstumsrate; (e = estimated).

Als Anhaltspunkte für die zielführende Identifikation geeigneter Vergleichsunternehmen können gelten:

- **operative Kriterien** wie z. B. Größe, Branchenzugehörigkeit, Kosten- und Kundenstruktur, geografische und produktbezogene Diversifikation, Saisonalität des Geschäfts, Marktrisiken
- **finanzielle, rechtliche und steuerliche Verhältnisse** (Kapital- und Eigentümerstruktur, Inflation, Steuer- und Rechnungslegungssystem, etc.).

Beispiel: ThyssenKrupp[224] – Multiplikatoren in einer Sum-of-the-Parts-Analyse
Immer wieder fordern große Investoren die Zerschlagung großer Industriekonglomerate. Das Kalkül: Als eigenständige Einheiten sollen die Geschäftsbereiche mehr wert sein als der jetzige Konzernverbund. Die erfolgreichen Börsengänge von Innogy (RWE), Covestro (Bayer) oder Osram (Siemens) haben gezeigt, dass (ehemalige) Tochtergesellschaften von Konzernen eigenständig sehr erfolgreich sein können.

Auch bei ThyssenKrupp wird in den letzten Jahren immer wieder der Sinn einer Abspaltung oder gar Zerschlagung diskutiert. Die **Bewertung der einzelnen Sparten** im Folgenden anhand eines EBIT-Multiples mit relevanten Wettbewerbern kommt auf einen Wert von 24,31 Mrd. EUR. Der Börsenwert von ThyssenKrupp zum Zeitpunkt der Analyse betrug 13,1 Mrd. EUR (bzw. 23,17 EUR pro Aktie). Aktueller (Stand 10.10.2020) Börsenwert 2,823 Mrd. EUR (bzw. 4,537 EUR pro Aktie).

Sparte	Wettbewerber	EV/EBIT 2016	EBIT 2016 Sparte in Mio. EUR	Wert Sparte in Mrd. EUR
- Aufzüge	Schindler, Kone	16,8	860	14,50
- Stahl	Salzgitter, ArcelorMittal	16,3	282	4,60
- Komponenten	Grammer, Leoni	18,7	335	6,27
- Anlagenbau	FLSmidth, Technip, BAE Systems	24,1	355	8,56
- Materials Serv.	Klöckner & Co, Commercial Mat.	21,0	128	2,68
Wert der einzelnen Sparten				**36,61**
Rückstellungen und Nettoschulden				**-12,30**
Potenzieller Wert bei Aufspaltung				**24,31**

Abb. 11.33: Sum-of-the-Parts-Analyse bei ThyssenKrupp

11.5.3 Zusammenfassung der Vor- und Nachteile

Bei mangelnder Vergleichbarkeit in Bezug auf diese und andere Kriterien ist eine Multiplikatoren-Bewertung nicht sinnvoll. Damit ist die Gruppe von vergleichbaren Unternehmen (Peergroup) von vornherein stark eingeschränkt und möglicherweise nicht mehr repräsentativ. Lockert man dagegen die Vergleichskriterien, wird der Ermessensspielraum für den Bewertenden immer größer. In der Praxis werden daher oft mehrere Peergroups gebildet: Ausgehend

224 Quelle: Der Aktionär 09/2017, Seite 42.

von den am besten vergleichbaren Gesellschaften werden schrittweise weitere Unternehmen, die dem Anforderungsprofil nicht mehr so gut entsprechen, in die Vergleichsgruppe mit aufgenommen. Damit kann man den Einfluss unterschiedlicher Vergleichsgruppen auf den Unternehmenswert deutlich machen. Andererseits verkomplizieren solche notwendigen Anpassungen der Multiplikatoren das Verfahren und relativieren dadurch den großen Vorteil dieser Methode, nämlich die einfache, schnelle und auch bei schlechtem Informationsstand durchführbare Bewertung.

Ein gravierender Nachteil der Methode ist die fehlende Bereinigung von externen Effekten. Sowohl Marktmultiplikatoren, die in erster Linie einer relativen, nicht einer absoluten Bewertung dienen, als auch Transaktionsmultiplikatoren folgen in ihrer Entwicklung konjunkturellen Stimmungen. Die Spekulationsblase der New Economy um die Jahrtausendwende lieferte das beste Beispiel dafür. Auch die individuellen Strategien unterschiedlicher Investoren können nicht berücksichtigt werden, vielmehr werden Referenztransaktionen übertragen. Damit kann die Bewertung mittels Multiplikatoren keinen exakten Wert, sondern allenfalls einen Anhaltspunkt bzw. eine Bandbreite von Werten liefern. Ihr Einsatzgebiet im Kontext der wertorientierten Unternehmensführung beschränkt sich daher auf die Plausibilisierung von bereits durch DCF-Verfahren ermittelten Unternehmenswerten bzw. die Vorselektion potenziell geeigneter Übernahmekandidaten.

Vorteile	Nachteile
Praxisnah	100 %ige Vergleichbarkeit der Referenzunternehmen bzw. Referenztransaktionen nie gegeben
Einfaches Verfahren, daher leicht verständlich	Multiples sind vergangenheitsorientiert, berücksichtigen keine zukünftigen Entwicklungen
Bewertung aufgrund extern verfügbarer Informationen	Von konjunkturellen und Marktschwankungen beeinflusst
Hohe Akzeptanz v. a. im Investment Banking	Bewertungsproblematik wg. unterschiedlicher Accounting-Standards
Manchmal die einzige Möglichkeit, überhaupt eine Wertindikation zu ermitteln	Keine Klarheit bzgl. der exakten Ermittlung der Multiples (z. B. Stichtags- vs. Durchschnittsbetrachtung)

Abb. 11.34: Vor- und Nachteile der Multiplikatorenmethode gegenübergestellt

11.6 Fazit zur Wertorientierten Unternehmensführung

Der Shareholder-Value ist ebenso wie der Economic Value Added™ methodisch eine deutliche Verbesserung gegenüber früheren Verfahren. Die Rechnung ist nun formal richtig. Inhaltlich richtig und damit sinnvoll wird sie allerdings nur, wenn die Datenbasis, die zur Planung verwendet wird, von guter Qualität ist.

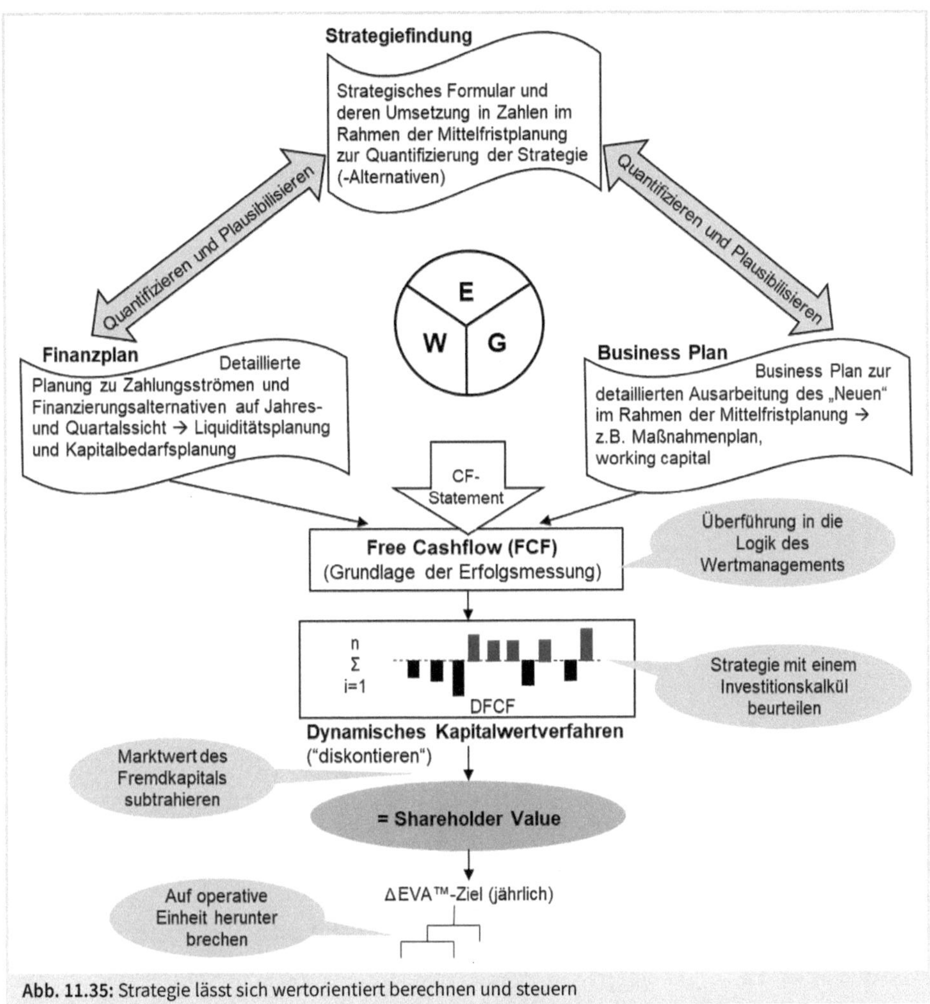

Abb. 11.35: Strategie lässt sich wertorientiert berechnen und steuern

Damit verbunden ist ein Paradigmenwechsel: **Strategie lässt sich entgegen manch anders lautender Aussage rechnen.** Anders gesagt: Wenn das Unternehmen morgen von der Strategie leben soll, dann wäre es gut, wenn sie sich auch rechnet! **Der SHV ist die Übersetzung strategischer Planung in eine Zahl und der EVA™ ermöglicht das Herunterbrechen in konsistente Teilziele sowie die Messung des Umsetzungsfortschritts.**

Vor Jahren hoffte ein Trainerkollege: »Die SHV-Methode wirkt wie ein Trojanisches Pferd. Controller können sich mit ihrer Kernkompetenz »Rechnen« unbemerkt in die häufig noch als Closed Shop betriebene strategische Planung der Unternehmensleitung einschleichen. Sie bekommen damit auch die Chance, die häufig vernachlässigte Mittelfristplanung aufzuwerten und ihr den Stellenwert zuzuweisen, den sie im Controllingsystem eines Unternehmens verdient, nämlich Bindeglied bzw. Brückenkopf zu sein, zwischen Strategie einerseits und Budget andererseits. ...« Diese Hoffnung hat sich nur zum Teil bewahrheitet. Vielmehr sind im Alltag der meisten Controller vor allem die operativen Fragen, wie z. B. das Working Capital-Management angekommen. Wobei es unbestritten richtig bleibt, dass die Themen untrennbar miteinander vernetzt sind. Das ist zwar keine neue Erkenntnis, aber die vorgestellten Instrumente zeigen es deutlicher auf. Vielleicht hilft uns das, künftig mehr zur Strategie- und Finanztransparenz beizutragen.

12 Transferpreise

12.1 Einführung und Begriffsabgrenzung

Fragt man Controller im Seminar nach Transferpreisen, so können nur einige ein umfassendes Verständnis vorweisen – und nur wenige wissen, dass unsere Arbeit als **Controller von Transferpreisen stark beeinflusst** wird. Wenn Ihnen diese Information neu ist, dann sollten Sie dieses Kapitel lesen. Denn es mag erstaunlich klingen, ist aber Fakt: Viele unserer Kennzahlen – wie z. B. EBIT, Marge etc. – sind teilweise mehr von der Steuerabteilung und damit von den steuerlichen Verrechnungspreisen, als vom operativen Geschäft beeinflusst.

»... transfer pricing is not an exact science ...«
OECD, OECD-RL[225] (2010), Tz. 1.13

Auch wenn Transferpreise – das ist der vermutlich am häufigsten verwendete Begriff, wenn es um steuerliche Verrechnungspreise geht – keine exakte Wissenschaft darstellen, so gibt es doch eine Vielzahl unterschiedlicher Regeln in diesem Zusammenhang zu beachten. Vielleicht ist es aber auch genau umgekehrt: Es gibt die vielen Regeln, da Verrechnungspreise eben keine exakt berechenbare Größe sind. Aber keine Sorge! Wir werden hier nicht auf alle Details eingehen, sondern neben einem Grundverständnis des Themas, die **für Controller besonders relevanten Aspekte** herauszuarbeiten. Am Anfang soll daher eine Einführung in die Grundsätze und wichtigsten Begriffe folgen – ebenso natürlich wie eine Abgrenzung zu verwandten Themen, insbesondere der internen Leistungsverrechnung (ILV).

Der Begriff **Verrechnungspreise** wird in der Betriebswirtschaft **in zwei unterschiedlichen Bedeutungen** verwendet. Beiden Verwendungen ist gemeinsam, dass es **nicht** um einen externen Kunden geht.

Zum einen wird der Begriff synonym zu »interner Leistungsverrechnung« benutzt. Es handelt sich dann um Kosten- und Leistungsrechnung, um das Unternehmen effizient zu steuern.

Zum anderen wird der Begriff in einem steuerlichen Sinn gebraucht. Drei Aspekte sind dabei wesentlich[226]:

- **Grenzüberschreitende** Transaktionen
- zwischen verbundenen Unternehmen (Beteiligung ≥ 25 %) bzw. zwischen Stammhaus und Betriebsstätte[227]
- Preise und sonstige Konditionen

225 Richtlinie der OECD (Organisation für wirtschaftliche Zusammenarbeit und Entwicklung).
226 Deutsche Sicht – insbesondere der Schwellwert von 25 % ist international abweichend definiert.
227 Im Folgenden wird vereinfachend immer von »Konzern« gesprochen.

Trotzdem müssen beide Bedeutungen streng auseinandergehalten werden. Die folgende Tabelle gibt eine erste Orientierung:

Verrechnungspreise

Transferpreise (TP)	Interne Leistungsverrechnung (ILV)
Nötig bei länderübergreifenden Transaktionen (in manchen Ländern auch landesintern nötig). Wesentliche Rechtsnormen[228] aus deutscher Sicht sind § 1 AStG, § 90 III AO, § 4 und 5 GAufzV, OECD Guidelines 2010 – OECD-GL.	Durchführung ist freiwillig. Interne Plandaten können helfen, die »Angemessenheit der Transferpreise« darzustellen bzw. das »Bemühen«, steuerlich angemessene Preise zu erreichen.
Angemessene Aufteilung des Gewinns auf Legaleinheiten	Interne Steuerung von Ressourcen und Kapazitäten
Vermeidung von Sanktionen bzw. von Doppelbesteuerung	Setzen von Handlungsanreizen
Optimierung der Konzernsteuerlast (z. B. Anrechnung von Verlusten anderer Konzerneinheiten, niedrigere Steuersätze unterschiedlicher Länder)	Minimierung des Ressourcenbedarfs und Lenkung (Einsatz) von Ressourcen gemäß Nutzen
Ziele und Anforderungen lassen sich nicht immer in Einklang bringen.	

Abb. 12.1: Transferpreise und interne Leistungsverrechnung sind strikt zu unterscheiden

Um die Abgrenzung zu verdeutlichen, sei die Controllingsicht kurz dargestellt.[229] Professor Eugen Schmalenbach führte bereits Anfang des letzten Jahrhunderts den Begriff des Verrechnungspreises ein. Er behandelte die Frage, wie selbstständige Einheiten innerhalb eines Konzerns durch Preise gesteuert werden können. Der Verrechnungspreis soll dazu führen, dass die einzelnen Teilbereiche die für das gesamte Unternehmen gewinnoptimale Menge liefern bzw. beziehen. Das ist die so genannte Steuerungsfunktion der Verrechnungspreise. Letztlich bedeutet es, in der Firma die **Koordination dezentral über Angebot und Nachfrage durchzuführen**, d. h. ein »interner Marktmechanismus« und keine zentrale Vorgabe! Es wird nur für die Leistungen »bezahlt«, die man auch selber angefordert hat. Je mehr Einheiten bezogen werden, desto mehr Kosten werden verrechnet. Ein interner Anbieter ohne Kunden behält die Kosten auf seiner Kostenstelle. Die interne Leistungsverrechnung will mit Verrechnungspreisen also nicht primär Kosten zuordnen, sondern Verhalten beeinflussen (Behavioural Controlling). Das setzt Entscheidungsfreiheit über die Inanspruchnahme von Leistungen voraus!

228 Außensteuergesetz (AStG), Abgabenordnung (AO), Gewinnabgrenzungsaufzeichnungsverordnung (GAufzV).
229 Eine ausführlichere Darstellung findet sich in Deyhle/Eiselmayer/Kleinhietpaß (2016): Controller Praxis, Seite 223–232.

Die Zentrale steuert über smarte Ziele (MbO)[230]. Sind die Ziele richtig gesetzt, so optimiert der Kostenstellenleiter nicht nur seine persönliche Zielerreichung, sondern zugleich das Ergebnis für das Gesamtunternehmen. Darum ist die Zentrale für die Funktionsfähigkeit des internen Marktes verantwortlich. Viele Firmen haben daraus weitere Ziele abgeleitet. Die Wichtigsten lauten:

- **Erfolgszuweisungsfunktion**: Wie hoch ist der Anteil einzelner Bereiche des Unternehmens am Gesamterfolg?
- **Motivationsfunktion**: Aus dem so ermittelten Erfolg wird oft die Entscheidung über Boni und Prämien und langfristig über die weitere Karriere getroffen.
- **Ertragsteuer-Minimierungsfunktion**: Das Steuergefälle, also unterschiedliche Steuersätze in verschiedenen Ländern, soll (innerhalb der zulässigen Grenzen) genutzt werden, um den Gewinn nach Ertragsteuern zu maximieren.
- **Unterstützung der Kalkulation:** Inanspruchnahme der Leistung soll pauschale Schlüsselungen ersetzen.

Anders ist es bei der **Umlage**, die sich in der Regel auf eine Periode bezieht und nicht vom Nachfrager über die abgenommene Anzahl der Leistungseinheiten beeinflusst werden kann. Die Umlage fällt immer gemäß festgelegtem Wert an. Meist ist dies ein Prozentsatz der Kosten, die bei einer vorgelagerten Stelle aufgetreten sind. Der Prozentsatz wird gemäß einer einfach ermittelbaren Größe (z. B. Mitarbeiter, Umsatz) festgelegt, ohne dass dabei eine Relation zur Inanspruchnahme der Leistung besteht. Dies nennt man **(Verteilungs-)Schlüssel**. Mittels einer Umlage werden anderen Einheiten (Empfänger) Kosten belastet, ohne dass diese eine Einflussmöglichkeit besitzen, die Kosten zu verändern. Schlimmer noch: Arbeitet der Leistungsersteller ineffizient, sodass die Kosten steigen, dann erhält der Leistungsempfänger mehr Kosten. Für ihn stellen die Umlagen einen Periodenbetrag dar und die Kosten sind damit nicht – wie bei der ILV – je Einheit anfallend. Umlagen sind eine Methode der älteren Vollkostenrechnung und **verfälschen sehr oft die Daten für Entscheidungen.**[231] Sie können allenfalls im Rahmen der Kalkulation als nachrangige Verfahren sinnvoll eingesetzt werden.

Es ist an dieser Stelle wichtig, darauf hinzuweisen, dass **in manchen Firmen keine sprachliche Trennung** zwischen den beiden Vorgehensweisen Leistungsverrechnung und Umlagen besteht. In solchen Firmen wird oft der Begriff der Umlage für beide Sachverhalte verwendet.

Genauso wichtig ist es zu wissen, dass die OECD im Rahmen der steuerlichen Verrechnung von Dienstleistungen, die Umlage explizit als Methode vorschlägt.

230 Management by Objectives (Führung durch Ziele) von Peter F. Drucker (1954): The Practice of Management.

231 Mehr Infos in Deyhle/Eiselmayer/Kleinhietpaß (2016): Controller Praxis, Seite 232-237. Für Details siehe Hanken/Kleinhietpaß/Lagarden (2016): Verrechnungspreise, Seite 437–526.

12.2 Einstieg in die Welt der Transferpreise

Das Thema Verrechnungspreise ist nicht neu – auch nicht in Deutschland. Im Jahr 2003 fand eine grundlegende Reform im Bereich der Verrechnungspreise statt. Mit dem Steuervergünstigungsabbaugesetz (StVergAbG) wurden die Mitwirkungspflichten der Firmen in § 90 der Abgabenordnung (AO) und die Schätzungsbefugnisse der Finanzverwaltung gemäß § 162 AO erweitert. Es geht also um die Steuereinnahmen des Staates. **Transferpreisregeln haben in allen Ländern den Zweck, sich einen »angemessenen« Anteil an den Steuereinnahmen zu sichern.** Der Zusammenhang zwischen Steuereinnahmen, unterschiedlichen Steuersätzen (sog. Steuergefälle) und Transferpreisen lässt sich an einem einfachen Beispiel zeigen:

Sicht der Legaleinheiten					**Konzernsicht**	
HK Land A	**Marge Land A (Steuer 20 %)**	**Transfer-preis A → B**	**Marge Land B (Steuer 40 %)**	**Marktpreis (Land B)**	**Konzern-steuerlast**	**Konso-lidierter JÜ**
60	10 (2)	70	30 (12)	100	(14)	26
60	20 (4)	80	20 (8)	100	(12)	24
60	30 (6)	90	10 (4)	100	(10)	22

Abb. 12.2: Auswirkung der TPs auf das Nachsteuer-Ergebnis (Prinzipdarstellung)

Die Steuerbehörden setzen einer Gewinnverschiebung durch zahlreiche Vorschriften sehr enge Grenzen. Der Fiskus verlangt darum den Nachweis, dass bei konzerninternen Leistungsbeziehungen Preis und Konditionen (z. B. Rabattstaffeln) genauso vereinbart werden, wie es unabhängige Unternehmen untereinander tun. Dies wird auch als **»dealing at arm's length« (Fremdvergleich)** bezeichnet. Die zugehörigen Dokumentationsvorschriften sind in den letzten Jahren massiv verschärft worden und die Nachweispflicht der Fremdüblichkeit liegt beim Unternehmen. Aufgrund der Nähe zum Geschäft sind Controller meist gut über alle Liefer- und Leistungsbeziehungen mit dem Ausland informiert. Sie erfahren steuerlich relevante Sachverhalte, insbesondere die Gründung von Betriebsstätten[232], nicht selten eher als die Kollegen aus dem Tax-Bereich. Darum sollten Controller engen Kontakt zur Steuerabteilung halten und diese rechtzeitig informieren. Eine auch nur unvollständige Dokumentation kann bereits gravierende Nachteile nach sich ziehen – bis hin zur Steuerschätzung.

Es ist jedoch direkt am Anfang festzuhalten, **dass es nicht den einen *(richtigen)* Verrechnungspreis gibt.** Das gilt im Steuerrecht ebenso wie im Controlling. Es sind steuerliche Bandbreiten

232 Vgl. ausführlich Hanken/Kleinhietpaß/Lagarden (2016): Verrechnungspreise, Seite 347–361.

von zulässigen Verrechnungspreisen, die in den meisten Fällen aus Datenbankanalysen ermittelt werden. Es gilt zudem das Prinzip »**Paletten-Betrachtung**«. Das bedeutet, dass in Summe einer Transaktion eine angemessene Marge erzielt werden muss – und nicht auf den einzelnen Artikel oder die einzelne Warengruppe bezogen. Zwar gibt es Staaten, die solche Paletten »aufschnüren«[233], aber dieses Problem gehört nicht mehr ins Controlling, sondern muss von der Steuerabteilung gelöst werden.

Aus Unternehmenssicht ist bei Transferpreisen vor allem die **Vermeidung von fiskalischen Sanktionen und Doppelbesteuerung** wichtig. Auch die **Ausnutzung des Steuergefälles**, d. h. die Minimierung der Steuerlast durch »Verschiebung« von Ertrag (Aufwand) in Länder mit niedrigerem (höheren) Steuersatz zählt dazu. Firmen, die dies in aggressiver Weise durch einen gezielt zur Steuervermeidung aufgebauten Konzern nutzen, findet man genügend in der Presse. Womit zugleich das damit verbundene Imagerisiko angesprochen ist. Für viele Unternehmen ist das Risiko negativer Berichterstattung zu groß (Stichwort: Compliance). Zudem sind die steuerlichen Risiken gestiegen.[234] Bei manchen Firmen hat das dazu geführt, dass die betriebswirtschaftliche Sicht in den Hintergrund getreten ist. Wir wollen zeigen, dass dies häufig zu Fehlentscheidungen führen kann. Dazu ist es wichtig zu verstehen, wie Transferpreise bestimmt werden. Sonst ist die Auswirkung auf wichtige Kennzahlen des Controllings nicht nachvollziehbar. Wenn man sieht, wie sehr die steuerlichen Regelungen absolute Größen (zum Beispiel EBIT, JÜ) und relative Größen (z. B. ROS) beeinflussen/vorbestimmen, dann leuchtet es sofort ein, dass es **nicht möglich ist, operative Effizienz zu beurteilen, wenn auf Basis buchhalterischer (und damit steuerlicher) Werte gerechnet wird**.

12.3 Vorgehen bei der Transferpreis-Ermittlung

Auch aus einem anderen Grund ist es sehr sinnvoll, dass wir Controller ein Grundverständnis für Transferpreise haben. Unsere Nähe zum operativen Geschäft und zu allen Zahlen lässt uns oft Kenntnis von steuerlich relevanten Sachverhalten erlangen, über die die Steuerabteilung noch nicht informiert ist. Insbesondere nicht entdeckte Betriebsstätten gehören dazu.[235] Ein Problem, das insbesondere bei kleineren und mittelgroßen Unternehmen zu finden ist, da bei diesen die Systemunterstützung nicht so ausgeprägt ist wie bei Konzernen. Viele Sachverhalte sind steuerlich nicht schwierig, aber ohne Information kann sich die Steuerabteilung nicht darum kümmern.

233 Das bedeutet: Leistungen mit hoher Marge werden vom Fiskus akzeptiert, weil die hohen Steuereinnahmen willkommen sind. Andere Leistungen der Palette mit unterdurchschnittlicher Marge werden nicht akzeptiert und es wird für diese eine höhere Marge verlangt. Als Konsequenz steigt die Steuerbelastung.

234 Vgl. Hanken/Kleinhietpaß/Lagarden (2016): Verrechnungspreise, Seite 136–141.

235 Vgl. ausführlich Hanken/Kleinhietpaß/Lagarden (2016): Verrechnungspreise, Seite 347–361

Steuerlich muss nach **Transaktionen** unterschieden werden. Man kann diesbezüglich von Leistungsarten sprechen, die sich grob wie folgt gliedern lassen:

- Veräußerung
  - materielle Güter (z. B. Fertigprodukte, Ersatzteile, RHB-Stoffe)
  - immaterielle Güter
- Überlassung (z. B. Wirtschaftsgüter, Kapital, Know-how)
- Dienstleistungen

Dabei wird an physische Dinge eher gedacht, als z. B. an Adressüberlassung, IT-Unterstützung, Marketinghilfen, Markennutzung, Lizenzen oder Know-how-Transfer.

Merkregel: Alles, wofür fremde Dritte zahlen würden (bzw. zahlen müssten), muss auch innerhalb von verbundenen Unternehmen in Rechnung gestellt werden.

In Zweifelsfällen sollten Sie sich fragen, ob für den Empfänger ein Nutzen gegeben ist (Benefit Test). Falls ja, dann ist dafür zu zahlen. Dies folgt aus dem Fremdvergleichsgrundsatz.

Für jeden Transaktionstyp ist eine Transferpreismethode zu wählen, die dem Verhalten fremder Dritter am nächsten kommt, und es ist zu ermitteln, welche Marge dafür jeweils angemessen ist. Entscheidend ist dafür die Bestimmung des Gesellschaftstyps, der mit einer Funktions- und Risikoanalyse ermittelt wird.

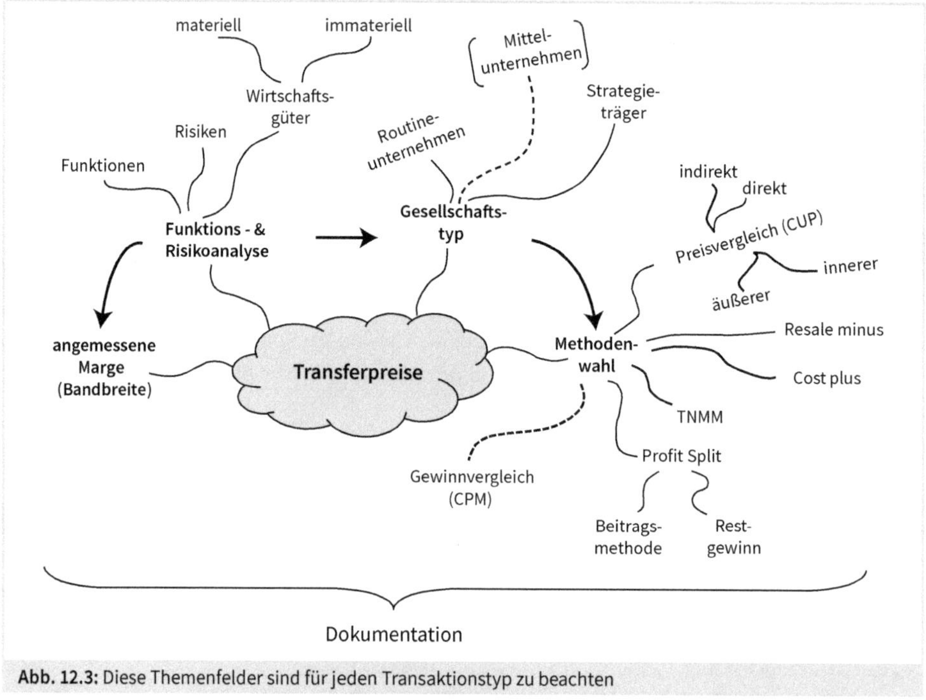

Abb. 12.3: Diese Themenfelder sind für jeden Transaktionstyp zu beachten

Die **Funktions- und Risikoanalyse** steht damit am Anfang der Überlegung. Für die jeweils betrachtete Transaktion[236] sind die ausgeübten Funktionen, die übernommenen Risiken **und** die eingesetzten materiellen und immateriellen Wirtschaftsgüter der beiden Konzernunternehmen zu vergleichen. Diese Untersuchung umfasst damit mehr, als der Name vermuten ließe. Für die Produktion könnte es beispielsweise lauten:

- Fertigungsfunktion, Verpackungsleistung, Qualitätssicherung usw.,
- Auslastungsrisiko, Lagerrisiko, Produkthaftungsrisiko usw.,
- Maschinen, Lizenzen, Produkt-/Prozess-Know-how usw.

Idealerweise werden Funktionen, Risiken und Wirtschaftsgüter gewichtet, um die Bedeutung für die Wertschöpfung abzubilden. Für jede Position kann dann differenziert entschieden werden, welches der beiden beteiligten Unternehmen mehr oder weniger viel zum Erfolg beiträgt.

Daraus ergibt sich international üblich die Einteilung in Routineunternehmen und Strategieträger. Der deutsche Fiskus kennt zusätzlich noch den **Gesellschaftstyp** des Mittelunternehmens. Dies ist international nicht abgestimmt und wird darum im Ausland nicht anerkannt.

Aus dem **Gesellschaftstyp** wird ein Rückschluss auf die wirtschaftliche Lage, wie sie vermutlich bei Geschäften mit fremden Dritten auftreten würde, gezogen. Routineunternehmen wird ein geringer, aber stabiler Gewinn zugesprochen. Mittelunternehmen haben höhere Risiken und dem sollen auch höhere Chancen gegenüberstehen. Der Strategieträger erhält den verbleibenden Konzerngewinn, d. h. abzüglich der Anteile für Routine- und Mittelunternehmen. Bei ihm sind Risiken und Chancen am stärksten ausgeprägt und sein Gewinn weist damit potenziell die größten Schwankungen auf. Es ist im wahrsten Sinne des Wortes ein »Residualgewinn«. Der Gesellschaftstyp bestimmt so die **Margenerwartung** des Fiskus. Für Routineunternehmen muss darum sichergestellt sein, dass eine angemessene und stabile Marge erreicht wird. Von wenigen Ausnahmen (z. B. Anlaufphase des Geschäfts) abgesehen, ist ein Verlust nicht zulässig. Das heißt, dass die zulässigen Methoden davon abhängen, welche Gesellschaftstypen sich bei der betrachteten Transaktion gegenüberstehen. Beispielsweise ist bei der Resale minus-Methode oder der Cost plus-Methode die Marge wesentlich stabiler als bei der Gewinnaufteilungsmethode. Die Angemessenheit der Höhe der Marge wird in der Regel über eine **Benchmarkstudie** nachgewiesen. Hierzu wird auf international verfügbare Datenbanken zurückgegriffen. In einem mehrstufigen Prozess wird versucht, Unternehmen zu finden, die der eigenen Situation möglichst vergleichbar aufgestellt sind:

- Wirtschaftsraum
- Wertschöpfungsebene (z. B. Groß- oder Einzelhandel)
- Größe (z. B. Umsatz, Mitarbeiter)
- usw.

236 Dies ist besser als die vereinfachte Variante, die Analyse auf Gesellschaftsebene zu erstellen.

Dazu zählt vor allem, dass es sich um unverbundene, d. h. nicht in einem Konzern befindliche Unternehmen handelt. Andernfalls wäre kein Rückschluss auf fremdübliches Verhalten möglich.

Die OECD nennt **sechs Methoden**, nach denen Transferpreise ermittelt werden sollen:

a) Preisvergleichsmethode/Comparable Uncontrolled Price Method (CUP)
b) Wiederverkaufspreismethode/Resale Price Method (R-/RPM)
c) Kostenaufschlagsmethode/Cost-plus Method (C+)
d) geschäftsvorfallbezogene Nettomargenmethode/Transactional Net Margin Method (TNMM)
e) geschäftsvorfallbezogene Gewinnaufteilungsmethode/Profit Split Method (PSM)
f) Gewinnvergleichsmethode/Comparable Profit Method (CPM)

Die ersten drei werden von der OECD und auch von Deutschland als vorrangig betrachtet. Sie werden »transaktionsbezogen« genannt. Die nächsten drei Methoden (»gewinnorientiert« genannt) sind bei uns nachrangig. In den USA ist es genau umgekehrt. Die Gewinnvergleichsmethode ist in Deutschland sogar verboten, während sie z. B. in den USA favorisiert wird. Für Unternehmen ist die Wahl der »richtigen« Methode zur Bestimmung der Transferpreise damit nicht immer einfach. Konflikte mit den beteiligten Ländern sind damit vorprogrammiert.

12.4 Darstellung der Transferpreismethoden

Aus dem Fremdvergleichsgrundsatz folgt, dass sowohl die Methode als auch das Ergebnis (Gewinn- oder Verlusthöhe) das Verhalten unabhängiger Dritter nachbilden sollen. Damit ist nicht jede Methode für jeden Sachverhalt anwendbar. Die steuerlichen Vorschriften der meisten Länder orientieren sich an den Empfehlungen der OECD. Auch Deutschland setzt diese weitgehend um.

12.4.1 Preisvergleichsmethode

Die Preisvergleichsmethode soll konzernintern Vergleichbarkeit mit jenem Preis erzeugen, den unabhängige Unternehmen bei einem vergleichbaren Geschäft unter vergleichbaren Verhältnissen vereinbart hätten. Zwei Aspekte sind zu unterscheiden:

1. **Woher stammen die Informationen für den Preisvergleich?**
   - **Äußerer Preisvergleich:** Hierbei ist der Vergleichspreis derjenige Preis, den zwei unabhängige Dritte für gleiche/gleichartige Waren oder Dienstleistungen vereinbart **haben.** Der äußere Preisvergleich findet vor allem bei öffentlich bekannten Preisen und homogenen Warenlieferungen (Warenbörse) sowie marktgängigen Dienstleistungen Anwendung.
   - **Innerer Preisvergleich:** Wenn gleiche oder gleichartige Waren oder Dienstleistungen sowohl mit einem verbundenen Unternehmen als auch mit einem fremden Dritten austauscht werden, wird der mit dem fremden Dritten vereinbarte Preis auf die interne Leistung übertragen – in der Praxis eher selten

2. **Wie ähnlich sind die verglichenen Transaktionen?**
   - **Direkter Preisvergleich:** Hier sind die relevanten Einflussfaktoren/Konditionen (z. B. Zahlungsfristen, Liefermenge, Incoterms) identisch bzw. gleichartig. Daher ist keine Anpassung des Vergleichspreises oder des Verrechnungspreises nötig – in der Praxis extrem selten
   - **Indirekter Preisvergleich:** Der Vergleichspreis wird um abweichende preisbeeinflussende Faktoren und Konditionen (z. B. Zahlungsfristen, Liefermenge, Incoterms) bereinigt. Dies wird die in der Praxis deutlich häufigere Variante sein. Hier muss inhaltlich und rechnerisch nachgewiesen werden, dass die gemachten Anpassungen fremdüblich sind.

Aus **Controllingsicht** ist anzumerken, dass Marktpreise (ohne Korrekturen) nur selten eine gute Wahl darstellen:

- **Anreizproblem**: Der Empfänger der Leistung hat keinen Vorteil, die Leistung konzernintern zu beziehen. Er zahlt intern und extern den gleichen Preis.
- **Gewinnausweis**: Fremde Dritte verdienen mit Ihrem Marktauftritt (in der Regel) eine Marge. Die konzerninternen Kosten dürften darum ebenfalls unter dem Marktpreis liegen. Darum entsteht bei internen Transaktionen zu Marktpreisen beim Leistungsersteller ebenfalls eine Marge. Ein Erfolg für den Konzern ist das aber nicht – Erfolg entsteht erst beim Verkauf an »echte« Kunden.
- **Verdeckte Effizienzprobleme:** Erzielt eine interne Abteilung mit dem Preis, der durch den Preisvergleich ermittelt wurde, keine Marge, dann liegt unternehmensintern ein Effizienzproblem vor. Schließlich lautet die Existenzberechtigung eines Konzerns: »Das Gesamte ist effizienter als die Summe seiner einzelnen Teile«.

12.4.2 Wiederverkaufspreismethode

Diese Methode orientiert sich an dem Preis, zu dem ein unabhängiges Unternehmen sein Produkt an seine Kunden weiterveräußert – dem sog. Wiederverkaufspreis. Der Wiederverkaufspreis kann prinzipiell vom Ist-Endkundenpreis als auch vom Plan-Endkundenpreis aus berechnet werden. Ausgehend davon wird eine angemessene Bruttomarge (z. B. Gross Margin, ROS) [237] abgezogen. Der sich ergebende Wert ist der anzusetzende Verrechnungspreis zwischen den verbundenen Unternehmen. Die Höhe der Bruttomarge wird aus Datenbankanalysen gewonnen und ist recht schwierig, weil die Qualität der Daten oft nicht hinreichend genau ist.

237 Der Begriff Bruttomarge kann von Nicht-Steuerexperten missverstanden werden. Wichtig ist zum einen, dass auf einen Prozentsatz abgestellt wird. Zum anderen fehlt bei dieser Betrachtung die Absatzmenge. Aus Beidem folgt zunächst einmal, dass es sich nicht auf einen absoluten Eurobetrag handelt. Die Bezeichnung »brutto« bedeutet steuerlich zudem, dass nicht geprüft ist, ob die so erzielten absoluten Margen ausreichen, um weitere Unternehmenskosten zu decken. Erst die so ermittelte »Nettomarge« (z. B. Jahresüberschuss) zeigt, ob ein Routineunternehmen fremdüblich gehandelt hat. Missverständlich sind die Begriffe auch deshalb, weil Controller den Jahresüberschuss sicherlich nicht als »Marge« bezeichnen würden. Vgl. Kapitel 12.4.4 die transaktionsbezogene Nettomargenmethode (TNMM).

Wird vom **Ist-Endkundenpreis** ausgegangen, so hat der Wiederverkäufer, also die Vertriebsgesellschaft, immer eine angemessene Bruttomarge – sofern handwerklich richtig gearbeitet wurde. Die Vertriebsgesellschaft hat also de facto ein sehr geringes Risiko. Dies ist auch für die unterjährige Steuerung einfach, da im Ist des laufenden Jahres kaum Abweichungen zu den ursprünglich in der Planung festgelegten Preisen/Margen auftreten können. Allerdings ist dies wenig fremdüblich, da gegenüber Kunden wohl meist auf Basis einer vorab festgelegten Preisliste, verhandelten Rahmenverträgen etc. fakturiert wird.

Wird dagegen der **Plan-Endkundenpreis** für die Berechnung herangezogen, so kann durch die Abweichung zwischen Plan- und Ist-Preisen für die Vertriebsgesellschaft sowohl eine Chance als auch ein Risiko entstehen. Darum muss sie – auf Grund des veränderten Funktions- und Risikoprofils – eine geringfügig höhere Bruttomarge zugestanden bekommen.

Aus der Bruttomarge muss der Wiederverkäufer letztlich **alle seine Aufwendungen decken und einen angemessenen Gewinn erzielen können**. Der letzte Halbsatz ist bedeutsam, denn nicht selten ist die Bruttomarge zwar angemessen, aber der Fiskus hinterfragt die Angemessenheit des Transferpreises trotzdem, weil der Gesamtgewinn zu gering (bzw. zu hoch) erscheint. Der Grund ist meist die Menge, die zu einem geringen (hohen) absoluten Gewinn führt. An uns Controller gerichtet: Die Planungsqualität ist in diesem Punkt von erheblicher Bedeutung. Die Gewinnhöhe muss den Beitrag zur Wertschöpfung widerspiegeln. Die beschriebene Kontrolle wird im Rahmen der Betriebsprüfung mittels TNMM (siehe Kapitel 12.4.4) durchgeführt.

Aus **Controllingperspektive** ist festzuhalten, dass die Methode erhebliche Probleme bei der Beurteilung der Vertriebsleistung erzeugt:

- **Kennzahlenverzerrung:** Der Vertrieb kommt (scheinbar) immer – nämlich durch die Intervention der Steuerabteilung – zu »seiner« Vertriebsmarge. Der oft in den Büchern beobachtete stetige Erfolg des Vertriebs über die letzten Jahre ist damit nicht selten von der Steuerabteilung herbeigeführt. Die durch die Datenbankanalyse als angemessen ermittelte Bandbreite wird herbeigeführt – »nach oben wie nach unten«. Preis-/Mengenkombinationen (und deren Wirkung auf die Marge) werden damit komplett unterlaufen.
- **Aufwand:** Die steuerliche Bruttomarge auf Basis von *Plan-Endkundenpreisen* macht den Erfolg leicht überprüfbar und steuerbar, weil es nur eine Jahresendanpassung (Year end adjustment; True up) gibt. Diese Buchung lässt sich am Jahresende mit wenig Aufwand für die Analyse neutralisieren. Unterjährig wird auf Basis von Planwerten (Standards) gearbeitet, sodass die Verwendung der Zahlen aus den »Legal Books« kein Problem darstellt. Im Gegensatz dazu stellt die Verwendung von *Ist-Endkundenpreisen,* die mehrfach unterjährige Anpassungen erfordern, die Controllingabteilung vor Probleme. Das heißt, es gibt viele verschiedene interne Transferpreise für denselben Artikel. Zudem wird dieser Transferpreis vom Sortimentsmix (»Paletten-Betrachtung«) bestimmt, zu dem die Bruttomarge steuerlich passen muss. Der Aufwand zur Neutralisierung solcher Effekte ist in der Regel zu hoch. Es bedarf weiterer Größen zur Vertriebssteuerung, die aber nicht vom Transferpreis beeinflusst sein dürfen.

- **Methodischer Rückschritt:** Das bedeutet im Klartext: Da der Transferpreis vom steuerlich akzeptierten Ergebnis abhängt, scheidet jegliche Form ergebnisorientierter Steuerung aus. Das Controlling wird auf »uralte Größen« wie Absatz oder Kundengewinnung reduziert. Bereits der Umsatz ist nicht mehr zu verwenden.

12.4.3 Kostenaufschlagsmethode

Die Kostenaufschlagsmethode startet im Gegensatz zur Wiederverkaufspreismethode nicht beim Kunden, sondern geht von den eigenen Kosten aus, die für die Leistung (physisches Produkt oder Dienstleistung) angefallen sind. Diese Kosten werden um einen fremdüblichen Gewinnaufschlag (Cost plus mark-up) erhöht. Auch hier muss die Marge wertschöpfungsadäquat sein.

Allerdings ist die Kostenbasis nicht eindeutig (und über alle Länder gleich) definiert. Folgende Möglichkeiten sind in der Praxis zu finden:

- Ist- vs. Plankosten,
- Voll- vs. Teilkosten,
- laufende vs. außerordentliche,
- wertschöpfend vs. nichtwertschöpfend

Entsprechend besteht in der Betriebsprüfung regelmäßig Erklärungsbedarf über die Höhe des Gewinnzuschlags.

Aus **Controllingsicht** bestehen bei dieser Methode die geringsten Abweichungen zu den eigenen Instrumenten. Ob sich der Aufwand eines weiteren Verrechnungspreises oder ergänzender Kennzahlen oder Instrumente (neben der steuerlichen Sicht) lohnt, kann nur im Einzelfall entschieden werden. Im Regelfall dürfte die Antwort negativ ausfallen, denn die typische, zu beobachtende Margenbandbreite für die Leistung des Routineunternehmens (3% – 8%) ist nicht hoch genug, um Entscheidungen (z. B. in der Sortimentssteuerung) zu verzerren. Für die Steuerung der Einheit, die die Leistung erbringt, muss natürlich geprüft werden, ob sie kosteneffizient gearbeitet hat. Schließlich führen steigende Kosten steuerlich zu steigenden Margen.

12.4.4 Transaktionsorientierte Nettomargenmethode

Die transaktionsbezogene Nettomargenmethode (TNMM) vergleicht eine (Netto-)Rendite des Routineunternehmens (bzw. des ausländischen »Konzern«-Unternehmens) mit der entsprechenden Rendite vergleichbarer Unternehmen. Das kann sich auf eine Leistungsart beziehen oder auch mehrere Leistungsarten zusammenfassen. Entscheidend sind zum einen die Ermittlung des Nettogewinns und zum anderen die Auswahl einer/mehrere geeigneter Gewinnkennzahlen.

Häufig wird die **EBIT-Marge, also der klassische ROS des Vertriebscontrollings**, des konzerninternen Lieferanten/Dienstleisters als Nettogewinngröße gewählt und mit der Marge eines externen vergleichbaren Anbieters verglichen. Das steuerliche Verständnis des Nettomargenvergleichs ist jedoch nicht identisch mit einer Controllingsicht. Als Nettomarge werden nämlich auch Relationen verstanden, die aus Controllersicht nicht den Begriff »Marge« erhalten würden. So wird der Nettogewinn in das Verhältnis zu einer als geeignet betrachteten Bezugsgröße gesetzt. Das können beispielsweise auch Kosten sein.

Aus **Controllingsicht** kann es auch hier deutliche Probleme geben: Mit der gebräuchlichsten Praxisvariante, den Bezugsgrößen Umsatz oder Kapital, kann man als Controller meist noch gut auskommen. Problematisch aus Controllingsicht ist, dass beispielsweise besonders schlechte – bzw. besonders gute – Vertriebstätigkeit (gegenüber der Absatzplanung des Budgets) zum steuerlichen Aufgriff führt. Durch die geringere – bzw. höhere – Absatzmenge entsteht ein absolut (in EUR) gesehen geringerer – bzw. höherer – Ergebnisbeitrag. Bei unveränderten Strukturkosten führt dies schnell zu erheblichen Schwankungen des Nettogewinns und damit der Nettomarge – also zu steuerlichen Problemen. Was ökonomisch sinnvoll ist und als steuerungsrelevante Information gilt, darf steuerlich betrachtet nicht auftreten. **Insofern führt die Aussteuerung einer Gesellschaft mittels TNMM für Controller möglicherweise zu völlig inakzeptablen Ergebnissen.**

12.4.5 Gewinnaufteilungsmethode

Die Gewinnaufteilungsmethode (Profit Split) ist nach deutschem Verständnis eine nachrangige Methode, d. h. sie kommt nur dann zum Einsatz, wenn Preisvergleichs-, Wiederverkaufspreis- und Kostenaufschlagsmethode zu keinem sachgerechten Ergebnis führen. International wird die Methode jedoch als vorrangig angesehen, sofern es sich bei den beiden betrachteten Unternehmen um zwei Strategieträger handelt. De facto führt dies dazu, dass die Methode damit auch in Deutschland entsprechend anwendbar ist. Der Name ist jedoch irreführend, da das im Folgenden beschriebene Vorgehen auch bei Verlusten (Loss Split) anzuwenden ist. Es wäre besser von »**Ergebnisaufteilungsmethode**« zu sprechen.

Zunächst wird ermittelt, welches Ergebnis sich aus den Transaktionen zwischen den beiden Strategieträgern ergibt. Es werden also die Ergebnisse, die die Strategieträger mit externen Kunden und mit Routineunternehmen erzielen, separiert. Als Regelfall wird die Größe »EBIT« ermittelt. Manchmal können aber nicht zuordenbare Kosten (z. B. bei großvolumigen Commodity-Geschäften) vorliegen. In einem solchen Fall kann ersatzweise das Bruttoergebnis vom Umsatz verwendet werden.

Danach wird bestimmt, welche Aufteilung des gerade ermittelten Ergebnisses fremdüblich sei, also unter unabhängigen Unternehmen vereinbart worden wäre. Aufgrund der Offenheit des Verfahrens und der nicht vergleichbaren Steuerregime der einzelnen Länder wird auf das Handelsrecht ausgewichen. Beide betrachteten Unternehmen müssen dabei den gleichen Rechnungslegungsstandard verwenden (z. B. IFRS, US-GAAP).

Die Ergebnisaufteilung kann nach zwei Methoden erfolgen:

- **Beitragsmethode** (Contribution Analysis): Eine Funktions- und Risikoanalyse (oder eine Wertschöpfungskettenbeitragsanalyse) bestimmt die Prozentwerte zur Ergebnisaufteilung – Gewinn wie Verlust.
- **Restgewinnmethode** (Residual Profit Analysis): Zunächst werden beiden Unternehmen die Routinefunktionen vergütet, welche sie untereinander erbracht haben (sog. Vorabgewinne). Das verbleibende Residualergebnis (Gewinn bzw. Verlust) wird nach einem sachgerechten Aufteilungsschlüssel auf die Parteien allokiert.

Als Schlüssel (neben Funktions- und Risikoanalyse, Wertschöpfungskettenanalyse) zur gesamten Ergebnisaufteilung bzw. zur Aufteilung des restlichen Ergebnisses können dienen:

- **Vermögenswerte**: Anlagevermögen, Umlaufvermögen, immaterielle Wirtschaftsgüter, eingesetztes Kapital
- **Kosten**: relative Aufwendungen/Investitionen in Forschung und Entwicklung, Marketing, etc.

Die Profit Split-Methode ist damit hochgradig manipulationsanfällig. Die Betriebsprüfung kann darum schwierig verlaufen.

Aus **Controllingsicht** ist anzumerken, dass diese Methode allein zu steuerlichen Zwecken nutzbar ist. Die Ziele von Steuerrecht und Controlling sind verschieden. Die Transferpreisregelungen dienen der Aufteilung eines erreichten Zustandes, während die Controllinginstrumente auf Beeinflussung (Steuerung) abzielen. Man könnte sagen, es handelt sich um den Unterschied von Ergebnisausweis im Vergleich zur Ergebnisverbesserung. Keiner der in der steuerlichen Praxis üblichen Aufteilungsschlüssel (Kosten, Vermögen, Leistungsbeitrag) setzt die dafür nötigen bzw. geeigneten Anreize.

12.5 Dokumentationsanforderungen

Im Rahmen der schon angesprochenen großen Reform der Transferpreise in Deutschland wurde 2003 auch die Gewinnabgrenzungsaufzeichnungsverordnung (GAufzV) verabschiedet. Darin werden die Aufzeichnungspflichten des Steuerpflichtigen, die sog. »**Dokumentationspflicht**«, explizit herausgearbeitet. Zur Dokumentationspflicht gehören die Sachverhaltsdokumentation (Art des Zustandekommens), die Angemessenheitsdokumentation (Fremdüblichkeit der angesetzten Verrechnungspreise) und die Dokumentation besonderer Sachverhalte.

Bezogen auf jeden Transaktionstyp ist die Angemessenheit der Verrechnungspreismethode zu begründen. Dabei sollte darauf geachtet werden, dass sie aus Sicht aller beteiligten Länder zulässig ist. Sonst kann es passieren, dass für denselben Sachverhalt in zwei Ländern Steuern gezahlt werden müssen (**Doppelbesteuerung**[238]). Beispielsweise ist die Gewinnvergleichsmethode in den USA, aber nicht in Deutschland zulässig. Wird aufgrund dessen ein Methodenwechsel vorgenommen, so ist dieser ebenfalls zu dokumentieren.

Genauso ist darauf zu achten, ob und in welcher Form Doppelbesteuerungsabkommen (DBA) vorliegen. Deutschland hat über 100 solcher Abkommen abgeschlossen. Neben den DBA und dem jeweiligen lokalen Steuerrecht empfiehlt es sich, die OECD-Richtlinie »Verrechnungspreise« von 1995/99 und das OECD-Musterabkommen (seit 1963) zu beachten.

Die Sachverhaltsdokumentation (gem. § 4 GAufzV) umfasst:

- Wie ist die konkrete Situation dieser Firma?
- Ziel: einem fremden Dritten in angemessener Zeit einen Überblick über die konzerninternen Transaktionen geben und die Prüfung der Fremdüblichkeit ermöglichen
  - Allgemeine Information
  - Geschäftsbeziehungen zu nahestehenden Personen
  - Funktions- und Risikoanalyse
- Konkret: Beschreibung von Branche, Firma, Geschäftsmodell, Aufgaben und Funktionen etc.; Geschäftsabschlüsse der beteiligten Firmen etc.; Liste aller Verträge und Wirtschaftsgüter etc.

Die Angemessenheitsdokumentation (gem. § 4 GAufzV) umfasst:

- Begründung, warum die gewählte Verrechnungspreismethode und -höhe angemessen ist
  - Angewandte Methoden
  - Begründung der Geeignetheit
  - Unterlagen über die Berechnung
- Darstellung der relevanten Vergleichsdaten, das sind z. B.
  - Preise bzw. Finanzdaten von unabhängigen Unternehmen
  - Zugehörige Anpassungsrechnungen
  - Ergebnisse und Zustandekommen der Datenbankanalysen

Die Aufzeichnungen in besonderen Fällen (gem. § 5 GAufzV) umfasst unter anderem:

- Transferpreis-Vereinbarungen mit ausländischen Steuerbehörden
- Vorabverständigungs- und Verständigungsverfahren (MAP, APA)[239]
- mehrjährige Verluste, Funktionsverlagerungen, Kostenumlagen, Vorteilsausgleich

Die Dokumentation muss dabei erkennbar das ernsthafte Bemühen der Firma widerspiegeln, einem sachkundigen Dritten in angemessener Zeit einen Einblick zu verschaffen. Andernfalls kann der Betriebsprüfer eine im Wesentlichen unverwertbare Dokumentation als insgesamt unverwertbar verwerfen. Damit wird die Dokumentation so behandelt, als sei sie überhaupt nicht erstellt worden.

238 Auch eine unangemessene Marge kann zur Doppelbesteuerung führen.
239 Advance Pricing Agreements, Mutual Agreement Procedures.

Die daraus resultierenden finanziellen Konsequenzen sind gravierend. Neben Strafzuschlägen kann sogar die Schätzung der aus diesen Geschäften erzielten Einkünfte zu Lasten des Steuerpflichtigen erfolgen. Aber nicht nur das Fehlen bzw. die Unverwertbarkeit einer Dokumentation werden bestraft. Bereits die verspätete Vorlage (in Ausnahmefällen sogar die verspätete Erstellung) wird mit Bußgeld belegt. Daraus folgt, dass insbesondere der für Beteiligungen zuständige Controller auf eine vollständige und aktuelle Dokumentation (Verträge, Preislisten, Fakturadaten, Abweichungsanalysen etc.) für alle internen Transaktionen drängen sollte. Das sollte nie ohne engen Kontakt zur Steuerabteilung geschehen. Nur diese kann die landestypischen Besonderheiten kennen und richtig interpretieren.

Die Dokumentation ist jüngst verschärft worden im Rahmen der sog. »**BEPS-Vorschriften**« (Base Erosion and Profit Shifting), die zum Jahreswechsel 2016/2017 weitgehend umgesetzt wurden. Ziel ist die Bekämpfung von künstlicher Verringerung der Steuerbemessungsgrundlage (Base) und der Gewinnverlagerung (Profit Shifting) von Konzernen. Einige Unternehmen (z. B. Apple, Amazon, Google, IKEA, Starbucks) waren dazu schon im Fokus der Presse. BEPS zielt dabei zum einen auf die Ausweitung der steuerpflichtigen Tätigkeiten/Leistungen (Transaktionen).

So nimmt beispielsweise der Aktionspunkt 7 eine Aktualisierung des Betriebsstättenbegriffs vor. Stellen wir uns dazu ein Unternehmen mit Sitz bzw. Geschäftsleitung in Land A vor. Es betreibt einen Onlineshop, der seine Waren auch in Land B verkauft. Dazu gibt es in Land B ein Auslieferungslager, welches in Land B die Lagerung und den Versand an die lokalen Kunden übernimmt. Nach altem Rechtsstand begründete dies keine Betriebsstätte. Dementsprechend entstand in Land B kein steuerpflichtiger Gewinn. Konzerne konnten sich so für den Onlineshop ein Land mit niedrigen Steuersätzen aussuchen. Nach den neuen Regeln geht das nicht mehr. Das Auslieferungslager in Land B wird als Betriebsstätte eingestuft. Land B erfährt eine Ausweitung seiner steuerlichen Bemessungsgrundlage durch BEPS.

Neben den inhaltlichen Änderungen erfolgt mit den BEPS-Regeln auch ein neuer Teil der Dokumentation, das **Country-by-Country-Reporting (CbCR)**. Gemäß OECD-Vorschlag sind Konzerne mit mehr als 750 Mio. EUR Umsatz betroffen. Es gibt auch Länder mit abweichenden Regelungen. Die im Report auszuweisenden Inhalte sind nicht immer betriebswirtschaftlich logisch oder nützlich. Für die Interpretation der »Tax Jurisdiction« beispielsweise gilt: Es sind grundsätzlich die Daten je Land darzustellen, was auch sinnvoll ist. Die Besonderheit besteht darin, dass verschiedene Betriebsstätten/Gesellschaften dabei *nicht konsolidiert* werden, sondern vielmehr zu *addieren* sind! Zudem wird beispielsweise der Umsatz (Revenue) sehr weit definiert: *alle Erträge* ohne Dividenden. Das widerspricht damit eindeutig handelsrechtlichen Definitionen. Das gilt sowohl für nationale Regeln wie HGB, UGB (Unternehmensgesetzbuch in Österreich) oder OR (Obligationenrecht in der Schweiz) als auch für international ausgerichtete Normen wir IFRS, US-GAAP oder FER (Fachempfehlungen Rechnungslegung Schweiz). Zur Berechnung einer Umsatzrendite ist die Information also nicht geeignet.

Table 1. **Overview of allocation of all income, taxes and business activities by tax jurisdiction**

Name of the MNE group: Fiscal year concerned: Currency used:										
Tax Jurisdiction	Revenues			Profit (Loss) before Income Tax	Income Tax Paid (on Cash Basis)	Income Tax Accrued – Current Year	Stated Capital	Accumulated Earnings	Number of Employees	Tangible Assets other than Cash and Cash Equivalents
	Unrelated Party	Related Party	Total							

Table 2. **List of all the Constituent Entities of the MNE group included in each aggregation per tax jurisdiction**

Name of the MNE group: Fiscal year concerned:															
Tax Jurisdiction	Constituent Entities Resident in the Tax Jurisdiction	Tax Jurisdiction of Organisation or Incorporation if Different from Tax Jurisdiction of Residence	Main Business Activity(ies)												
			Research and Development	Holding or Managing Intellectual Property	Purchasing or Procurement	Manufacturing or Production	Sales, Marketing or Distribution	Administrative, Management or Support Services	Provision of Services to Unrelated Parties	Internal Group Finance	Regulated Financial Services	Insurance	Holding Shares or other Equity Instruments	Dormant	Other

Table 3. **Additional Information**

Name of the MNE group: Fiscal year concerned:
Please include any further brief information or explanation you consider necessary or that would facilitate the understanding of the compulsory information provided by the Country-by-Country Report.

Abb. 12.4: BEPS weitet auch die Offenlegungs-/Dokumentationsvorschriften aus[240]

240 Entnommen aus: Fachseminar Verrechnungspreise der CA Controller Akademie AG. Copyright Jörg Hanken und CA Controller Akademie AG.

Genauso ist bei »Income Tax Paid (on Cash Basis)« Vorsicht geboten, weil Steuernachzahlungen aus Altjahren im Rahmen der Betriebsprüfung für Verzerrungen sorgen. Hinzu kommt die Frage, ob die Steuern sorgfältig ermittelt wurden und wirklich zwischen einkommensabhängigen Steuern und Quellensteuereffekten unterschieden wurde. Letztere sind beim vergütungsberechtigten Unternehmen/Land zu zeigen.

Zu guter Letzt sei auf »Income Tax Accrued (Current Year)« eingegangen. Dieser stellt nicht den – eigentlich zu erwartenden – kompletten Einkommensteueraufwand dar. Vielmehr sind latente Steuern und Rückstellungen für unsichere Steuerpositionen ausgenommen.

12.6 Auswirkungen auf Kennzahlen

12.6.1 Einfluss der Zeitpunkte der Transferpreiskorrekturen

Bezüglich der Auswirkungen von Transferpreisen auf typische Kennzahlen bzw. Kenngrößen von uns Controllern muss man unterscheiden, wie oft die steuerlichen Transferpreise angepasst werden. In Abhängigkeit von landesspezifischen Regeln und allgemeiner Strategie der Steuerabteilung werden unterschiedliche Verfahren eingesetzt. Es kann zwischen zwei Varianten unterschieden werden:

Variante eins gleicht in regelmäßigen Abständen während des Jahres die steuerlich geforderten Margen mit den tatsächlich erreichten Margen ab (Soll-Ist-Vergleich). Dabei werden die Transferpreise immer wieder neu justiert, damit zum Jahresende die steuerlich akzeptierte Bandbreite erreicht wird. Der Controller ist dabei vor allen Dingen mit dem Forecast in den Prozess einbezogen.

Variante zwei ermittelt am Jahresende die erreichte Marge und führt eine **einmalige** Korrektur durch. Ist die Marge zu niedrig, wird eine Gutschrift erstellt, und ist die Marge zu hoch, wird eine Zusatzrechnung gestellt. Dieses Verfahren wird auch als »Year end adjustment« oder »True up« bezeichnet.

In beiden Varianten muss die steuerlich akzeptierte Bandbreite der Margen erreicht werden, andernfalls drohen die schon beschriebenen steuerlichen Sanktionen. Ist beispielsweise eine EBIT/Umsatz-Marge von 4–6 % angemessen, dann wird die Steuerabteilung dafür sorgen, dass diese mit z. B. 4,7 % auch erreicht wird. Mit Abschluss des Geschäftsjahres würden beide Varianten zu den angenommenen 4,7 % führen. Die EBIT-Marge gibt darum keinerlei Auskunft mehr über das operative Geschäft.

Allein **Variante zwei** lässt einen Rückschluss auf die unterjährige operative Performance zu. Denn nur hier war der Transferpreis unterjährig konstant gehalten worden. Die Jahresendkorrektur ist der einzige buchhalterische Vorgang, der im Controlling zurückgerechnet werden muss. Der Vorgang findet sich immer unter den letzten Buchungen des Jahres und ist schon aufgrund seiner Höhe leicht identifizierbar. Dies macht auch den Mehrjahresvergleich wesentlich einfacher.

Schwieriger ist es dagegen bei **Variante eins.** Hier müssen alle Effekte aus den Veränderungen der Transferpreise unterjährig zurückgerechnet werden. Eine nachträgliche Performanceanalyse über mehrere Jahre ist daher mit erheblichem Aufwand verbunden. Schon die Identifizierung der Zeitpunkte, in denen die Transferpreise geändert wurden, ist mit erheblicher Mühe verbunden.

Betroffen von diesem Problem sind offenkundig alle für Beteiligungen zuständigen Controller, weil sie – schon von der Aufgabenbeschreibung her – sich um die ausländischen Tochterunternehmen kümmern. Daneben müssen sich aber auch zahlreiche andere Funktionen im Controlling diesem Thema stellen. Jeder Bereich, der Leistungen für eine ausländische Einheit erbringt, muss diese Leistung verrechnen. Dabei entsteht (von wenigen Ausnahmen abgesehen) immer eine Marge. Steuerlich ist jede Art von Veräußerung (zum Beispiel Rohstoffe, Know-how), jede Überlassung (zum Beispiel Kapital, Mitarbeiter) und jede Dienstleistung (zum Beispiel Auftragsfertigung, Handelsvertretung) mit Transferpreisen zu versehen. Dabei ist es zunächst einmal unerheblich, ob zum Beispiel die IT eine mittels Cost plus berechnete Marge zugewiesen bekommt oder dies zum Beispiel beim Vertrieb mittels Resale minus geschieht. In allen Fällen muss der steuerlich akzeptierte Margenkorridor erreicht werden. Darum sind auch Abteilungen, die auf den ersten Blick nicht betroffen sind, gut beraten, diesbezüglich Kontakt zur Steuerabteilung aufzunehmen. Ohne die Kenntnis um die steuerliche Vorgehensweise kann die Kennzahlenbetrachtung einer Gesellschaft oder Funktion zu völlig irreführenden Ergebnissen kommen. **Die Marge ist – innerhalb einer Bandbreite – durch das Steuerrecht festgelegt.**

Eine Ausnahme stellen Management- bzw. Kontrollleistungen dar, die im Interesse des Konzerns und nicht im Interesse des Empfängers liegen. Der Benefit Test wird nicht bestanden. Hier besteht ein **Verrechnungsverbot.**

12.6.2 Beispiele: Wirkungsweise von Transferpreisen

Zum einen haben alle Arten von Verrechnungspreisen, d. h. interne wie auch steuerliche, die Eigenschaft, Informationen zu verschleiern. Im folgenden Beispiel zwischen einer Produktion und einem Vertrieb wird die gesamte Marge von 7 EUR durch die Einführung eines Verrechnungspreises zwischen den beiden Bereichen verschleiert. Jeder Bereich verfügt nur noch über eine Teilinformation. Beide überblicken nicht mehr das Gesamtbild. Für die Produktion ist das nicht weiter schlimm. Es genügt, wenn sie die am Markt absetzbaren Einheiten kostenminimal herstellt. Der Vertrieb braucht aber die volle Information, wenn er die optimale Preis-Mengen-Kombination anstreben soll.[241]

241 Vgl. Deyhle/Eiselmayer/Kleinhietpaß (2016): Controller Praxis, Seite 64–68 (»Iso-DB-Kurve«).

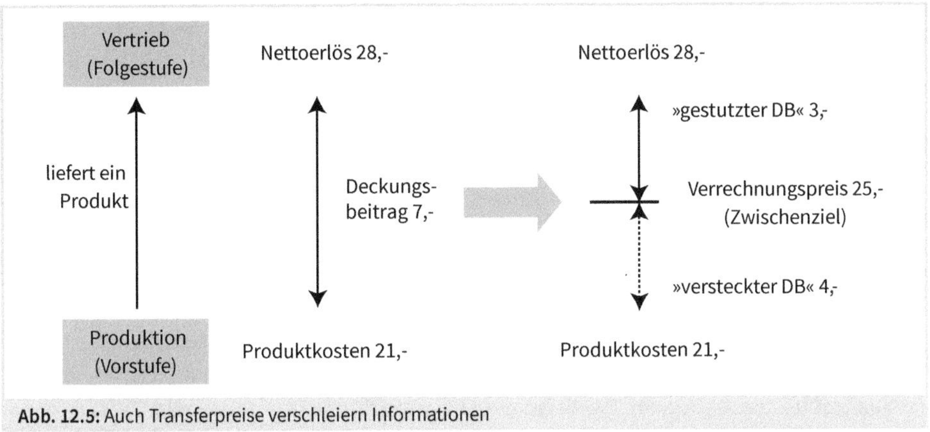

Abb. 12.5: Auch Transferpreise verschleiern Informationen

Unterstellen wir für die nächsten Überlegungen ein Routineunternehmen der Produktion. Die Resale minus-Methode ist daher nicht anwendbar. Mit anderen Worten: Der angemessene Transferpreis hängt nicht vom Marktpreis ab. Die anzuwendende Methode muss die Cost plus-Methode sein.[242]

Machen wir es konkret: **Soll der Vertrieb in dieser Situation 800 Stück zu 28 EUR/Stück verkaufen oder besser 1.000 Stück zu 27 EUR/Stück?** In der nächsten Abbildung sind die beiden Fälle durchgerechnet. Im oberen Teil ist erkennbar, was der Vertrieb auf Basis seiner isolierten Information dezentral entscheidet. Im unteren Teil ist die Konzerngesamtsicht inkl. der versteckten Produktionsmarge zu sehen.

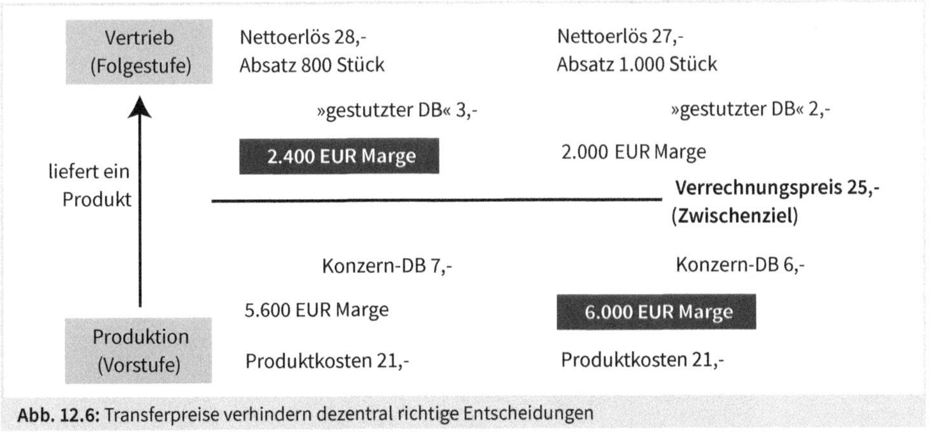

Abb. 12.6: Transferpreise verhindern dezentral richtige Entscheidungen

242 TNMM wird nicht weiter betrachtet, um das Beispiel übersichtlich zu halten.

Es ist also für den Konzern besser, 1.000 Absatzeinheiten zum Nettopreis von 27- EUR anzustreben. Der Vertrieb kann das jedoch nicht erkennen. Er kauft zu 25- EUR ein. Auf Basis der ihm vorliegenden Information erscheint es besser, den Preis hochzuhalten als eine größere Menge anzustreben. **Kann dieser Irrtum im Rahmen von Transferpreisen auftreten? Die Antwort ist »Ja«.**

Stellen Sie sich vor, die Produktkosten würden inkl. der Zuschläge für Material- und Fertigungsgemeinkosten zu Herstellungskosten[243] von rund 24- EUR führen. Steuerlich würde bei Cost plus 5 % Mark-up, einer durchaus realistischen Größenordnung für viele Branchen, ein Verrechnungspreis von 25- EUR resultieren.

In diesem ersten Beispiel gab es zwei Unternehmen und wir haben nicht geklärt, wie der Verrechnungspreis zustande kam. Das Beispiel war als Prinzipdarstellung gedacht. Es ist übrigens die Variante, die sich bei kleineren Unternehmen mit nur wenigen Auslandstöchtern häufig findet. Das ist im nächsten Beispiel anders. Dort gehen wir von einer Prinzipalstruktur aus. Die Konzernholding ist der Strategieträger. Produktions- und Vertriebsgesellschaften sind Routineunternehmen.

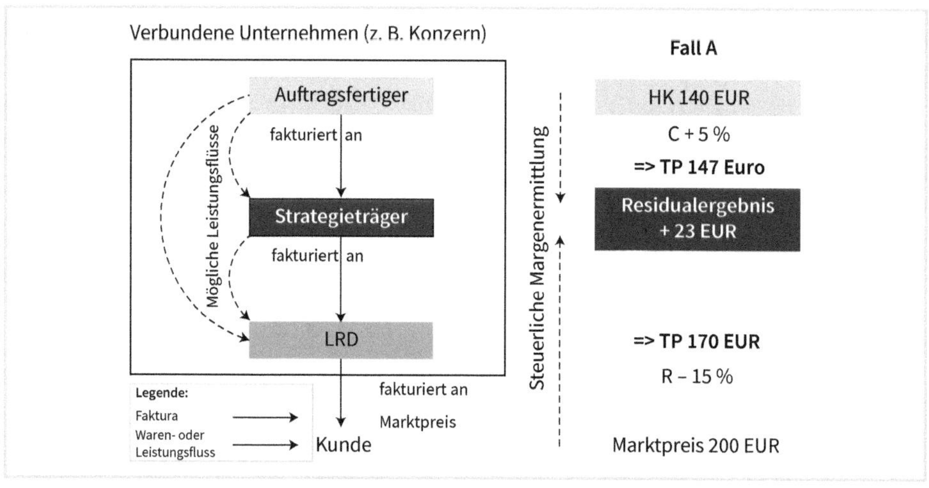

243 Siehe auch die Ausführungen in Kapitel 4 zu Herstellungskosten.

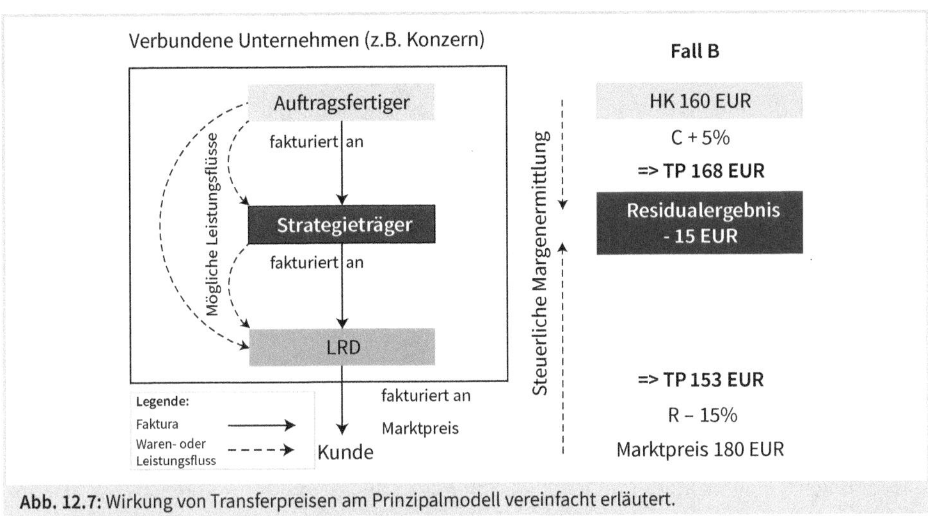

Abb. 12.7: Wirkung von Transferpreisen am Prinzipalmodell vereinfacht erläutert.

Im **Fall A** ergibt sich für den Auftragsfertiger eine Marge von 7 EUR (147 EUR Transferpreis abzüglich 140 EUR Herstellungskosten) und für die Vertriebsgesellschaft eine Marge von 30 EUR (Umsatz 200 EUR abzüglich 170 EUR Transferpreis). Dem Strategieträger steht das Residualergebnis zu. Er hat – warum auch immer – als Strategieträger nicht die höchste Marge. Sie beträgt nur 23 EUR, errechnet als Differenz der beiden Transferpreise. Auch wenn der inländische Fiskus des Strategieträgers dieses sicherlich nicht gerne sieht, so ist der Sachverhalt jedoch nicht angreifbar. Den Routineunternehmen steht eine stabile, sichere Marge zu. Die Höhe wird durch Datenbankanalysen ermittelt. Sofern die angemessene Bandbreite der Marge bei den Routineunternehmen eingehalten wird, ist das Ergebnis des Strategieträgers als Restgröße immer korrekt. Zudem gilt es zu bedenken, dass die Vertriebsgesellschaft von der Marge von 30 EUR noch ihre – vermutlich nicht unerheblichen – Vertriebs- und Marketingkosten decken muss. Ebenso sind die Verwaltungskosten noch zu decken. Die Nettomarge wird also deutlich geringer ausfallen, als die Bruttomarge suggeriert.[244]

Stellen wir uns nun vor, dass – durch welche Umstände auch immer – die Kosten der Produktion deutlich ansteigen. Im Beispiel um 20 EUR auf 160 EUR. Es könnten beispielsweise geringfügig gestiegene Materialkosten zusammenkommen mit einer Erweiterungsinvestition in den Maschinenpark. Daraus könnten höhere Abschreibungen resultieren, die zugleich auf eine nicht völlig ausgelastete Maschine treffen. Die anteiligen Strukturkosten innerhalb der Herstellungskosten würden steigen. Allein dies könnte einen erheblichen Teil der Kostensteige-

244 Die Produktionsgesellschaft dürfte in der Praxis hingegen kaum Kosten haben, die noch von der Bruttomarge zu decken sind, weil durch die Berechnungsbasis »Herstellungskosten« gemäß Definition immer alle Kosten der Produktion gedeckt sind. Vertriebs-, Marketing- oder ausgedehnte FuE-Kosten können bei einem Routineunternehmen der Produktion nicht auftreten. Andernfalls wäre die steuerliche Klassifizierung zum Routineunternehmen falsch. Es bleiben bei einem Auftragsfertiger darum nur geringe Verwaltungskosten zu decken.

rung erklären. Vielleicht kommen zu Beginn auch Qualitätsmängel und steigende Nacharbeit hinzu. Betriebswirtschaftlich würde man nun erwarten, dass der Gewinn in der Produktion sinkt. Gemäß der anzuwendenden Kostenaufschlagsmethode mit einem Mark up von 5% steigt jedoch der Gewinn auf 8 EUR. **Aus Controllersicht ist dieses Ergebnis der Produktion die absolute Katastrophe.** Gestiegene Kosten für z. B. Vorprodukte oder wegen z. B. Qualitätsmängeln dürfen auf keinen Fall das Ergebnis verbessern. Die Tatsache, dass es in diesem Beispiel die Marge betrifft, macht es nur noch schlimmer. Die Marge als zentrale Größe zur Beurteilung jeglichen Geschäfts (Stichwort: Preisuntergrenze) und damit als zentrale Entscheidungsgrundlage für alle darauf basierenden Entscheidungen – insbesondere Vertriebsentscheidungen – ist nicht mehr brauchbar.

Schauen wir uns nun den Vertrieb an: Der Rückgang des Marktpreises auf 180 EUR führt nicht dazu, dass die Marge des LRD ebenfalls um 20 EUR zurückgeht. Da sich der Transferpreis ebenfalls verringert, weil er methodisch als Abschlag vom Endkundenpreis berechnet wird, subventioniert der Strategieträger letztlich den LRD. Der Vertrieb hat immer noch eine Marge von 27 EUR. Bezogen auf die ursprünglichen 30 EUR Marge beträgt der Rückgang also nur 3 EUR. Die verbleibenden 17 EUR trägt der Strategieträger. Im Vergleich zur Produktion zeigt sich, dass der Vertrieb zwar einen Ergebnisrückgang hinnehmen muss (und nicht eine Ergebnisverbesserung erfährt), aber das ist kein Trost. **Auch das Vertriebsergebnis ist aus Controllersicht völlig unakzeptabel.** Hinzu kommt, dass neben dem völlig falschen Ergebnisausweis auch die Umsatzrendite als wichtige Kennzahl der Vertriebssteuerung unbrauchbar wird. Der Vertriebscontroller sieht in beiden Fällen 15% Umsatzrendite. Das führt uns zu einem ernüchternden Zwischenergebnis.

Das einfache Beispiel zeigt typische Effekte bei Routineunternehmen:

- höhere Kosten können in der Produktion steuerlich mit mehr Marge »belohnt« werden (Kostenaufschlagsmethode)
- sinkende Verkaufspreise haben nur einen sehr geringen Effekt auf den Gewinn des Vertriebs (Wiederverkaufspreismethode)
- die Umsatzrendite im Vertrieb ist bei Anwendung der Wiederverkaufspreismethode steuerlich festgelegt

Wir haben bislang noch nicht TNMM betrachtet. Diese Methode setzt (siehe Kapitel 12.4.4) nicht an der Marge an, sondern am Gesamtergebnis wie z. B. EBIT oder JÜ. Dadurch lassen sich zu geringe – bzw. zu hohe – Ergebnisse korrigieren, die aus anderen Einflussfaktoren (z. B. Mengen oder Overheadkosten) resultieren. Ob es nun zu einer Jahresendanpassung (True up) oder einer Anpassung der Transferpreise kommt, ist nebensächlich. Die betriebswirtschaftliche Logik unterliegt der Einkommenssicherung des Staates. Diese Aussage lässt sich festhalten, ohne dass auf die Komplexität der letzten in Deutschland erlaubten Methode, der Profit Split-Methode, eingegangen worden wäre. Auch Mischmethoden sind im Rahmen dieser Einführung in Transferpreise nicht betrachtet worden. Wer daran interessiert ist, sei auf die an anderer Stelle zitierte Spezialliteratur verwiesen.

12.6.3 Fazit und Ausblick

Es bleibt als Fazit festzuhalten:

- Transferpreise machen klassische Controllergrößen unbrauchbar
- Das »Local-EBIT« ist steuerlich bedingt – es hat keine operative Aussagekraft
- Es braucht Zielmaßstäbe (Bonusgrößen) und Entscheidungsgrößen, die nicht vom Steuerrecht beeinflusst werden

Welche Optionen bleiben?
Die vermutlich schlechteste Lösung besteht darin, **mit nur einem Verrechnungspreis weiterzuarbeiten**. Bei sich teilweise widersprechenden Zielen zwischen Steuereinnahmen des Staates, Steuerminimierung des Unternehmens und operativer (controllerischer) Effizienz kann ein Verrechnungspreis nur einen Kompromiss darstellen. Positiv an dieser Lösung ist allenfalls, dass sie ressourcenschonend ist. Allerdings ist die Ersparnis direkter Kosten ein Ansatz, der nachdenklich macht. Im Klartext heißt das, dass nicht erwartet wird, das mit besseren Informationen die teils erhebliche Fehlsteuerung abgestellt werden kann.

Ein anderer Ansatz könnten sogenannte **»durchgestochene Margen«** sein. Hierzu wird im Sinne einer Spartensteuerung auf die Gesamtmarge, d. h. die Differenz aus Herstellungskosten und Verkaufspreis abgestellt. Für einen weltweit verantwortlichen Produktmanager ist diese Lösung vermutlich ausreichend. Zur Beurteilung einer lokalen Gesellschaft braucht es ergänzende Informationen.

Es wäre auch zu überlegen, ob nicht eine **Überleitungsrechnung** bereits helfen würde. Das ist auf zwei Arten möglich. Zum einen könnte die steuerlich nötige Marge separat festgehalten werden, um sie – quasi analog zur Abstimmbrücke[245] – wieder herauszurechnen. Zum anderen könnte eine für die jeweilige Frage störende Größe einfach wieder herausgerechnet werden und durch die benötigte Information ersetzt werden. Das folgende Rechnungsschema verdeutlicht diesen zweiten Ansatz:

Beispielhaft von einer GuV ausgehend

	Umsatz aus Transferpreis Land A
-	Kosten Land A
=	Lokales Ergebnis Land A (EBIT oder JÜ)
-	Umsatz aus Transferpreis
+	»Quasi-Umsatz« aus Interner Leistungsverrechnung
=	Controllerisches Ergebnis

245 Analog zum Fallbeispiel der Strategie AG in Kapitel 4, um die Unterschiede zwischen DB-Rechnung und GuV zu erklären.

Die Eliminierung des Ergebniseffekts aus dem Transferpreis lässt sich in der IT ebenso automatisieren, wie die Überführung in die ILV-Sicht. So sind in einer Rechnung beide Informationen parallel ersichtlich.

Eine weitere Möglichkeit der Umsetzung besteht darin, **zwei getrennte Informationen vorzuhalten**:

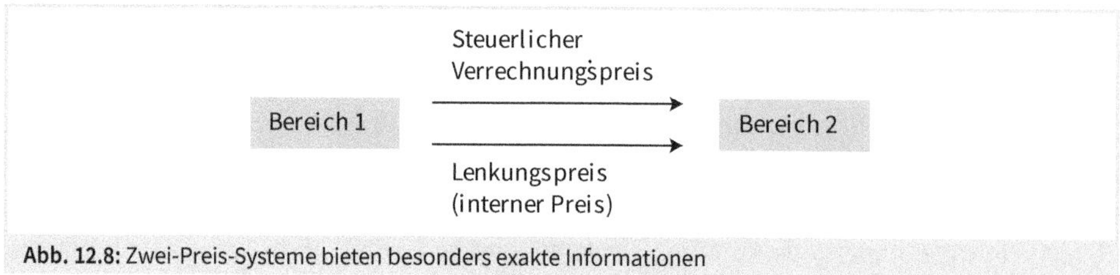

Abb. 12.8: Zwei-Preis-Systeme bieten besonders exakte Informationen

Dadurch lassen sich nicht nur die jeweils betriebswirtschaftlich besten Größen verwenden. Es müssen im Unternehmen auch keine neuen, teils unbekannten Größen eingeführt und erklärt werden. Operative Effizienz, Informationen für dezentrale Entscheidungen und Bonusmaßstäbe lassen sich hier am einfachsten und vor allem mit konsistenten Daten erzeugen. Der Regelkreis der ILV noch einmal zur Erinnerung:

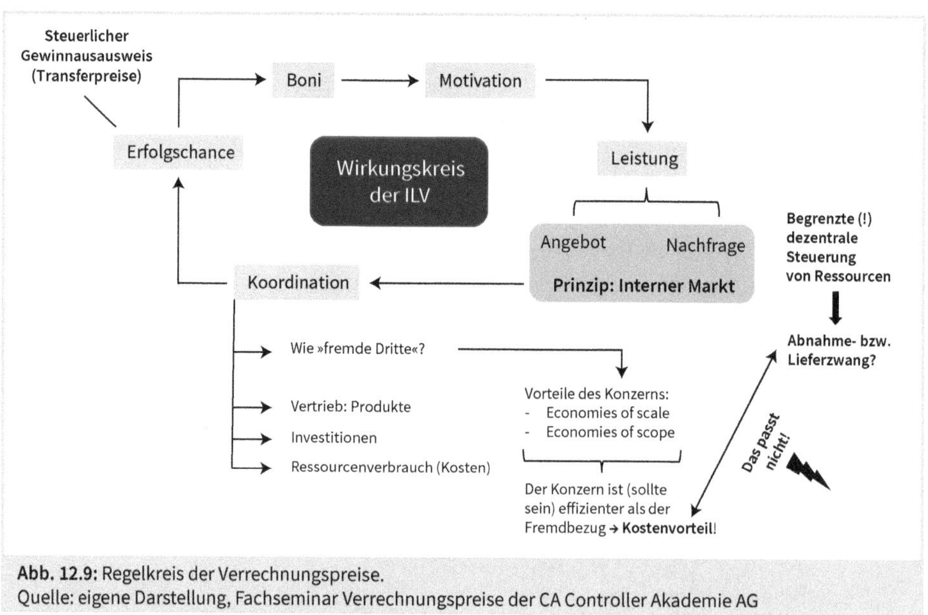

Abb. 12.9: Regelkreis der Verrechnungspreise.
Quelle: eigene Darstellung, Fachseminar Verrechnungspreise der CA Controller Akademie AG

Im Bereich Vertrieb ist der Nutzen am größten. Bei den Shared Services kann die Beurteilung von Aufwand/Nutzen auch anders ausfallen. Grundsätzlich sind auch die folgenden beiden Argumente mit in die Überlegungen einzubeziehen:

- Abweichende Informationssysteme sind vom Kapitalmarkt nicht gewünscht.
- Erklärungsbedarf in der Organisation.

Im Rahmen des dargestellten Regelkreises sind auch Investitionen von den Einflüssen der Transferpreisregeln betroffen. Deshalb muss hier unbedingt der Kontakt zur Steuerabteilung gesucht werden. **Eine Investitionsrechnung vor Steuern ist nicht ausreichend.** In Vertiefung zu Kapitel 5.3.5 sind folgende Zahlungseffekte aufgrund von Transferpreis-Themen unbedingt zu berücksichtigen:

- **Doppelbesteuerung**: Länder, die nicht der OECD angehören, fühlen sich naturgemäß nicht an deren Empfehlungen gebunden. Aber auch Mitgliedsländer schlagen teilweise Sonderwege ein. Es kann in Ausnahmefällen vorkommen, dass keine Verrechnungspreisgestaltung möglich ist, die den Steuervorschriften beider betroffenen Länder entspricht. Es ist möglich, dass in zwei Ländern für den identischen Sachverhalt Steuern gezahlt werden. Innerhalb der EU kann dies bereinigt werden. Mit vielen Ländern bestehen auch Doppelbesteuerungsabkommen (DBA), die Schutz bieten. Aber das sollte unbedingt rechtssicher geklärt werden.
- **Zolleffekte**: Welche Waren (z. B. RHB-Stoffe, unfertige Erzeugnisse) sollen oder müssen in ein Land geliefert werden und welcher Zolltarif wird bei der Einfuhr fällig? Sind die Produkte für das Land gedacht, in dem sie erstellt werden oder werden sie exportiert und werden Ausfuhrzölle erhoben? In welches Land sollen die Produkte geliefert werden? Gibt es auch dort Einfuhrzölle?
- **Quellensteuer**: Werden für die Nutzung von z. B. Film-, Marken-, Patentrechten, Ingenieurplänen oder anderem Know-how im Ausland Steuern einbehalten (auch Abzugsteuer, Withholding Tax)? Welcher Wert wird besteuert und welcher Steuersatz wird erhoben? Kann die gezahlte Steuer im Inland angerechnet oder erstattet werden?

Der Regelkreis der ILV erinnert daran, dass Ergebnisverbesserung nur ganzheitlich erfolgen kann. Das Zahlenbeispiel verdeutlicht, dass die Verbesserung des Gewinns nach Steuern von 7.000 TEUR auf 7.350 TEUR durch sehr viele Maßnahmen erreicht werden kann.

Verbesserung des Nachsteuerergebnisses um 5 % auf 7.350

	(in TEUR)	Ist	Absatzmenge	Verkaufspreis	COGS	Sonst. Aufw.	Steuersatz
	Absatzmenge	10.000	10.125	10.000	10.000	10.000	10.000
	Verkaufspreis	10	10	10,05	10	10	10
	COGS	6	6	6	5,95	6	6
	Umsatz	100.000	101.250	100.500	100.000	100.000	100.000
-	COGS	60.000	60.750	60.000	59.500	60.000	60.000
=	Bruttoergebnis	40.000	40.500	40.500	40.500	40.000	40.000
-	sonst. Aufwand *	30.000	30.000	30.000	30.000	29.500	30.000
=	Gewinn v. Steuern	10.000	10.500	10.500	10.500	10.500	10.000
	(Steuersatz)	*30%*	*30%*	*30%*	*30%*	*30%*	*26,5%*
-	Steuerlast	3.000	3.150	3.150	3.150	3.150	2.650
=	Gewinn n. Steuern	7.000	7.350	7.350	7.350	7.350	7.350
	nötige Änderung		**+ 1,3%**	**+ 0,5%**	**- 0,8%**	**- 1,7%**	**- 11,7%**

* inkl. Zinsen

Abb. 12.10: Das Nachsteuer-Ergebnis lässt sich nicht isoliert optimieren (10601a)

Der nötige Aufwand, dargestellt in der grau hinterlegten Zeile, ist dabei höchst unterschiedlich. Wo man ansetzen kann oder sollte, lässt sich nicht pauschal beantworten. Die Besonderheiten unterschiedlicher Regionen, Branchen bis hin zur individuellen Unternehmenssituation sind dafür zu unterschiedlich.

Haben Sie schon geprüft,
ob der Einsatz steuerlicher Verrechnungspreise
zu betriebswirtschaftlich unerwünschten Effekten führt?

Die Erfüllung steuerlicher Vorschriften ist nicht bereits ein Indikator für gute Unternehmenssteuerung. Die Verletzung steuerlicher Vorschriften kann allerdings zu gravierenden Strafen führen, sodass man diesen Teilbereich als »Pflicht« und die interne Leistungsverrechnung (ILV) als »Kür« bezeichnen könnte. Wie gesehen, ergeben sich aus dem steuerlichen »Pflichtprogramm« Auswirkungen auf die Controllingsysteme, die jeder Controller kennen und verstehen sollte. Zum anderen erfährt die Controllingabteilung manche Sachverhalte vor der Steuerabteilung, ohne die steuerliche Brisanz einschätzen zu können. Hier sind Grundkenntnisse des Steuerrechts hilfreich, um die Steuerabteilung rechtzeitig einzubeziehen. Diese haben Sie durch die Lektüre dieses Kapitels parat. Bei Bedarf können Sie ihre Kenntnisse vertiefen. **Nun aber wünschen wir Ihnen viel Erfolg bei der Umsetzung.**

Happy Controlling!

Literaturverzeichnis

Ballwieser, W.: Betriebswirtschaftliche (kapitalmarkttheoretische) Anforderungen an die Unternehmensbewertung. In: WPg, 61. Jg., Sonderheft 2008, S. 102–108

Deyhle, A./Eiselmayer, K./Kleinhietpaß, G. (2016): Controller-Praxis, Freiburg

Ernst & Young (2013): Auswahl von KPIs zur Working Capital-Steuerung, interne Unterlagen

Ernst & Young (2013): Working Capital Teilprozessschritte, interne Unterlagen

Fenebris GbR, Expertenzirkel Unternehmensbewertung: Marktrisikoprämie; www.marktrisikoprämie.de/de.html, Abruf vom 08.02.2019

Hanken, J./Kleinhietpaß, G./Lagarden, M. (2020): Verrechnungspreise, Praxisleitfaden für Controller und Steuerexperten, Freiburg

Klepzig, H.: Vortragsunterlagen zum CA-Fachseminar, Working Capital Management.

Lemoine, P.: Operational Excellence/World Class Manufacturing, in: CA-Fachseminar, Produktions-Controlling.

Lindenmayr, B./Schäfer, G.: Kritische Bilanzposten aus Sicht des Finanzanalysten eines Kreditinstituts, in: Bilanzbuchhalter und Controller, Heft 2/2015, Seite 74 bis 80.

Losbichler, H./Engelbrechtsmüller, C.: Working Capital Management – Wirkungen und Grenzen in der Praxis, in Weber, J./Vater, H. u. a. (2011): Turnaround – Navigation in stürmischen Zeiten, Maßnahmen zur Krisenbewältigung und Auswirkungen auf die Rolle von CFOs und Controllern, Weinheim

Marshall, A. (1895): Principles of Economics, London

Peterreins, H.: Interner Zinsfuß in der Fachkritik. In: Vermögen und Steuern, Fachzeitschrift für die Steuer-, Rechts- und Vermögensberatung, Heft 7/2005, Seite 42-43

Rappaport, A.: Shareholder Value: Ein Handbuch für Manager und Investoren, 2. Auflage, 1998

Richter und Ernst. Kundenvortrag der Wirtschaftstreuhand zum Working Capital Management, 2014.

Risikoloser Zins. https://tagesgeld.info/ratgeber/risikoloser-zins/, Zugriff vom 23.9.2020

Schoberegger, B./Tschandl, M.: Wechselwirkungen im Working Capital Management, Controller Magazin, Ausgabe 1/2016, S. 4 ff.

Seidel, U. M.: Rating nach Basel II: Prinzipien, Erfahrungen, Empfehlungen, Beispielheft Nr. 5, Wörthsee 2016

Standardandpoors.com/ratingsdirect

Trohn, M.: Vortragsmanuskript zum Working Capital Management, Pfalzwerke AG, S. 29 ff.

Vater, H./Bail, E./Klepzig, H. u. a. (2013): Working Capital Management, Internationaler Controller Verein, Freiburg, S. 19

Zülch, H./Höltken, M.: Das Other Comprehensive Income – eine vielfach unbeachtete und wenig vergleichbare Größe auf dem deutschen Kapitalmarkt; https://kapitalmarkt-forschung.info/das-other-comprehensive-income-eine-vielfach-unbeachtete-und-wenig-vergleich-bare-groesse-auf-dem-deutschen-kapitalmarkt; Zugriff vom 23.9.2020

Stichwortverzeichnis

G

H

I

J

K